王湛　孟洪　孙志成
主编

化工原理
1000习题详解

HUAGONG YUANLI 1000 XITI XIANGJIE

化学工业出版社
·北京·

内 容 简 介

《化工原理 1000 习题详解》紧扣教育部新制定的化工原理教学大纲的基本要求，内容包括流体流动、流体输送机械、流体通过颗粒层的流动、颗粒的沉降和流态化、传热、气体吸收、液体精馏、液液萃取、固体干燥、气液传质设备、膜分离、浸取、搅拌十三章，每章按照选择题、填空、计算、公式推导等分类编写习题。

本书力求通过选择或填空、基本计算与公式推导等类型帮助学生在极短的时间内巩固基本概念、原理等知识，从而达到事半功倍的效果。

本书适用于高校化工类各专业本专科师生参考使用，也可供化工企业培训时参考。

图书在版编目（CIP）数据

化工原理 1000 习题详解 / 王湛，孟洪，孙志成主编.
北京：化学工业出版社，2025. 2. --ISBN 978-7-122-46719-5

Ⅰ. TQ02-44

中国国家版本馆 CIP 数据核字第 2024N03S64 号

责任编辑：袁海燕　　文字编辑：师明远
责任校对：宋　玮　　装帧设计：刘丽华

出版发行：化学工业出版社
（北京市东城区青年湖南街 13 号　邮政编码 100011）
印　　装：北京盛通数码印刷有限公司
787mm×1092mm　1/16　印张 21½　字数 538 千字
2025 年 2 月北京第 1 版第 1 次印刷

购书咨询：010-64518888　售后服务：010-64518899
网　　址：http://www.cip.com.cn
凡购买本书，如有缺损质量问题，本社销售中心负责调换。

定　　价：79.80 元

《化工原理 1000 习题详解》

编写委员会

（按照姓氏笔画排名）

主　编：王　湛　孟　洪　孙志成

副主编：高祯富　何　峰　林　欢　任忠宽

主　审：胡　犂　姚　伟　崔　斌　周贤太　武文娟

王　湛　北京工业大学

白　翔　伊犁师范大学

冯盛丹　宁夏工商职业技术学院

任忠宽　陕西正大技师学院/榆林能源科技职业学院

刘　佳　兰州资源环境职业技术大学

刘　超　安阳工学院

刘娜娜　山东科技职业学院

孙志成　北京印刷学院

何　峰　北京服装学院

张文海　新疆大学

林　欢　北京工业大学

林　溪　北京工业大学

孟　洪　新疆大学

郝雨薇　北京印刷学院

柯瑞华　江西环境工程职业学院

高祯富　北京市工业技师学院

高淑娟　北京工业大学

康学明　辽宁石油化工大学

楚红英　黄河水利职业技术学院

魏　贤　兰州石化职业技术大学

《化工原理 1000 习题详解》
校稿委员会

（按照姓氏笔画排名）

前言

化工原理是化工类各专业开设的一门技术基础必修课，它是以高等数学、物理、物理化学等为基础的后继课程，在高等学校教学计划中起到从自然学科到应用学科的搭桥作用，是学生们运用先期学习的基础知识来解决化工实际问题的一门课程，也是初学者普遍感到头疼的一门课程。化工原理的任务是研究化工生产过程中主要单元操作及典型设备的计算及选型、最佳生产操作条件的选择以及为化工过程的强化奠定基础。

作者在多年的教学实践中，深切地感受到学生在学习这门课时迫切需要一本重点突出、难点清晰，便于在极短的时间内巩固所学知识，及时查漏补缺的学习辅导书。正是基于这样的事实，紧扣教育部制定的化工原理教学大纲的基本要求，我们于 2005 年 8 月在国防工业出版社首次出版了《化工原理 800 例》，全书按照选择题、填空、计算、公式推导四部分编排习题，包括流体流动、流体输送机械、流体通过颗粒层的流动、颗粒的沉降和流态化、传热、气体吸收、液体精馏、液液萃取、固体干燥九章。2007 年 1 月在国防工业出版社出版了第二版，增加了气液传质设备、膜分离、浸取、搅拌四章内容。《化工原理 800 例》出版及再版后受到了广大读者的欢迎，还成为了“注册化工工程师考试”培训机构指定的重要参考书之一。

本次，我们应化学工业出版社袁海燕编辑的邀请，重新组织力量编写了《化工原理 1000 习题详解》，力求反映化工原理课程的全貌。第一章流体流动，由北京印刷学院孙志成和郝雨薇老师修订补充，由北京工业大学的李睿老师和李跃老师、海南师范大学的姚伟老师和北京中医药大学的刘鑫森老师校核。第二章流体输送机械，由北京印刷学院的孙志成老师和郝雨薇老师修订补充，由北京工业大学的林欢老师、东北师范大学的崔斌老师和长春工程学院的刘红波老师校核。第三章流体通过颗粒层的流动，由兰州资源环境职业技术大学的刘佳老师和江西环境工程职业学院的柯瑞华老师修订补充，由北京工业大学的石秀娟博士和海南师范大学的姚伟老师校核。第四章颗粒的沉降和流态化，由兰州资源环境职业技术大学的刘佳老师和江西环境工程职业学院的柯瑞华老师修订补充，由北京工业大学的刘巧鸿老师校核。第五章传热，由北京服装学院的何峰老师和北京市工业技师学院的高祯富老师修订补充，由山东化工技师学院的韩冬老师校核。第六章气体吸收，由黄河水利职业技术学院的楚红英老师、北京工业大学的林溪硕士和宁夏工商职业技术学院的冯盛丹老师修订补充，由常州大学的李艳玲老师、山东化工技师学院的蒋长宏老师校核。第七章液体精馏，由北京市工业技师学院的高祯富老师和北京服装学院的何峰老师修订补充，由北京工业大学的胡胥博士校核。第八章液液萃取，由兰州石化职业技术大学的魏贤老师修订补充，由中国农业大学的侯磊博士校核。第九章固体干燥，由黄河水利职业技术学院的楚红英和宁夏工商职业技术学院的冯盛丹老师修订补充，由大唐环境产业集团股份有限公司的杜心培工程师校核。第十章气液传质设备，由新疆大学的张文海老师、伊犁师范大学的白翔老师和辽宁石油化工大学的康学明老师修订补充，由兰州石化职业技术大学的魏贤老师校核。第十一章膜分离，由北京工业大学的高淑娟硕士修订补充，由内蒙古工业大学的武文娟老师、中国石化上海石油化工股份有限公司的刘慧慧老师和山东科技职业学院的刘娜娜老师校核。第十二章浸取，由山东科技职业学院的刘娜娜老师修订补充，由安阳工学院的刘超老师、扬州纳力新材料科技有限公司的朱中亚工程师和兰州资源环境职业技术大学的赵文青老师校核。第十三章搅拌，由安阳工学院的刘超老师修订补充，由内蒙古工业大学的武文娟老师、常州工程职业技术学院的邓玉营老师、陕西正大技师学院/榆林能源科技职业学院的任忠宽老师、商丘师范学院的陈亚老师和兰州石化职业技术大学的徐小欢老师校核。

北京工业大学的王湛教授与新疆大学的孟洪教授完成全书的筹划、统编和汇编工作。北京工业大学的胡胥博士、海南师范大学的姚伟老师、东北师范大学的崔斌老师、中山大学的周贤太老师和内蒙古工业大学的武文娟老师担任全书的主审。北京市工业技师学院的高祯富老师在书稿收集分发过程中做了大量工作。在本书编写过程中，还参考了大量相关书籍与文章，在此谨向诸位老师和同仁表示感谢。由于编者水平有限，再加上编写时间仓促和内容较多，书中难免有疏漏之处，恳请广大读者批评指正。

王湛　孟洪　孙志成

2024年6月27日

目录

第一章

流体流动

一、选择题

1. 化工原理中的“三传”是指________。
   ① 动能传递、势能传递、化学能传递　② 动能传递、内能传递、物质传递
   ③ 动量传递、能量传递、热量传递　④ 动量传递、热量传递、质量传递
2. 下列单元操作中属于动量传递的有________。
   ① 流体输送　② 蒸发　③ 气体吸收　④ 结晶
3. 下列单元操作中属于质量传递的有________。
   ① 搅拌　② 液体精馏　③ 萃取　④ 沉降
4. 下列单元操作中属于热量传递的有________。
   ① 固体流态化　② 加热及冷却　③ 搅拌　④ 沉降
5. 下列单元操作中属于热量、质量同时传递的有________。
   ① 过滤　② 萃取　③ 搅拌　④ 干燥
6. 下列各力中属于体积力的是________。
   ① 压力　② 摩擦力　③ 重力　④ 离心力
7. 下列各力中属于表面力的是________。
   ① 压力　② 离心力　③ 剪力　④ 重力
8. 研究化工流体时所取的最小考察对象为________。
   ① 分子　② 离子　③ 流体质点　④ 流体介质
9. 化工原理中的流体质点是指________。
   ① 与分子自由程相当尺寸的流体分子
   ② 比分子自由程尺寸小的流体粒子
   ③ 与设备尺寸相当的流体微团
   ④ 尺寸远小于设备尺寸，但比分子自由程大得多的、含大量分子的流体微团
10. 化工原理中的连续流体是指________。
   ① 流体的物理性质是连续分布的
   ② 流体的化学性质是连续分布的
   ③ 流体的运动参数在空间上连续分布
   ④ 流体的物理性质及运动参数在空间上做连续分布，可用连续函数来描述
11. 对于流体的流动，通常采用的两种不同的考察方法是________。
   ① 牛顿法和质量守恒法　② 机械能守恒法和动量守恒法

③ 质量守恒法和动量守恒法　　　　④ 欧拉法和拉格朗日法

12. 拉格朗日法的具体内容为________；而欧拉法则为________。

① 选定运动空间各点进行考察

② 选定几何意义上的点进行考察

③ 选定固定位置观察流体质点的运动情况，直接描述各有关运动参数如速度、压强、密度等在指定空间和时间上的变化

④ 选定一个流体质点，对其跟踪观察，描述其运动参数（如位移、速度等）与时间的关系

13. 轨线和流线在________是一致的。

① 连续流动时　　　　② 非稳态脉动流动时

③ 稳态（定态）流动时　　　　④ 喷射流动时

14. 黏性的物理本质是________。

① 促进流体流动产生单位速度的剪应力

② 流体的物理性质之一，是造成流体内摩擦的原因

③ 影响速度梯度的根由

④ 分子间的引力和分子的运动与碰撞，是分子微观运动的一种宏观表现

15. 根据牛顿黏性定律，黏度的定义可用数学式表示如下：

$$\mu = \frac{F}{A\mathrm{d}u/\mathrm{d}y} = \frac{\tau}{\mathrm{d}u/\mathrm{d}y}$$

下列关于该式的四种论述中正确的是________。

① 倘若流体不受力，其黏度为零

② 牛顿流体的黏度与流体内部的速度梯度成反比

③ 对于牛顿流体，运动流体所受的切应力与其速度梯度成正比

④ 流体运动时所受的切应力与其速度梯度之比即是黏度

16. 根据牛顿黏性定律，下列论断中错误的是________。

① 单位面积上所受的剪力就是剪应力

② 黏度越大，同样的剪应力造成的速度梯度就越小

③ 不同的流速层之间具有不同的动量，层间分子的交换也同时构成了动量的交换与传递，剪应力代表了此项动量传递的速率

④ 剪应力与法向速度梯度成反比，与法向压力无关

17. 速度分布均匀，无黏性（黏度为零）的流体称为________。

① 牛顿型流体　　② 非牛顿型流体　　③ 理想流体　　④ 实际流体

18. 温度升高，则________。

① 气体、液体黏度均减小　　　　② 气体、液体黏度均增大

③ 气体黏度增大，液体黏度减小　　　　④ 气体黏度减小，液体黏度增大

19. 黏度的倒数称作流度，即 $\eta = \mu^{-1}$。下列四组关于温度、压强对液体流度影响的判断式中符合实际情况的是________。

① $(\partial\eta/\partial T) > 0$；$(\partial\eta/\partial p) = 0$　　　　② $(\partial\eta/\partial T) < 0$；$(\partial\eta/\partial p) > 0$

③ $(\partial\eta/\partial T) > 0$；$(\partial\eta/\partial p) < 0$　　　　④ $(\partial\eta/\partial T) < 0$；$(\partial\eta/\partial p) = 0$

20. 下列流体中服从牛顿黏性定律的有________。

① 气体、水、溶剂、甘油　　　　② 蛋黄浆、油漆

③ 纸浆、牙膏、肥皂　　　　　　④ 面粉团、凝固汽油和沥青等

21. 流体静力学基本方程式：$p_2=p_1+\rho g(Z_1-Z_2)=p_1+\rho gh$ 的适用条件是________。

① 重力场中静止流体

② 重力场中不可压缩静止流体

③ 重力场中不可压缩连续静止流体

④ 重力场中不可压缩、静止、连通着的同一连续流体

22. 如图1-1所示的开口容器内盛有高度为 h_1 的油层和高度为 h_2 的水层，且相连通细管中的水层高度为 h，则点 B 与点 B' 之间压强大小的关系为________（点 B 与点 B' 处于同一水平高度）。

① $p_B>p_{B'}$　　② $p_B<p_{B'}$　　③ $p_B=p_{B'}$　　④ 无法比较

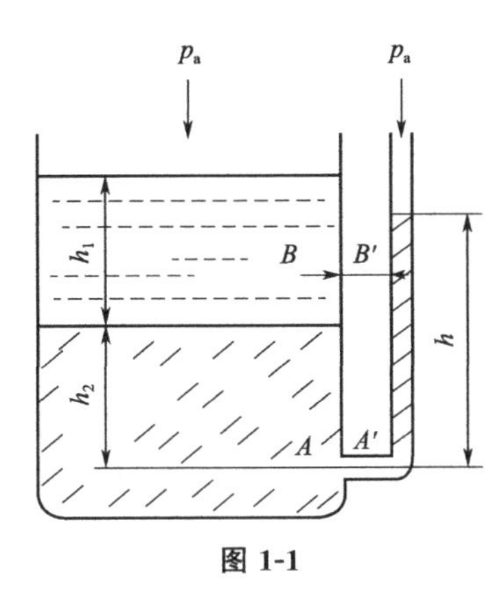

图 1-1

23. 改善测量精度，减少U形压差计测量误差的方法有________。

① 减小被测流体与指示液之间的密度差

② 采用倾斜式微压计（将细管倾斜放置的单杯压强计）

③ 采用双液杯式微压计

④ 加大被测流体与指示液之间的密度差

24. 如图1-2所示，$A—A$、$B—B$ 两断面分别位于直管段内，并在两断面装上U形管和复式U形管压强计。两压强计内指示液相同，复式U形管压强计的中间流体和管内流体相同。则读数 R_1、R_2、R_3 之间的关系为________。

① $R_1=R_2+R_3$　　② $R_3=R_1+R_2$

③ $R_2=R_1+R_3$　　④ R_1、R_2、R_3 间无定量关系存在

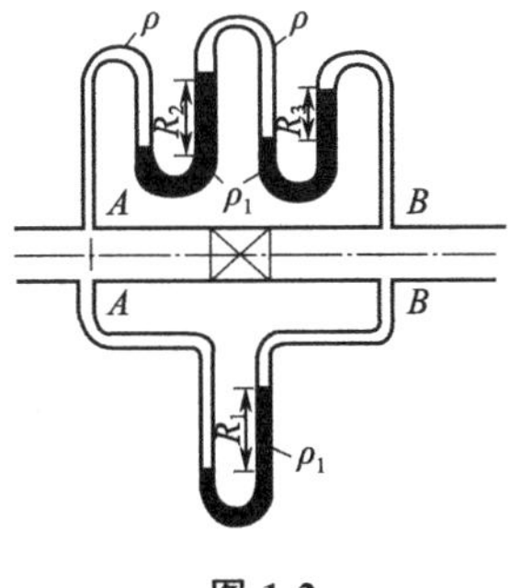

图 1-2

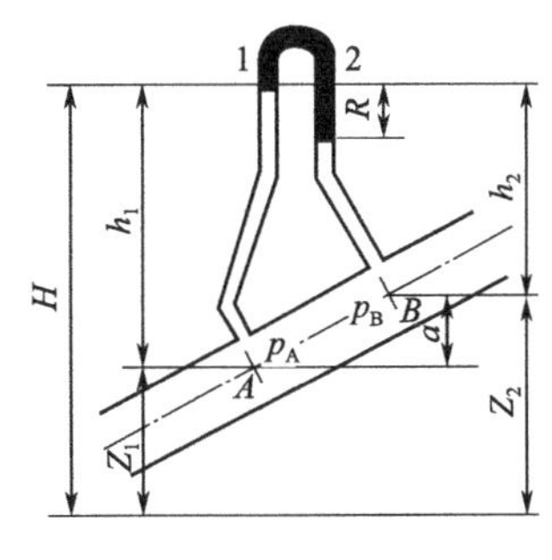

图 1-3

25. 如图 1-3 所示，在断面 A 和 B 处接一空气压差计，其读数为 R，两测压点间垂直距离为 a，则 A、B 两点间压差为________。

① $p_A - p_B = gR\rho_{指}$　　② $p_A - p_B = gR(\rho_{指} - \rho_{空})$

③ $p_A - p_B = gR(\rho_{指} - \rho_{空}) + \rho_{指}ga$　　④ $p_A - p_B = gR\rho_{空} + \rho_{空}ga$

26. 如图 1-4 所示，两容器内盛同一密度液体。当 U 形管接于 A、B 两点时，读数分别为 R_1 和 R_2。现将测压点 A 和压强计一起下移 h，则 R_1 和 R_2 的变化为________。

① R_1 增大，R_2 不变　　② R_1 不变，R_2 增大

③ R_1、R_2 均不变　　④ R_1、R_2 均增大

27. 如图 1-5 所示，在盛有密度为 ρ_0 的某气体的容器壁两侧分别接一个 U 形管压强计和双杯式微压计，U 形管压强计内指示液密度为 ρ_1，微压计使用密度为 ρ_1 和 ρ_2（$\rho_1 > \rho_2$）的两种指示液。微压计液杯直径为 D，U 形管直径为 d，则考虑杯内液面变化时，R、R_1 的表示式为________；不考虑杯内液面变化时，R、R_1 的表示式为________。

① $R = \dfrac{p - p_a}{g(\rho_1 - \rho_2) + \rho_2 g \dfrac{d^2}{D^2}}$，$R_1 = \dfrac{p - p_a}{g(\rho_1 - \rho_0)}$

② $R = \dfrac{p - p_a}{g(\rho_1 - \rho_2)}$，$R_1 = \dfrac{p - p_a}{g(\rho_1 - \rho_0)}$

③ $R = \dfrac{p - p_a}{g(\rho_1 - \rho_0)}$，$R_1 = \dfrac{p - p_a}{g(\rho_1 - \rho_0)}$

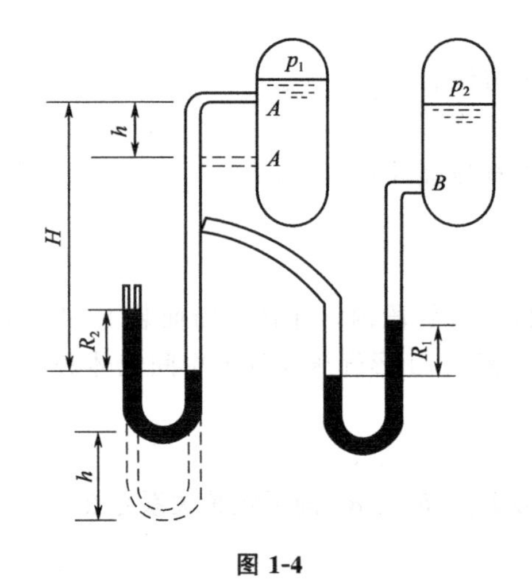

图 1-4

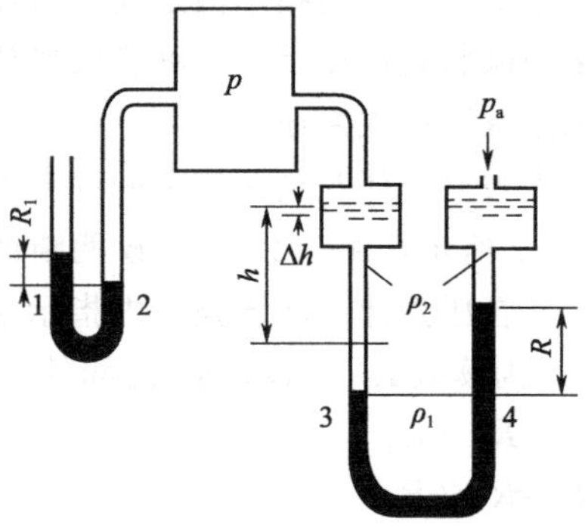

图 1-5

28. 今有两种黏度较大且相互不混溶的流体甲、乙，被装入如图 1-6 所示的连通器中，自由液面等高且与大气连通。若图示的 A、B 截面位于同一水平面，下列四组中判断合理的是________。

① $p_A > p_B$；$\rho_{甲} < \rho_{乙}$　　② $p_A < p_B$；$\rho_{甲} < \rho_{乙}$

③ $p_A = p_B$；$\rho_{甲} < \rho_{乙}$　　④ $p_A = p_B$；$\rho_{甲} = \rho_{乙}$

29. 如图 1-7 所示的 U 形管中，Ⅰ、Ⅱ、Ⅲ为密度不同的三种液体。$A-A'$、$B-B'$为等高液位面。位于同一水平面上的点 1、点 2 处静压 p_1 与 p_2 的大小为________。

① $p_1 > p_2$　　② $p_1 < p_2$　　③ $p_1 = p_2$　　④ 无法比较

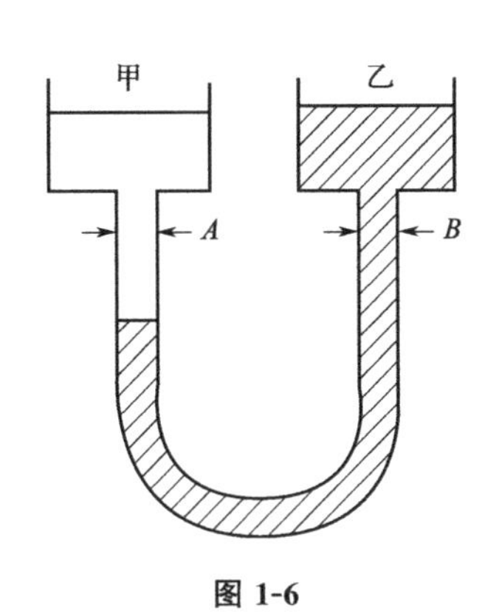

图 1-6

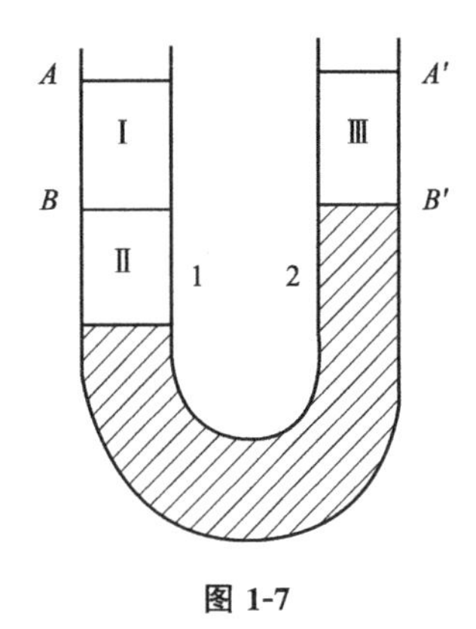

图 1-7

30. 流体流动时遵循的守恒定律有________。
① 质量守恒　② 能量守恒　③ 动量守恒

31. 不可压缩流体在均匀直管内作定态流动时，平均速度沿流动方向的变化为________。
① 增大　② 减小　③ 不变　④ 无法确定

32. 若不可压缩连续理想流体在重力场中作定态流动且流动微元在流动过程中与其他微元之间未发生机械能交换，则方程 $gZ+\frac{p}{\rho}+\frac{u^2}{2}=$常数，可用于________。
① 沿轨线的机械能衡算
② 沿流线的机械能衡算
③ 沿管流任意流段处的机械能衡算
④ 沿管流均匀流段处（流线均为平行的直线且与截面垂直）的机械能衡算

33. 将伯努利方程推广应用到实际黏性流体在管道中的流动时，需要考虑________。
① 不做任何改变
② 用截面上的平均动能代替伯努利方程中的动能项
③ 必须计入黏性流体流动时因摩擦而导致的机械能损耗（阻力损失）
④ 同时考虑②、③中所列因素

34. 对动能校正系数 α 做出正确论断的有________。
① α 是平均动能与按平均速度计算的动能之间的校正系数
② 校正系数 α 与速度分布形状有关
③ 流体在圆管内作层流流动，以平均速度计算平均动能时，校正系数 α 值等于 2.0
④ 校正系数 α 与速度分布形状无关

35. 对于不可压缩流体而言，下列有关动能校正系数 α 的表达式中错误的是________。
① $\left(\frac{\overline{u}^2}{2}\right)=\frac{\alpha\overline{u}^2}{2}$　② $\alpha=\frac{1}{\overline{u}^3 A}\int_A u^3\mathrm{d}A$　③ $\alpha=u/\overline{u}$　④ $\alpha=\frac{1}{u_{\max}A}\int_A u^3\mathrm{d}A$

36. 流体流动的流型包括________。
① 层流（滞流）　② 湍流（紊流）　③ 过渡流　④ 扰动流

37. 根据雷诺数 Re 的大小可将流体的流动区域划分为________。
① 层流区　② 过渡区　③ 湍流区　④ 开放区

38. 对湍流概念描述不正确的是________。
① 湍流时流体质点在沿管轴流动的同时还作随机的脉动

② 湍流的基本特征是出现了速度的脉动。它可用频率和平均振幅两个物理量来粗略描述，而且脉动加速了径向的动量、热量和质量的传递

③ 湍流时，动量的传递不仅起因于分子运动，而且来源于流体质点的脉动速度，故动量的传递不再服从牛顿黏性定律

④ 湍流时，若仍用牛顿黏性定律形式来表示动量的传递，则黏度和湍流黏度均为流体的物理性质

39. 流体在圆形直管中流动时，判断流型的准数为________。

① Re　　② Nu　　③ Pr　　④ Fr

40. 在高度湍流条件下，流体的流动区域由________构成。

① 湍流核心　　② 层流内层　　③ 湍流边缘　　④ 过渡层

41. 定态牛顿型流体在圆管内作层流流动时，下列各式中错误的是________。

① $\tau=\pm\mu\dfrac{\mathrm{d}u}{\mathrm{d}r}$　　② $u=u_{\max}\left[1-\left(\dfrac{r}{R}\right)^{2}\right]$

③ $\bar{u}=\dfrac{1}{2}u_{\max}$　　④ $u=0.8u_{\max}$

42. 下面一段话中，A～C处有5组不同选择，其中正确的为________。

"圆形导管内流体流动的摩擦损失，层流时与流速的A成正比，湍流时与流速的B成正比，其比例系数是雷诺数和管内壁的粗糙程度的函数。对于光滑管道，雷诺数越大，摩擦系数越C。"

	A	B	C
①	一次方	二次方	小
②	一次方	二次方	大
③	二次方	一次方	小
④	二次方	一次方	大
⑤	二次方	二分之一次方	大

43. 有一串联管道，分别由管径为d_1与d_2的两管段串接而成，$d_1<d_2$。某流体稳定流过该管道。今已知d_1管段内流体呈滞流，则流体在d_2管段内的流型为________。

① 湍流　　② 过渡流　　③ 层流　　④ 需计算确定

44. 若已知流体在不等径串联管路的最大管径段刚达湍流，则在其他较小管径段中流体的流型________。

① 必定也呈湍流　　② 可能呈湍流也可能呈滞流

③ 只能呈滞流　　④ 没有具体数据无法判断

45. 下列对边界层描述正确的是________。

① 流速降为未受边壁影响流速的99%以内的区域称为边界层

② 边界层有层流边界层和湍流边界层之分

③ 对于管流而言，仅在进口附近一段距离内（稳定段）有边界层内外之分，经稳定段后，边界层扩大到管心，汇合时，若边界层内流动是滞流，则以后的管流为滞流；若汇合之前边界层内流动为湍流，则以后的管流为湍流

④ 由于固体表面形状造成边界层分离而引起的能量损耗称为形体阻力

46. 下面有关直管阻力损失与固体表面间摩擦损失论述中错误的是________。

① 固体摩擦仅发生在接触的外表面，摩擦力大小与正压力成正比

② 直管阻力损失发生在流体内部，紧贴管壁的流体层与管壁之间并没有相对滑动

③ 实际流体由于具有黏性，其黏性作用引起的直管阻力损失也仅发生在紧贴管壁的流体层上

47. 对于无法用理论分析方法解决的问题，通过实验研究，获得经验计算式的研究方法在化工中经常使用，它由下面________组成。

① 对所研究的过程作初步的实验和尽可能的分析以列出影响过程的主要因素

② 通过无量纲化减少变量数

③ 采用函数逼近法（常以幂函数逼近待求函数）确定函数形式

④ 采用线性化方法确定参数

48. 下面论述中正确的是________。

① 量纲分析法提供了减少变量的有效手段，可大大减少实验工作量

② 任何物理方程，等式两边或方程中的每一项均具有相同的量纲，因此都可以转化为无量纲形式

③ 无量纲分析方法的使用使人们可将小尺寸模型的实验结果应用于大型装置，可将水、空气等的实验结果推广应用于其他流体

④ 使用量纲分析法时需对过程机理做深入理解

49. 下面论述中错误的是________。

① 作为基本量纲，应具备彼此独立、不能相互导出的特征

② 力学中的基本量纲有三个：质量、长度和时间

③ 热学中的基本量纲有四个：质量、长度、时间和温度

④ 无量纲化时作为初始变量的必须是基本量纲的物理量，因为这样才可保证选定初始变量的量纲互相独立，彼此间不能组成无量纲数群

50. 根据 π 定理可知下列论断中正确的是________。

① 任何物理方程必可转化为无量纲形式

② 无量纲数群的个数等于原方程的变量总数减去基本量纲数

③ 无量纲数群的个数等于基本量纲数

④ 无量纲数群具有明确的物理意义

51.“量纲一致”是“物理方程”的________。

① 必要条件　　② 充分条件　　③ 充要条件　　④ 两者无关

52. 对于流体在非圆形管中的流动来说，下列论断中错误的是________。

① 雷诺数中的直径用当量直径来代替　　② 雷诺数中的速度用当量直径求得的速度来代替

③ 雷诺数中的速度用流体的真实速度来代替

53. 下列有关局部阻力论断中错误的是________。

① 局部阻力损失是由于流道的急剧变化使边界层分离而引起的

② 局部阻力可用局部阻力系数和当量长度两种方法来进行计算

③ 在两个不同截面之间列机械能衡算式时，若所取截面不同，不会影响局部阻力的总量

54. 对于城市供水、煤气管线的铺设应尽可能属于________。

① 总管线阻力可略，支管线阻力为主　　② 总管线阻力为主，支管线阻力可以忽略

③ 总管线阻力与支管线阻力势均力敌

55. 根据具体输送任务，设计选取具体管径的步骤包括________。

① 根据总费用最小（每年的操作费用与按使用年限的设备折旧费之和最小）的原则决定最经济合理的管径

② 将① 中算出的管径根据管道标准进行圆整

③ 对小管径还需考虑结构上的限制

56. 据 λ-Re-ε/d 曲线图，除阻力平方区（即惯性阻力区）外，下列分析中错误的是________。

① 流动阻力损失占流体动能的比例随雷诺数的增大而下降

② 雷诺数增大，摩擦系数下降，流体阻力损失将减小

③ 随着雷诺数的增大，管壁粗糙度对流动的影响增强

④ 随着雷诺数的增大，流体黏度对流动的影响将相对削弱

57. 流体在圆形直管中流动时，若流动已进入完全湍流区，则摩擦系数 λ 与 Re 的关系为：________。

① Re 增加，λ 增加　　② Re 增加，λ 减小

③ Re 增加，λ 基本不变　　④ Re 增加，λ 先增加后减小

58. 有人希望使管壁光滑些，于是在管道内壁搪上一层石蜡。倘若输送任务不变，且流体呈层流流动，流动的阻力将会________。

① 不变　　② 增大

③ 减小　　④ 阻力的变化决定于流体和石蜡的浸润情况

59. 图 1-8 中，流体由 u_1 降至 u_2 的一次减速［图 1-8（b）］与由 u_1 降至 u，再由 u 降至 u_2［图 1-8（a）］的二次降速相比，________方式局部损耗大。

① 由 u_1 一次降到 u_2 局部损耗较大　　② 由 u_1 经 u 再由 u 降至 u_2 局部损耗大些

③（a）、（b）情况损耗一样　　④ 要通过计算方能比较

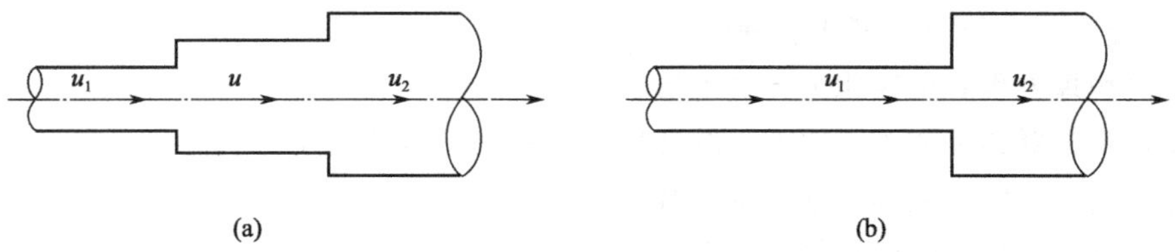

图 1-8

60. 提高流体在直管中的流速，流动的摩擦系数 λ 与沿程阻力损失 h_f 的变化规律为________。

① λ 将减小，h_f 将增大　　② λ 将增大，h_f 将减小

③ λ、h_f 都将增大　　④ λ、h_f 都将减小

61. 计算管路系统突然扩大和突然缩小的局部阻力时，速度 u 值应取________。

① 上游截面处流速　② 下游截面处流速　③ 小管中流速　④ 大管中流速

62. 如图 1-9 所示，A、B 两管段中均有液体流过，从所装的压差计显示的情况，能判断________。

① A 管段内流体的流向　　② B 管段内流体的流向

③ A、B 管段内流体的流向　　④ 无法作出任何判断

63. 如图 1-10 所示，A、B 管段流过气体（视为理想流体）时，连接在 A、B 上的压力差计

所显示的情况________。

① A 不可能出现　② B 不可能出现

③ A、B 都可能出现　④ A、B 都不可能出现

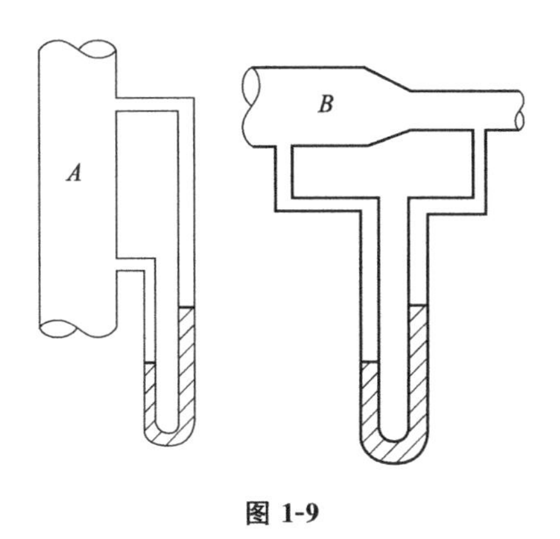

图 1-9

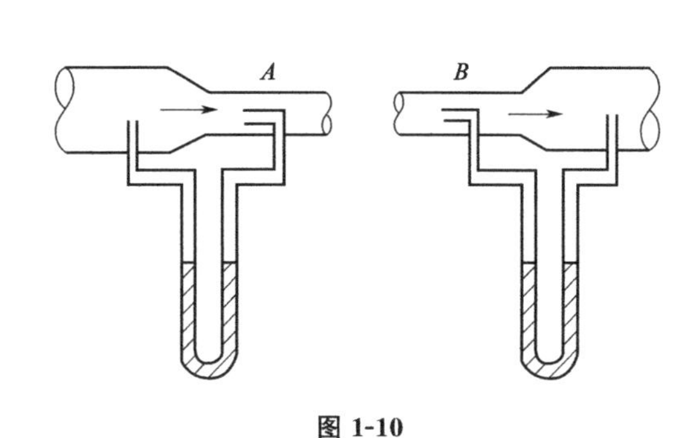

图 1-10

64. 有一套虹吸装置如图 1-11 所示。图中管段 ab、cd、ef 等长、等径，则压差 Δp_{ab}、Δp_{cd}、Δp_{ef} 的大小关系为________。

① $\Delta p_{ab} > \Delta p_{cd} > \Delta p_{ef}$　② $\Delta p_{cd} > \Delta p_{ef} > \Delta p_{ab}$

③ $\Delta p_{ef} > \Delta p_{ab} > \Delta p_{cd}$　④ $\Delta p_{ab} = \Delta p_{cd} = \Delta p_{ef}$

65. 要将某液体从 A 输送到 B（见图 1-12），可以采取用真空泵接管 2 抽吸的办法，也可用压缩空气通入管 1 压送的办法，对于同样的输送任务，流体在管路中的摩擦损失与这两种输送方式的选择关系为________。

① 抽吸输送的摩擦损失大　② 压送的摩擦损失大

③ 要具体计算才能比较　④ 这两种方式摩擦损失一样

66. 管路中流动流体的压强降 Δp 与对应沿程阻力 ρh_f 数值相等的条件是________。

① 管道等径，层流流动　② 管路平直，管道等径

③ 管路平直，层流流动　④ 管道等径，管路平直，层流流动

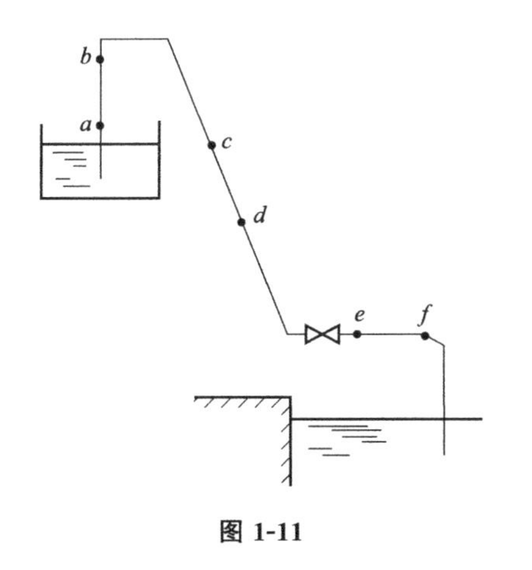

图 1-11

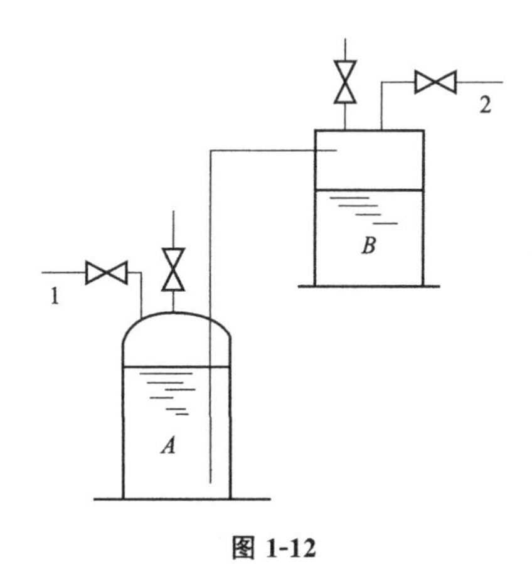

图 1-12

67. 要将流体从某设备输入图 1-13 所示设备中，进设备的管路按________安装输液能耗较低。

① (a) 种方式安装　　② (b) 种方式安装

③ (a)、(b) 方式效果一样　　④ 要根据给设备的压强而定

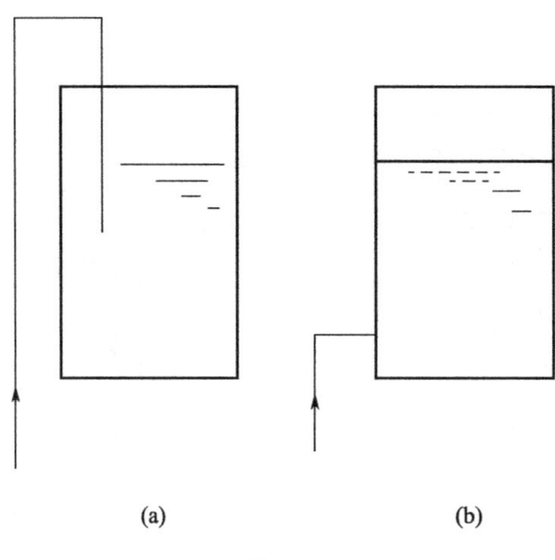

图 1-13

68. 对于分支或汇合管路，在交点处都会产生动量交换，从而造成局部能量损失和各流股间能量转移，为将能量衡算式用于分流与合流，可供采用的方法有________。

① 各流股流向明确时，可将单位质量流体跨越交点的能量变化看作流过管件（三通）的局部阻力损失。实验测定不同情况下三通的局部阻力系数

② 若三通阻力（单位质量流体流过交点的能量变化）在总阻力中所占比例甚小而可忽略（$l/d>1000$ 时），可不计三通阻力而直接跨越交点列机械能衡算式

③ 在任何情况下均可直接跨越交点列机械能衡算式

69. 对图 1-14 所示管路，流体由槽 1 流至槽 2 与槽 3，若三通阻力可略，则可列出跨越交点的机械能衡算式和质量守恒式为________。

① $$\begin{cases} \dfrac{p_1}{\rho}+gZ_1=\dfrac{p_2}{\rho}+gZ_2+\lambda\dfrac{l_1+l_2}{d_1}\dfrac{u_1^2}{2} \\ \dfrac{p_2}{\rho}+gZ_2=\dfrac{p_2}{\rho}+gZ_2+\lambda\dfrac{l_1+l_2}{d_2}\dfrac{u_2^2}{2} \\ u_1\dfrac{\pi}{4}d_1^2=u_2\dfrac{\pi}{4}d_2^2+u_3\dfrac{\pi}{4}d_3^2 \end{cases}$$

② $$\begin{cases} \dfrac{p_1}{\rho}+gZ_1=\dfrac{p_2}{\rho}+gZ_2+\lambda_1\dfrac{l_1}{d_1}\dfrac{u_1^2}{2}+\lambda_2\dfrac{l_2}{d_2}\dfrac{u_2^2}{2} \\ \dfrac{p_1}{\rho}+gZ_1=\dfrac{p_3}{\rho}+gZ_3+\lambda_1\dfrac{l_1}{d_1}\dfrac{u_1^2}{2}+\lambda_3\dfrac{l_3}{d_3}\dfrac{u_3^2}{2} \\ u_1\dfrac{\pi}{4}d_1^2=u_2\dfrac{\pi}{4}d_2^2+u_3\dfrac{\pi}{4}d_3^2 \end{cases}$$

③ $$\begin{cases} \dfrac{p_2}{\rho}+gZ_2+\lambda_2\dfrac{l_2}{d_2}\dfrac{u_2^2}{2}=\dfrac{p_3}{\rho}+gZ_3+\lambda_3\dfrac{l_3}{d_3}\dfrac{u_3^2}{2} \\ u_1d_1^2=u_2d_2^2+u_3d_3^2 \end{cases}$$

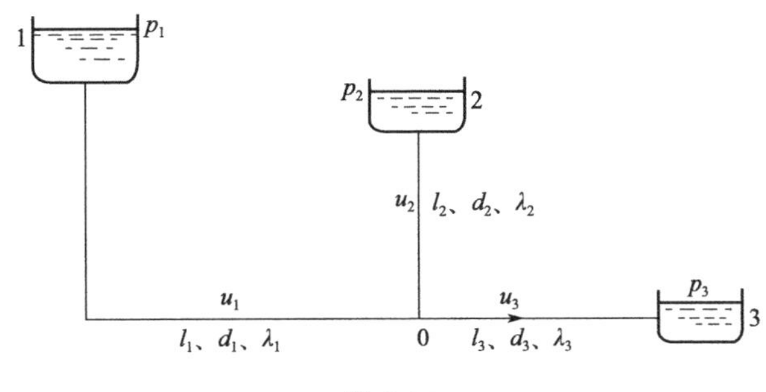

图 1-14

70. 对于图 1-15 所示的并联管路，若忽略分流点与合流点的局部阻力损失，单位质量流体从 A 流至 B，可列出机械能衡算式和质量守恒式为________。

① $\begin{cases} \dfrac{p_A}{\rho}+gZ_A+\dfrac{u_A^2}{2}=\dfrac{p_B}{\rho}+gZ_B+\dfrac{u_B^2}{2}+\lambda_1\dfrac{l_1}{d_1}\dfrac{u_1^2}{2} \\ \dfrac{p_A}{\rho}+gZ_A+\dfrac{u_A^2}{2}=\dfrac{p_B}{\rho}+gZ_B+\dfrac{u_B^2}{2}+\lambda_2\dfrac{l_2}{d_2}\dfrac{u_2^2}{2} \\ \dfrac{p_A}{\rho}+gZ_A+\dfrac{u_A^2}{2}=\dfrac{p_B}{\rho}+gZ_B+\dfrac{u_B^2}{2}+\lambda_3\dfrac{l_3}{d_3}\dfrac{u_3^2}{2} \\ \dfrac{\pi}{4}d_A^2u_A=\dfrac{\pi}{4}d_1^2u_1+\dfrac{\pi}{4}d_2^2u_2+\dfrac{\pi}{4}d_3^2u_3 \end{cases}$

② $\begin{cases} \lambda_1\dfrac{l_1}{d_1}\dfrac{u_1^2}{2}=\lambda_2\dfrac{l_2}{d_2}\dfrac{u_2^2}{2}=\lambda_3\dfrac{l_3}{d_3}\dfrac{u_3^2}{2} \\ V_A=V_1+V_2+V_3 \end{cases}$

③ $\begin{cases} \lambda_1\dfrac{l_1}{d_1}\dfrac{u_1^2}{2}=\lambda_2\dfrac{l_2}{d_2}\dfrac{u_2^2}{2}=\lambda_3\dfrac{l_3}{d_3}\dfrac{u_3^2}{2} \\ \dfrac{\pi}{4}d_A^2u_A=\dfrac{\pi}{4}d_1^2u_B+\dfrac{\pi}{4}d_2^2u_B+\dfrac{\pi}{4}d_3^2u_B \end{cases}$

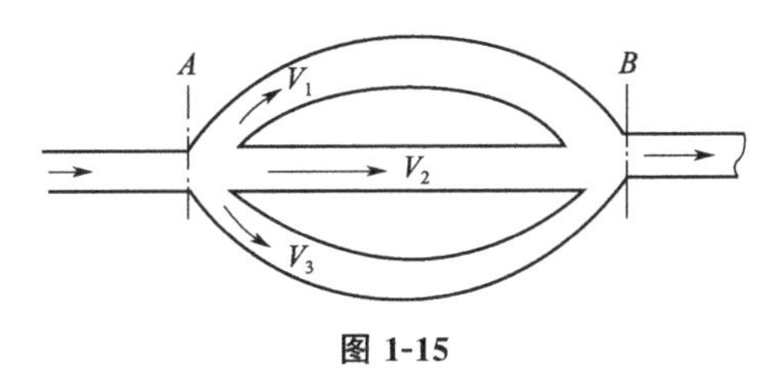

图 1-15

71. 对于等长的并联管路，下列两条分析：甲，并联管路中，管径愈大流速愈大；乙，并联管路中，管径愈大雷诺数愈大。其中成立的是________。

① 甲成立　　② 乙成立　　③ 甲、乙均成立　　④ 甲、乙均不能成立

72. 下列论断中正确的有________。

① 皮托管用于测量沿截面的速度分布，再经积分可得流量，对圆管而言，只需测量管中心处的最大流速，就可求出流量

② 孔板流量计的测量原理与皮托管相同

③ 文丘里流量计将测量管段制成渐缩渐扩管是为了避免因突然缩小和突然扩大造成的阻力损失

④ 转子流量计的显著特点为恒流速、恒压差

73. 下列两种提高孔板流量计测量精度的办法：甲，换一块孔径较小的孔板；乙，换一种密度较小的指示液。其中可行的为________。

① 甲法可行　　② 乙法可行　　③ 甲、乙法都可行　④ 甲、乙法都不可行

74. 经过标定的孔板流量计，使用较长一段时间后，孔板的孔径通常会有所增大。对此，甲认为：该孔板流量计测得的流量值将比实际流量值低。乙认为：孔板流量计使用长时间后量程将扩大。其中有道理的是________。

① 甲、乙均有道理　② 甲、乙均无道理　③ 甲有道理　　④ 乙有道理

75. 判断下列关于转子流量计测量原理的两种论述：甲，无论转子悬浮在什么位置（量程范围以内），转子上下的流体压差是不变的；乙，无论转子悬浮在什么位置，流体经过转子时的能量转换值是大致相等的。其中正确的是________。

① 甲、乙都正确　② 甲、乙均不正确　③ 甲正确　　④ 乙正确

76. 为扩大转子流量计的测量范围（量程），甲采取稍稍切削转子直径的办法，乙采取换一个密度更大的转子的办法。其中可行的是________。

① 甲、乙都可行　② 甲、乙都不可行　③ 甲可行　　④ 乙可行

77. 可利用动量守恒定律有效地解决问题的情况为________。

① 控制体内流体所受作用力能正确地确定

② 控制体内主要的外力可以确定而次要的外力可以忽略

③ 需要得到流体对壁面的作用力大小

④ 任何情况

78. 如图 1-16 所示装置，p_a 为大气压，K 阀关闭，装置内液面上的压强为 p，体系平衡。当打开装置右侧放水阀后，水不断放出，空气则自动由 C 管充入装置（如图 1-16 所示气泡）。如果此时打开 K 阀，装置左侧 A、B 管内液面情况为________。

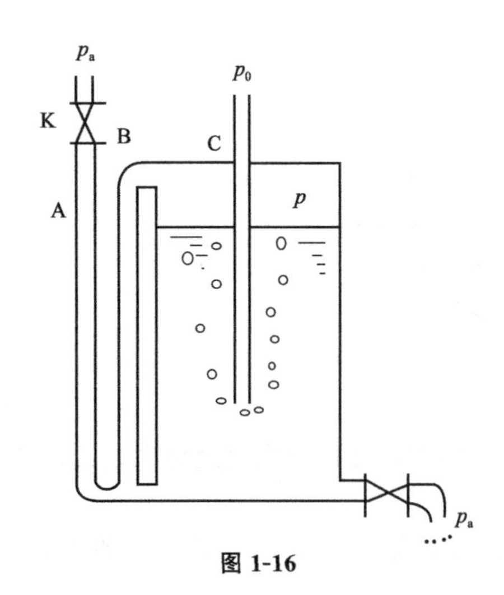

图 1-16

① K 阀开启后，A、B 管液面将与装置内液面等高

② A 管液面将稳定在与 C 管下端等高处，B 管液面与装置内液面等高

③ K 阀一打开，空气将从 A 管充入装置，A、B 内无液体

④ 将出现不属于上述①、②、③ 的其他情况

79. 图 1-17 是对图 1-16 装置放液过程的四种定性描述。图示中错误的为________。

图 1-17 坐标说明：p 为装置内液面上的瞬时气压（绝对压力）；q_V 为放液阀处液体流出的瞬时体积流量；h 为装置内液面至容器底的瞬时高度；t 为从放水阀开启后经过的时间。

80. 液体在不等径管道中稳定流动时，管道的体积流量 q_V、质量流量 q_m、管道平均流速 u、平均质量流速 G 四个流动参数中，不发生变化的为________。

① G、u　　② q_V、G　　③ q_m、u　　④ q_V、q_m

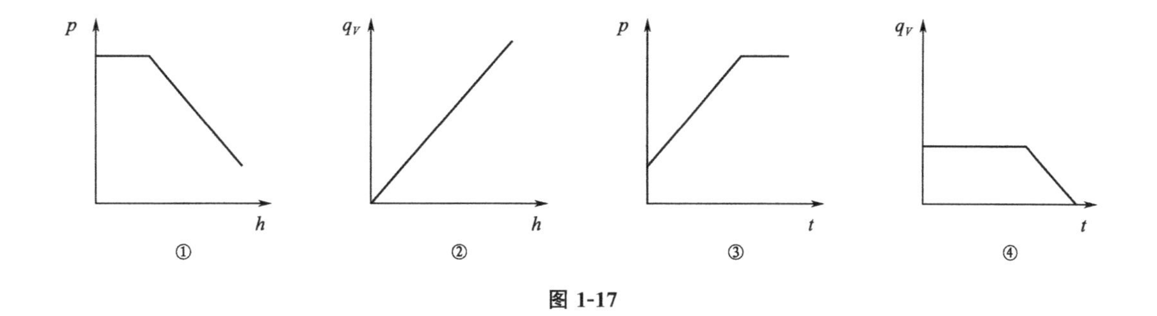

图 1-17

81. 水从水平管中流过，以U形管压差计测量两点间的压强差（如图1-18所示）。U形管下部为指示液。1-2、3-4、5-6、7-8、9-10均为水平线。试判断：p_1 与 p_2 之间的关系为________。

① $p_1>p_2$　　② $p_2>p_1$

③ $p_1=p_2$　　④ p_1 与 p_2 之间关系无法确定

82. 用管子从液面维持恒定的高位槽中放水，水管有两个出口（如图1-19所示），各段管的直径相同，两支管的出口与贮槽液面之间的垂直距离相等。设两管中的摩擦系数相等，即 $\lambda_A=\lambda_B$。当两阀全开时，A、B两管中流量之间的关系为________。

① $q_{VA}>q_{VB}$　　② $q_{VA}<q_{VB}$

③ $q_{VA}=q_{VB}$　　④ 两者之间关系无法确定

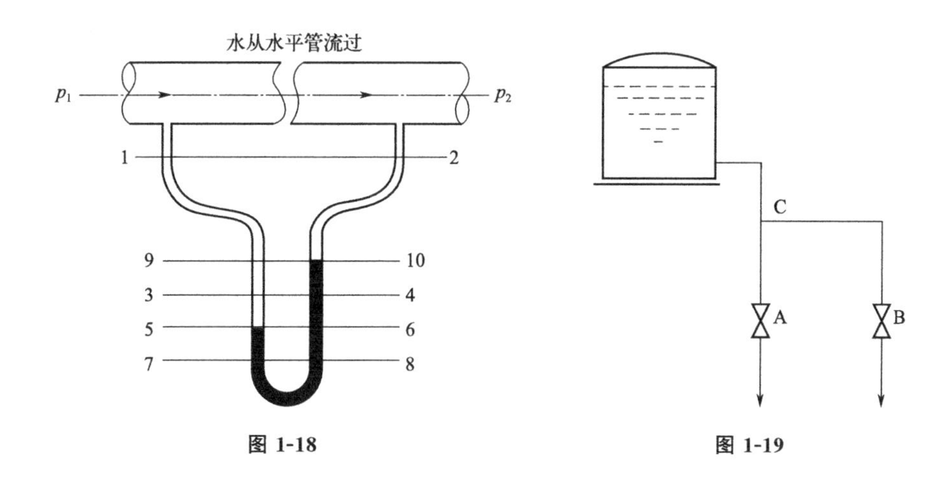

图 1-18　　图 1-19

二、填空

1. 根据流体流动的连续性假定，流体是由________组成的________介质。
2. 牛顿黏性定律的表达式为________。
3. 牛顿黏性定律适用于牛顿型流体，且流体应呈________流动。
4. 气体的黏度随温度的升高而________，水的黏度随温度的升高而________。
5. 根据雷诺数的大小可将流体的流动所处的区域分为________区、过渡区和________区。
6. 流体在管内作湍流流动时，从管中心到管壁可以分为________、________、________三层。

7. 管内流体层流的主要特点是________；湍流的主要特点是________。

8. 水在管路中流动时，常用流速范围为________m/s，低压气体在管路中流动时，常用流速范围为________m/s。

9. 由实验确定直管摩擦系数 λ 与 Re 的关系。层流区，摩擦系数 λ 与管壁________无关，λ 和 Re 的关系为________。湍流区，摩擦系数 λ 与________及________都有关。而在完全湍流区，摩擦系数 λ 与________无关，仅与________有关。

10. 无论层流或湍流，在管道任意截面流体质点的速度沿管径而变，管壁处速度为______，管中心处速度为______。层流时，圆管内的平均速度 u 为最大速度 u_{max} 的________倍。

11. 在流动系统中，若截面上流体流速、压强、密度等仅随________改变，不随________而变，称为稳定流动；若以上各量既随________改变，又随________而变，称为不稳定流动。

12. 流体流动局部阻力的两种计算方法分别为________和________。

13. 流体定态流动时的连续性方程是________；圆形直管内不可压缩流体流动的连续性方程可表示为________。

14. 测定流量常用的流量计有________、________、________。

15. 孔板流量计的流量系数 C_0 的大小，主要与________和________有关，当________超过某一值后为常数。

16. 流量增大时，流体流经转子流量计的阻力损失________。

17. 用管子从高位槽放水，当管径增大1倍，则水的流量为原流量的________倍。假定液面高度、管长、局部阻力及摩擦系数均不变，且管路出口处的流体动能项可忽略。

三、计算

1. $1kgf/cm^2=$________mmHg=________N/m^2。

2. 在25℃和1大气压下，CO_2 在空气中的分子扩散系数 D 等于 $0.164cm^2/s$，将此数据换算成以 m^2/h 为单位，正确的答案应为________。

① $0.164m^2/h$　　② $0.0164m^2/h$　　③ $0.005904m^2/h$　　④ $0.05904m^2/h$

3. 已知通用气体常数 $R=82.06\dfrac{atm\cdot cm^3}{mol\cdot K}$，将此数据换算成 $\dfrac{kJ}{kmol\cdot K}$ 单位所表示的量，正确的答案应为________。（1atm=101325Pa，余同）

① 8.02　　② 82.06　　③ 8.31473　　④ 83.1473

4. 已知某工厂炼焦煤气的组成为：CO_2 1.8%，C_2H_4 2%，O_2 0.7%，CO 6.5%，CH_4 24%，H_2 58%，N_2 7%（以上均为体积分数）。查得在标准状态下，各组分气体的密度分别为：$\rho_{0CO_2}=1.976kg/m^3$，$\rho_{0C_2H_4}=1.261kg/m^3$，$\rho_{0O_2}=1.429kg/m^3$，$\rho_{0CO}=1.250kg/m^3$，$\rho_{0CH_4}=0.717kg/m^3$，$\rho_{0H_2}=0.0899kg/m^3$，$\rho_{0N_2}=1.251kg/m^3$。则该煤气在780mmHg及25℃时的密度为________kg/m^3。

① 1.0　　② 0.78　　③ 0.346　　④ 0.436

5. 汽油、轻油、柴油的密度分别为 $700kg/m^3$、$760kg/m^3$、$900kg/m^3$。将它们以0.2、0.3、0.5的质量分数混合后所得混合物的密度为________kg/m^3。

① 730　　② 818　　③ 809　　④ 860

6. 若5题中的0.2、0.3、0.5为体积分数，则混合物密度应为________kg/m^3。

① 730　　② 818　　③ 809　　④ 831

7. 在 400℃、740mmHg 下，体积分数为 0.13、0.11、0.76 的 CO_2、H_2O、N_2 气体组成的烟道气的密度为________kg/m^3。

① 0.562　　② 0.701　　③ 0.412　　④ 0.511

8. 假如 7 题中 0.13、0.11、0.76 为质量分数，则烟道气的密度为________kg/m^3。

① 0.562　　② 0.701　　③ 0.487　　④ 0.511

9. 已知－20℃时戊烷与辛烷的黏度分别为 0.34cP 和 0.86cP。则由摩尔分数分别为 0.32 和 0.68 的戊烷和辛烷组成的不互溶混合液体在－20℃下的黏度值约为________cP（$1cP=10^{-3}Pa\cdot s$）。

① 0.52　　② 0.68　　③ 0.64　　④ 0.73

10. 已知 400℃常压下 O_2 和 N_2 的黏度分别为 0.0382cP 和 0.0322cP。若把空气近似看成 21%的 O_2 和 79%的 N_2 组成的混合物（体积分数），则 400℃常压下空气的黏度值约为________cP。

① 0.0366　　② 0.0354　　③ 0.0335　　④ 0.0326

11. 兰州市平均气压为 85.3×10^3Pa，天津市则为 101.33×10^3Pa。在天津市操作的设备内的真空表读数为 80×10^3Pa，若想维持相同的绝对压强，该设备在兰州市操作时真空表的读数应为________Pa。

① 5300　　② 8530　　③ 1013　　④ 63970

12. 20℃水在内径为 100mm 的管道中流过时，其质量流量为 $5\times10^4kg/h$，则其体积流量为________m^3/h，流速为________m/s，质量流速为________$kg/(m^2\cdot s)$（假定水的密度为 $1000kg/m^3$）。

13. 某水泵进口管处真空表的读数为 650mmHg，出口管处压力表的读数为 2.5at。则该水泵前后水的压差为________kPa。

① 1.5×10^2　　② 329.86　　③ 250　　④ 229.86

14. 空气在标准状态下的密度为 $1.29kg/m^3$，在 0.25MPa（绝对压力）下，80℃时的空气密度为________。

15. 某种液体的黏度为 1cP，则下列黏度值与它不相等的是________。

① $1\times10^{-3}mPa\cdot s$　　② $1\times10^{-3}kg/(m\cdot s)$

③ $1\times10^{-3}N\cdot s/m^2$　　④ $1\times10^{-3}kgf\cdot s/m^2$

16. 如图 1-20 所示，某抽真空系统装一个真空表，真空度是 8.3×10^4Pa。则①抽真空系统绝对压强为________Pa；②水封高度 h 为________m。

17. 若当地大气压强为一个标准大气压，下列比较中正确的是________。

p_1（表压）＝－0.4atm；p_2（真空度）＝400mmHg；p_3（绝对压力）$=4000N/m^2$

① $p_1>p_2>p_3$　　② $p_2>p_1>p_3$

③ $p_3>p_2>p_1$　　④ $p_1>p_3>p_2$

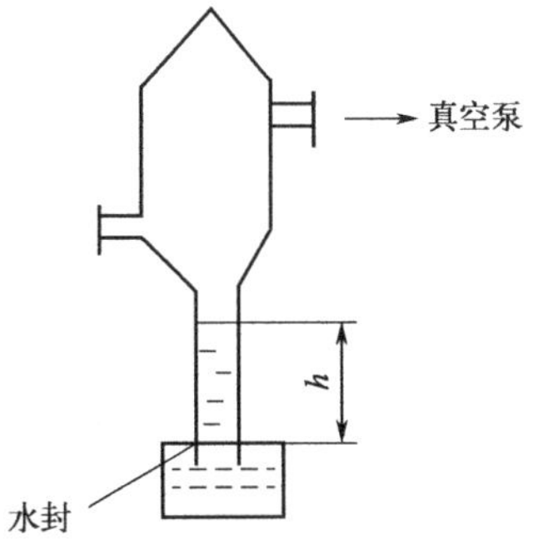

18. 黏度为 $0.1Pa\cdot s$，密度为 $800kg/m^3$ 的油品在 $\Phi108mm\times4mm$ 的钢管内流动，在任一截面上的速度分布可表示为 $U_r=25y-180y^2$。式中，y 为截面

图 1-20

上任意一点距管壁的径向距离，m；U_r 为该点上的流速，m/s；则管中心处的流速U_0＝________m/s；截面上的平均速度 U＝________m/s；管壁处的剪应力 τ＝________N/m^2。

19. 如图 1-21 所示测压装置，$\rho_{空气}=1.2kg/m^3$，$\rho_{H_2O}=1000kg/m^3$，$\rho_{汞}=13600kg/m^3$，则 p_0 为________Pa（表压）。

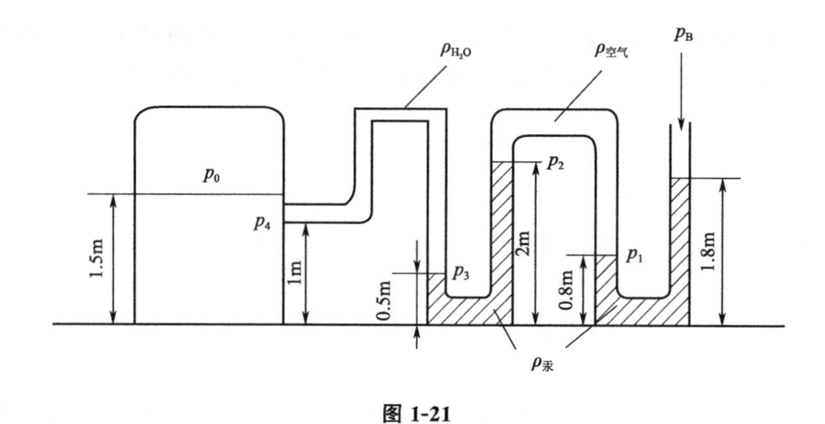

图 1-21

20. 水平导管上的两点接一盛有水银的 U 形管压差计（如图 1-22 所示），压差计读数为 26mmHg。如果导管内流经的是水，在此种情况下压差计所指示的压强差为______kPa。
① 2.6　　② 3.2　　③ 3.5　　④ 2.2

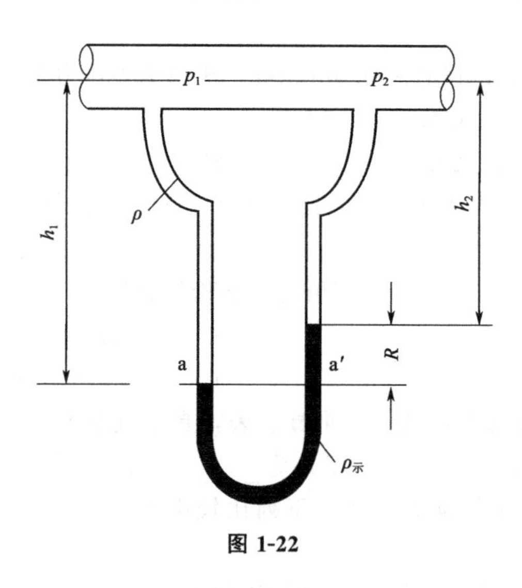

图 1-22

21. 若 20 题中导管内流经的是 20℃、1atm 下的空气，则压差计所指示的压强差为______kPa。
① 2.6　　② 3.2　　③ 3.5　　④ 2.2

22. 图 1-23 所示为某工厂远距离测量贮槽内溶液液位的装置。自管口通入的压缩空气，其流量用调节阀调节，在鼓泡观察瓶 1 里可以看到有气泡缓慢鼓出时，表示压缩空气已通到容器（贮槽）的底部放出，也表示管出口处空气的压强与该处流体的压强相等。此时管出口的压强便可用压差计 2 的读数表示，由此便可算出贮槽内液面到管出口的距离 h。

现已知 U 形管压差计的指示液为水银，其读数 R 为 100mm，贮槽内溶液密度为 1250kg/m^3，贮槽上方与大气相通。则贮槽内液面离吹气管出口的距离 h 为________m。

① 1.09　　② 2.09　　③ 0.55　　④ 1.19

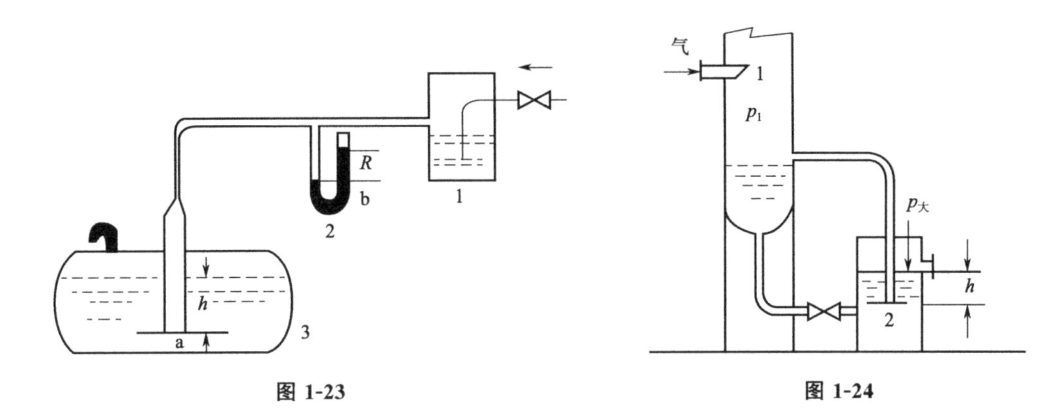

图 1-23　　图 1-24

23. 图 1-24 为某工厂洗涤塔的液封装置示意图。它在正常操作时，能达到只让水排走，而不让气体冲出的目的。在不正常情况下，还可起到安全的作用。若塔内压强不允许超过 50mmHg（表压），则液封高度 h 为________m。

① 0.5　　② 0.68　　③ 0.78　　④ 0.38

24. 图 1-25 为某工厂油水分离器，油层深度 $h_1=0.7$m，密度 $\rho_1=790$kg/m^3，水层深度 $h_2=0.6$m，密度 $\rho_2=1000$kg/m^3，为了维持界面恒定，采用 Ⅱ 形管溢流装置。若忽略流体在管内的阻力，则 Ⅱ 形管溢流口的高度 h 应为________m。

① 1　　② 1.5　　③ 1.153　　④ 1.173

25. 图 1-26 所示的贮油罐中盛有密度为 960kg/m^3 的油品，油面高于罐底 9.6m，油面上方为常压，罐侧壁下部有一个直径为 0.6m 的圆孔盖，其中心离罐底 0.8m。则作用于孔盖上的力为________kN。

① 9600　　② 8000　　③ 82870　　④ 23.4

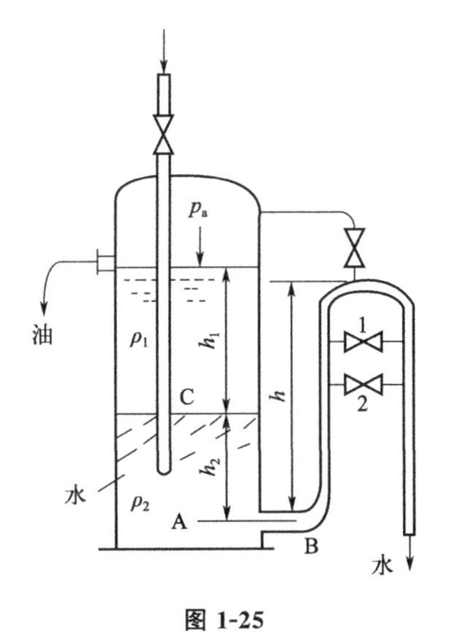

图 1-25

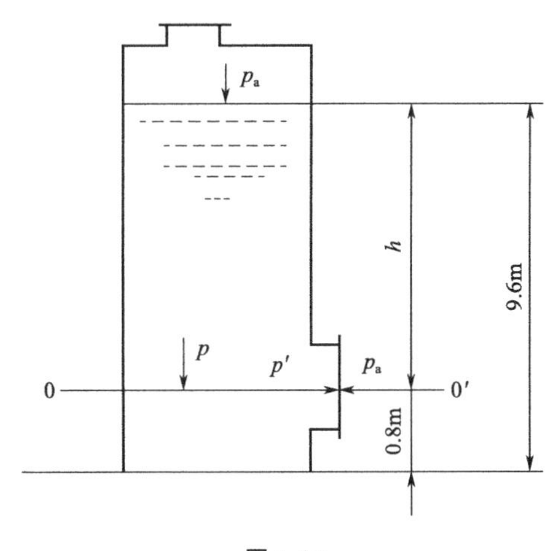

图 1-26

26. 用U形管压差计测量气体管路上两点间的压强差，指示液为水，其密度 $\rho_{示}$ 为 $1000kg/m^3$，读数为12mm。为了放大读数，改用微差压差计，如图1-27所示，其中指示液A是含40%酒精的水溶液，密度 ρ_A 为 $920kg/m^3$；指示液B是煤油，密度 ρ_B 为 $850kg/m^3$。则读数可扩大到________倍。

① 12　　② 14　　③ 14.3　　④ 16.3

27. 如图1-28所示，在静止的水中分别插入三根细玻璃管Ⅰ、Ⅱ、Ⅲ。Ⅰ管中水面与外面水的自由表面等高；Ⅱ管中水面低于自由表面100cm；Ⅲ管中水面高出自由表面100cm。如果作用在自由表面上的大气压力 $p_a=9.81\times10^4Pa$，则各管中的绝对压强分别为：$p_1=$________N/m^2，$p_2=$________N/m^2，$p_3=$________N/m^2。

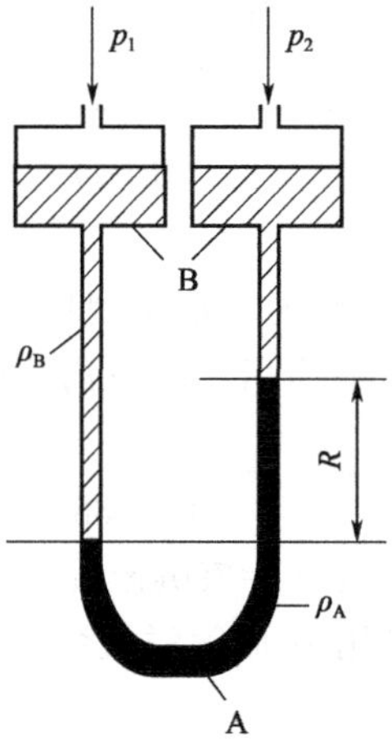

图 1-27

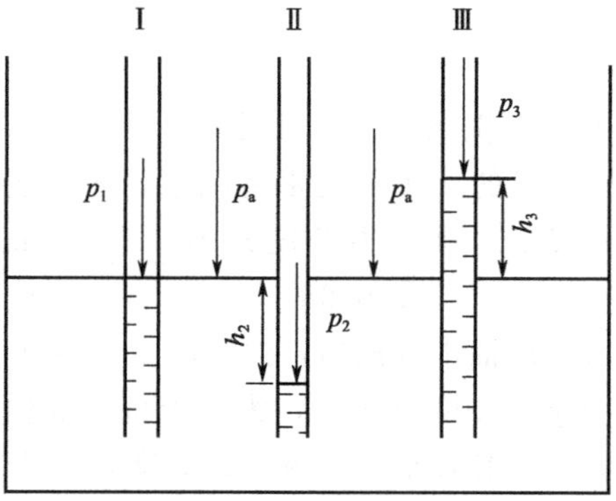

图 1-28

28. 用微差压差计测量两点间空气的压强差，读数为320mm。由于侧臂上的两个扩大室截面积不够大，致使室内两液面产生4mm的高度差（见图1-29），则实际的压强差为________Pa。

① 300　　② 318.2　　③ 218.2　　④ 282.5

29. 若在28题计算时不考虑两室内液面有高度差，则产生的误差为________%。

① 4　　② 11.2　　③ 35.7　　④ 8.2

30. 水以一定流速流经如图1-30所示文丘里管，在喉颈处接一支管与下部水槽相通。已知起始时 $p_2=60.8\times10^3N/m^2$。若忽略文丘里管的阻力损失，则垂直支管中水流的流向为________。

① 向上　　② 向下　　③ 不动　　④ 无法判断

31. 某圆管内的断面速度分布为 $u_r=2\left(1-\frac{r}{R}\right)^{\frac{1}{7}}$，则根据流量相等原则可求得平均速度为________m/s。

① 2.0　　② 1.5　　③ 1.68　　④ 1.63

32. 常温下水的密度为 $1000kg/m^3$，黏度为1cP，水在 $d_{内}$ 为100mm的管内以3m/s的速度流动，则其流动类型为________。

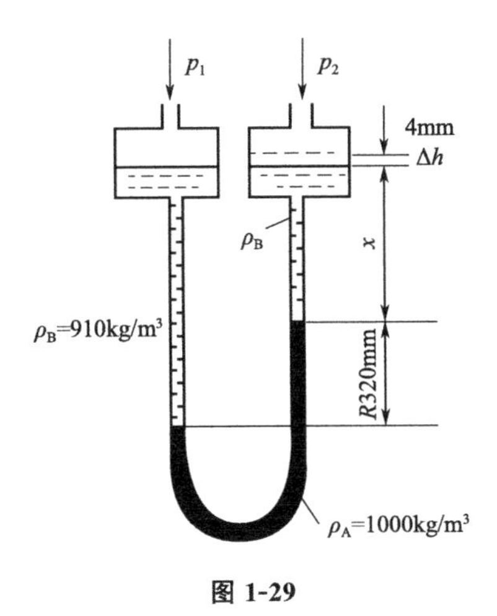

图 1-29

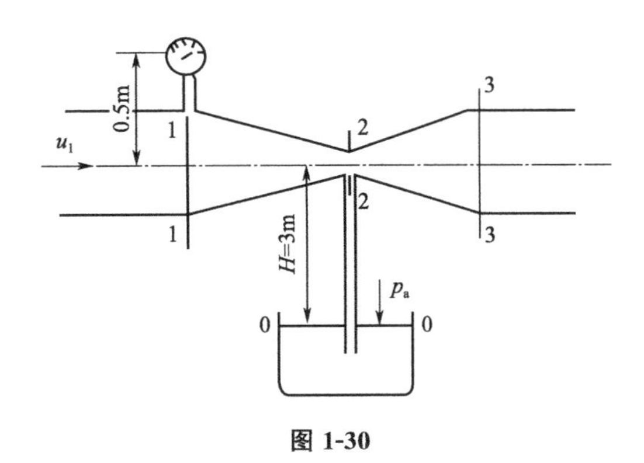

图 1-30

33. 20℃常压下自来水在 Φ60mm×3.5mm 的管内保持湍流流动时的最小流速为________ m/s（$\rho_{水}=1000\text{kg/m}^3$，$\mu=1\text{cP}$）。

34. 某油品连续稳定地流过一异径管。细管直径为 Φ57mm×3.5mm，油品通过细管的流速为 $u=1.96$m/s，粗管直径为 Φ76mm×3mm。则油品通过粗管的雷诺数为________（油品的密度为 900kg/m^3，黏度为 $7\times10^{-2}\text{Pa}\cdot\text{s}$）。

① 900　　② 960　　③ 570　　④ 800

35. 血液的运动黏度是水的 5 倍。如果要用水在内径为 1cm 的管道中模拟血液在内径为 6mm 血管里，以 15cm/s 流速流动的动力学情况，水速应取数值为________。

① 18cm/s　　② 3.6cm/s　　③ 1.8cm/s　　④ 9cm/s

36. 石油在水平等径管段中流动。当石油流速为 10m/s 时，测得该管段的压强差 Δp 为 80mmH_2O。而石油流速为 8m/s 时，测得该管段的压强差为 50mmH_2O，则该管段内石油流型为________。

① 层流　　② 过渡流　　③ 湍流　　④ 强制湍流

37. 20℃的水通过 10m 长，$d_{内}=100$mm 的水平钢管，流量 $q_V=10\text{m}^3/\text{h}$，阻力系数 $\lambda=0.02$，则阻力降 $\Delta p=$________。

38. 流体在圆形直管中层流流动时，平均流速增大 1 倍，其能量损失为原来损失的______倍。

39. 用 U 形管压差计（汞为指示液，$\rho_{Hg}=13600\text{kg/m}^3$）测量一段水平直管内的流动阻力。两测压口之间的距离为 3m，压差计读数为 $R=20$mm。若将该管垂直放置，管内气体从下向上流动（流速不变，气体密度为 1.2kg/m^3），则垂直放置时压差计读数 $R'=$________mm，气体流经该管段的能量损失 $h_f=$________J/kg。

40. 在滞流情况下，一圆形水平管输送一种液体，管长 L，体积流量 q_V 不变，仅管径 d 变为原来的 1.1 倍，阻力降 Δp 变为原来的________%。

41. 某液体在内径为 d_1 的管路中稳定流动，其平均流速为 u_1，当它以相同的体积流量通过内径为 d_2（$d_2=d_1/2$）的管路时，则其平均流速为原来的________。

① 2 倍　　② 4 倍　　③ 8 倍　　④ 16 倍

42. 直径为 D 的活塞将缸内的不可压缩液体从直径为 d 的细管中排出，若活塞的移动速度增加 1 倍，则细管中液体速度的增加倍数为（假设保证满流）________。

① 1 倍　　　　　② 2 倍　　　　　③ 4 倍　　　　　④ 0.5 倍

43. 在下面两种情况下，假如流体的流量不变，而圆形直管的直径减少 1/2，则因直管阻力引起的压降损失各为原来的多少倍？

(1) 两种情况都为层流________；(2) 两种情况都在阻力平方区________。

44. 流体流动时，管径和管长都不变，而流体的流量增加 1 倍（摩擦阻力系数可以认为不变，流动为湍流），则阻力增加的倍数为______；若 λ 是变化的（可按 $\lambda=0.3164/Re^{0.25}$ 考虑），则阻力增加的倍数为________；若流动为层流，则阻力增加的倍数为________。

45. 牛顿型流体在直管中呈滞流时，摩擦系数 λ 不可能为下列中的________。

① 0.055　　　　② 0.045　　　　③ 0.035　　　　④ 0.015

46. 平直串接的两管道Ⅰ、Ⅱ，已知管道Ⅰ的长度为管道Ⅱ的 2 倍，而管道Ⅰ的管径为管道Ⅱ管径的一半。倘若流体流经该串联管路，流体在两管道内的沿程损失之比 $(h_f)_{\mathrm{I}}/(h_f)_{\mathrm{II}}$ 等于________。

① 流体未知，流型未定，无法断定比值　② 8

③ 16　　　　④ 32

47. 水平串接的两直管道Ⅰ、Ⅱ，已知管径 $d_{\mathrm{I}}=d_{\mathrm{II}}/2$，流体在管道Ⅰ中的雷诺数 $Re_{\mathrm{I}}=1800$，管道Ⅰ长为 100m。今测得某流体流经管道Ⅰ的压降为 0.64m 液柱，流经管道Ⅱ的压降为 64mm 液柱，则管道Ⅱ的长度为________。

① 80m　　　　② 100m　　　　③ 140m　　　　④ 160m

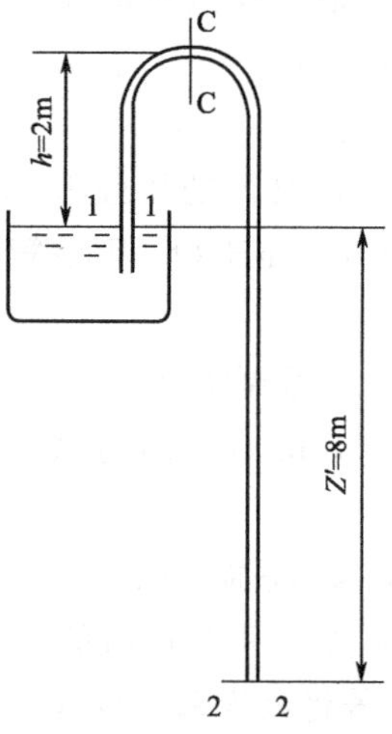

图 1-31

48. 如图 1-31 所示，用一虹吸管将水从池中吸出，水池液面与虹吸管出口的垂直距离为 8m。若将水视为理想流体，此时出口流速为________m/s（操作条件下大气压为 760mmHg，水的饱和蒸气压 $p_V=4242\mathrm{N/m^2}$）。

① 9.9　　② 10　　③ 14　　④ 12.4

49. 水在内径为 100mm、长度为 50m 的光滑管内流动，在此管路上安装有 5 个标准 90° 弯头，两个球心阀（截止阀），一个转子流量计。水的体积流量为 $28.26\mathrm{m^3/h}$。该条件下阻力系数 $\lambda=0.0184$，水的密度 $\rho=1000\mathrm{kg/m^3}$，黏度 $\mu=1.00\times10^{-3}\mathrm{Pa\cdot s}$，查得各管件的当量长度 $l_{当}$ 如下：

5 个标准 90°弯头　　$l_{当}=5\times35\times0.100=17.5\mathrm{m}$

2 个球心阀　　$l_{当}=2\times300\times0.100=60.0\mathrm{m}$

1 个转子流量计　　$l_{当}=1\times300\times0.100=30.0\mathrm{m}$

则该管路上的压降为________Pa。

① 14500　② 4600　③ 53200　④ 1600

50. 相对密度为 1.1 的某水溶液，由贮槽经 20m 长的直管流进另一个大贮槽。管路为 $\Phi114\mathrm{mm}\times4\mathrm{mm}$ 钢管。其上有两个 90° 标准弯头和一个全开闸阀。溶液在管内的流速为 1m/s，该状况下 $\lambda=0.0214$，黏度为 1cP。总损失压头 $h_{损}$ 为________m。已查得局部阻力系数 ξ，如表 1-1 所列。

① 0.72　　　　② 0.366　　　　③ 0.212　　　　④ 0.1603

表 1-1　局部阻力系数

项目	局部阻力	局部阻力系数 ξ	当量长度 $l_{当}$
1	由贮槽流进管口	0.5	$20d$
2	两个 90°标准弯头	$2\times0.75=1.5$	$2\times40d=80d$
3	一个全开闸阀	0.17	$7d$
4	由管口流进贮槽	1.0	$40d$
Σ		3.17	$147d$

51. 输油管路如图 1-32 所示，未装流量计，但在 A 和 B 两点分别测得压强 $p_A=1.5\times10^5$Pa，$p_B=1.46\times10^5$Pa，管道中油的流量为________ m^3/h。已知管为 Φ89mm×4mm，A、B 间距 40m，其中弯曲部分管道 $l_e=19.4$m，$\mu_{油}=121$cP，$\rho=820kg/m^3$。

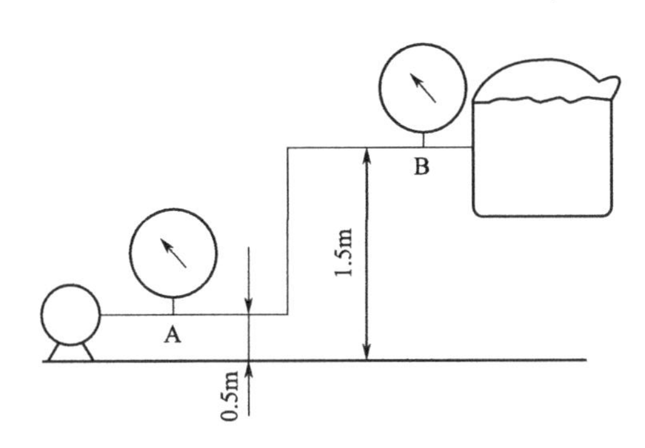

图 1-32

52. 20℃的水在管径为 100mm 的直管中流动，$\lambda=0.32Re^{-0.2}$。管上 A、B 两点间的距离为 10m，水速为 2m/s。A、B 间接一个 U 形压差计，如图 1-33 所示，指示液为 CCl_4，其密度为 $1630kg/m^3$。U 形管与管子的接管中充满水。求下列三种情况下：

① A、B 两点间的压差：

图（a）：________ N/m^2；图（b）：________ N/m^2；图（c）：________ N/m^2。

② U 形管中指示液读数 R：

图（a）：________ m；图（b）：________ m；图（c）：________ m。

③ U 形管中指示液高的一侧（左侧或右侧）为：

图（a）：________；图（b）：________；图（c）：________。

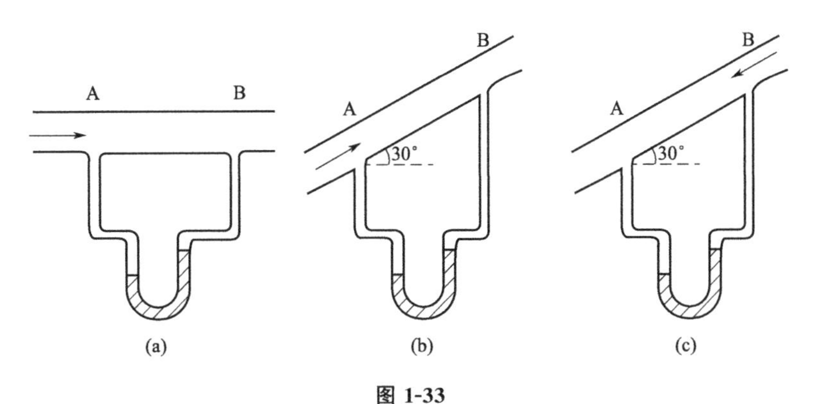

图 1-33

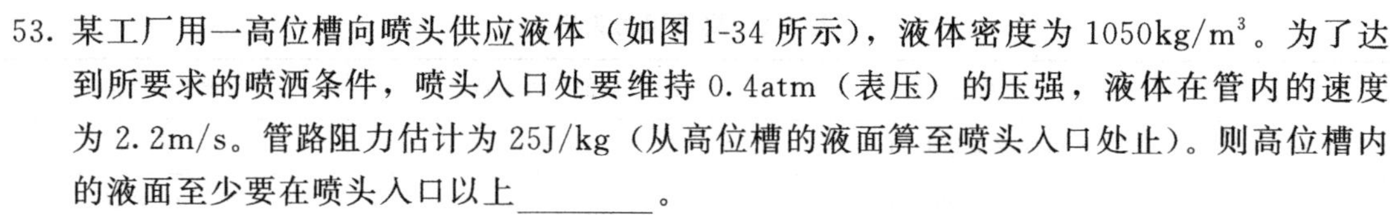

53. 某工厂用一高位槽向喷头供应液体（如图 1-34 所示），液体密度为 1050kg/m^3。为了达到所要求的喷洒条件，喷头入口处要维持 0.4atm（表压）的压强，液体在管内的速度为 2.2m/s。管路阻力估计为 25J/kg（从高位槽的液面算至喷头入口处止）。则高位槽内的液面至少要在喷头入口以上________。

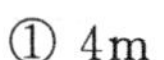

① 4m　　② 5m　　③ 6.73m　　④ 4.84m

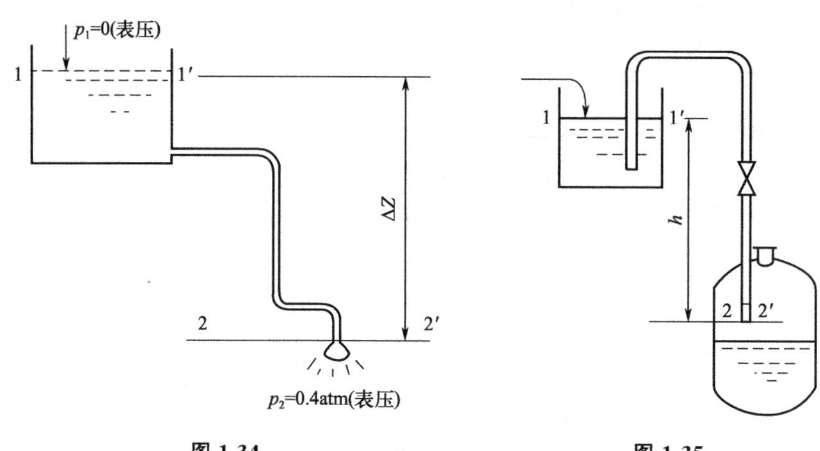

图 1-34　　图 1-35

54. 某工厂用虹吸管从高位槽向反应器加料（如图 1-35 所示），液面上方均为大气压。要求料液在管内以 1m/s 的流速流动。设料液在管内的压头损失为 2m 液柱，则高位槽的液面应比虹吸管出口高出________m。

① 1.05　　② 2.05　　③ 2　　④ 4

55. 某工厂用喷射泵吸收氨以制取浓氨水（如图 1-36 所示）。导管中稀氨水的流量为 10t/h。稀氨水入口处的压强为 1.5kgf/cm^2（表压），稀氨水密度为 1000kg/m^3，压头损失可忽略不计，则喷嘴出口（2-2′截面）处的绝对压强为________mmHg。

① 1400　　② 232　　③ 528　　④ 760

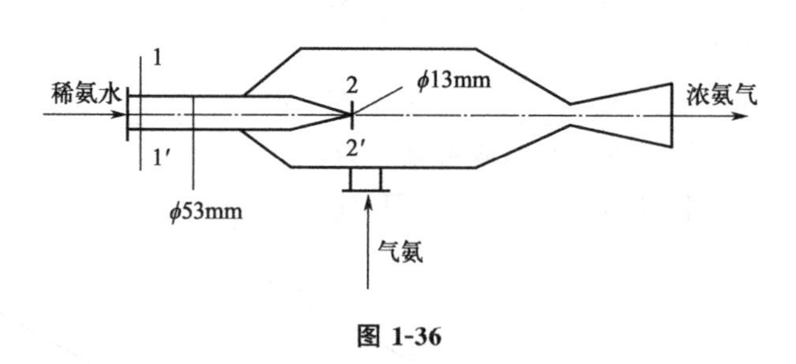

图 1-36

56. 某化工厂的输水系统如图 1-37 所示。已知出口处管径为 Φ44mm×2mm，图中所示管段部分总阻力为 $3.2\dfrac{u_{出}^2}{2g}$，其他尺寸见图中所注，则水的体积流量为________m^3/h。

① 44　　② 21.84　　③ 31.84　　④ 19.32

57. 在 56 题中，若欲使水的体积流量增加 20%，应将水箱水面升高________m。

① 0.2　　② 2.20　　③ 3.20　　④ 0.022

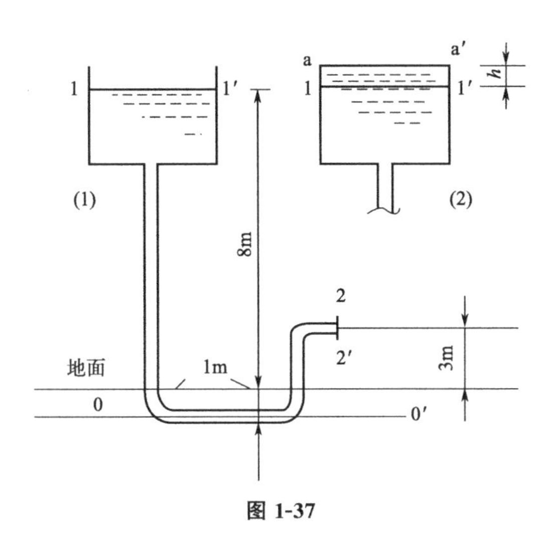

图 1-37

58. 将相对密度为 0.850 的油品从贮槽 A 放至另一贮槽 B（如图 1-38 所示），两贮槽间连接管长为 1000m（包括局部阻力的当量长度），管子内径为 0.20m，两贮油槽液面位差为 6m，油的黏度为 $0.1\text{N}\cdot\text{s/m}^2$。此管路系统的输油量为________$\text{m}^3/\text{h}$。

① 54　② 70.7　③ 54.7　④ 32.6

59. 图 1-39 所示为一液体流动系统，AB 段管长为 40m，内径为 68mm，BC 段管长为 10m（管长均包括局部阻力的当量长度），内径为 40mm；高位槽内的液面恒定，液体密度为 900kg/m^3，黏度为 $0.03\text{N}\cdot\text{s/m}^2$，管路出口流速为 1.5m/s。则高位槽的液面与管子出口的高度差 Z 应为________m。

① 1.52　② 1.62　③ 1.82　④ 2.62

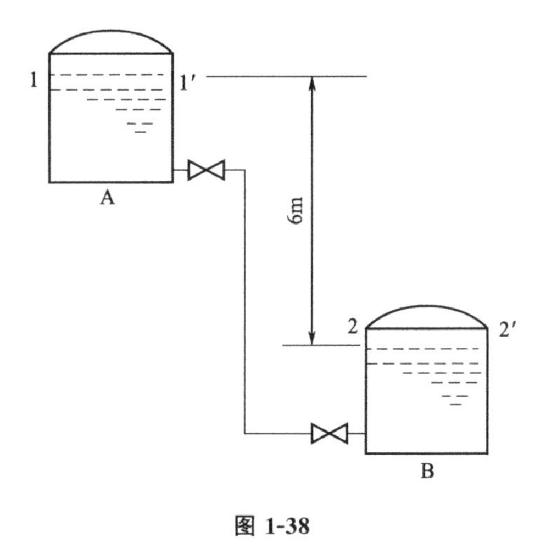

图 1-38

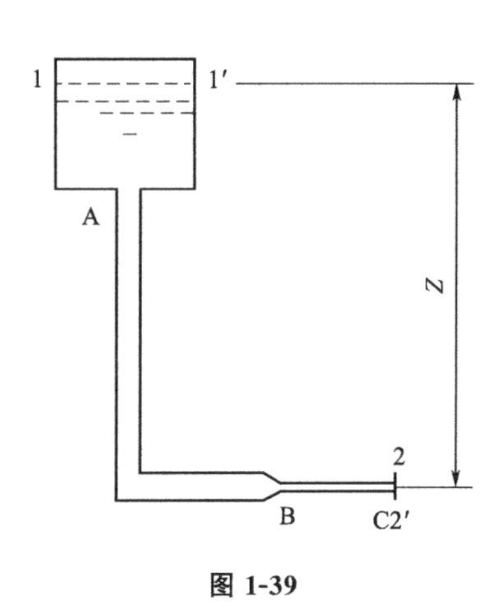

图 1-39

60. 密度为 1000kg/m^3、黏度为 $1\times10^{-3}\text{Pa}\cdot\text{s}$ 的水以 $10\text{m}^3/\text{h}$ 的流量在 $\Phi51\text{mm}\times3\text{mm}$ 的水平管道中流过，在管路某处流体静压强为 $14.7\times10^4\text{Pa}$（表压），若管路的局部阻力可略去不计，则距该处下游 100m 处流体的静压强为________Pa（表压）（已知 $Re=3\times10^3\sim1\times10^5$ 时，$\lambda=0.3164/Re^{0.25}$）。

61. 如图 1-40 所示，在直径为 0.5m 的封闭容器中盛有深度为 1m 的水，容器侧壁在水深

0.5m 处接一细管，细管一端通大气，容器底部接一直径为 20mm 的垂直管，管长为 1m，则容器中的水流出一半所需时间为________s。

① 40　　② 47.5　　③ 50　　④ 57.9

62. 相对密度为 0.9 的液体，由直径为 1m 的高位槽沿直径为 50mm、管长为 4m 的垂直管路流到常压料池中（如图 1-41 所示），高位槽内液面稳定保持在 1.5m，则：

(1) 管内 A-A 截面处的压力为________N/m^2（表压）。已知管内摩擦系数 $\lambda=0.05l$。

(2) 若停止进料，高位槽液体流空所需时间为__________h。设管内流速 u 与高位槽液面高度 Z（m）的关系为 $u=0.6\sqrt{Z}$（m/s）。

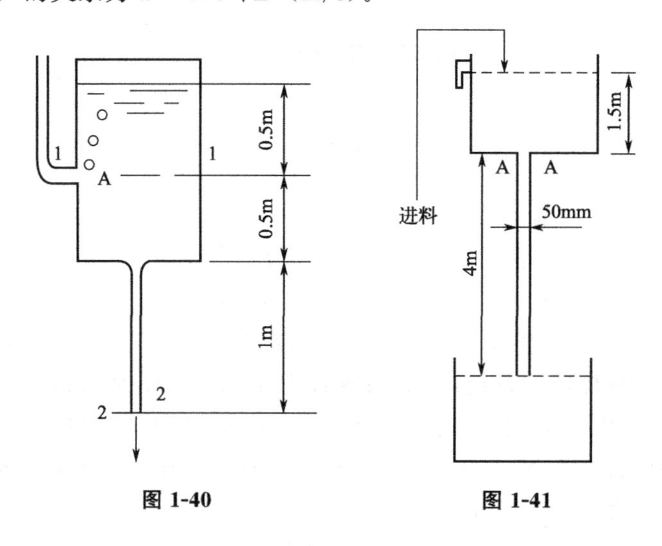

图 1-40　　图 1-41

63. 如图 1-42 所示，若甲管路总长（包括阀门当量长度）为乙管路的 4 倍，甲管内径为乙管内径的 2 倍。流体在两管中均呈层流，那么甲管内平均流速与乙管内平均流速的关系为________。

① $u_{甲}=u_{乙}$　　② $u_{甲}=2u_{乙}$　　③ $u_{甲}=\frac{1}{2}u_{乙}$　　④ $u_{甲}=\frac{1}{4}u_{乙}$

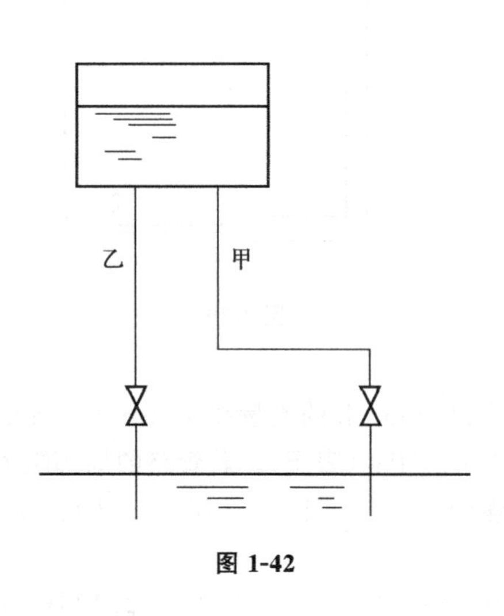

图 1-42

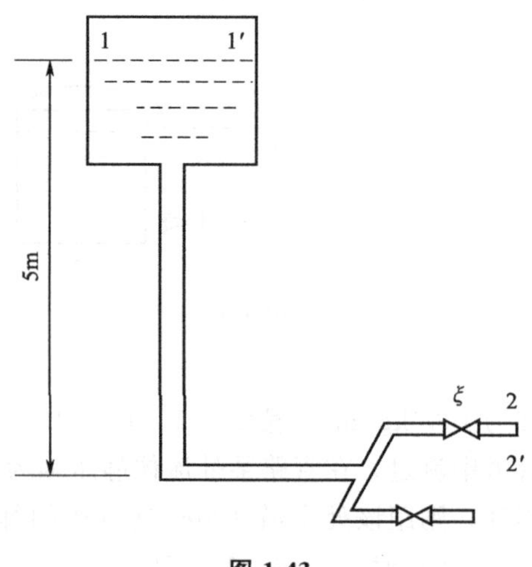

图 1-43

64. 某高位水槽底部接有一长度为 30m（包括局部阻力的当量长度）、内径为 20mm 的钢管（如图 1-43 所示），管路摩擦系数为 0.02，管路末端分成两个支管，每个支管装一球心阀，因支管很短，除阀门的局部阻力外，支管其他阻力可以忽略；支管直径与总管相同；高位槽内水位恒定，水面与支管出口垂直距离为 5m，只开一个阀门（阻力系数 $\xi=6.4$）时的流量是________m^3/h。

① 3.83　　② 1.98　　③ 1.83　　④ 4.06

65. 在 64 题中，若两个阀门同时打开，此时的流量是________m^3/h。

① 3.83　　② 1.98　　③ 1.83　　④ 4.06

66. 图 1-44 为并联管路，于 B 点处管路分为两支，在 C 点处又汇合为一条管路，图中所标管长均包括局部阻力的当量长度，总管路中液体流量为 $60m^3/h$。则液体在两支管中的流量（两支管中的摩擦系数 λ 均可取 0.02）分别为________m^3/s 和________m^3/s。

① 0.0115，0.0052　　② 0.0245，0.0075

③ 0.0365，0.00125　　④ 0.040，0.0040

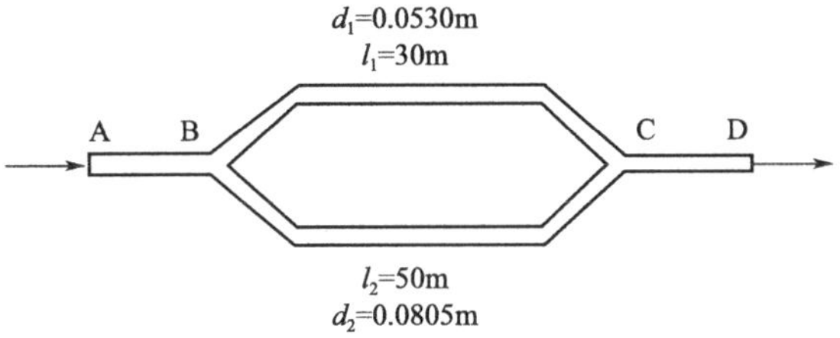

图 1-44

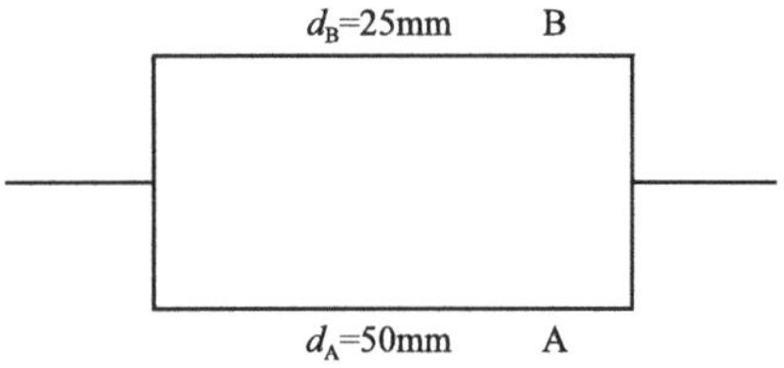

图 1-45

67. 图 1-45 为并联管路。已知流体在管道 A 中呈层流，可确定通过 A、B 管道的流量之比 V_A/V_B 为________。

① 2　　② 4　　③ 8　　④ 16

68. 在相同的两个容器 1 和 2 内，各填充高度为 1m 和 0.7m 的固体颗粒填料，并用相同钢管并联组合（如图 1-46 所示），两支路管长均为 5m，管径均为 0.2m，直管摩擦系数均为 0.02，每支管均安装一个闸板阀。容器 1 和 2 的局部阻力系数分别是 10 和 8。已知管路总流量始终保持为 $0.3m^3/s$，则当两阀门全开时，两支管的流量比为________，并联管路阻力损失为________J/kg。

① 0.901，109.2　　② 10.901，10920

③ 11.02，192　　④ 9.01，129

69. 在一个大气压下，40℃的空气流经 Φ159mm×6mm 的钢管，用皮托管测速计测定空气的流量，测速计管压强计的读数为 $13mmH_2O$，则管道内空气的体积流量为________m^3/h。

① 130　　② 620　　③ 733　　④ 633

70. 用 Φ159mm×4.5mm 的钢管输送 20℃的苯，在管路上装有一个孔径为 78mm 的孔板流量计，用来测量管中苯的流量，孔板前后连接的 U 形管液柱压强计的指示液为水银。当压强计的读数 R 为 80mm 时，则导管中苯的流量为________m^3/h。

① 51.2　　② 47.5　　③ 82　　④ 180

71. 一转子流量计，当流量为 $10m^3/h$ 时，测定流量计进出口压差为 $50N/m^2$，现流量变为 $12m^3/h$，进出口压差为________N/m^2。

72. 有一空气管路直径为 300mm，管路内接装一孔径为 150mm 的孔板，管内空气的温度为 200℃，压强为常压，最大气速为 10m/s。为测定孔板在最大气速下的阻力损失，在直径为 30mm 的水管上进行模拟实验，则实验用孔板的孔径应为________；水（温度为 20℃）的流速应为________。若测得模拟孔板的阻力损失为 20mmHg，实际孔板的阻力损失则为________。

已知孔板的阻力损失 h_f 与管路直径 d、孔板的孔口直径 d_0、流体的黏度 μ、密度 ρ 及管内流速有关。

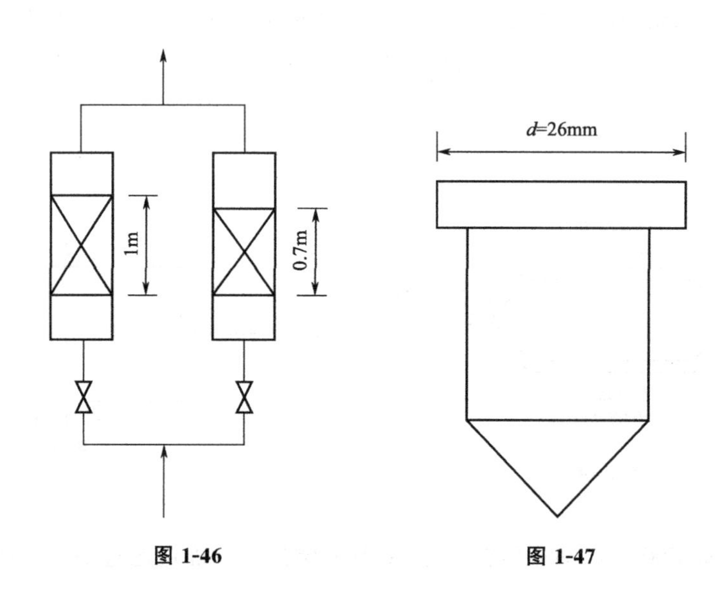

图 1-46　　　图 1-47

73. 一转子流量计的锥形玻璃管在最大和最小刻度处的直径分别为 $d_1=28$mm、$d_2=26.5$mm，转子的形状如图 1-47 所示，其最大直径 $d=26$mm，则：

(1) 该转子流量计的最大与最小可测流量之比为________。

(2) 若采用切削转子最大直径的方法将最大可测流量提高 20%，转子最大直径应缩小至________mm，此时最大与最小可测流量之比为________（假设切削之后 C_R 基本不变）。

74. 假设大气处于静止状态，温度为 30℃。若海平面处大气压强为 760mmHg，则海拔 5000m 处大气压强为________mmHg。

① 760　　② 260　　③ 432　　④ 500

75. 用以下方法测量山的高度，现测得地面处的温度为 15℃，压力为 660mmHg（8.8×10^4Pa），高山顶处的压力为 330mmHg（4.4×10^4Pa），已知每上升 1000m 大气温度下降 5℃，则此山高________m。

76. 某输气管道内气体的质量流量为 5000kg/h，密度为 $0.65kg/m^3$（在 $t=0$℃，$p=760$mmHg 下），$t=18$℃，$d=0.3$m，$\lambda=0.026$，气体离开导管时的压强 $p_2=152$kPa。在上述条件下气体流经长 100km 导管时的最初压强 p_1 为________kPa。

77. 某工业用炉，每小时产生 $20\times10^4m^3$（标准状态下）的烟道气，通过烟囱排至大气。烟囱由砖砌成，内径为3.5m，烟道气在烟囱中的平均温度为260℃，密度为0.6kg/m^3，黏度为0.028×10^{-3}N·s/m^2。要求在烟囱下端维持20mmH_2O柱的真空度，则烟囱高度为________m。已知在烟囱高度范围内，大气的平均密度为1.10kg/m^3，地面处大气压力为1atm，设$\lambda=\dfrac{1.455}{Re^{0.25}}$。

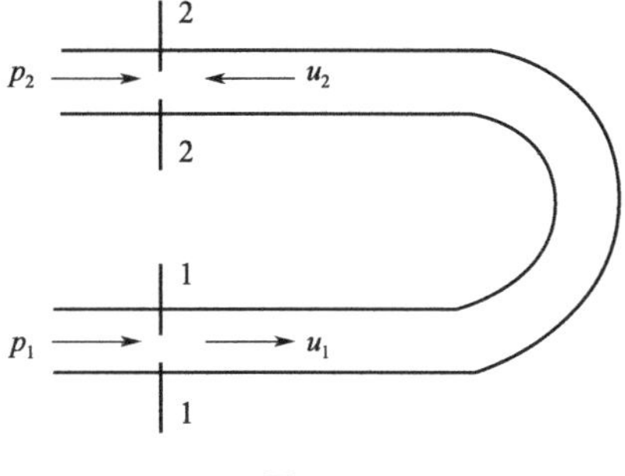

图 1-48

78. 如图1-48所示，水以3m/s的流速从断面1流入直径为0.2m水平放置的U形弯头，断面1处的压强为0.5at（表压，1at=9.81×10^4Pa），弯头的局部阻力系数为1.5，水流在水平方向对弯头的作用力为________kN。

四、推导

1. 一种非牛顿型流体的剪应力随剪切速率而变化的近似关系如下：

$\tau=\mu_0\left(\dfrac{du}{dr}\right)^2$，其中$\mu_0$为稠度系数，$\dfrac{du}{dr}$为与流动方向垂直的速度梯度。

试证：$q_V=\dfrac{\pi}{3.5}r^3\sqrt[5]{\Delta p/(2l\mu_0)}$（$q_V$表示通过半径为$r$的水平管的体积流量；$\Delta p$表示管道全长为$l$的压降）。

2. 试推导流体在直圆管中作稳定层流流动时的速度分布（速度与半径的关系），流体压降与平均流速的关系式。

3. 根据并联管路（光滑管）特性，管中流体为湍流状态。试证：$\dfrac{q_{V_1}}{q_{V_2}}=\left(\dfrac{l_2}{l_1}\right)^{\frac{4}{7}}\left(\dfrac{d_1}{d_2}\right)^{\frac{19}{7}}$，并说明其物理意义（式中，$q_V$为流量，$l$为管长，$d$为管径）。

4. 试推导流体平衡微分方程式，并由此推导出流体静力学基本方程式。

5. 如图1-49所示，在A、B两容器的上、下各接一压差计，两压差计的指示液相同，其密度均为ρ_i，容器及测压导管中均充满水，密度为ρ。试推导

(1) R、H间满足$R=H$；

(2) A点与B点静压强间满足：

$$p_A-p_B=\rho gZ+gR(\rho_i-\rho)$$

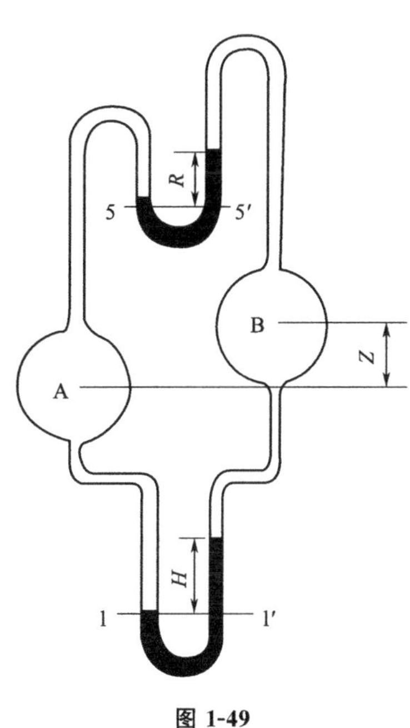

图 1-49

第一章
流体流动　参考答案

一、选择题

1.④　2.①　3.②③　4.②　5.④　6.③④
7.①③　8.③　9.④　10.④　11.④　12.④；③
13.③　14.④　15.③　16.④　17.③　18.③
19.①　20.①　21.④　22.①　23.①②③

24.①　设复式U形管压强计最高处压强为 p

有 $p_A - p = R_2(\rho_1 - \rho)g$，$p - p_B = R_3(\rho_1 - \rho)g$　两式相加可得

$p_A - p_B = (R_2 + R_3)(\rho_1 - \rho)g$

25.③　$p_1 = p_A - gh_1\rho_指$，$p_1 = p_2$，$p_2 = p_B - g(h_2 - R)\rho_指 - gR\rho_空$，$h_1 - h_2 = a$

$p_A - p_B = gR(\rho_指 - \rho_空) + ga\rho_指$

26.②

由　$\rho_指 gR_1 = (p_1 + \rho gh) - (p_2 + \rho gh)$

故　R_1 所在U形管压差计测量的是 A、B 两点的单位总势能差，而静止流体内各点的单位总势能为常数，故 R_1 不变。

R_2 所在的U形管为压差计，故测压点下移时 R_2 将增大。

27.①；②

28.①④　29.①　30.①②③

31.③

由定态下 $\rho_1\overline{u_1}A_1 = \rho_2\overline{u_2}A_2$，对不可压缩流体 $\rho_1 = \rho_2$，在均匀直管中 $A_1 = A_2$，得 $\overline{u_1} = \overline{u_2}$。

32.①②④

33.④

34.①②③

35.③④

36.①②

37.①②③

38.④ 湍流黏度不再是流体的物理性质，而是表述速度脉动的一个特征，它随不同流场及离壁的距离而变化。

39.①　40.①②④　41.④　42.①　43.③
44.①　45.①②③④　46.③　47.①②③④　48.①②③
49.④　50.①②　51.①　52.②　53.③
54.①　55.①②③　56.②　57.③　58.①

59.① 60.① 61.③ 62.④ 63.④

64.② 65.④ 66.② 67.② 68.①②

69.②③ 70.①② 71.③ 72.①③④ 73.③

74.① 75.① 76.① 77.①②③ 78.②

79.② 80.④

81.①

解：流体静力学基本方程的应用范围与条件是：流体静止（或平衡）且为连续均质，指的是流体内部各处密度相同，且为同一流体所连通。据此条件，对于深度相同的同一水平面上各点的静压强相等。

（1）1与2，虽是同一平面，同一种流体，但未直接连通，上游被流动的水隔开，下游被汞隔开，故 $p_1 \neq p_2$。3与4虽在同一平面上，但却在不同流体之中，故 $p_3 \neq p_4$。因为5与6、7与8在同一水平面上，且处于同一流体中，所以，$p_5 = p_6$，$p_7 = p_8$。

（2）令指示液密度为 $\rho_{示}$，流体密度为 ρ，U形管内指示液读数为 R，可得

$p_5 = p_9 + \rho g R$，$p_6 = p_{10} + \rho_{示} g R$

且　$p_5 = p_6$，则　$p_9 - p_{10} = (\rho_{示} - \rho) g R$

因　$p_1 = p_9 - \rho g (h_1 - h_9)$，$p_2 = p_{10} - \rho g (h_2 - h_{10}) = p_{10} - \rho g (h_1 - h_9)$

故　$p_1 - p_2 = p_9 - p_{10} = (\rho_{示} - \rho) g R$

82.①

解：当两阀全开时，A、B两管中都有水流过。在三通C外的总能量为一定值，且等于A管出口处总能量与流体经过CA管内的能量损失之和，亦等于B管出口处的总能量与流体经过CB管内的能量损失之和，即下式成立：

$$Z_A + \frac{p_A}{\rho g} + \frac{u_A^2}{2g} + \lambda \frac{l_{CA} u_A^2}{d_A 2g} = Z_B + \frac{p_B}{\rho g} + \frac{u_B^2}{2g} + \lambda \frac{l_{CB} u_B^2}{d_B 2g}$$

依题意可知　$Z_A = Z_B$，$p_A = p_B$，$\lambda_A = \lambda_B$，$d_A = d_B = d$

上式简化为：$\dfrac{u_A^2}{2g} + \lambda \dfrac{l_{CA} u_A^2}{d 2g} = \dfrac{u_B^2}{2g} + \lambda \dfrac{l_{CB} u_B^2}{d 2g}$

$$\left(1 + \lambda \frac{l_{CA}}{d}\right) \frac{u_A^2}{2g} = \left(1 + \lambda \frac{l_{CB}}{d}\right) \frac{u_B^2}{2g}$$

因为　$l_{CA} < l_{CB}$，所以 $u_A > u_B$，即 $q_{VA} > q_{VB}$

二、填空

1. 无数流体质点；连续
2. $\tau = \pm \mu \dfrac{du}{dy}$ 或 $\tau = \pm \mu \dfrac{du}{dx}$
3. 滞流（层流）流动
4. 升高；降低
5. 层流（滞流）；湍流（紊流）
6. 湍流中心；过渡区；层流内层
7. 流体质点始终沿着轴平行流动；除沿轴平行流动外，其质点流动的速度大小、方向均变化（速度的脉动）

8. 1～3；8～15

9. 粗糙度；$\frac{64}{Re}$；Re；粗糙度；Re；粗糙度

10. 0；最大；$\frac{1}{2}$

11. 位置；时间；位置；时间

12. 阻力系数法；当量长度法

13. $u_1\rho_1A_1=u_2\rho_2A_2=\cdots$；$u_1A_1=u_2A_2=\cdots$

14. 孔板流量计；文丘里流量计；转子流量计

15. d_0/d，Re；Re

16. 不变（由转子流量计的恒流速、恒压差的特点得到）

17. 4

因推动力不变，故$\lambda\frac{l}{d}\frac{u^2}{2}$不变，即$u^2$不变

$$\frac{q_{V_1}}{\frac{\pi}{4}d_1^2}=\frac{q_{V_2}}{\frac{\pi}{4}d_2^2},\ \frac{q_{V_2}}{q_{V_1}}=\frac{d_2^2}{d_1^2}=4$$

三、计算

1. 735.6；9.81×10^4

2. ④ $D=0.164\left[\frac{cm^2}{s}\right]\left[\frac{1m^2}{10^4cm^2}\right]/\left[\frac{1h}{3600s}\right]$

$$=0.164\left[\frac{cm^2}{s}\right]\left[\frac{1m^2}{10^4cm^2}\right]\left[\frac{3600s}{1h}\right]$$

$$=0.164\times\frac{1\times3600}{10^4\times1}\left[\frac{cm^2\cdot m^2\cdot s}{s\cdot cm^2\cdot h}\right]=0.05904m^2/h$$

3. ③ $R=82.06\cdot\frac{atm\cdot cm^3}{mol\cdot K}$

$$=82.06\times\frac{1.01325\times10^5\left(\frac{N}{m^2}\right)\times1\times10^{-6}m^3}{1\times10^{-3}kmol\cdot K}$$

$$=82.06\times1.01325\times10^2\ \frac{N\cdot m}{kmol\cdot K}=8314.73J/(kmol\cdot K)$$

$$=8.31473kJ/(kmol\cdot K)$$

4. ④

对气体混合物而言，若各组分在混合前后，其质量不变，则 $1m^3$ 混合气体的质量等于各组分的质量之和，为：

$$\rho_m=\rho_1X_{v_1}+\rho_2X_{v_2}+\cdots+\rho_nX_{v_n}$$

则该煤气在标准状态下的平均密度 ρ_{0m} 为

$\rho_{0m}=1.976\times1.8\%+1.261\times2\%+1.429\times0.7\%+1.250\times6.5\%+0.717\times24\%+0.0899\times58\%+1.251\times7\%=0.464kg/m^3$

进一步可求得所求煤气的平均密度 ρ_m 为

$$\rho_m = \rho_{0m} \frac{p}{p_0} \cdot \frac{T_0}{T} = 0.464 \times \frac{780}{760} \times \frac{273}{273+25} = 0.436\text{kg/m}^3$$

5. ③

$$\rho_m = \frac{m}{V} = \frac{1}{\frac{0.2}{700} + \frac{0.3}{760} + \frac{0.5}{900}} = 809\text{kg/m}^3$$

6. ②

$$\rho_m = \frac{m}{V} = \frac{0.2 \times 700 + 0.3 \times 760 + 0.5 \times 900}{1} = 818\text{kg/m}^3$$

7. ④

平均分子量 $\overline{M} = 0.13M_1 + 0.11M_2 + 0.76M_3$

$= 0.13 \times 44 + 0.11 \times 18 + 0.76 \times 28 = 29.0$

$$\rho_m = \frac{\overline{M}}{22.4} \times \frac{p}{p_0} \times \frac{T_0}{T} = \frac{29.0}{22.4} \times \frac{740}{760} \times \frac{273}{400+273} = 0.511\text{kg/m}^3$$

8. ③

平均分子量 $\overline{M} = \dfrac{1}{\frac{0.13}{44} + \frac{0.11}{18} + \frac{0.76}{28}} = 27.6$

$$\rho_m = \frac{27.6}{22.4} \times \frac{740}{760} \times \frac{273}{400+273} = 0.487\text{kg/m}^3$$

9. ③

由 $\lg u_m = \sum x_i \lg u_i = 0.32\lg 0.34 + 0.68\lg 0.86 = -0.194$

求得 $u_m = 0.64$

10. ③

$$u_m = \frac{\sum y_i M_i^{\frac{1}{2}} \mu_i}{\sum y_i M_i^{\frac{1}{2}}} = \frac{0.21 \times \sqrt{32} \times 0.0382 + 0.79 \times \sqrt{28} \times 0.0322}{0.21 \times \sqrt{32} + 0.79 \times \sqrt{28}} = 0.0335\text{cP}$$

11. ④

绝对压 = 101330 − 80000 = 21330Pa

真空度 = 大气压 − 绝对压 = 85300 − 21330 = 63970Pa

12. 50；1.77；1.77×10^3

$$q_V = q_m/\rho = 5 \times \frac{10^4}{1000} = 50\text{m}^3/\text{h}$$

由 $q_V = Au = \frac{\pi}{4}D^2 u$ 得 $u = \dfrac{4q_V}{\pi D^2} = \dfrac{4 \times 50}{3600\pi \times (0.1)^2} = 1.77\text{m/s}$

13. ②

水泵进口管处 $p_{进} = \dfrac{650}{753.6} = 0.8625\text{at}$（真空度）

出口管处 $p_{出} = 2.5\text{at}$（表压强）

压差　$\Delta p = p_{出} - p_{进} = (p_{大} + p_{表}) - (p_{大} - p_{真}) = p_{表} + p_{真}$

$= 2.5 + 0.8625 = 3.3625\text{at} = 329.86\text{kPa}$

14. 2.5kg/m^3

$$\rho = \frac{m}{V} = \frac{p_2 M}{RT_2} = \frac{2.5 \times 29}{0.082 \times (273 + 80)} = 2.5\ (\text{kg/m}^3)$$

或

$$\rho_2 = 1.29 \times \frac{p_2}{p_0} \times \frac{T_0}{T_2} = 2.5\ (\text{kg/m}^3)$$

15. ④

16. 18300；8.46

$101300 - 83000 = 18300\text{Pa}$；$\dfrac{101300 - 83000}{9.81} \times 10^{-3} = 8.46\text{m}$

17. ①

18. 0.8；0.4；2.5

解：$d = 108 - 4 \times 2 = 100\text{mm}$，管中心处，$y = \dfrac{d}{2} = \dfrac{100}{2} = 50\text{mm} = 0.05\text{m}$

$U_0 = 25y - 180y^2 = 25 \times 0.05 - 180 \times (0.05)^2 = 0.8\text{m/s}$；

$U = \dfrac{U_0}{2} = 0.4\text{m/s}$

由于　$U_r = 25y - 180y^2$ 故 $\tau = +\mu \dfrac{\text{d}u}{\text{d}y} = \mu \times (25 - 360y)$

所以　$\tau_w = \mu\ (25 - 360y)|_{y=0} = 2.5\text{N/m}^2$

19. 323730

解：p_1、p_2、p_3、p_4 所代表压力的位置如图 1-21 所示。

因　$p_1 = \rho_{汞} g (1.8 - 0.8) = \rho_{汞} g$（表压）

$p_2 = p_1$，$p_3 = p_2 + \rho_{汞} g (2 - 0.5) = p_2 + 1.5\rho_{汞} g$

$p_4 = p_3 - \rho_{水} g (1 - 0.5) = p_3 - 0.5\rho_{水} g$

$p_0 = p_4 - \rho_{水} g (1.5 - 1) = p_4 - 0.5\rho_{水} g$

所以　$p_0 = 2.5\rho_{汞} g - \rho_{水} g = 2.5 \times 13600 \times 9.81 - 1000 \times 9.81 = 323730\text{Pa}$（表压）

20. ②

解：因为 a-a′在同一水平面上，且为同一种流体，故压强相等，即 $p_a = p_{a'}$

又　$p_a = p_1 + \rho g h_1$，$p_{a'} = p_2 + \rho g h_2 + \rho_{示} g R$

$p_1 + \rho g h_1 = p_2 + \rho g h_2 + \rho_{示} g R$

因为　$h_2 = h_1 - R$　所以 $p_1 - p_2 = (\rho_{示} - \rho) g R$

利用此式求两点间的压强差

$\Delta p = p_1 - p_2 = (\rho_{示} - \rho) g R = (13600 - 1000) \times 9.81 \times 0.026 = 3.2 \times 10^3 \text{N/m}^2 = 3.2\text{kPa}$

21. ③

解：当管内流经 20℃、1atm 下的空气时，其密度

$$\rho_m = \frac{M_{均}\ p T_0}{22.4 p_0 T} = \frac{28.8}{22.4} \times \frac{1 \times 273}{1 \times (273 + 20)} \approx 1.2\text{kg/m}^3$$

压强差　$\Delta p = p_1 - p_2 = (13600 - 1.2) \times 9.81 \times 0.026$

$$= 3.5 \times \frac{10^3 \text{N}}{\text{m}^2} = 3.5\text{kPa}$$

22. ①

解：由于吹气管内空气的流速很小，气体通过吹气管的阻力可忽略不计，且管内不能存在液体，故可认为管子出口 a 处与 U 形管压差计 b 处的压强近似相等，即 $p_a = p_b$。根据流体静力学方程可知：$p_a = p_0 + \rho_{液} gh$，$p_b = p_0 + \rho_{Hg} gR$

则　$p_0 + \rho_{液} gh = p_0 + \rho_{Hg} gR$

得　$\rho_{液} gh = \rho_{Hg} gR$

即　$h = \frac{\rho_{Hg} R}{\rho_{液}} = \frac{13600 \times 0.1}{1250} = 1.09\text{m}$

23. ②

解：以液封管口 2 水平面为基准面，在此平面上取 1、2 两点，则 $p_1 = p_2$，p_1 等于塔内压强。因为塔内压强达到 50mmHg 时，点 1 是气液的交界处，气体密度很小，所以塔内各点压强可认为相等，均为 p_1。

$p_1 = p_{大} + p_{1表}$，$p_2 = p_{大} + \rho gh$

因为　$p_1 = p_2$，所以 $p_{大} + p_{1表} = p_{大} + \rho gh$

得　$p_{1表} = \rho gh$，已知 $p_{1表} = 50\text{mmHg} = 6666.5\text{Pa}$

故液封高度 $h = \frac{p_{1表}}{\rho g} = \frac{6666.5}{1000 \times 9.81} \approx 0.68\text{m}$

24. ③

解：由静力学方程知 $p_C = p_a + \rho_1 gh_1$，$p_A = p_C + \rho_2 gh_2$

故　$p_A = p_a + \rho_1 gh_1 + \rho_2 gh_2$，又 $p_B = p_a + \rho_2 gh$

因为　$p_A = p_B$　所以　$p_a + \rho_1 gh_1 + \rho_2 gh_2 = p_a + \rho_2 gh$

得　$h = \frac{\rho_1 gh_1 + \rho_2 gh_2}{\rho_2 g} = \frac{\rho_1 h_1 + \rho_2 h_2}{\rho_2}$

$$= \frac{790 \times 0.7 + 1000 \times 0.6}{1000} = 1.153\text{m}$$

25. ④

解：要求得出作用于孔盖上的力，应先求作用于孔盖内侧的平均压强，即作用于孔盖中心的压强 p'。

(1) 现取通过孔盖中心的水平面为基准面 0-0′，在此平面上的静压强为 p，同一个平面上各处的压强应相等，并向各个方向作用，故 $p' = p$，由静力学基本方程知 $p = p_a + \rho gh$

(2) 孔盖外侧同时承受大气压强 p_a 的作用，其方向与 p' 相反，孔盖所受的压强为内外两侧压强之差，即

$\Delta p = p' - p_a = p - p_a = \rho gh$

$= 960 \times 9.81 \times (9.6 - 0.8) = 82874.9\ (\text{N/m}^2)$

(3) 作用于孔盖上的力等于此压差与孔盖面积的乘积，即

$$F = \Delta p \times \frac{\pi}{4} d^2 = 82874.9 \times 0.785 \times (0.6)^2 = 23420(\text{N}) \approx 23.4(\text{kN})$$

26. ③

解：用 U 形管测量气体的压强差时计算公式可简化为 $\Delta p = \rho_{示} gR$ 。用微差压差计测量气体的压强差时，$\Delta p = (\rho_A - \rho_B) gR'$ 。改用微差压差计后，所测的压强差 Δp 并无变化，将以上两式联立，整理后得微差压差计读数 R' 的计算式为

$$R' = \frac{R\rho_{示}}{\rho_A - \rho_B} = \frac{12 \times 1000}{920 - 850} \approx 171\text{mm}$$

读数可提高到原来的 $\frac{171}{12} = 14.3$ 倍

27. 98100；107910；88290

解：$p_1 = \frac{1\text{kgf}}{\text{cm}^2} = 10\text{mH}_2\text{O} = 98100\text{N/m}^2$（绝对压强）

$p_1 = 0$（表压）

$p_2 =$ （10+1） $\text{mH}_2\text{O} = 11 \times 1000 \times 9.81 = 107910\text{N/m}^2$（绝对压强）

$p_2 = 1\text{mH}_2\text{O} = 9810\text{N/m}^2$（表压）

$p_3 =$ （10−1） $\text{mH}_2\text{O} = 9 \times 1000 \times 9.81 = 88290\text{N/m}^2$（绝对压强）

$p_3 = -1\text{mH}_2\text{O} = -9810\text{N/m}^2$（真空度）

28. ②

解：由图 1-29 知，$p_1 - p_2 = \rho_B g \Delta h + (\rho_A - \rho_B) gR$

或 $p_1 - (p_2 + \rho_B g \Delta h) = (\rho_A - \rho_B) gR$

即 $p_1 - p_2 = 910 \times 9.81 \times 0.004 + (1000 - 910) \times 9.81 \times 0.320$

$p_1 - p_2 = 35.7 + 282.5 = 318.2\text{Pa}$

29. ②

解：若不考虑液面有高度差，则

$p_1 - p_2 = (\rho_A - \rho_B) gR = (1000 - 910) \times 9.81 \times 0.32 = 282.5\text{Pa}$

误差为 $\frac{318.2 - 282.5}{318.2} \times 100\% = 11.2\%$

30. ①

解：

$$\frac{p_2}{\rho} + Z_2 g = \frac{60.8 \times 10^3}{1000} + 3 \times 9.81 = 90.2\text{N} \cdot \text{m/kg} < \frac{p_a}{\rho} = 101.3\text{N} \cdot \text{m/kg}$$

注：判断流向的准则不是总机械能的大小而是总势能的大小。

31. ④

解：

$$\bar{u}A = \int_A u\,\text{d}A = \int_0^R 2\pi r u\,\text{d}r = 4\int_0^R \pi\left(1 - \frac{r}{R}\right)^{\frac{1}{7}} r\,\text{d}r$$

$$\bar{u} = \frac{4\pi\int_0^R \pi\left(1 - \frac{r}{R}\right)^{\frac{1}{7}} r\,\text{d}r}{\pi R^2} = \frac{4}{R^{2+\frac{1}{7}}} R^{2+\frac{1}{7}} \times \left(\frac{7}{8} - \frac{7}{15}\right) = 1.63\text{m/s}$$

32. 湍流（紊流）

解：$Re = \frac{du\rho}{\mu} = \frac{0.1 \times 3 \times 1000}{0.001} = 3 \times 10^5 > 4000$

33. 0.0755

解：由 $Re=\dfrac{du\rho}{\mu}=\dfrac{(60-2\times3.5)\times10^{-3}\times u\times1000}{1\times10^{-3}}>4000$ 时湍流流动

得 $u>\dfrac{4000\times1\times10^{-3}}{1000\times53\times10^{-3}}=0.0755(\mathrm{m/s})$

34. ①

解：$Re=\dfrac{du\rho}{\mu}$，$q_{V_1}=u_1\pi\left(\dfrac{d_1}{2}\right)^2$，$q_{V_2}=u_2\pi\left(\dfrac{d_2}{2}\right)^2$

因为 $q_{V_1}=q_{V_2}$

所以 $u_2=u_1\left(\dfrac{d_1}{d_2}\right)^2=1.96\times\dfrac{(57-3.5\times2)^2}{(76-3\times2)^2}=1\mathrm{m/s}$

$Re=\dfrac{du_2\rho}{\mu}=(76-3\times2)\times10^{-3}\times1\times\dfrac{900}{7\times10^{-2}}=900$

35. ③

解：由 $Re_{水}=\dfrac{d_{水}u_{水}\rho_{水}}{\mu_{水}}=Re_{血}=\dfrac{d_{血}u_{血}\rho_{血}}{\mu_{血}}$ 和 $\rho_{血}\approx\rho_{水}$

得 $u_{水}=\dfrac{d_{血}u_{血}\rho_{血}}{\mu_{血}}\times\dfrac{\mu_{水}}{d_{水}\rho_{水}}=\dfrac{0.6\times15\mu_{水}}{5\mu_{水}\times1}=1.8(\mathrm{cm/s})$

36. ③

解：层流时 $\Delta p\propto u$，完全湍流时 $\Delta p\propto u^2$

现 $\dfrac{\Delta p_1}{\Delta p_2}=\dfrac{80}{50}=\dfrac{8}{5}=1.6$，$\dfrac{u_1}{u_2}=\dfrac{10}{8}=\dfrac{5}{4}=1.25$

$\left(\dfrac{u_1}{u_2}\right)^2=1.56$ 与 1.6 接近，与 1.25 差别较大。

37. $125.3\mathrm{N/m^2}$

解：由 $q_V=10=\dfrac{\pi}{4}d^2u$ 得 $u=\dfrac{10}{0.785\times0.1^2\times3600}=0.354\mathrm{m/s}$

$$\Delta p=\rho\lambda\frac{lu^2}{d\times2}=1000\times0.02\times\frac{10}{0.1}\times\frac{0.354^2}{2}=125.3\mathrm{N/m^2}$$

38. 2

解：层流时 $h_f\propto u$ $h_{f'}=\left(\dfrac{u'}{u}\right)h_f=2h_f$

39. 20；2223.6

解：由于U形管压差计测量的是两点之间的虚拟压强差，故管子垂直放置后，U形管压差计的读数不变。

$$h_f=\frac{\Delta\tau}{\rho}=\frac{(\rho_{Hg}-\rho_{气})gR}{\rho_{气}}\approx\frac{\rho_{Hg}gR}{\rho_{气}}$$

$$=\frac{13600\times9.81\times20\times10^{-3}}{1.2}=2223.6\mathrm{J/kg}$$

40. 68.3

解：$\Delta p=\lambda\dfrac{lu^2}{d\times2}\rho=\dfrac{64}{Re}\dfrac{lu^2}{d\times2}\rho$

又 $Re=\frac{ud\rho}{\mu}$，$u=\frac{q_V}{0.785d^2}$

则 $\Delta p=\frac{64\mu}{d\rho}\cdot\frac{l}{d}\cdot\frac{\rho}{2}\cdot\frac{q_V}{0.785d^2}=A\frac{l}{d^4}$

$\frac{\Delta p'}{\Delta p}=\frac{d^4}{d'^4}=\left(\frac{1}{1.1}\right)^4=0.683$，阻力降变为原来的68.3%

41.②

解：由 $\bar{u}=\frac{q_V}{A}=\frac{q_V}{\frac{\pi}{4}d^2}$

故 $\frac{\overline{u_2}}{\overline{u_1}}=\left(\frac{d_1}{d_2}\right)^2=\left(\frac{d_1}{\frac{1}{2}d_1}\right)^2=4$

42.①

解：等量传递 $q_{V_1}=q_{V_2}$ $\begin{cases}q_{V_1}=u_1\times\pi\left(\frac{D}{2}\right)^2\\q_{V_2}=u_2\times\pi\left(\frac{d}{2}\right)^2\end{cases}\Rightarrow\frac{u_1}{u_2}=\left(\frac{d}{D}\right)^2=k$

43.(1) 16倍；(2) 32倍

解：依据以下准则计算，层流时 $h_f\propto u$；阻力平方区 $h_f\propto u^2$

44.3倍；2.36倍；1倍

解：利用公式 $h_f=\lambda\frac{lu^2}{d\times 2}$ 进行计算

45.④

46.①

47.④

解：因 $Re_{\mathrm{II}}=\frac{d_{\mathrm{II}}u_{\mathrm{II}}\rho}{\mu}=\frac{2d_{\mathrm{I}}\frac{1}{4}u_{\mathrm{I}}\rho}{\mu}=\frac{1}{2}Re_{\mathrm{I}}=\frac{1}{2}\times1800=900$

故流体在管道Ⅱ中为层流

$$\frac{\Delta p_{\mathrm{I}}}{\Delta p_{\mathrm{II}}}=\frac{l_{\mathrm{I}}u_{\mathrm{I}}}{d_{\mathrm{I}}^2}\times\frac{d_{\mathrm{II}}^2}{l_{\mathrm{II}}u_{\mathrm{II}}}=\frac{l_{\mathrm{I}}4u_{\mathrm{II}}}{l_{\mathrm{II}}d_{\mathrm{I}}^2}\times\frac{(2d_{\mathrm{I}})^2}{u_{\mathrm{II}}}=\frac{16\times100}{l_{\mathrm{II}}}$$

故 $l_{\mathrm{II}}=\frac{\Delta p_{\mathrm{II}}}{\Delta p_{\mathrm{I}}}\times16\times100=\frac{0.064}{0.64}\times16\times100=160\mathrm{m}$

48.④

解：设 $u'_2=\sqrt{2gZ'}$

$$p'_{\mathrm{C}}=p_{\mathrm{a}}-\rho gh-\frac{\rho}{2}u_{\mathrm{C}}^2=p_{\mathrm{a}}-\rho g(Z'+h)$$

$$=13600\times9.81\times0.76-1000\times9.81\times10=3.30\times10^3\mathrm{N/m^2}$$

$p_V=4242\mathrm{N/m^2}>p'_{\mathrm{C}}$

故 u'_2无效（C点压力保持流体饱和蒸气压不变）

由 $\frac{p_a}{\rho}=\frac{p_V}{\rho}+gh+\frac{{u'_C}^2}{2}$

故 $u'_C=\sqrt{2\left(\frac{p_a-p_V}{\rho}\right)-gh}=\sqrt{2\times\left(\frac{1.013\times10^5-4242}{1000}\right)-9.81\times2}$

$=12.4\text{m/s}$

49. ①

解：$u=\frac{q_V}{\frac{\pi}{4}d^2}=\frac{28.26}{0.785\times0.1^2\times3600}=1.00\text{m/s}$

$h_{损2}=\lambda\frac{(l+\sum l_{当})u^2}{d\times2g}=0.0184\times\frac{50+17.5+60+30}{0.100}\times\frac{1^2}{2\times9.81}=1.4771\text{m}$

由 $\frac{\Delta p}{\rho g}=h_{损2}=1.4771\text{m}$

则 $\Delta p=1.4771\times1000\times9.81\approx14500\text{Pa}$

50. ②

解：(1) 用阻力系数法 $h_{局}=\sum\xi\frac{u^2}{2g}=3.17\times\frac{1^2}{2\times9.81}=0.1616\text{m}$

(2) 用当量长度法

$h_{局}=\lambda\frac{\sum l_{当}u^2}{d\times2g}=0.0214\times\frac{147\times0.106}{0.106}\times\frac{1^2}{2\times9.81}=0.1603\text{m}$

总损失压头 $h_{损}=h_{直}+h_{局}=0.2058+0.1616=0.3674\text{m}$

或 $h_{损}=0.2058+0.1603=0.3661\text{m}$

51. 16.4

解：取 A、B 两点列伯努利方程

$$\Delta Z=1\text{m},\ \Delta u=0$$

$\sum h_1=-\Delta Zg+\frac{(p_A-p_B)g}{\rho}=-9.81+\frac{(15-14.6)\times9.81\times10^4}{820}=38\text{J/kg}$

由 $\sum h_1=\lambda\left(\frac{l+l_e}{d}\right)\frac{u^2}{2}$ 即 $38=\lambda\times\frac{40+19.4}{0.081}\times\frac{u^2}{2}=367\lambda u^2$

得 $$\lambda u^2=\frac{38}{367}=0.1035 \quad ①$$

设为层流 $$\lambda=\frac{64}{Re}=\frac{0.117}{u} \quad ②$$

将式②代入式① $\frac{0.117}{u}\times u^2=0.1035$ 得 $u=0.885\text{m/s}$

校核 Re：$Re=\frac{du\rho}{\mu}=\frac{0.081\times0.885\times820}{121\times10^{-3}}=486$；符合假设

故 $q_V=uA=0.885\times0.785\times(0.081)^2=4.56\times10^{-3}\text{m}^3/\text{s}=16.4\text{m}^3/\text{h}$

52. ① 5572；54622；43478

② 0.902；0.902；0.902

③ 右侧；右侧；左侧

解：① $Re=\frac{ud\rho}{\mu}=\frac{2\times0.1\times1000}{0.001}=2\times10^5$

$\lambda=0.32\times(2\times10^5)^{-0.2}=0.02786$

$p_A-p_B=\rho\left(\lambda\frac{l}{d}\times\frac{u^2}{2}\right)=1000\times\left(0.02786\times\frac{10}{0.1}\times\frac{2^2}{2}\right)=5572\text{N/m}^2$

$p_A+(h+R)\rho_1=p_B+h\rho_1+R\rho_2$

$R=\frac{p_A-p_B}{\rho_2-\rho_1}=\frac{5572\text{N/m}^2}{(1630-1000)\text{kg/m}^3\times9.81\text{m/s}^2}=0.902\text{m}$［见图（a）］

② $p_A-p_B=\rho(Z_A-Z_B)g+\rho\lambda\frac{l}{d}\frac{u^2}{2}$

$$=1000\times(10\times\sin30°\times9.81+5.572)=54622\text{N/m}^2$$

$$p_A+(h+R)\rho_1g=p_B+h\rho_1g+R\rho_2g+5\rho_1g$$

$R=\frac{(p_A-p_B)-5\rho_1g}{(\rho_2-\rho_1)g}=\frac{54622-5\times1000\times9.81}{(1630-1000)\times9.81}=0.902\text{m}$［见图（b）］

③ $p_B-p_A=\rho(Z_A-Z_B)g+\sum h_{B-A}$

$p_A-p_B=1000\times(5g-5.572)=43478\text{N/m}^2$

$R=\frac{-(p_A-p_B)+5\rho_1g}{(\rho_2-\rho_1)g}=0.902\text{m}$［见图（c）］

53. ③

解：取高位槽的液面为1-1′截面，喷头入口处截面为2-2′截面，并以2-2′截面（下游截面）为基准面，在1-1′与2-2′截面之间列出伯努利方程：

$$Z_1g+\frac{p_1}{\rho}+\frac{u_1^2}{2}+E=Z_2g+\frac{p_2}{\rho}+\frac{u_2^2}{2}+h_{损}$$

依题意，无外加功，$E=0$，已知 $p_1=0$（表压），$p_2=0.4\text{atm}$（表压），$Z_2=0$，因高位槽的截面比管子的截面大很多，u_1 很小，取 $u_1\approx0$，$u_2=2.2\text{m/s}$，$h_{损}=25\text{J/kg}$，求 ΔZ 。

$$(Z_1-Z_2)g=\frac{p_2-p_1}{\rho}+\frac{{u_2}^2-{u_1}^2}{2}+h_{损}$$

将已知数据代入，$(Z_1-Z_2)g=\frac{0.4\times1.013\times10^5}{1050}+\frac{2.2^2}{2}+25$

$$=38.59+2.42+25=66.01$$

则 $\Delta Z=Z_1-Z_2=\frac{66.01}{g}=\frac{66.01}{9.81}\approx6.73\text{m}$

54. ②

解：取高位槽的液面为1-1′截面，虹吸管出口处为2-2′截面，以2-2′为基准面，列出伯努利方程：

$$Z_1+\frac{p_1}{\rho g}+\frac{{u_1}^2}{2g}+H_e=Z_2+\frac{p_2}{\rho g}+\frac{{u_2}^2}{2g}+H_{损}$$

$Z_2=0$，因高位槽之截面积较管子截面积大很多，槽内液面下降速度比管内液体流速小得多，可认为 $u_1\approx0$，又 $p_1=p_2=0$（表压），管路无外加功 $H_e=0$，$H_{损}=2\text{m}$ 液柱，$u_2=1\text{m/s}$，$Z_1=h$，将数据代入上式，得

$$h=Z_1=\frac{1^2}{2\times 9.81}+2=0.05+2=2.05\text{m}$$

55. ②

解：取稀氨水进口处为1-1′截面，喷嘴出口处为2-2′截面，喷嘴中心线所在平面为基准面，在两截面间列出伯努利方程：

$$Z_1+\frac{p_1}{\rho g}+\frac{u_1^2}{2g}+H_e=Z_2+\frac{p_2}{\rho g}+\frac{u_2^2}{2g}+H_{损}$$

已知 $Z_1=Z_2=0$，无外加功 $H_e=0$，$H_{损}=0$，则

$$p_{1表}=1.5\text{at}=1.5\times 10000\times 9.81\text{Pa}=15000\times 9.81\text{N/m}^2\text{（表压）}$$

$$u_1=\frac{1000\times 9.81\times 10}{3600\times 0.785\times 0.053^2\times 1000\times 9.81}\approx 1.26\text{m/s}$$

$$u_2=u_1\left(\frac{d_1}{d_2}\right)^2=1.26\times\left(\frac{53}{13}\right)^2=20.94\text{m/s}$$

将各数值代入上式，得

$$\frac{15000\times 9.81}{1000\times 9.81}+\frac{1.26^2}{2\times 9.81}=\frac{p_{2表}}{1000\times 9.81}+\frac{20.94^2}{2\times 9.81}$$

$$\frac{p_{2表}}{1000\times 9.81}=15+\frac{1.26^2}{2\times 9.81}-\frac{20.94^2}{2\times 9.81}$$

$=-7.18\text{m}$ 氨水柱（2-2′截面处表压为负值）。

或　$p_{2表}=-7.18\text{m}\times 1000\times 9.81=-70436\text{N/m}^2$

即真空度为7.18m氨水柱，约合528mmHg。

绝对压强=760−528=232mmHg。

56. ②

解：求水的体积流量。取水箱水面为1-1′截面，水管出口为2-2′截面，以0-0′为基准面，在两截面间列出伯努利方程：

$$Z_1+\frac{p_1}{\rho g}+\frac{u_1^2}{2g}+H_e=Z_2+\frac{p_2}{\rho g}+\frac{u_2^2}{2g}+H_{损}$$

已知 $Z_1=8+1=9\text{m}$，$Z_2=3+1=4\text{m}$，$p_1=p_2=0$（表压），$u_1\approx 0$，$H_{损}=3.2\dfrac{u_2^2}{2g}$，将以上数值代入上式中，得

$$9=4+\frac{u_2^2}{2\times 9.81}+3.2\times\frac{u_2^2}{2\times 9.81}\quad 即\ u_2^2=23.36$$

解得 $u_2=4.83\text{m/s}$，水的体积流量为

$$q_V=0.785\times 0.04^2\times 4.83\times 3600=21.84\text{m}^3/\text{h}$$

57. ②

解：当其他条件不变时，要使水的体积流量增加20%，实际上是增大水的流速，即 $u'_2=1.2u_2=1.2\times 4.83=5.8\text{m/s}$，设a-a′截面与1-1′截面的高度差为 h，如图1-37所示，在两截面间列出伯努利方程：

$$Z_1+h=Z_2+\frac{(u'_2)^2}{2g}+h'_{损}$$

$$9+h=4+(1+3.2)\frac{(u'_2)^2}{2\times 9.81}=4+4.2\times\frac{(5.8)^2}{2\times 9.81}$$

得 $h=2.20\text{m}$，计算结果表明，欲使水的体积流量增加 20%，应将水箱水面升高 2.20m。

58. ②

解：取 A 槽液面为 1-1′截面，B 槽液面为 2-2′截面，以 2-2′截面为基准面，列出伯努利方程：

$$Z_1+\frac{p_1}{\rho g}+\frac{u_1^2}{2g}=Z_2+\frac{p_2}{\rho g}+\frac{u_2^2}{2g}+\lambda\frac{l+\sum l_{当} u^2}{d 2g} \quad ①$$

式中 $Z_1=6\text{m}$，$Z_2=0$，$p_1=p_2=0$（表压），$u_1\approx 0$，$u_2\approx 0$，$l+\sum l_{当}=1000\text{m}$，$d=0.20\text{m}$，$\rho=850\text{kg/m}^3$

设管内油品为层流流动，则

$$\lambda=\frac{64}{Re}=\frac{64}{\frac{du\rho}{\mu}}=\frac{64}{\frac{0.20\times u\times 850}{0.1}}=\frac{0.03765}{u}$$

将以上数据代入式① 中，得

$$6=\frac{0.03765}{u}\times\frac{1000}{0.20}\times\frac{u^2}{2g}\quad 解得\ u=0.625\text{m/s}$$

验算流型：$Re=\dfrac{0.20\times 0.625\times 850}{0.1}=1063<2000$

属于层流流动，与假设相符合，上述计算有效。

则该管路输油量：

$$q_V=\frac{\pi}{4}d^2u=\frac{\pi}{4}\times 0.20^2\times 0.625\times 3600=70.7\text{m}^3/\text{h}$$

59. ②

解：高位槽液面为 1-1′截面，管子出口为 2-2′截面，以出口管的中心线所在平面为基准面。已知 $u_1=0$，$u_2=1.5\text{m/s}$，$Z_1=Z$，$Z_2=0$，$p_1=p_2$，$l_{AB}=40\text{m}$，$d_{AB}=0.068\text{m}$，$l_{BC}=10\text{m}$，$d_{BC}=0.040\text{m}$，得

$\dfrac{u_{AB}}{u_{BC}}=\dfrac{d_{BC}^2}{d_{AB}^2}=\dfrac{0.040^2}{0.068^2}$，式中 $u_{BC}=u_2=1.5\text{m/s}$

$$u_{AB}=1.5\times\frac{0.040^2}{0.068^2}=0.519\text{m/s}$$

AB 段管内雷诺数 Re 为

$$Re_{AB}=\frac{d_{AB}u_{AB}\rho}{\mu}=\frac{0.068\times 0.519\times 900}{0.03}=1059<2000$$

BC 段管内雷诺数 Re 为

$$Re_{BC}=\frac{d_{BC}u_{BC}\rho}{\mu}=\frac{0.040\times 1.5\times 900}{0.03}=1800<2000$$

管内流体流动均为层流状态，故

$$\lambda_{AB}=\frac{64}{Re_{AB}}=\frac{64}{1059}=0.0604，\lambda_{BC}=\frac{64}{Re_{BC}}=\frac{64}{1800}=0.0356$$

$$h_{损AB}=0.0604\times\frac{40}{0.068}\times\frac{0.519^2}{2\times9.81}=\frac{4.79}{9.81}=0.4883\text{m}$$

$$h_{损BC}=0.0356\times\frac{10}{0.040}\times\frac{1.5^2}{2\times9.81}=\frac{10.0}{9.81}=1.0194\text{m}$$

$$h_{损}=h_{损AB}+h_{损BC}=0.4883+1.0194=1.5077\text{m}$$

在 1-1′截面与 2-2′截面之间，列出伯努利方程：

$$Z_1+\frac{p_1}{\rho g}+\frac{u_1^2}{2g}=Z_2+\frac{p_2}{\rho g}+\frac{u_2^2}{2g}+H_{损}$$

$$Z_1=Z=\frac{1.5^2}{2\times9.81}+1.5077=1.62\text{m}$$

60. 8.27×10^4

解：以测压口处为 1-1 截面，距测压口下 100m 处为 2-2 截面，并以管中心线为基准面。在 1-1 截面与 2-2 截面间列伯努利方程为

$$Z_1+\frac{p_1}{\rho g}+\frac{u_1^2}{2g}=Z_2+\frac{p_2}{\rho g}+\frac{u_2^2}{2g}+H_f$$

其中 $Z_1=Z_2=0$，$u_1=u_2=u$，$H_f=\lambda\frac{Lu^2}{d2g}$

所以 $\frac{p_2}{\rho g}=\frac{p_1}{\rho g}-\lambda\frac{Lu^2}{d2g}$ 或 $\left(p_2=p_1-\rho\lambda\frac{Lu^2}{d2g}\right)$

$$u=\frac{q_V}{\frac{\pi}{4}d^2}=\frac{10}{3600\times0.785\times0.045^2}=1.75\text{m/s}$$

$$Re=\frac{du\rho}{\mu}=\frac{0.045\times1.75\times1000}{1\times10^{-3}}=78750$$

$$\lambda=\frac{0.3164}{Re^{0.25}}=0.0189$$

$$p_2=14.7\times10^4-0.0189\times\frac{100}{0.045}\times\frac{1000\times1.75^2}{2}$$

$$=8.27\times10^4\text{Pa}（表压）$$

61. ④

解：流体可视为静止流体（流动缓慢），则 A 点未露出之前总势能值等于 $\frac{p}{\rho}+gZ$，与液面高度无关。

取极限位置 1-1 和 2-2 之间列伯努利方程：

$$\frac{p_A}{\rho}+gZ_A=\frac{p_2}{\rho}+gZ_2+\frac{u_2^2}{2}$$

$$u=\sqrt{\frac{2\Delta p}{\rho}}=\sqrt{2\times9.81\times1.5}=5.4\text{m/s}$$

$$\tau=\frac{\frac{\pi}{4}D^2\times0.5}{\frac{\pi}{4}\times d^2\times5.4}=57.9\text{s}$$

62. (1) 0; (2) 0.45

解:(1) 自 1-1 截面至 0-0 截面列伯努利方程:

$$Z_1 g + \frac{p_1}{\rho} + \frac{u_1^2}{2} = Z_0 g + \frac{p_0}{\rho} + \frac{u_0^2}{2} + \sum h_f \quad ①$$

设 $p_1 = 0$, $p_0 = 0$, $Z_0 = 0$, $u_1 = u_0 = 0$

所以①式简化为

$$Z_1 g = \sum h_f \text{,设 } Z_1 = l + h_1$$

所以

$$(l + h_1) g = \left(\lambda \frac{l}{d} + \xi_{\text{缩小}} + \xi_{\text{扩大}}\right) \frac{u^2}{2} \quad ②$$

列 1-1 截面至 A-A 截面的伯努利方程:

$$Z_1 g + \frac{p_1}{\rho} + \frac{u_1^2}{2} = Z_A g + \frac{p_A}{\rho} + \frac{u_A^2}{2} + \sum h_f$$

$$(Z_1 - Z_A) g = h_1 g = \frac{p_A}{\rho} + \frac{u_A^2}{2} + 0.5 \frac{u_A^2}{2}$$

$$h_1 g = \frac{p_A}{\rho} + 1.5 \frac{u_A^2}{2} \quad ③$$

式②、③ 联立 $\dfrac{p_A}{\rho} = h_1 g - 1.5 \dfrac{(l + h_1) g}{\lambda \dfrac{l}{d} + 0.5 + 1}$

$$p_A = \rho h_1 g - \frac{1.5 \times (4 + h_1) g \times \rho}{0.05 \times \dfrac{4}{0.05} + 0.5 + 1}$$

$$= 0.9 \times 1000 \times 1.5 \times 9.81 - \frac{1.5 \times (4 + 1.5) \times 9.81 \times 0.9 \times 1000}{5.5}$$

$$= 900 \times (1.5 - 1.5) = 0 \text{(表压)}$$

p_A 处压力为 1atm(绝对压强)。

(2) 由物料衡算得 $0 - \dfrac{\pi}{4} d^2 \times 0.6 \sqrt{h}\, \mathrm{d}t = \dfrac{\pi}{4} D^2 \mathrm{d}h$

$$-\frac{d^2}{D^2} \times 0.6 \mathrm{d}t = \frac{\mathrm{d}h}{\sqrt{h}}$$

$$-0.0015 \int_0^t \mathrm{d}t = \int_{1.5}^0 \frac{\mathrm{d}h}{\sqrt{h}}$$

$$-0.0015 t = 0 - 2\sqrt{1.5}$$

$$t = \frac{2\sqrt{1.5}}{0.0015} = 1632.9\text{s} = 0.45\text{h}$$

0.45h 后槽内液体流空。

63. ①

解:由 $h_f = \dfrac{\Delta p}{\rho} = \dfrac{(p_1 + \rho g Z_1) - (p_2 + \rho g Z_2)}{\rho}$

可知 $h_{f\text{甲}} = h_{f\text{乙}}$

根据层流时公式 $h_f = \dfrac{32 \mu l u}{\rho d^2}$

$$\frac{h_{f甲}}{h_{f乙}}=\frac{l_{甲}u_{甲}}{d_{甲}^2}\times\frac{d_{乙}^2}{l_{乙}u_{乙}}=\frac{4l_{乙}u_{甲}\ d_{乙}^2}{(2d_{乙})^2 l_{乙}u_{乙}}=1$$

所以 $u_{甲}=u_{乙}$

64.③

解：取高位槽内液面为1-1′截面，支管出口处为2-2′截面，以出口管中心线所在平面为基准面，在1-1′截面与2-2′截面之间列出伯努利方程如下：

$$Z_1g+\frac{p_1}{\rho}+\frac{{u_1}^2}{2}+W_e=Z_2g+\frac{p_2}{\rho}+\frac{{u_2}^2}{2}+\lambda_1\frac{l_1{u_0}^2}{d_1\times 2}+\xi\frac{{u_2}^2}{2} \qquad ①$$

式中 $Z_2=0$，$Z_1=5\text{m}$，$p_1=p_2=p_{大}$，$u_1\approx 0$，$W_e=0$，$\lambda_1=0.02$，$l_1=30\text{m}$，$d_1=0.02\text{m}$，因只开一个支路阀，又因支路直径与总管相同，所以 $u_0=u_2$，将以上数据代入式①中：

$$Z_1g=\frac{{u_2}^2}{2}+\lambda_1\frac{l_1{u_0}^2}{d_1\times 2}+\xi\frac{{u_2}^2}{2}，\left[1+\lambda_1\frac{l_1}{d_1}+\xi\right]\frac{{u_2}^2}{2}=Z_1g$$

$$\left[1+0.02\times\frac{30}{0.02}+6.4\right]\frac{{u_2}^2}{2}=5\times 9.81$$

$$u_2=\sqrt{\frac{2\times 9.81\times 5}{1+30+6.4}}=1.62\text{m/s}$$

流量为 $q_V=\frac{\pi}{4}d^2u=0.875\times 0.02^2\times 1.62\times 3600\approx 1.83\text{m}^3/\text{h}$

65.②

解：当同时打开两个阀门时，因两支管直径与总管相同，所以 $u_0=2u_2$，$u_2=u'_2$，即得

$$Z_1g=\frac{(u'_2)^2}{2}+\lambda_1\frac{l_1(2u'_2)^2}{d_1\times 2}+\xi\frac{(u'_2)^2}{2}=\left[1+\lambda_1\frac{4l_1}{d_1}+\xi\right]\frac{(u'_2)^2}{2}$$

$$(u'_2)^2=\frac{2Z_1g}{1+\lambda_1\frac{4l_1}{d_1}+\xi}=\frac{2\times 5\times 9.81}{1+0.02\times 4\times\frac{30}{0.02}+6.4}$$

$$u'_2=\sqrt{\frac{2\times 9.81\times 5}{1+4\times 30+6.4}}=0.878\text{m/s}$$

$$流量为\ q'_V=2\ \frac{\pi}{4}d_2^2u'_2=2\times 0.875\times 0.02^2\times 0.878\times 3600\approx 1.98\text{m}^3/\text{h}$$

由于系统的总阻力是以总管阻力为主，分支管路阻力所占比例很小，因此开一个支路阀门时的流量和开两个支路阀门时的流量变化不大。

66.①

解：在并联管路中，BC段的阻力等于任一支管的阻力，即

$h_{损BC}=h_{损1}=h_{损2}$，或 $H_{损BC}=H_{损1}=H_{损2}$

总管中的流量等于各支管流量之和，即

$$q_V=q_{V_1}+q_{V_2}=\frac{60}{3600}=0.0167\text{m}^3/\text{s} \qquad ①$$

管子内径　$d_1=0.053\text{m}$，$d_2=0.0805\text{m}$

由　$h_{损}=\lambda\frac{lu^2}{d\times 2}$ 及 $u=\frac{q_V}{\frac{\pi}{4}d^2}$

知 $h_{损1}=\lambda\dfrac{l_1u_1^2}{d_1\times 2}=\lambda\dfrac{l_1}{2d_1}\left[\dfrac{q_{V_1}}{\dfrac{\pi}{4}d_1^2}\right]^2$

$$h_{损2}=\lambda\frac{l_2u_2^2}{d_2\times 2}=\lambda\frac{l_2}{2d_2}\left[\frac{q_{V_2}}{\frac{\pi}{4}d_2^2}\right]^2$$

因为 $h_{损1}=h_{损2}$，所以 $\lambda\dfrac{l_1}{2d_1}\left[\dfrac{q_{V_1}}{\dfrac{\pi}{4}d_1^2}\right]^2=\lambda\dfrac{l_2}{2d_2}\left[\dfrac{q_{V_2}}{\dfrac{\pi}{4}d_2^2}\right]^2$

得 $\dfrac{q_{V_1}^2}{q_{V_2}^2}=\dfrac{l_2}{l_1}\times\dfrac{d_1^5}{d_2^5}$

$$q_{V_1}=\sqrt{\frac{l_2}{l_1}\left(\frac{d_1}{d_2}\right)^5}\times q_{V_2}=\sqrt{\frac{50}{30}\times\left(\frac{0.0530}{0.0805}\right)^5}\times q_{V_2}=0.454q_{V_2}$$

将 $q_{V_1}=0.454q_{V_2}$ 代入式①中：$0.454q_{V_2}+q_{V_2}=0.0167$

即 $1.454q_{V_2}=0.0167$

得 $q_{V_2}=41.3\text{m}^3/\text{h}=0.0115\text{m}^3/\text{s}$

$q_{V_1}=60-41.3=18.7\text{m}^3/\text{h}=0.0052\text{m}^3/\text{s}$

BC 段的阻力损失 $h_{损BC}=\lambda\dfrac{l}{2d}\left[\dfrac{4q_V}{\pi d_1^2}\right]^2$

$$h_{损BC}=0.02\times\frac{30}{2\times 0.053}\times\left[\frac{4\times 0.0052}{\pi(0.0530)^2}\right]^2=31.48\ \text{J/kg}$$

67. ④

解：根据并联各支路管阻力损失相等的原则，有

$$\lambda_A\frac{l_Au_A^2}{d_A\times 2}=\lambda_B\frac{l_Bu_B^2}{d_B\times 2} \quad ①$$

由于是层流，故有

$$\lambda=\frac{64}{Re}=\frac{64}{\dfrac{du\rho}{\mu}} \quad ②$$

由式①和式②及已知条件可得

$$\frac{q_{V_A}}{q_{V_B}}=\sqrt{\frac{d_A^5}{\lambda_Al_A}}\Big/\sqrt{\frac{d_B^5}{\lambda_Bl_B}}=16$$

68. ①

解：当闸板阀全开时的阻力系数 $\xi_C=\xi_D=0.17$

$h_{损1}=\left[\lambda\dfrac{l}{d}+\xi_1+\xi_C\right]\dfrac{u_1^2}{2}$，$h_{损2}=\left[\lambda\dfrac{l}{d}+\xi_2+\xi_D\right]\dfrac{u_2^2}{2}$

并联管路 $h_{损1}=h_{损2}$

即

$$\left[\lambda\frac{l}{d}+\xi_1+\xi_C\right]\frac{u_1^2}{2}=\left[\lambda\frac{l}{d}+\xi_2+\xi_D\right]\frac{u_2^2}{2}$$

$$\frac{u_1^2}{u_2^2}=\frac{\lambda\dfrac{l}{d}+\xi_2+\xi_D}{\lambda\dfrac{l}{d}+\xi_1+\xi_C}=\frac{0.02\times\dfrac{5}{0.2}+8+0.17}{0.02\times\dfrac{5}{0.2}+10+0.17}$$

得 $$\frac{u_1}{u_2}=0.901 \quad ①$$

因两支管的管径相同，故 $\dfrac{q_{V_1}}{q_{V_2}}=\dfrac{u_1}{u_2}=0.901$

又 $q_{V_1}+q_{V_2}=q_V=0.3$ 即 $\dfrac{\pi}{4}d_1^2u_1+\dfrac{\pi}{4}d_2^2u_2=0.3$

$$\frac{\pi}{4}d^2(u_1+u_2)=0.3，\ u_1+u_2=\frac{0.3\times 4}{\pi\times 0.2^2}=9.55\text{m/s} \quad ②$$

由式①及式②联立，解得：$u_2=5.02\text{m/s}$

并联管路阻力损失

$$h_{损1}=h_{损2}=\left[\lambda\frac{l}{d}+\xi_2+\xi_D\right]\frac{u_2^2}{2}$$
$$=\left[0.02\times\frac{5}{0.2}+8+0.17\right]\times\frac{5.02^2}{2}$$
$$=109.2\text{J/kg}$$

69. ③

解：先确定管道内空气的最大流速（即管道中心轴线方向上空气的流速 u_{max}）

$$u_{max}=\sqrt{\frac{2gR(\rho_{示}-\rho)}{\rho}}\approx\sqrt{\frac{2gR\rho_{示}}{\rho}}$$

指示液的密度$\rho_{水}=1000\text{kg/m}^3$，在 40℃、1atm 下空气的密度为

$$\rho_{空气}=1.128\text{kg/m}^3，黏度\ \mu=1.91\times10^{-5}\text{N}\cdot\text{s/m}^2$$

$$u_{max}=\sqrt{\frac{2\times9.81\times0.013\times1000}{1.128}}\approx15\text{m/s}$$

$$最大流速时的\ Re_{max}=\frac{0.147\times15\times1.128}{1.91\times10^{-5}}=1.3\times10^5>10^4（湍流）$$

流型为湍流流动，取平均流速为 $u=0.8u_{max}=0.8\times15=12\text{m/s}$

空气的体积流量

$$q_V=\frac{\pi}{4}\times0.147^2\times12\times3600=732.8\text{m}^3/\text{h}\approx733\text{m}^3/\text{h}$$

皮托管测速计所测定的点速度 u_1 的计算式为

$$u_1=\sqrt{\frac{2gR(\rho_{示}-\rho)}{\rho}}$$

当被测流体为气体时，因 $\rho_{示}\gg\rho$，所以 $u_1=\sqrt{\dfrac{2gR\rho_{示}}{\rho}}$

测速管轴线方向上流体的点速度为 u_{1max}，算出 $Re_{max}=\dfrac{du_{max}\rho}{\mu}$，

查图，得平均流速 u，然后计算流体的流量 $q_V=\dfrac{\pi}{4}d^2u$

70. ①

解：苯在 20℃时，$\rho=879\text{kg/m}^3$，$\mu=0.67\times10^{-3}\text{N}\cdot\text{s/m}^2$，水银的密度 $\rho_{Hg}=13600\text{kg/m}^3$，

已知读数 $R=80\text{mm}=0.080\text{m}$，钢管内径 $d=159-4.5\times2=150\text{mm}=0.150\text{m}$，$\frac{d_0}{d}=\frac{78}{150}=0.52$，假设 $Re>Re_k$ 极限值 6×10^4，查孔板流量系数图，得 $C_0=0.625$

将已知数值代入式 $u_0=C_0\sqrt{\frac{2gR(\rho_{示}-\rho)}{\rho}}$，得

$$u_0=0.625\times\sqrt{\frac{2\times9.81\times0.08\times(13600-879)}{879}}=2.98\text{m/s}$$

导管内流体流速　$u_1=u_0\left(\frac{d_0}{d}\right)^2=2.98\times\left(\frac{78}{150}\right)^2=0.806\text{m/s}$

$$Re_1=\frac{du_1\rho}{\mu}=\frac{0.150\times0.806\times879}{0.67\times10^{-3}}=1.59\times10^5>6\times10^4$$

与假设相符合，所以 $C_0=0.625$ 正确。算出的 u_0 值即为所求。

所以　$q_V=\frac{\pi}{4}\times0.078^2\times2.98\times3600\approx51.2\text{m}^3/\text{h}$

孔板流量计所测流体流量的计算式为

$$q_V=A_0C_0\sqrt{\frac{2gR(\rho_{示}-\rho)}{\rho}}$$

71. 50

解：根据转子流量计的特点——恒流速，恒压差，可以马上得到答案。

72. 15mm；2.87m/s；32.4J/kg

解：据题意 $h_f=f(d、d_0、\mu、\rho、u)$

在 SI 制中各物理量的量纲为

$$[d]=[d_0]=L[\rho]=ML^{-3}\quad[u]=LT^{-1}$$
$$[\mu]=ML^{-1}T^{-1}[h_f]=L^2T^{-2}$$

若取 ρ、d、u 为基本量，则

$$[L]=d\qquad[M]=\rho d^3\qquad[T]=du^{-1}$$

其他诸量皆可化为无量纲变量

$$\pi=\frac{h_f}{L^2T^{-2}}=-\frac{h_f}{d^2\left(\frac{d}{u}\right)^{-2}}=\frac{h_f}{u^2}\qquad\pi_1=\frac{d_0}{L}=\frac{d_0}{d}$$

$$\pi_2=\frac{\mu}{ML^{-1}T^{-1}}=\frac{\mu}{\rho d^3d^{-1}\left(\frac{d}{u}\right)^{-1}}=\frac{\mu}{\rho du}=\frac{1}{Re}$$

待定函数的无量纲表达形式为

$$\frac{h_f}{u^2}=\varphi\left(\frac{\rho du}{\mu}、\frac{d_0}{d}\right)$$

由此式可知，无论是水管还是气管，只要 $\frac{\rho du}{\mu}$ 和 $\frac{d_0}{d}$ 各自相等，则 $\frac{h_f}{u^2}$ 必相等

$$d'_0=\frac{d_0}{d}d'=\frac{150}{300}\times30=15\text{mm}$$

水的流速应保证 Re 相等，即

$$u'=\frac{\rho du}{\mu}\times\frac{\mu'}{\rho'd'}$$

空气的物性

$$\rho=\frac{29}{22.4}\times\frac{273}{273+200}=0.747\text{kg/m}^3$$

$$\mu=2.6\times10^{-5}\text{N}\cdot\text{s/m}^2\ （查得）$$

20℃水的物性

$$\rho'=1000\text{kg/m}^3\ \mu'=1\times10^{-3}\text{N}\cdot\text{s/m}^2$$

故

$$u'=\frac{0.747\times0.3\times10}{2.6\times10^{-5}}\times\frac{1\times10^{-3}}{1000\times0.03}=2.87\text{m/s}$$

模拟孔板的阻力损失

$$h'_f=\frac{gR(\rho_i-\rho)}{\rho'}=\frac{9.81\times0.02\times13600}{1000}=2.67\text{J/kg}$$

因数群 $\frac{h_f}{h'_f}$ 处相等，故实际孔板的阻力损失为

$$h_f=\frac{h'_f}{u'^2}u^2=\frac{2.67}{2.87^2}\times10^2=32.4\text{J/kg}$$

73. （1）4.1；（2）25.6；2.74

解：（1）切削前 $\frac{q_{V\max}}{q_{V\min}}=\frac{A_{O\max}}{A_{O\min}}=\frac{\frac{\pi}{4}(d_1^2-d^2)}{\frac{\pi}{4}(d_2^2-d^2)}=\frac{28^2-26^2}{26.5-26^2}=4.1$

（2）设切削后转子直径为 d'，最大可测流量为 $q'_{V\max}$，据题意

$$\frac{q'_{V\max}}{q_{V\max}}=\frac{\frac{\pi}{4}(d_1^2-d'^2)C_R\sqrt{\frac{8V_f(\rho_f-\rho)g}{\pi d'^2\rho}}}{\frac{\pi}{4}(d_2^2-d^2)C_R\sqrt{\frac{8V_f(\rho_f-\rho)g}{\pi d^2\rho}}}=\frac{(d_1^2-d'^2)d}{(d_1^2-d^2)d'}=1.2$$

$$-dd'^2-1.2(d_1^2-d^2)d'+dd_1^2=0$$

$$-26d'^2-129.6d'+20384=0$$

$$d'=25.6\text{mm}$$

因切削量很小（$\Delta d=0.4$mm），故 C_R 基本不变的假定符合实际情况。切削后转子流量计的可测流量比为

$$\frac{q'_{V\max}}{q'_{V\min}}=\frac{d_1^2-d'^2}{d_2^2-d'^2}=\frac{28^2-25.6^2}{26.5^2-25.6^2}=2.74$$

可见，转子切削后，最大可测流量增大，而流量计的可测范围缩小了。

74. ③

解：$\int\frac{dp}{\rho}+g\int dz=0$ 对重力场静止气体依然适用。

$\rho=\frac{pM}{RT}$ 代入上式积分后可求得

$$p = p_0 \exp\left[\frac{-gMZ}{RT}\right] = 760 \times \exp\left[-\frac{9.81 \times 29 \times 5000}{8314.4 \times (273+30)}\right] = 432\text{mmHg}$$

75. 5600

解：设 h 为山高，在微小的距离间隔 dh 内列以下微分方程式：

压力变化：
$$dp = -\rho g\, dh \qquad ①$$

$$\rho = \frac{pM}{RT} \qquad ②$$

温度变化：
$$dh = -\frac{1000}{5} dT \qquad ③$$

将式②、式③代入式①得

$$dp = -\frac{pM}{RT} g(-200) dT$$

$$\int_{p_2}^{p_1} \frac{dp}{p} = \frac{200Mg}{R} \int_{T_2}^{T_1} \frac{dT}{T} = \frac{200 \times 29 \times 9.81}{8.314 \times 1000} \int_{T_2}^{T_1} \frac{dT}{T}$$

$$\ln \frac{660}{330} = 6.84 \ln \frac{273+15}{T_2}$$

$$T_2 = \frac{288}{1.1} = 260$$

$$h = (288-260) \times 200 = 28 \times 200 = 5600\text{m}$$

76. 711

解：气体经过较长的导管时，其所消耗的能量，主要是为克服直管的摩擦阻力，因此将式 $\Delta p = \lambda \dfrac{l\rho u^2}{d \times 2}$ 写成微分式：

$$-dp = \frac{\lambda \rho u^2}{d \times 2} dl \qquad ①$$

负号表示压降随管长的增加而下降，同时 ρ、u 都是气体在管中流动时压强 p 的函数，但乘积 ρu 是一个常数。

$\rho = \rho_0 \dfrac{pT_0}{p_0 T}$，$u = u_0 \dfrac{p_0 T}{pT_0}$，将以上二式代入式① 中：

$$-dp = \frac{\lambda \rho_0 p T_0 u_0^2 p_0^2 T^2}{2d p_0 T p^2 T_0^2} dl$$

假设导管内温度 T 不变，并将全部常数合并

令 $C = \dfrac{\lambda \rho_0 u_0^2 p_0 T}{2dT_0}$，则得：$-p\,dp = C\,dl$

以相应的极限积分 $-\displaystyle\int_{p_1}^{p_2} p\,dp = C \int_0^l de$

得
$$\frac{1}{2}(p_1^2 - p_2^2) = Cl \text{ 或 } p_1^2 - p_2^2 = 2Cl \qquad ②$$

由题意，气体在 0℃及 760mmHg 下的流速为

$$u_0 = \frac{5000}{0.65 \times 3600 \times 0.785 \times 0.3^2} \approx 30\text{m/s}$$

$$C = \frac{0.026 \times 0.65 \times 30^2 \times 101300 \times 291}{2 \times 0.3 \times 273} = 2643206$$

以上数据代入式②中，得 $p_1^2-152000^2=2\times2643206\times10^5$

即 $p_1^2=5286412\times10^5-2.3104\times10^{10}$

$=528641.2\times10^6-23104\times10^6=505537.2\times10^6$

所以 $p_1=\sqrt{505537.2\times10^6}=711\times10^3\text{N/m}^2=711\text{kPa}$

77. 45

解：在底 1-1 截面和顶 2-2 截面之间列伯努利方程，ρ_F 为烟气密度，则

$$Z_1g+\frac{p_1}{\rho_F}+\frac{u_1^2}{2}=Z_2g+\frac{p_2}{\rho_F}+\frac{u_2^2}{2}+\sum h_f$$

因为 $u_1=u_2$，$p_2=p_a-Z\rho g$

$$p_1=p_a-\frac{20}{10\times1000}\times9.81\times10^4=p_a-196$$

空气在 260℃、1 大气压下的体积流量为

$$q_V=20\times10^4\times\frac{273+260}{273}=39\times10^4\text{m}^3/\text{h}$$

$$u=\frac{q_V}{A\times3600}=\frac{3.9\times10^5}{0.758\times3.5^2\times3600}=11.26\text{m/s}$$

$$Re=\frac{\rho du}{\mu}=\frac{0.6\times3.5\times11.26}{0.028\times10^{-3}}=8.45\times10^5$$

$$\lambda=\frac{1.455}{Re^{0.25}}=0.048$$

则 $\sum h_f=\lambda\frac{lu^2}{d\times2}=0.048\times\frac{Z_2}{3.5}\times\frac{11.26^2}{2}=0.869Z_2$

$$\frac{p_{a1}-196}{0.6}=\frac{p_{a1}-Z_2\times1.1\times9.81}{0.6}+9.81Z_2+0.869Z_2$$

$Z_2=45\text{m}$

78. 3.43

解：在断面 1-1 和 2-2 间列机械能衡算式得

$$p_2=p_1-\xi\frac{\rho u^2}{2}=\frac{9.81\times10^4}{2}-\frac{1.5\times1000\times3^2}{2}=4.23\times10^4\text{N/m}^2$$

设弯头对流体的作用力为 R，并在断面 1-1 和 2-2 间列动量守恒式

$$\rho q_V(\vec{u}_2-\vec{u}_1)=\sum\vec{F}=p_1A+p_2A+R$$

流体对弯头的作用力为

$$-R=(p_1+p_2)A-\rho q_V(\vec{u}_2-\vec{u}_1)$$

$$A=\frac{\pi}{4}d^2=0.785\times0.2^2=0.0314\text{m}^2$$

$$q_V=uA=3\times0.0314=0.0942\text{m}^3/\text{s}$$

设与坐标轴同方向的力或动量为正，则

$$-R=\left(\frac{9.81\times10^4}{2}+42300\right)\times0.0314-1000\times0.0942\times[(-3)-3]=3.43\times10^3\text{N}$$

$=3.43\text{kN}$

因 $-R$ 为正值，弯头受力与坐标轴一致。

四、推导

1. 解：这是水平管作层流时的体积流量，对半径为 r 的流体柱作力平衡，得 $\Delta p\pi r^2=\tau\times 2\pi rl$，而 $\tau=\mu_0\left(\frac{\mathrm{d}u}{\mathrm{d}r}\right)^2$，考虑到压降是降低的，加负号后可得 $\frac{\mathrm{d}u}{\mathrm{d}r}=-\sqrt{\Delta pr/(2l\mu_0)}$，对该式积分得 $u=-\sqrt{\Delta p/(2l\mu_0)}\times\frac{2}{3}\times r^{\frac{3}{2}}+C$。当 $r=R$ 时，则 $u=0$(管壁处)，所以 $C=\frac{2}{3}\sqrt{\Delta p/(2l\mu_0)}\times R^{\frac{3}{2}}$，于是有 $u=\frac{2}{3}\sqrt{\Delta p/(2l\mu_0)}\times(R^{\frac{3}{2}}-r^{\frac{3}{2}})$

总体积流量

$$q_V=\int_0^R 2\pi ru\,\mathrm{d}r=\frac{4}{3}\pi\sqrt{\Delta p/(2l\mu_0)}\times\int_0^R(R^{\frac{3}{2}}r-r^{\frac{5}{2}})\mathrm{d}r=\frac{2}{7}\pi R^3\sqrt[5]{\Delta p/(2l\mu_0)}$$

将半径 R 换为 r 即证：$q_V=\frac{\pi}{3.5}r^3[\Delta p/(2l\mu_0)]^{\frac{1}{5}}$

2. 解：流体在直管中两相邻流体层发生相对位移时所产生的内摩擦为：$F=-\mu A\frac{\mathrm{d}u_r}{\mathrm{d}r}=-\mu(2\pi rl)\frac{\mathrm{d}u_r}{\mathrm{d}r}$。流体层间发生相对运动的推力为：$(p_1-p_2)\pi r^2=-\Delta p\pi r^2$，流体作等速运动时，由牛顿定律知，推动力应等于内摩擦力：$-\Delta p\pi r^2=-\mu(2\pi rl)\frac{\mathrm{d}u_r}{\mathrm{d}r}$，所以 $\mathrm{d}u_r=\frac{\Delta p}{2l\mu}r\mathrm{d}r$。边界条件：$r=R$，则 $u_r=0$（管壁处速度为零），对上式进行积分，得

$$\int_0^{u_r}\mathrm{d}u_r=\frac{\Delta p}{2l\mu}\int_R^r r\,\mathrm{d}r=-\frac{\Delta p}{4l\mu}\times(R^2-r^2)$$

在管中心处 $r=0$ 时，则 $u_r=u_{\max}$，所以 $u_{\max}=-\frac{\Delta p}{2l\mu}R^2$

上两式对比，得 $u_r=u_{\max}\left(1-\frac{r^2}{R^2}\right)$

设厚度为 $\mathrm{d}r$ 的流体层其截面积为 $\mathrm{d}A$，流速为 u_r，则相应的流量为

$$\mathrm{d}q_V=u_r\mathrm{d}A=u_r\times(2\pi r\mathrm{d}r)=-\frac{\Delta p}{4l\mu}\times(R^2-r^2)\times(2\pi r\mathrm{d}r)$$

$$=-\frac{\pi\Delta p}{2l\mu}\times(R^2r-r^3)\mathrm{d}r$$

对管道截面积的总流量要以 r 从 0 到 R 积分，得

$$\int_0^{q_V}\mathrm{d}q_V=q_V=-\frac{\pi\Delta p}{2l\mu}\int_0^R(R^2r-r^3)\mathrm{d}r=-\frac{\pi\Delta p}{8l\mu}R^4$$

流体经过管道截面积的平均流速 u 为

$$u=\frac{q_V}{A}=-\frac{\pi\Delta p}{8l\mu}R^4/(\pi R^2)=-\frac{\Delta p}{8l\mu}R^2\text{，故有}-\Delta p=\frac{8l\mu u}{R^2}$$

3. 证明：并联管路特性是 $\sum h_{f1}=\sum h_{f2}$

$$\sum h_{f1}=\lambda\frac{(l+l_e)u^2}{d\times 2g}\text{，}L=l+l_e\text{，}q_V=0.785d^2u$$

光滑管湍流时 $\lambda=\dfrac{0.3164}{Re^{0.25}}=\dfrac{0.3164(\mu g)^{0.25}}{(du\rho)^{0.25}}$

$$\sum h_f=\frac{2.53}{40.25}\times\frac{\mu^{0.25}}{Y^{0.25}\pi^{1.75}g^{0.75}}\times\frac{L_1}{d_1^{4.75}}\times q_{V_1}^{1.75}$$

同理可得 $\displaystyle\sum h_{f2}=\frac{2.53}{40.25}\times\frac{\mu^{0.25}}{Y^{0.25}\pi^{1.75}g^{0.75}}\times\frac{L_2}{d_2^{4.75}}\times q_{V_2}^{1.75}$

$$\frac{\sum h_{f1}}{\sum h_{f2}}=\left(\frac{L_1}{d_1^{4.75}}\times q_{V_1}^{1.75}\right)/\left(\frac{L_2}{d_2^{4.75}}\times q_{V_2}^{1.75}\right)$$

所以 $\left(\dfrac{q_{V_1}}{q_{V_2}}\right)^{1.75}=\dfrac{L_2}{L_1}\times\left(\dfrac{d_1}{d_2}\right)^{4.75}$

$$\frac{q_{V_1}}{q_{V_2}}=\left(\frac{L_2}{L_1}\right)^{\frac{1}{1.75}}\left(\frac{d_1}{d_2}\right)^{\frac{4.75}{1.75}}=\left(\frac{L_2}{L_1}\right)^{\frac{4}{7}}\left(\frac{d_1}{d_2}\right)^{\frac{19}{7}}$$

在并联湍流管路中的流量分配与管长（包括局部阻力的当量长度）的 4/7 次方成反比，而与管径的 19/7 次方成正比。这就意味着细而长的管子比粗而短的并联管路中的流量少得多，管径比管长对流量分配的影响要大得多。

当 $L_1=L_2$，$d_1=d_2$ 时，则 $q_{V_1}=q_{V_2}$。

当 $L_1=L_2$，$d_2\gg d_1$ 时，则总管流量 $q_V=q_{V_1}+q_{V_2}=\left(\dfrac{d_1}{d_2}\right)^{\frac{19}{7}}\times q_{V_2}+q_{V_2}=q_{V_2}\left[1+\left(\dfrac{d_1}{d_2}\right)^{\frac{19}{7}}\right]\approx q_{V_2}$，故并联细管，对增加流量作用不大，或基本没有什么影响。

当 $d_1=d_2$，$L_2\gg L_1$ 时，则 $q_V=q_{V_1}+q_{V_2}=q_{V_1}+\left(\dfrac{L_1}{L_2}\right)^{\frac{4}{7}}q_{V_1}=q_{V_1}\times\left[1+\left(\dfrac{L_1}{L_2}\right)^{\frac{4}{7}}\right]$，因为 $L_2\gg L_1$，所以 $\dfrac{L_1}{L_2}\ll 1$，此时 $q_V\approx q_{V_1}$。故并联长管，对增加流量仍然没有什么意义。

4\. 解：设在运动着的理想流体中，取一微小方形体，其边长为 dx、dy 和 dz，体积 $dV=dx\cdot dy\cdot dz$，在某一瞬间内，在这个流体微元上的作用力有：

(1) 压强 p（表压力）；(2) 重力（以 ρg 表示）

对 z 轴方向，外力的合力为：$p\,dx\,dy-\left(p+\dfrac{\partial p}{\partial z}dz\right)dx\,dy-\rho g\,dV=F_{合}$

根据牛顿定律，力等于质量乘以加速度，于是 $\rho dV\times\dfrac{du_z}{d\tau}=F_{合}$，即 $\dfrac{du_z}{d\tau}=-\dfrac{1}{\rho}\dfrac{\partial p}{\partial z}-g$

同理，对 x、y 轴方向有：$\dfrac{du_x}{d\tau}=-\dfrac{1}{\rho}\dfrac{\partial p}{\partial x}$，$\dfrac{du_y}{d\tau}=-\dfrac{1}{\rho}\dfrac{\partial p}{\partial y}$

$$\begin{cases}\dfrac{du_x}{d\tau}=u_x\dfrac{\partial u_x}{\partial x}+u_y\dfrac{\partial u_x}{\partial y}+u_z\dfrac{\partial u_x}{\partial z}+\dfrac{\partial u_x}{\partial\tau}\\[2ex]\dfrac{du_y}{d\tau}=u_x\dfrac{\partial u_y}{\partial x}+u_y\dfrac{\partial u_y}{\partial y}+u_z\dfrac{\partial u_y}{\partial z}+\dfrac{\partial u_y}{\partial\tau}\\[2ex]\dfrac{du_z}{d\tau}=u_x\dfrac{\partial u_z}{\partial x}+u_y\dfrac{\partial u_z}{\partial y}+u_z\dfrac{\partial u_z}{\partial z}+\dfrac{\partial u_z}{\partial\tau}\end{cases}$$

$$\begin{cases} u_x \dfrac{\partial u_z}{\partial x} + u_y \dfrac{\partial u_z}{\partial y} + u_z \dfrac{\partial u_z}{\partial z} + \dfrac{\partial u_z}{\partial \tau} = -\dfrac{1\partial p}{\rho \partial z} - g \\ u_x \dfrac{\partial u_x}{\partial x} + u_y \dfrac{\partial u_x}{\partial y} + u_z \dfrac{\partial u_x}{\partial z} + \dfrac{\partial u_x}{\partial \tau} = -\dfrac{1\partial p}{\rho \partial x} \\ u_x \dfrac{\partial u_y}{\partial x} + u_y \dfrac{\partial u_y}{\partial y} + u_z \dfrac{\partial u_y}{\partial z} + \dfrac{\partial u_y}{\partial \tau} = -\dfrac{1\partial p}{\rho \partial y} \end{cases}$$

这就是理想流体运动微分方程式，又称欧拉运动微分方程式。

若流体处于静止时，则外力的合力等于零，则 $\dfrac{du_z}{d\tau}=0$，$\dfrac{du_x}{d\tau}=0$，$\dfrac{du_y}{d\tau}=0$

故有 $\begin{cases} -\dfrac{1\partial p}{\rho \partial z} - g = 0 \\ -\dfrac{1\partial p}{\rho \partial x} = 0 \\ -\dfrac{1\partial p}{\rho \partial y} = 0 \end{cases}$ 即 $\begin{cases} \dfrac{1\partial p}{\rho \partial z} + g = 0 \\ \dfrac{1\partial p}{\rho \partial x} = 0 \\ \dfrac{1\partial p}{\rho \partial y} = 0 \end{cases} \Rightarrow \begin{cases} \dfrac{1\partial p}{\rho \partial x}dx = 0 \\ \dfrac{1\partial p}{\rho \partial x}dy = 0 \\ \dfrac{1\partial p}{\rho \partial z}dz + g\,dz = 0 \end{cases}$

将三式相加得 $\dfrac{1}{\rho}\left(\dfrac{\partial p}{\partial x}dx + \dfrac{\partial p}{\partial y}dy + \dfrac{\partial p}{\partial z}dz\right) + g\,dz = 0$

即
$$\frac{1}{\rho}dp + g\,dz = 0 \qquad ①$$

积分式①，得 $\dfrac{p}{\rho} + gz =$ 常数或 $\dfrac{p}{\rho g} + z =$ 常数

静压头与位压头之和为常数，这就是流体静力学基本方程式。

5. 证明：按静力学原理，同一种静止流体的连通器内，同一水平面上的压强相等，

故 $p_1 = p'_1$，$p_5 = p'_5$

$$\left.\begin{array}{l} \left.\begin{array}{r} p_1 = p_A + \rho g h_{A1} \\ p'_1 = p_B + \rho g(Z + h_{A1} - H) + \rho_i g H \\ \text{又因为} p_1 = p'_1 \end{array}\right\} \rightarrow p_A = p_B + \rho g Z + gH(\rho_i - \rho) \\ \left.\begin{array}{r} p_5 = p_A - \rho g h_{A5} \\ p'_5 = p_B - \rho g(h_{A5} - Z + R) + \rho_i g R \\ \text{又因为} p_5 = p'_5 \end{array}\right\} \rightarrow p_A = p_B + \rho g Z + gR(\rho_i - \rho) \end{array}\right\} \rightarrow H = R$$

因为 $p_A = p_B + \rho g Z + gH(\rho_i - \rho)$，所以 $p_A - p_B = \rho g Z + gR(\rho_i - \rho)$

第二章

流体输送机械

一、选择题

1. 离心泵扬程的意义是________。
   ① 泵实际的升扬高度
   ② 泵的吸液高度
   ③ 液体出泵和进泵的压差换算成的液柱高度
   ④ 单位重量液体出泵和进泵的机械能差值
2. 离心泵标牌上标明的扬程可理解为________。
   ① 该泵在规定转速下可以将 20℃的水升扬的高度
   ② 该泵在规定转速、最高效率下将 20℃的水升扬的高度
   ③ 该泵在规定转速下对 20℃的水提供的压头
   ④ 该泵在规定转速及最高效率下对 20℃的水提供的压头
3. 根据图 2-1 可求得输送单位重量流体所需补加的能量的数学表达式为 $H=\left(z+\frac{p}{\rho g}\right)_2-\left(z+\frac{p}{\rho g}\right)_1+\sum\left[\frac{8(\lambda\frac{l}{d}+\xi)}{\pi^2 d^4 g}\right]q_V^2$（管路特性方程），则下面正确的论断为________。
   ① 当管内流动已进入阻力平方区，系数 $K=\sum\left[\frac{8\left(\lambda\frac{l}{d}+\xi\right)}{\pi^2 d^4 g}\right]$ 是一个与管内流量无关的常数
   ② 向流体提供的能量用于提高流体的势能和克服管路的阻力损失
   ③ 高阻力管路特性曲线较低阻力管路特性曲线陡峭
   ④ 公式中 H 值即为通常所说的输送机械的压头或扬程

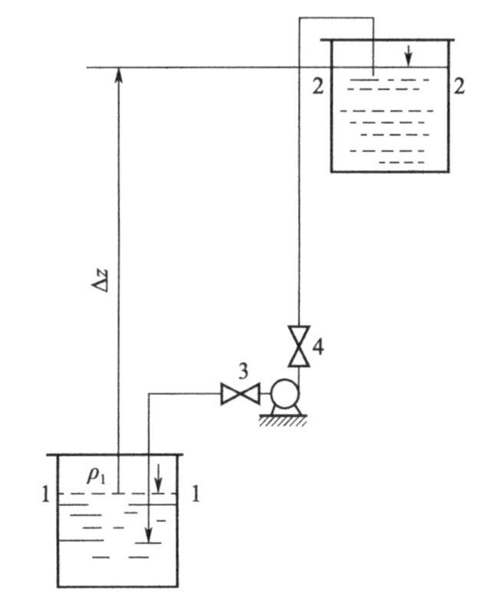

图 2-1 输送系统简图

4. 若离心泵具有无限多叶轮，且为无限薄的叶片并作等角速度旋转而无径向流动（泵出口阀关闭），则下面论断中正确的是________。
   ① 以静止坐标为参照系时，流体在泵壳所施予的向心力（径向压差）下作等角速度圆周

运动

② 以旋转坐标为参照系时，流体在受径向压差的同时还受一个与此大小相等、方向相反的惯性离心力，故流体处于相对静止状态

③ 要想考察流体所具有的总机械能就必须以静止坐标为参照系

④ 要想考察流体所具有的总机械能的大小就必须以旋转坐标为参照系

5. 在离心场和重力场共同作用下的静力学方程式或总势能守恒方程为________。

① $\left(p+\rho gz-\frac{\rho\omega^2 r^2}{2}\right)$ =常数　或 $\left(\frac{p}{\rho g}+z-\frac{u^2}{2g}\right)$ =常数

② $(p+\rho gz)$ =常数　或 $\left(\frac{p}{\rho g}+z\right)$ =常数

③ $\left(p+\rho gz+\frac{\rho\omega^2 r^2}{2}\right)$ =常数　或 $\left(\frac{p}{\rho g}+z+\frac{u^2}{2g}\right)$ =常数

6. 有关泵理论压头论断中正确的是________。

① 叶片形状与理论压头有关

② 液体密度与理论压头无关

③ 在前弯、径向、后弯三种形式叶片中，前弯叶片产生理论压头最高，但能量利用率低；后弯叶片产生理论压头最低，但能量利用率高，因而离心泵多采用后弯叶片

④ 离心泵启动时需灌泵是因为同一压头下，泵的吸力，即泵进出口的压差与流体的密度成正比

7. 泵在实际工作时，其实际（有效）压头和流量较理论值为低，而输入泵的功率较理论值为高，造成以上问题的原因为________。

① 泵叶轮外缘液体的势能高于中心吸入口，使部分液体由泵体与旋转叶轮之间的缝隙漏回吸入口

② 真实叶轮中叶片数目并非无限多，液体刚进入叶轮内缘要受到叶片的撞击，流体在流动过程中存在沿程阻力

③ 高速转动叶轮盘面与液体间的摩擦以及轴承、轴封等处的机械摩擦

④ 泵质量不过关，质量好的泵不存在该差别

8. 离心泵的工作点决定于________。

① 管路特性曲线　　② 离心泵特性曲线

③ 管路特性曲线和离心泵特性曲线　　④ 与管路特性曲线和离心泵特性曲线无关

9. 安装有泵的管路的输液量，即管路的流量的调节方法有________。

① 在离心泵出口管路上安装调节阀，改变调节阀开度（改变管路阻力系数）从而达到流量调节的目的；在调节幅度不大且经常需要改变流量时采用此法

② 通过改变泵的特性曲线，如车削叶轮、改变转速等在不额外增加管路阻力情况下实现流量调节；在调节幅度大、时间又长的季节性流量调节时使用这种方法

③ 通过改变泵的组合方式（并联和串联）达到流量调节的目的，此时，无论串联或并联，组合后的泵的总效率与单台泵效率一样

④ 泵的组合方式中，并联组合流量总是优于串联组合流量

10. 在流量调节幅度大、季节性调节时，可通过车削叶轮、改变转速来实现。在车削量 $<5\%D_2$（D_2 叶轮外径）或转速 n 变化 $<\pm20\%$ 时，可保证速度三角形相似，效率相

等，此时流量、扬程、轴功率变化的关系式为________。

① $\frac{q'_V}{q_V}=\frac{n'}{n}$，$\frac{H'_e}{H_e}=\left(\frac{n'}{n}\right)^2$，$\frac{P'_a}{P_a}=\left(\frac{n'}{n}\right)^3$

$\frac{q'_V}{q_V}=\frac{D'_2}{D_2}$，$\frac{H'_e}{H_e}=\left(\frac{D'_2}{D_2}\right)^2$，$\frac{P'_a}{P_a}=\left(\frac{D'_2}{D_2}\right)^3$

② $\frac{q'_V}{q_V}=\left(\frac{n'}{n}\right)^2$，$\frac{H'_e}{H_e}=\frac{n'}{n}$，$\frac{P'_a}{P_a}=\left(\frac{n'}{n}\right)^3$

$\frac{q'_V}{q_V}=\left(\frac{D'_2}{D_2}\right)^2$，$\frac{H'_e}{H_e}=\frac{D'_2}{D_2}$，$\frac{P'_a}{P_a}=\left(\frac{D'_2}{D_2}\right)^3$

③ $\frac{q'_V}{q_V}=\frac{n'}{n}$，$\frac{H'_e}{H_e}=\frac{n'}{n}$，$\frac{P'_a}{P_a}=\left(\frac{n'}{n}\right)^2$

$\frac{q'_V}{q_V}=\frac{D'_2}{D_2}$，$\frac{H'_e}{H_e}=\frac{D'_2}{D_2}$，$\frac{P'_a}{P_a}=\left(\frac{D'_2}{D_2}\right)^2$

11. 在调节幅度不大、经常需要改变流量时采用的方法为________。

① 改变离心泵出口管路上的调节阀开度　② 改变离心泵转速

③ 车削叶轮外径　④ 离心泵的并联或串联操作

12. 离心泵的效率 η 与流量 q_V 的关系为________。

① q_V 增加，η 增大　② q_V 增加，η 减小

③ q_V 增加，η 先增大后减小　④ q_V 增大，η 先减小后增大

13. 离心泵的轴功率 P_a 与流量 q_V 的关系为________。

① q_V 增大，P_a 增大　② q_V 增大，P_a 减小

③ q_V 增大，P_a 先增大后减小　④ q_V 增大，P_a 先减小后增大

14. 倘若关小离心泵出口阀门，减小泵的输液量，此时将会引起________。

甲：泵的扬程增大，轴功率降低。

乙：泵的输液阻力及轴功率均增大。

丙：泵的扬程及轴功率均下降。

① 结果是甲　② 结果是乙　③ 结果是丙　④ 可能是甲、丙结果

15. 倘若开大离心泵出口阀门，提高泵的输液量，会引起________。

① 泵的效率提高

② 泵的效率降低

③ 泵的效率可能提高也可能降低

④ 泵的效率只决定于泵的结构及泵的转速，与流量变化无关

16. 下列关于离心泵的讨论中正确的是________。

甲：减小离心泵的排液量，泵的吸液高度可适当增加。

乙：如果用节能的方法来控制泵的流量，那么可以在泵的入口管线上安装一个调节阀。

丙：一般来说，只从泵的功率消耗而言，用变速调节比用阀门调节泵的输液量更经济。

① 甲、乙对　② 乙、丙对　③ 甲、丙对　④ 甲、乙、丙都对

17. 在某单泵输液的管路中，并联一台同型号的离心泵，单泵与并联双泵的输液效果为________。

① 并联的输液量将是单泵的 2 倍　② 并联输液的扬程是单泵的 2 倍

③ 并联的能耗将是单泵的 2 倍　④ 无论输液量、扬程或能耗都不会是单泵的 2 倍

18. 图 2-2 所示为两台同型号的离心泵并联运行时的性能示意图，下列关于单泵运行与并联运行的判断中正确的是________。

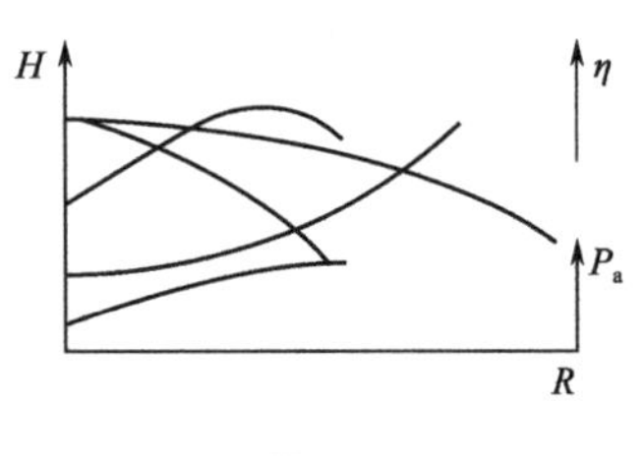

图 2-2

① 单泵单独运行时的流量 q_V 和效率 η 都要比它在并联运行时高

② 单泵单独运行时，流量 q_V 和效率 η 都要比它在并联运行时低

③ 单泵单独运行时比它在并联运行时流量大，但泵的效率没有变

④ 单泵单独运行时比它在并联运行时的流量小，其效率则提高了

19. 当一台泵的扬程可以满足输液需要，但流量不足时，既可以选用两台离心泵并联操作也可以将其串联操作，下列讨论中正确的是________。

甲：无论串联或并联，流量都比单泵大，所以串、并方式可以任选。

乙：若流量增加管路阻力能耗的增加平缓，宜选并联方式。

丙：若流量增加管路阻力能耗增加急剧，宜选并联方式。

① 甲对　　② 乙对　　③ 丙对　　④ 甲、乙、丙均不对

20. 有关离心泵的安装高度的正确论断有________。

① 当泵的安装位置高到一定程度，叶轮进口处的压强降至被输送液体的饱和蒸气压，将引起汽化现象，含气泡的液体进入叶轮后，因压强升高，气泡立即凝聚，气泡的消失产生局部真空，周围液体以高速涌向气泡中心，造成冲击和振动，此时，泵体振动并发出噪声，流量、扬程和效率都明显下降，再加上气泡可能带有氧气对金属材料发生化学腐蚀作用，将导致泵过早损坏

② 当流量一定而且流动已进入阻力平方区时，离心泵的最小汽蚀余量（泵内刚发生汽蚀的临界条件下，泵入口处液体的机械能比液体汽化时的势能超出的量）只与泵的结构尺寸有关，与环境无关

③ 在一定流量下，最大吸上真空高度 H_{gmax} 不仅与泵的结构尺寸有关，而且与被输送液体的性质（p_V，ρ）和供液处的压强 p_0 有关。泵标牌上给出的 H_{smax} 是以 20℃水作为实验介质，在 p_0 为大气压强的条件下，针对同一台泵若干不同流量分别测得的。因此，必须根据供液地点的压强 p_0 和实际输送液体的密度 ρ 和饱和蒸气压 p_V 对泵样本提供的［H_s］（$H_{smax}=0.3$m）进行校正换算

21. 在如图 2-3 所示的管路中，有关离心泵的临界汽蚀余量 $(\mathrm{NPSH})_c$、实际汽蚀余量 NPSH、必需汽蚀余量 $(\mathrm{NPSH})_r$、最大安装高度 H_{gmax}、最大允许安装高度［H_g］中正确的有________。

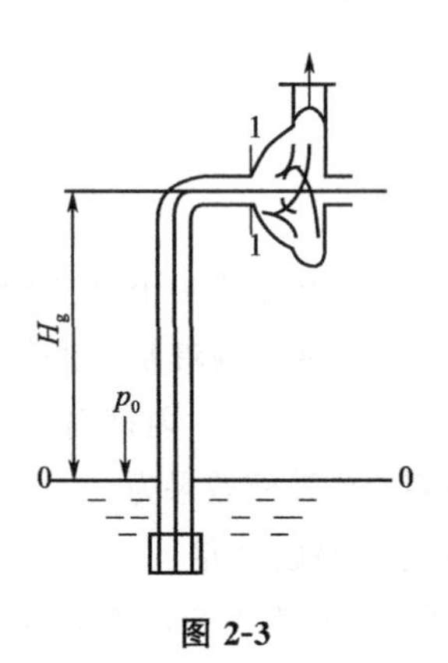

图 2-3

① $(\mathrm{NPSH})_c=\dfrac{p_{1\min}}{\rho g}+\dfrac{u_1^2}{2g}-\dfrac{p_V}{\rho g}$

$(\mathrm{NPSH})_c=\dfrac{u_k^2}{2g}+\sum H_{f,\,1-k}$

$\mathrm{NPSH}=\dfrac{p_1}{\rho g}+\dfrac{u_1^2}{2g}-\dfrac{p_V}{\rho g}$

② $(NPSH)_r=(NPSH)_c+$安全量

$NPSH=(NPSH)_r+0.5m$

③ $H_{gmax}=\frac{p_0}{\rho g}-\frac{p_V}{\rho g}-\sum H_{f,0\text{-}1}-(NPSH)_c$

$[H_g]=\frac{p_0}{\rho g}-\frac{p_V}{\rho g}-\sum H_{f,0\text{-}1}-[(NPSH)_r+0.5m]$

22. 下列化工用泵中属于正位移型的为________。

① 轴流泵　② 旋涡泵　③ 隔膜泵　④ 计量泵

⑤ 齿轮泵　⑥ 螺杆泵　⑦ 离心泵

23. 当流量一定而且流动进入阻力平方区时，离心泵的最小汽蚀余量决定于________。

① 泵的结构尺寸　② 泵的结构尺寸和供液处压强大小

③ 泵的结构尺寸，被输送液体的性质　④ 供液处压强大小和被输送液体的性质

24. 提高泵的允许安装高度的措施有________。

① 尽量减小吸入管路的压头损失，如采用较大吸入管径，缩短吸入管长度，减少拐弯及省去不必要的管件与阀门

② 将泵安装在贮罐液面之下，使液体利用位差自动灌入泵体内

③ 提高输送流体的温度

25. 离心泵的选择原则应为________。

① 输送系统流量与压头的确定。流量一般为生产任务所规定的最大流量，然后再根据伯努利方程式计算在最大流量下系统管路所需的压头

② 泵的类型与型号的确定。根据输送液体的性质和操作条件确定泵的类型，再根据①中确定的流量及压头从泵的样本或产品目录中选出合适的型号。此时为备有余量，通常所选的泵的流量和压头可稍大一点，但对应的泵的效率应比较高

③ 核算泵的轴功率

④ 离心泵的选择没有依据，可以任选

26. 某管路要求输液量 $q_V=80m^3/h$，压头 $H_e=18m$，今有以下四个型号的离心泵，分别可提供一定的流量 q_V 和压头 H_e，则宜选用________。

① $q_V=88m^3/h$，$H_e=28m$　② $q_V=90m^3/h$，$H_e=28m$

③ $q_V=88m^3/h$，$H_e=20m$　④ q_V-88m^3/h，$H_e=16m$

27. 下面有关往复泵论断中正确的为________。

① 往复泵是通过活塞（活柱）的往复运动直接以压强能的形式向液体提供能量

② 由于流量不均匀是往复泵的严重缺点，故一般通过采用多缸往复泵、装置空气室等措施来提高管路流量的均匀性

③ 往复泵的输液能力只决定于活塞的位移，与管路情况无关；而往复泵提供的压头则只决定于管路情况

④ 往复泵的流量调节可采用出口阀门调节、旁路调节、改变曲柄转速和活塞行程调节

⑤ 使用出口阀门不但不能改变往复泵流量，而且很危险，在出口阀门完全关闭下，泵缸内的压强将急剧上升，严重时将导致机件破损或电机烧毁

28. 有关往复泵论断中正确的是________。

① 往复泵是一种容积式泵

② 往复泵在启动前无须灌泵，它有自吸作用

③ 往复泵流量调节采用回路（旁路）调节方法

④ 往复泵适用于小流量、高压强场合，但不宜输送腐蚀性液体和含有固体粒子的悬浮液

29. 启动下列化工泵时需打开出口阀门的有________。

① 离心泵　　② 旋涡泵　　③ 轴流泵

30. 轴流泵的流量可通过________来调节。

① 调节出口阀开度　② 改变叶轮转速　③ 改变叶片安装角度

31. 由于气体的可压缩性，在气体输送机械内部气体压强发生变化的同时，体积和温度也将随之发生变化，故气体输送机械除按其结构和作用原理进行分类外，还根据它所能产生的进、出口压强差或压强比进行分类，下面论断中正确的是________。

① 通风机：$p_2 \ll 1500 mmH_2O$（表压），$p_2/p_1 = 1 \sim 1.15$

鼓风机：$p_2 = 0.15 \sim 3atm$（表压），$p_2/p_1 < 4$

压缩机：$p_2 = 3atm$（表压），$p_2/p_1 > 4$

真空泵：用于减压，$p_2 = 1atm$（表压），p_2/p_1 由真空度决定

② 通风机主要有轴流式和离心式两大类，前者一般只用于通风换气，而不用来输送气体

③ 鼓风机分为罗茨鼓风机和离心鼓风机两大类，前者属于正位移型，其风量与转速成正比，而与出口压强无关

④ 压缩机主要有往复式和离心式两类

⑤ 真空泵又可分为往复式、水环式、液环式、旋片式、喷射式等类型，一般真空泵仅用于抽除那些漏入设备的和系统产生的少量干气体及泵操作温度下的饱和蒸气，以维持系统的真空

32. 下列鼓风机中属于正位移型的为________。

① 离心鼓风机　② 罗茨鼓风机　③ 两者都是　④ 两者都不是

33. 若真空设备中需要排除的气体为可凝性气体，则可供采用的方法有________。

① 在真空度不高时，采取冷凝（大多用水冷）法将其冷成凝液而排除

② 在真空度太高，冷凝困难时，可先用蒸气喷射泵抽除，使混合气压强升高到蒸气可以冷凝的压强而将可凝气体冷凝排除

③ 直接用真空泵将全部可凝气体抽出

二、填空

1. 离心泵的工作点是________曲线与________曲线的交点。
2. 离心泵的特性曲线是________________。
3. 离心泵的安装高度超过允许安装高度时，离心泵会发生________现象。
4. 离心泵的泵壳制成蜗壳状，其作用是________。
5. 离心泵叶轮的作用是将原动机的________直接传给液体，以增加液体的静压能和动压能（主要是静压能）。
6. 离心泵样本中标明的允许吸上真空高度 H_s 值，是指压力为__________mH_2O，温度为________℃时输送清水条件下的实测值。
7. 离心泵常采用________调节流量；往复泵常采用________调节流量。
8. 当离心泵叶轮入口处压强等于被输送流体在该温度下的饱和蒸气压时，会产生________

现象。

9. 离心泵与往复泵启动与流量调节的不同之处是离心泵________，往复泵________。

10. 离心泵中直接对液体做功的部件是________。

11. 离心泵轴封装置的密封作用分为________密封和________密封两种。

12. 离心泵在启动前必须充满液体，这是为了防止________现象。

13. 离心泵轴封装置起________作用，防止液体外泄和气体漏入。

14. 螺杆泵适于在________下输送黏稠液体，其效率高，无噪声，流量均匀。

15. 旋涡泵一般适于输送流量小，压头高，黏度________的液体，效率一般不超过40%。

16. 齿轮泵适宜于输送________的液体。

17. 罗茨鼓风机的出口应装安全阀，流量用________调节。

18. 罗茨鼓风机的风量和________成正比，转速一定时，风量可大致保持不变。

19. 往复式真空泵属于干式真空泵，所排送的气体不应含有________，如气体中含有大量蒸汽，必须把________设法除去之后再进入真空泵内。

20. 对往复式压缩机而言，压缩比一定时，余隙系数加大，容积系数________，压缩机的吸气量________。

三、计算

1. 如图2-4所示，直径 $D=0.4\text{m}$，高度 $H=0.5\text{m}$ 的容器内盛满水并绕垂直中心轴旋转，转速 $n=1000\text{r/min}$。若容器顶盖中心开一小孔通大气，则

(1) 容器中最大压强位于________，其值为________。

(2) 位于轴心与器壁处单位流体的总机械能之差为________，其中动能与势能所占比例分别为________。

2. 设叶轮具有无穷多无限薄的径向叶片，叶轮进出口直径分别为 $r_1=69\text{mm}$，$r_2=180\text{mm}$，叶片厚度均匀，$b=15\text{mm}$。已知叶轮水平旋转，转速 $n=1480\text{r/min}$，水的体积流量 $q_V=0.0833\text{m}^3/\text{s}$，入口处的绝对压强为0.5at。若将水视为理想流体，则叶轮片通道中央处流体的压强为________。

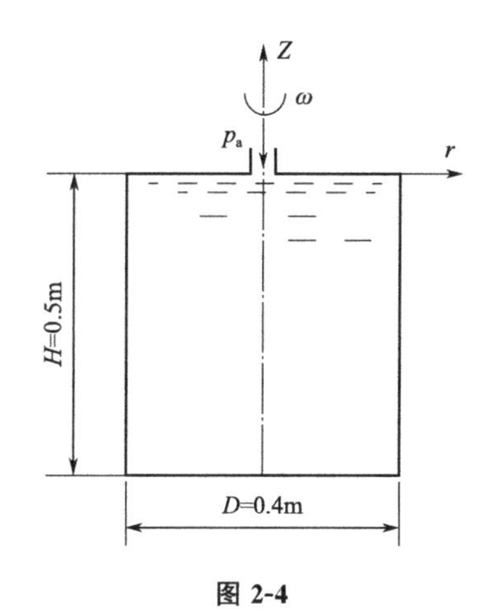

图 2-4

3. 有一个后弯叶轮，叶轮的外缘半径 $r_2=180\text{mm}$，内缘半径 $r_1=70\text{mm}$，外缘出口宽度 $b_2=10\text{mm}$，内缘出口宽度 $b_1=20\text{mm}$，后弯叶片的入口倾斜角 β_1 和出口倾斜角 β_2 皆为30°，若叶轮的转速 $n=2900\text{r/min}$，流量 $q_V=300\text{m}^3/\text{h}$，不计叶片通道的阻力损失和叶片厚度，则后弯叶片可能产生的理论压头为________，其中势能所占比例为________。

4. 已知离心泵叶轮外径为192mm，叶轮出口宽度为12.5mm，叶片出口流动角为35°，若泵的转速为1750r/min，则泵的理论压头 H_T 与泵的流量 q_V 之间的关系式为________。

① $H_T=31.56-339.7q_V$　　② $H_T=20-1750q_V$

③ $H_T=31.56-1750q_V$　　④ $H_T=31.56+339.7q_V$

5. 对离心泵而言，若其容积效率为0.90，水力效率为0.85，机械效率为0.98，则离心泵的总效率为________。

① 0.91　　② 0.85　　③ 0.90　　④ 0.75

6. 某台离心泵每分钟输送$12m^3$的水，接在该泵压出管上的压强计读数为372.78kPa，接在吸入管上的真空计读数为210mmHg，压强计和真空计与导管连接处的垂直距离为410mm，吸入管内径为350mm，压出管内径为300mm。水在管中的摩擦阻力可以忽略，则该泵产生的压头为________mH_2O。

① 12　　② 10　　③ 41.45　　④ 35.76

7. 用常温下的清水为介质，测定一定转速下离心泵的性能。若测得泵的流量为$10m^3/h$，真空表读数为160mmHg，压强计读数为1.7×10^5Pa，轴功率为1.07kW。已知泵入口管和出口管管径相同，压强表和真空表两测压口间垂直距离为0.5m（通过该段管路的阻力损失可忽略不计），则该泵在此实测点下的压头为________m，效率为________。

8. 图2-5管路系统由水泵、加热器（$\xi_H=10$）、散热器（$\xi_R=10$）和四段输入管组成，各管段的直径$d=40mm$，长度$l=10m$，阻力系数$\lambda=0.02$，管内流速为3m/s，为避免管内出现负压，在A点接一水面高度为H的水箱，则泵的压头和理论功率为__________。

① $H_e=18.4m$，$P_e=678.7W$　　② $H_e=28.1m$，$P_e=702.8W$

③ $H_e=18m$，$P_e=800W$　　④ $H_e=10.4m$，$P_e=603W$

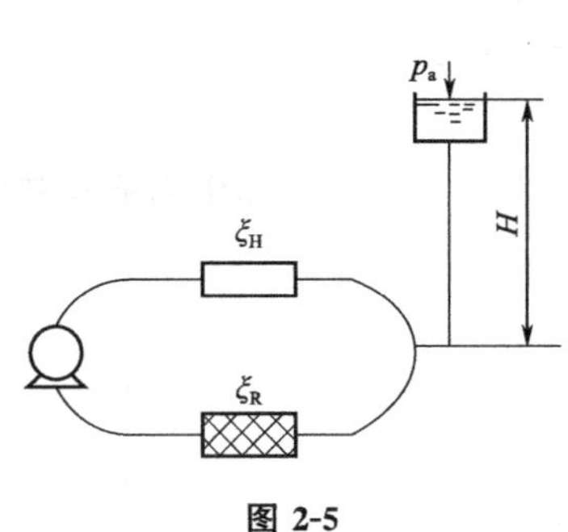

图2-5

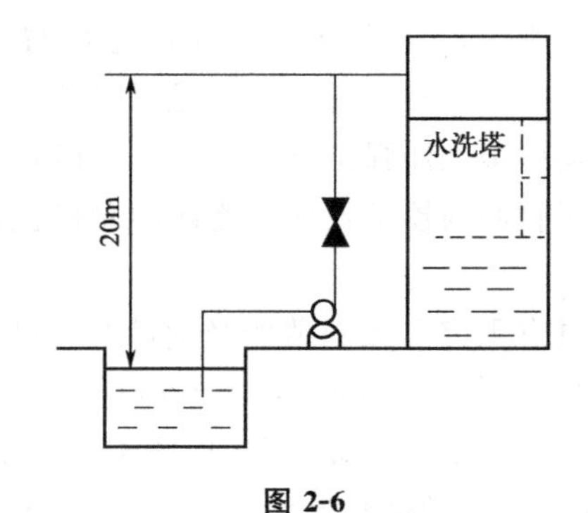

图2-6

9. 用离心泵将河水送到常压水塔中，河水液面与水塔液面间垂直距离为35m，稳态流动。输水管直径为$\phi165mm\times4.5mm$，管路长度为1300m，所有局部阻力的当量长度为50m。若泵的流量为$100m^3/h$，泵的效率为65%，则泵的轴功率为________kW（假设摩擦系数λ可取为0.02，水的密度为$1000kg/m^3$）。

10. 如图2-6所示，用离心泵将水由水槽送至水洗塔中，塔内的表压为9.807×10^4Pa，水槽液面恒定，其上方通大气，水槽液面与输水管出口端的垂直距离为20m，在某送液量下，泵对水做功为317.7J/kg，管内摩擦系数为0.018，吸入和压出管路总长为110m（包括管件及入口的当量长度，但不包括出口的当量长度），输水管尺寸为$\phi108mm\times4mm$，水的密度为$1000kg/m^3$，泵效率为70%。

(1) 输水量为________m^3/h；(2) 离心泵的轴功率为________kW。

11. 用某泵输水时，测得其扬程为H（mH_2O），今用来输汽油（汽油密度为$700kg/m^3$，黏度为0.8cP；25℃下，汽油和水的黏度近似相等），如果流量一样，泵的转速相同，则此

时泵的扬程 H' 与 H 相比结果为________。

① $H'=H$　　② $H'>H$　　③ $H'<H$　　④ 无法相比

12. 有一台泵当转速为 n_3 时，轴功率为 1.5kW，输液量为 $20m^3/h$。当转速调到 n_2 时，排液量降为 $18m^3/h$，若泵的效率不变，此时泵的轴功率为________。

① 1.35kW　　② 1.22kW　　③ 1.15kW　　④ 1.09kW

13. 单台泵的特性曲线方程为 $H=50-1.1\times10^6q_V^2$，管路特性曲线方程为 $H=20+1.347\times10^5q_V^2$，则两泵并联时，其流量为________，串联时其流量为________。

① $0.00865m^3/s$　　② $0.0059m^3/s$　　③ $0.00725m^3/s$　　④ $0.0039m^3/s$

14. 用两台离心泵从水池向密闭容器供水，单台泵的特性曲线可近似表示为 $H=50-1.1\times10^6q_V^2$，适当关闭或开启阀门，两泵既可串联又可并联工作。如图 2-7 所示，已知水池和容器内液面高度差为 10m，容器内压强为 1atm（表压），管路总长为 20m（包括各种管件的当量长度，但不包括阀门 A），管径为 50mm。假设管内流动已进入阻力平方区，阻力系数 $\lambda=0.025$，两支路皆很短，其阻力损失可以忽略，则阀门 A 全开，输送能力大的为________。

① 并联　　② 串联　　③ 无法确定

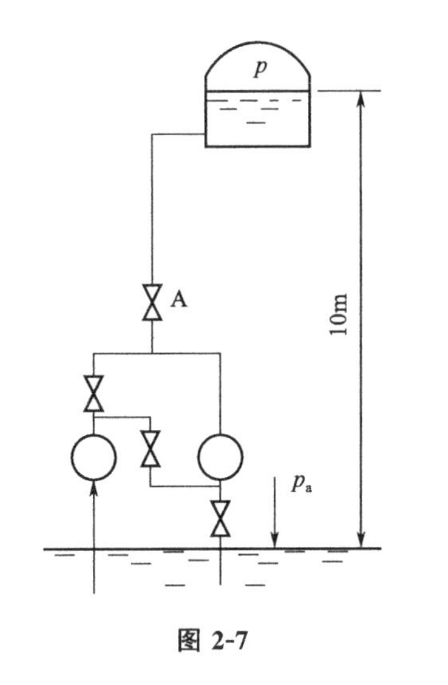

图 2-7

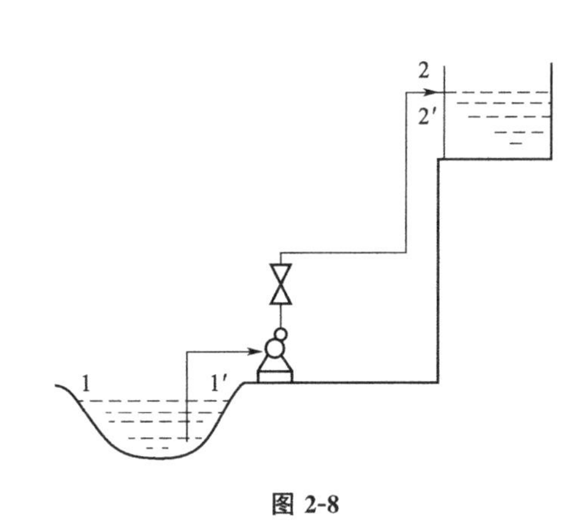

图 2-8

15. 用离心泵将 20℃的水以 $30m^3/h$ 的流量由贮水槽输送到敞口高位槽内，两槽液面均保持不变，如图 2-8 所示，两液面高度差为 18m，泵的吸入口在水槽液面上方 2m 处，泵的吸入管路全部阻力为 1m，压出管路全部阻力为 3m，泵的效率为 0.6，泵的允许吸上高度为 6m，则

(1) 泵的轴功率为________kW；

(2) 通过计算说明上述泵的安装高度________（合适，不合适）（设水的密度为 $1000kg/m^3$，动压头可忽略）。

16. 某泵从敞口容器输送液体，其吸入管长度为 10m，直径为 100mm，管内流速为 3m/s。此时对应的允许吸上真空高度 H_s 为 5.0m。假设吸入管内流动已进入阻力平方区，直管阻力系数 $\lambda=0.025$，总局部阻力系数 $\sum\xi=2$，当地大气压为 1.013×10^5Pa，则输送沸腾的水时其允许安装高度为________。

① 3.18m　　② 7.1m　　③ 0m　　④ −7.1m

17. 某车间要安装一台离心泵输送循环水，从样本上查得该泵的流量为46830m^3/h，扬程为38.5m，泵的允许吸上真空高度为$H_{允}=6m$。现流量和扬程均符合要求，且已根据水槽到泵的距离及所用管径和流量估计出吸入管路阻力损失和动压头之和为2m。则车间位于海平面，输送水温为20℃时，泵的允许安装高度为________m；车间位于海拔1000m的高原处，输送水温为80℃时，泵的允许安装高度为________m。

18. 用离心泵输送某种油品，所选泵的汽蚀余量为2.6m，该油品在输送温度下的饱和蒸气压为200mmHg，$\rho=900kg/m^3$，吸入管路压头损失为1m，则该泵的安装高度为________m。

① 2.6　　② 3　　③ 3.6　　④ 4.3

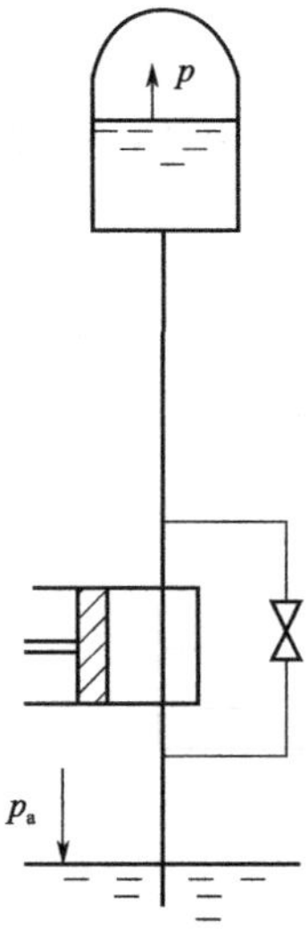

19. 如图2-9所示，用电动往复泵从敞口贮水池向密封容器供水，容器内压强为10atm（表压），容器与水池液面高度相差10m，主管线长度（包括当量长度）为100m，管径为50mm，管壁粗糙度为0.25mm，在泵的进出口处设一旁路，其直径为30mm。设水温为20℃，当旁路关闭时，管内流量为0.006m^3/s，若所需流量减半，采用旁路调节，旁路的总阻力系数和泵的理论功率为________。

① 128.2和6.92kW　　② 182.2和9.62kW

③ 382.2和6.92kW　　④ 482.2和9.62kW

图 2-9

20. 将4500m^3、20℃的空气从1atm（绝压）压缩到3atm（绝压）。已知绝热指数$k=1.40$，多变指数$m=1.25$。压缩后空气的体积和温度，按绝热过程计算为____________；按多变过程计算为________。

① 2052m^3和401K　　② 1868m^3和365K

③ 4500m^3和273K　　④ 4500m^3和298K

21. 有一压缩甲烷气的单级往复式压缩机，其余隙容积为活塞扫过容积的8.5%，设气体自余隙容积膨胀为绝热膨胀，其绝热指数为1.31，则最大排气压强为________时，压缩机的生产能力等于零，设吸入气体的压强为1atm（绝压）。

① 1atm　　② 19atm　　③ 28atm　　④ 30atm

22. 某单级双缸、双动空气压缩机，其活塞直径为300mm，冲程为200mm，每分钟往复480次，压缩机的吸气压强为1at，排气压强为3.5at。设汽缸的余隙系数为8%，排气系数为容积系数的85%，绝热总效率为0.7，空气的绝热指数为1.40，则该压缩机的排气量和轴功率为________。

① 20.39m^3/min；71.9kW　　② 40.39m^3/min；143.8kW

③ 16.41m^3/min；36.8kW

23. 一定量的液体在圆形直管内作层流流动。若管长不变，而管径减至原来的1/2，则因摩擦阻力而产生的压降为原来的________倍。

24. 一台清水泵的允许吸上高度$H_s=6m$，现在用来输送20℃的乙醇，储液罐与大气相通。已知20℃清水的密度和饱和蒸气压分别为$\rho=1000kg/m^3$，$p_V=2.334kPa$；20℃乙醇的密度和蒸气压分别为$\rho'=800kg/m^3$，$p'_V=5.85kPa$。若泵进口处的流速$u=2m/s$，吸入管压头损失为 2m 液柱（乙醇），计算此泵的允许安装高度。

25. 某敞口高位槽送水的管路如图 2-10 所示，所有管径均为 50mm，管长 $L_{OC}=45m$，$L_{CB}=15m$（均包括所有局部阻力当量长度），当阀 a 全关，阀 b 打开时，压力表 p_B 的读数为 2.4×10^4Pa。假设阻力系数 λ 均为 0.03，水的密度为 $1000kg/m^3$。

(1) 试计算 B 管道（CB 段）的流速；

(2) 若维持阀 b 的开度不变，逐渐打开阀 a，直到 CB、CD 两管中流速相等，此时 B 管的流速为多少?

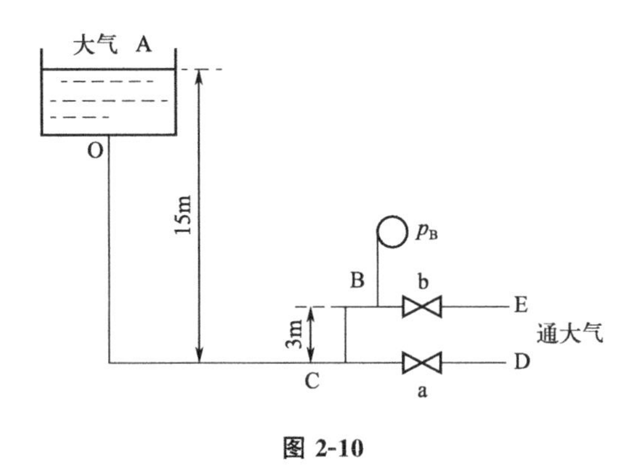

图 2-10

26. 由水库将水打入一敞口水池，水池水面比水库水面高 50m，要求的流量为 $90m^3/h$，输送管内径为 156mm，在阀门全开时，管长和各种局部阻力的当量长度的总和为 1000m，对所使用的泵在 $Q=65\sim135m^3/h$ 范围内属于高效区，在高效区中泵的性能曲线可以近似地用直线 $H=124.5-0.392Q$ 表示，此处 H 为泵的扬程（m），Q 为泵的流量（m^3/h），泵的转速为 2900r/min，管子摩擦系数可取为 $\lambda=0.025$，水的密度 $\rho=1000kg/m^3$。

(1) 核算一下此泵能否满足要求；

(2) 如泵的效率在 $Q=90m^3/h$ 时可取为 68%，求泵的轴功率；如用阀门进行调节，由于阀门关小而损失的功率是多少？此时泵出口处压力表的读数如何变化?

(3) 如将泵的转速调为 2600r/min，并辅以阀门调节使流量达到要求的 $90m^3/h$，这样比第二问的情况节约能量百分之多少？与第二问相比，泵出口处压力表的读数又如何变化?

27. 质量分数为 98%的浓硫酸以 $50m^3/h$ 的流量流过内径为 100mm 的管道，从敞口低位槽泵入敞口高位槽。两槽液面高度维持不变，两液面间的垂直距离为 35m，钢管总长为 180m，管件、阀门等的局部阻力为管道阻力的 25%。浓硫酸在 20℃下输送，此时其密度为 $1861kg/m^3$。取流体在管道内的摩擦系数 $\lambda=0.034$，泵的效率为 $\eta=0.60$，则泵的轴功率为________。

四、推导

1. 根据图 2-11，请推导出离心泵的扬程为 $H_T=h_0+(p_2-p_1)/(\rho g)$。
2. 试分析推导出液体物性（密度、黏度）、离心泵转速对特性曲线的影响。
3. 试推导 $H_g=\dfrac{p_0}{\rho g}-\dfrac{p_V}{\rho g}-\Delta h-H_{f0\text{-}1}$。

4. 试推导风压 p_t 的表达式。

5. 用离心泵从罐 1 输送清水给罐 2，水温 20℃，输送管线如图 2-12 所示，在泵的进出口处各装一真空表和一压力表。当离心泵以一定转速运转时，测得泵的流量 q_V、压头 H_e、泵的出口压力 $p_{出}$、泵的进口真空度 $p_{真空度}$ 和泵的轴功率 P_a 已为一定值。现改变以下某一条件，而其他条件不变，问以上 5 个参数 q_V、H_e、$p_{出}$、$p_{真空度}$、P_a 如何变化。

(1) 当出口的 A 阀加大时；

(2) 当输送的料液不是清水，而是密度为 1500kg/m^3 的液体时；

(3) 当泵的叶轮直径减小 5%时；

(4) 当泵的转速提高 5%时。

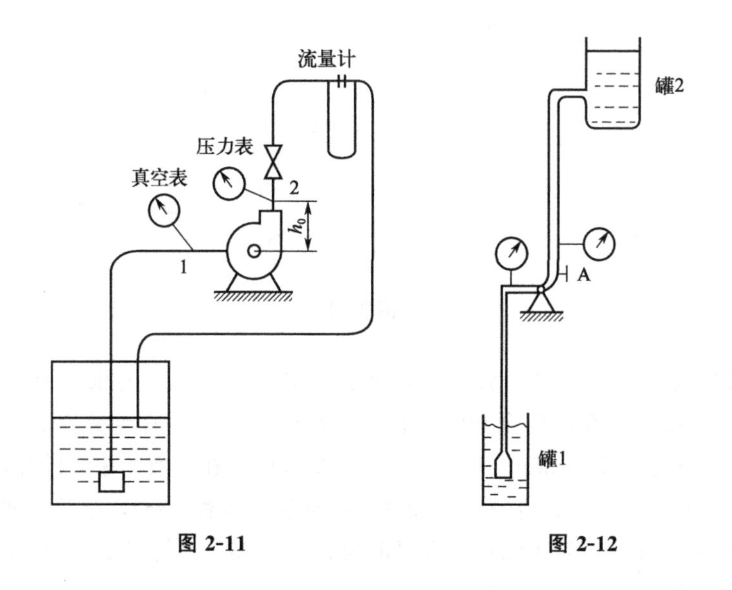

图 2-11　　　　图 2-12

6. 试推导离心泵的理论压头 H_T 满足 $H_T=\dfrac{u_2c_2\cos a_2}{g}$。

第二章
流体输送机械　参考答案

一、选择题

1. ④　2. ④　3. ①②③④　4. ①②③　5. ①
6. ①②③④　7. ①②③　8. ③　9. ①②③　10. ①
11. ①　12. ③　13. ①　14. ①　15. ③
16. ③　17. ④　18. ①　19. ②　20. ①②③
21. ①②③　22. ③④⑤⑥　23. ①　24. ①②　25. ①②③
26. ③　27. ①②③⑤　28. ①②③④　29. ②③　30. ②③
31. ①②③④⑤　32. ③　33. ①②

二、填空

1. 泵的特性；管道特性　2. H-q_V、p-q_V 和 η-q_V 曲线　3. 汽蚀
4. 能量转换　5. 机械能　6. 10；20
7. 出口阀；旁路　8. 汽蚀
9. 离心泵：启动时灌水，关出口阀，用出口阀调节流量
往复泵：启动时不灌水，开旁路阀，用旁路阀调节流量
10. 叶轮　11. 机械；填料　12. 气缚
13. 密封　14. 高压　15. 不大
16. 黏度较大　17. 支路（旁路）　18. 转速
19. 液体；可凝性气体　20. 变小；减少

三、计算

1. (1) 容器底部的边缘 $r=R$，$Z=-H$ 处，$3.22\times10^5\,\text{N/m}^2$

(2) $4.41\times10^5\,\text{J/m}^3$，50%

解：(1) 若以旋转坐标为参照系，容器内液体处于静止状态，各点的势能相等，即

$$p+\rho gZ-\frac{\rho\omega^2 r^2}{2}=C$$

如取顶盖中心为坐标原点，根据边界条件 $Z=0$、$r=0$、$p=p_a$，求得 $C=p_a$。因此，容器内液体静压强的分布规律为

$$p=p_a+\frac{\rho\omega^2 r^2}{2}-\rho gZ$$

显然，容器内最小压强位于原点处，其值等于大气压 p_a。最大压强位于容器底部的边缘 $r=R$、$Z=-H$ 处，即

$$p_{max} = p_a + \frac{\rho\omega^2 R^2}{2} + \rho g H$$

$$\omega = \frac{2\pi n}{60} = \frac{2\pi \times 1000}{60} = 105$$

$$p_{max} = 1.013 \times 10^5 + \frac{1000 \times 105^2 \times 0.2^2}{2} = 3.22 \times 10^5\ \mathrm{N/m^2}$$

(2) 若以静止坐标为参照系，容器中的液体是处于等角速度旋转运动中，在器壁处液体的切向速度为 ωR ，而在轴心处液体的切向速度为 0，故位于两处的单位流体的动能差为

$$\frac{\rho\Delta(u^2)}{2} = \frac{\rho\omega^2 R^2}{2} = \frac{1000 \times 105^2 \times 0.2^2}{2} = 2.205 \times 10^5\ \mathrm{J/m^3}$$

同样，若以静止坐标为参照系，总势能为 $p + \rho g Z$ 。根据容器内静压强分布规律，可求出位于器壁和轴处单位流体的总势能差为

$$\Delta(p + \rho g Z) = \frac{\rho\omega^2 R^2}{2} = 2.205 \times 10^5\ \mathrm{J/m^3}$$

两处单位体积流体的总机械能之差为

$$\Delta\left(p + \rho g Z + \frac{\rho u^2}{2}\right) = \frac{\rho\omega^2 R^2}{2} + \frac{\rho\omega^2 R^2}{2} = 4.41 \times 10^5\ \mathrm{J/m^3}$$

其中动能和势能各占一半。

2. $2.35 \times 10^5\ \mathrm{N/m^2}$

解：流体叶片通道中，一方面作等角速度旋转，另一方面还伴有径向流动。若以旋转坐标为参照系，单位重量流体除具有势能 $\frac{p}{\rho g} + Z - \frac{\omega^2 r^2}{2g}$ 外，还具有动能 $\frac{W^2}{2g}$ 。对于理想流体，机械能量是守恒的，故

$$\frac{p}{\rho g} + Z - \frac{\omega^2 r^2}{2g} + \frac{W^2}{2g} = \frac{p_1}{\rho g} + Z - \frac{\omega^2 r^2}{2g} + \frac{W_1^2}{2g} = C$$

据题意

$$p_1 = 0.5 \times 9.81 \times 10^4 = 4.905 \times 10^4\ \mathrm{N/m^2}$$

$$W_1 = \frac{q_V}{2\pi r_1 b_1 \sin\beta} = \frac{0.0833}{2\pi \times 0.069 \times 0.015 \times 1} = 12.8\mathrm{m/s}$$

$$\omega = \frac{2\pi n}{60} = \frac{2\pi \times 1480}{60} = 155$$

若取叶轮所在平面作为基准面，则

$$C = \frac{p_1}{\rho g} + Z - \frac{\omega^2 r_1^2}{2g} + \frac{W_1^2}{2g}$$

$$= \frac{4.905 \times 10^4}{1000 \times 9.81} - \frac{155^2 \times 0.069^2}{19.6} + \frac{12.8^2}{19.6} = 7.536\mathrm{m}$$

叶片通道内任意向位置的压强为

$$p = \rho g C + \frac{\rho\omega^2 r^2}{2} - \frac{\rho W^2}{2}$$

令 $r = r_1 + \frac{r_2 - r_1}{2} = 0.069 + \frac{0.18 - 0.069}{2} = 0.1245\mathrm{m}$

可求得叶片通道中央处的压强为

$$p=7.39\times10^{4}+1.201\times10^{7}\times0.1245^{2}-\frac{387.8}{0.1245^{2}}=2.35\times10^{5}\mathrm{N/m^{2}}$$

3. 223.5m；61%

解：对于后弯叶轮而言

$$W_{1}=\frac{q_{V}}{2\pi r_{1}b_{1}\sin\beta_{1}}=\frac{300/3600}{2\pi\times0.07\times0.02\times0.5}=18.9\ \mathrm{m/s}$$

$$W_{2}=\frac{q_{V}}{2\pi r_{2}b_{2}\sin\beta_{2}}=\frac{300/3600}{2\pi\times0.18\times0.01\times0.5}=14.7\ \mathrm{m/s}$$

$$\omega=\frac{2\pi n}{60}=\frac{2\pi\times2900}{60}=303.7$$

$$u_{2}=\omega r_{2}=303.7\times0.18=54.7\ \mathrm{m/s}$$

$$u_{1}=\omega r_{1}=303.7\times0.07=21.3\ \mathrm{m/s}$$

以旋转坐标为参照系可求得

$$\left(\frac{p}{\rho g}+Z\right)_{2}-\left(\frac{p}{\rho g}+Z\right)_{1}=\frac{u_{2}^{2}-u_{1}^{2}}{2g}+\frac{W_{1}^{2}-W_{2}^{2}}{2g}$$

$$=\frac{54.7^{2}-21.3^{2}}{19.6}+\frac{18.9^{2}-14.7^{2}}{19.6}=136.7\mathrm{m}$$

以静止坐标为参照系可求得

$$H_{\mathrm{T}}=\Delta\left(\frac{p}{\rho g}+Z\right)+\frac{C_{2}^{2}-C_{1}^{2}}{2g}$$

$$C_{1}^{2}=u_{1}^{2}+W_{1}^{2}-2u_{1}W_{1}\cos\beta_{1}$$

$$=21.3^{2}+18.9^{2}-2\times21.3\times18.9\times\cos30^{\circ}=113.6$$

$$C_{2}^{2}=u_{2}^{2}+W_{2}^{2}-2u_{2}W_{2}\cos\beta_{2}$$

$$=54.7^{2}+14.7^{2}-2\times54.7\times14.7\times\cos30^{\circ}=1815$$

$$\frac{C_{2}^{2}-C_{1}^{2}}{2g}=\frac{1815-113.6}{19.6}=86.8\mathrm{m}$$

泵的理论压头：$H_{\mathrm{T}}=136.7+86.8=223.5\mathrm{m}$

其中势能所占比例为：$\frac{136.7}{223.5}\times100\%=61\%$

4. ①

解：$H_{\mathrm{T}}=\frac{u_{2}^{2}}{g}-\frac{u_{2}\cot\beta_{2}}{g\pi D_{2}b_{2}}q_{V}=\left(\frac{\pi D_{2}n}{60}\right)^{2}\frac{1}{g}-\frac{u_{2}\cot\beta_{2}}{g\pi D_{2}b_{2}}q_{V}$

$$=\frac{1}{9.81}\times\left(\frac{\pi\times0.192\times1750}{60}\right)^{2}-\frac{\pi\times0.192\times1750\cot35^{\circ}}{60\times9.81\times\pi\times0.192\times0.0125}q_{V}$$

$$=31.56-339.7q_{V}$$

5. ④

解：$\eta=\eta_{1}\times\eta_{2}\times\eta_{3}=0.90\times0.85\times0.98=0.75$

6. ③

解：

$$泵的压头\ H_{\mathrm{T}}=h_{0}+\frac{p_{表}+p_{真}}{\rho g}+\frac{u_{2}^{2}-u_{1}^{2}}{2g}\qquad①$$

由题意知：$h_0=410\text{mm}=0.41\text{m}$，$d_1=0.35\text{m}$，$d_2=0.3\text{m}$

$p_{表}=372780\text{N/m}^2$，$p_{真}=210\times133.3\text{N/m}^2$

$$u_1=\frac{12}{60\times0.785\times0.35^2}=2.08\text{m/s},\ u_2=\frac{12}{60\times0.785\times0.3^2}=2.83\text{m/s}$$

将以上数值代入式①中，得：

$$H_T=0.41+\frac{372780+210\times133.3}{1000\times9.81}+\frac{2.83^2-2.08^2}{2\times9.81}=41.45\ \text{mH}_2\text{O}$$

7. 20；51%

解：以泵入口真空表处为截面 1-1，并为基准面，泵出口压强表处为截面 2-2，列伯努利方程式：

$$Z_1g+\frac{p_1}{\rho g}+\frac{u_1^2}{2g}+H_T=Z_2g+\frac{p_2}{\rho g}+\frac{u_2^2}{2g}+H_f$$

其中：$Z_1=0$，$Z_2=0.5\text{m}$，$u_1=u_2$，$p_1=-\frac{160}{760}\times101330=-2.13\times10^4\text{Pa}$（表压），$H_f\approx0$，$p_2=1.7\times10^5\text{Pa}$（表压）

故 $H_T=Z_2+\frac{p_2-p_1}{\rho g}=0.5+\frac{1.7\times10^5+2.13\times10^4}{1000\times9.81}=20\text{m}$

$$\eta=\frac{P_e}{P_a}=\frac{H_Tq_V\rho g}{P_a}=\frac{20\times10\times1000\times9.81}{1000\times1.07\times3600}=0.51=51\%$$

8. ①

解：在循环管路上任取一点 b

$$\frac{p_b}{\rho g}+Z_b+H_e+\frac{u_b^2}{2g}=\frac{p_b}{\rho g}+Z_b+\frac{u_b^2}{2g}+\lambda\frac{\sum lu_b^2}{d\times2g}+(\xi_H-\xi_R)\frac{u_b^2}{2g}$$

故 $H_e=\left(\lambda\frac{\sum l}{d}+\xi_H+\xi_R\right)\frac{u_b^2}{2g}=\left(0.02\times\frac{4\times10}{0.04}+10+10\right)\times\frac{3^2}{19.6}=18.4\text{m(J/N)}$

$$P_e=\rho gH_eq_V=1000\times9.81\times18.4\times3.76\times10^{-3}=678.7\text{W}$$

9. 24.45

解：取河水面为截面 1-1 并为基准面，水塔水面为截面 2-2，列伯努利方程：

$$Z_1g+\frac{p_1}{\rho}+\frac{u_1^2}{2}+P_e=Z_2g+\frac{p_2}{\rho}+\frac{u_2^2}{2}+\sum h_f$$

其中：$Z_1=0$，$Z_2=35\text{m}$，$p_1=p_2=0$（表压）　$u_1=u_2=0$

所以　$W_e=Z_2g+\sum h_f$

$$u=\frac{q_V}{A}=\frac{100}{3600\times\frac{\pi}{4}\times0.156^2}=1.45\text{m/s}$$

$$\sum h_f=\lambda\frac{(L+L_e)u^2}{d\times2}=0.02\times\frac{1300+50}{0.156}\times\frac{1.45^2}{2}=181.95\text{J/kg}$$

$$W_e=35\times9.81+181.95=525.3\text{J/kg}$$

质量流量　$q_m=q_V\rho=100\times1000/3600=27.78\text{kg/s}$

泵轴功率　$P_a=\frac{W_eq_m}{\eta\times1000}=\frac{525.3\times27.78}{0.65\times1000}=24.45\text{kW}$

10. (1) 42.4；(2) 5.35

解：取水槽液面为截面1-1，输水管出口端中心所在平面为截面2-2，截面（1-1）为基准面，列出伯努利方程：

$$Z_1 g+\frac{p_1}{\rho}+\frac{u_1^2}{2}+W_e=Z_2 g+\frac{p_2}{\rho}+\frac{u_2^2}{2}+\sum h_f \quad ①$$

因　$Z_1=0$，$p_1=0$（表压），$u_1=0$，$Z_2=20\text{m}$，$\lambda=0.018$，$p_2=9.807\times10^4\text{Pa}$，$L+L_e=110\text{m}$，$W_e=317.7\text{J/kg}$

故

$$\sum h_f=\lambda\frac{(L+L_e)u_2^2}{d\times2}=0.018\times\frac{110}{0.1}\times\frac{u_2^2}{2}$$

将 $\sum h_f$ 代入式① 中得：

$$317.7=20\times9.81+\frac{9.807\times10^4}{1000}+\frac{u_2^2}{2}+0.018\times\frac{110}{0.1}\times\frac{u_2^2}{2}$$

$$=196.2+98.07+9.9u_2^2$$

得：$u_2=1.5\text{m/s}$

体积流量　$q_V=u_2\frac{\pi}{4}D^2=1.5\times\frac{3.14}{4}\times0.1^2\times3600=42.4\text{m}^3/\text{h}$

有效功率：$P_e=W_e q_m$

$$q_m=q_V\rho=\frac{42.4\times1000}{3600}=11.78\text{kg/s}$$

$$P_a=\frac{W_e q_m}{\eta}=\frac{317.7\times11.78}{0.7\times1000}=5.35\text{kW}$$

11. ①

解：离心泵的理论扬程计算公式为：

$$H_T=\frac{u_2^2}{g}-\frac{u_2}{A_2 g}q_V\cot\beta_2$$

所以，在两种液体黏度相等的条件下，理论压头与密度无关。同一台泵不论输出何种液体，所提供的理论压头不变。

12. ④

解：$\left\{\begin{aligned}&\frac{q_{V_2}}{q_{V_3}}=\frac{n_2}{n_3}\\&\text{又因为 }\eta\text{ 不变，所以}\frac{P_{a_2}}{P_{a_3}}=\left(\frac{n_2}{n_3}\right)^3\end{aligned}\right.\Rightarrow P_{a2}=P_{a3}\left(\frac{q_{V_2}}{q_{V_3}}\right)^3$

故　$P_{a2}=1.5\times\left(\frac{18}{20}\right)^3=1.09\text{kW}$

13. ①；②

解：并联时　$50-1.1\times10^6\left(\frac{q_V}{2}\right)^2=20+1.347\times10^5 q_V^2$

$$q_{V并}=0.00865\text{m}^3/\text{s}$$

串联时　$2\times(50-1.1\times10^6 q_V^2)=20+1.347\times10^5 q_V^2$

$$q_{V串}=0.0059\text{m}^3/\text{s}$$

14. ①

解：阀门全开时的管路特性曲线为

$$H_{管}=\left(\frac{p}{\rho g}+Z\right)+\left(\lambda\ \frac{l}{d}+\xi_{A}\right)\frac{\left(\frac{4}{\pi d^{2}}\right)^{2}}{2g}q_{V}^{2}$$

$$=(10+10)+\left(0.025\times\frac{20}{0.05}+0.17\right)\times\frac{4^{2}}{19.6\times3.14^{2}\times0.05^{4}}q_{V}^{2}=20+1.347\times10^{5}q_{V}^{2}$$

泵并联时，流量加倍，压头不变，故并联泵的合成特性曲线为

$$H_{并}=50-\frac{1.1\times10^{6}}{4}q_{V}^{2}=50-2.75\times10^{5}q_{V}^{2}$$

令 $H_{管}=H_{并}$，可求出并联泵的流量

$$20+1.347\times10^{5}q_{V}^{2}=50-2.75\times10^{5}q_{V}^{2}$$

$$q_{V并}=0.00865\text{m}^{3}/\text{s}$$

泵串联时，流量不变，压头加倍，故串联泵的特性曲线为

$$H_{串}=2\times(50-1.1\times10^{6}q_{V}^{2})=100-2.2\times10^{6}q_{V}^{2}$$

令 $H_{管}=H_{串}$，可求出串联泵的流量

$$20+1.347\times10^{5}q_{V}^{2}=100-2.2\times10^{6}q_{V}^{2}$$

$$q_{V串}=0.0059\text{m}^{3}/\text{s}$$

显然 $q_{V串}<q_{V并}$

15. (1) 3　(2) 合适

解：选 1-1′、2-2′截面，选 1-1′截面为基准面。

在 1-1′、2-2′截面间列伯努利方程：

$$Z_{1}+\frac{p_{1}}{\rho g}+\frac{u_{1}^{2}}{2g}+H_{T}=Z_{2}+\frac{p_{2}}{\rho g}+\frac{u_{2}^{2}}{2g}+\sum H_{f}$$

式中 $p_{1}=p_{2}$，$\frac{u_{1}^{2}}{2g}$、$\frac{u_{2}^{2}}{2g}$ 可忽略不计

则　$H_{T}=Z_{2}-Z_{1}+\sum H_{f}=18-0+4=22\text{m}$

$$P_{a}=\frac{q_{V}H_{T}\rho g}{1000\eta}=\frac{30\times22\times1000\times9.81}{1000\times0.6\times3600}=3(\text{kW})$$

即泵的轴功率为 3kW。

$H_{g}=H_{s}-H_{f}=6-1=5>2$　合适

16. ④

解：
$$\sum H_{f,0\text{-}1}=\left(\lambda\ \frac{l}{d}+\sum\xi\right)\frac{u_{1}^{2}}{2g}=\left(0.025\times\frac{10}{0.1}+2\right)\times\frac{3^{2}}{19.6}=2.1(\text{m})$$

$$[\Delta h]\approx10-H_{s}=10-5=5(\text{m})$$

$$H_{g}=\frac{p_{0}}{\rho g}-\frac{p_{V}}{\rho g}-\sum h_{f,0\text{-}1}-[\Delta h]=-\sum h_{f,0\text{-}1}-\Delta h$$

$$=-2.1-5=-7.1\ (\text{m})$$

17. 4　−1.542

解法一：

(1) 在海平面处大气压强为 10.33mH_2O，输送水温为 20℃，操作条件与泵的 $H_{允}$ 测定

条件相同，$H_{允}$不用校正，可直接用下式计算

$$H_{安、允}=H_{允}-\frac{u_1^2}{2g}-h_{损,0\text{-}1}=6-2=4\ (\mathrm{m})$$

为了安全可靠，泵的实际安装高度应小于 4m。

(2) 在海拔 1000m 处的大气压强为 9.16mH_2O，查得 80℃水的饱和蒸气压 $p'_V=355.1\mathrm{mmHg}$，密度 $\rho'=971.8\mathrm{kg/m^3}$，因此吸上真空高度 H_a 需要校正。

$$H'_{允}=H_{允}-10+\frac{p'_a-p'_V}{\rho' g}$$

式中 $H_{允}=6\mathrm{m}$

$$p'_a=9.16\times1000\times9.81\mathrm{N/m^2},\ p'_V=0.3551\times13600\times9.81\mathrm{N/m^2}$$

$$H'_{允}=6-10+\frac{9.16\times1000\times9.81-0.3551\times13600\times9.81}{971.8\times9.81}=0.458(\mathrm{m})$$

$$H_{允}=H'_{允}-\left[\frac{u_1^2}{2g}+h_{损,0\text{-}1}\right]=0.458-2=-1.542(\mathrm{m})$$

解法二：先用下式算出 $\Delta h_{允}$

$h_{允}=10.33-0.24+\frac{u_1^2}{2g}-\Delta h_{允}$，忽略动压头 $\frac{u_1^2}{2g}$，可得

$H_{允}=10.33-0.24-\Delta h_{允}=10-\Delta h_{允}$

或 $\Delta h_{允}=10-H_{允}=10-6=4\mathrm{m}$

再用
$$H_{安、允}=\frac{p_0}{\rho g}-\frac{p_V}{\rho g}-h_{损,0\text{-}1}-\Delta h_{允}$$
$$=\frac{9.16\times1000\times9.81-0.3551\times13600\times9.81}{971.8\times9.81}-2-4$$
$$=-1.542\ (\mathrm{m})$$

式中，海平面的大气压强为 10.33mH_2O；20℃时，水的饱和蒸气压为 0.24mH_2O。

18. ④

解：由式
$$H_{允}=\frac{p_0}{\rho g}-\frac{p_V}{\rho g}+\frac{u_1^2}{2g}-\Delta h=10.33-0.24-\Delta h+\frac{u_1^2}{2g} \quad ①$$

若忽略 $\frac{u_1^2}{2g}$，则 $H_{允}=10.09-\Delta h=10.09-2.6=7.49(\mathrm{m})$

将 $H_{允}$校正为 $H'_{允}$：
$$H'_{允}=H_{允}-10+0.24+\frac{p'_{吸面}}{\rho' g}-\frac{p'_{饱}}{\rho' g} \quad ②$$

式中，$p'_{吸面}=10000\times9.81\mathrm{N/m^2}$，$p'_{饱}=200\mathrm{mmHg}=2730\times9.81\mathrm{N/m^2}$

代入式②中：
$$H'_{允}=7.49-10+0.24+\frac{(10000-2730)\times9.81}{900\times9.81}=5.8\ (\mathrm{m})$$

又由 $H_{安}=H'_{允}-\frac{u_1^2}{2g}-h_{损}$，忽略 $\frac{u_1^2}{2g}$，

则 $H_{安}\approx H'_{允}-h_{损}=5.8-1=4.8\ (\mathrm{m})$

为了安全起见，实际安装高度应比计算 $H_{安}$值再低 0.5～1.0m，现取 0.5m，则实际安装高度为：

$$H_{实安}=4.8-0.5=4.3\ (\mathrm{m})$$

19. ①

解：原来 $u=\frac{4q_V}{\pi d^2}=\frac{4\times 0.006}{3.14\times 0.05^2}=3.06\ (\mathrm{m/s})$

$$Re=\frac{\rho d u}{\mu}=\frac{1000\times 0.05\times 3.06}{1\times 10^{-3}}=1.53\times 10^5$$

$$\frac{\varepsilon}{d}=\frac{0.25}{50}=0.005$$

现因流量减半

$u=1.53\mathrm{m/s}$　　$Re=7.65\times 10^4$

查得　$\lambda=0.032$

管路所需压头

$$H=\frac{\Delta p}{\rho g}+\lambda\frac{l u^2}{d 2g}=110+0.032\times\frac{100}{0.05}\times\frac{1.53^2}{19.6}=117.6\ (\mathrm{m})$$

所需理论功率

$$P_e=1000\times 9.81\times 117.6\times 0.006=6.92\ (\mathrm{kW})$$

旁路可视为一循环回路，液体所获得的能量全部消耗于阻力损失，即

$$H=\sum\xi\frac{u_1^2}{2g}$$

在旁路内的流速

$$u_1=\frac{4q_{V1}}{\pi d_1^2}=\frac{4\times 0.006/2}{3.14\times 0.03^2}=4.24\ (\mathrm{m/s})$$

旁路内的总局部阻力系数

$$\sum\xi=\frac{2gH}{u_1^2}=\frac{19.6\times 117.6}{4.24^2}=128.2$$

20. ①；②

解：(1) 按绝热压缩过程计算

压缩后体积 $V_2=V_1\left[\frac{p_1}{p_2}\right]^{\frac{1}{k}}=4500\times\left[\frac{1}{3}\right]^{\frac{1}{1.4}}=4500\times 0.456=2052\ (\mathrm{m^3})$

压缩后温度 $T_2=T_1\left[\frac{p_2}{p_1}\right]^{\frac{k-1}{k}}=293\times\left[\frac{3}{1}\right]^{\frac{1.4-1}{1.4}}=293\times 1.369=401\ (\mathrm{K})$

(2) 按多变压缩过程计算

压缩后体积 $V_2=V_1\left[\frac{p_1}{p_2}\right]^{\frac{1}{m}}=4500\times\left[\frac{1}{3}\right]^{\frac{1}{1.25}}=4500\times 0.415=1868\ (\mathrm{m^3})$

压缩后温度 $T_2=T_1\left[\frac{p_2}{p_1}\right]^{\frac{m-1}{m}}=293\times\left[\frac{3}{1}\right]^{\frac{1.25-1}{1.25}}=293\times 1.264=365\ (\mathrm{K})$

或　$T_2=T_1\times\frac{p_2V_2}{p_1V_1}=293\times\frac{3\times 1868}{1\times 4500}=365\ (\mathrm{K})$

21. ③

解：当压缩机的容积效率等于零时，其生产能力也等于零，

即　$\lambda_{容}=1-\varepsilon\left[\left(\frac{p_2}{p_1}\right)^{\frac{1}{k}}-1\right]=0$

根据题意，气体自余隙容积膨胀时为绝热膨胀，$k=1.31$，又 $\varepsilon=0.085$，$p_1=1$（atm）（绝压）

则 $1-0.085\times\left[\left(\frac{p_2}{1}\right)^{\frac{1}{1.31}}-1\right]=0$

解得：$p_2^{0.763}=12.8$，即 $p_2=28$（atm）（绝压）

22. ①

解：(1) 求压缩机的排放气量

双缸、双动压缩机的理论吸气量为

$q'_{V理,\min}=2\times(2A-a)sn_r$

已知 $A=\frac{\pi}{4}\times0.3^2=0.0707\text{m}^2$，因 $A\gg a$，故 a 可以忽略。

$s=200\text{mm}=0.2\text{m}$，$n_r=480\text{min}^{-1}$

$q'_{V理,\min}=2\times2\times0.0707\times0.2\times480=27.15(\text{m}^3/\text{min})$

又 $\varepsilon=0.08$，$k=1.40$ $\frac{p_2}{p_1}=\frac{3.5}{1}=3.5$

则容积系数 $\lambda_{容}=1-\varepsilon\left[\left(\frac{p_2}{p_1}\right)^{\frac{1}{k}}-1\right]=1-0.08\times[(3.5)^{\frac{1}{1.4}}-1]=0.884$

$\lambda_d=\psi\lambda_{容}=0.85\times0.884=0.751$

则实际排气量 $q_{V\min}=\lambda_d q'_{V理,\min}=0.751\times27.15=20.39$（$\text{m}^3/\text{min}$）

(2) 求轴功率：压缩机的理论功率为

$$P_e=p_1q_{V\min}\frac{k}{k-1}\left[\left(\frac{p_2}{p_1}\right)^{\frac{k-1}{k}}-1\right]\times\frac{1}{60\times1000}$$

$$=9.81\times10^4\times20.39\times\frac{1.4}{1.4-1}\times[(3.5)^{\frac{1.4-1}{1.4}}-1]\times\frac{1}{60\times1000}=50.3\ (\text{kW})$$

轴功率 $P_a=\frac{P_e}{\eta}=\frac{50.3}{0.7}=71.9$（kW）

23. 16

解：由摩擦阻力而产生的压降计算公式如下：

$$\Delta p_f=\lambda\frac{l}{d}\frac{\rho u^2}{2}$$

当管径发生变化时，如题意知：

$$d'=\frac{1}{2}d \qquad u=\frac{V}{0.785d^2}$$

$$\lambda=\frac{64}{Re}=\frac{64}{du\rho}$$

其中流量不变则流速变为原来的 4 倍，λ 变为原来的 0.5 倍，代入公式得：

$$\Delta p_f=\lambda\frac{l}{d}\frac{\rho u^2}{2}=0.5\lambda\frac{l}{0.5d}\frac{\rho(4u)^2}{2}=16\Delta p_{f原}$$

24. 5.83m

解：由题意可知，此清水泵输送的液体为非标准状态下的液体。对非标准状态下的允许吸上真空高度进行校正（取 $g=10\text{m/s}^2$）：

$$H'_s = H_s - \left(\frac{p_a}{1000g} - \frac{p'_a}{\rho' g}\right) - \left(\frac{p'_V}{\rho' g} - \frac{p_V}{1000g}\right)$$

由题目中已知条件可知：

$$H'_s = 6 - \left(\frac{1.013 \times 10^5}{1000 \times 10} - \frac{1.013 \times 10^5}{800 \times 10}\right) - \left(\frac{5.85 \times 10^3}{800 \times 10} - \frac{2.334 \times 10^3}{1000 \times 10}\right) = 8.03\ (\text{m})$$

由泵的安装高度计算式可知：

$$H_g = H_s - \frac{u_1^2}{2g} - \sum H_f = 8.03 - \frac{2^2}{2 \times 10} - 2 = 5.83\ (\text{m})$$

25. (1) 2.28m/s；(2) 1.28m/s

解：(1) 对水槽液面和B截面列机械能平衡方程为：

$$E_1 = E_2 + \sum h_f$$

根据实际情况化简为下式：

$$zg = \frac{u^2}{2} + \frac{p}{\rho} + \lambda \frac{l}{d} \frac{u^2}{2}$$

代入数值（取 $g = 10\text{m/s}^2$）为：

$$(15 - 3) \times 10 = \frac{u^2}{2} + \frac{2.4 \times 10^4}{1000} + 0.03 \times \frac{(45 + 15)}{0.05} \frac{u^2}{2}$$

则 $u = 2.28\text{m/s}$。

(2) 对于相同管径流速相同时，两分支管路流量相同而总管路与分支间的关系如下：

$$V_{CB} = V_{CD} = 0.5V_{总}$$

则 $u_{CB} = 0.5u_{总}$

令 $u_{CB} = u$，则 $u_{总} = 2u$

$$E_{槽} = E_C + \sum h_{f槽 \to C}$$

$$E_C = E_B + \sum h_{fC \to B}$$

$$E_{槽} = E_B + \sum h_{fO \to C} + \sum h_{fC \to B}$$

假设压力表 p_B 的读数不变，

$$zg = \frac{u^2}{2} + \frac{p}{\rho} + \lambda \frac{l_1}{d} \frac{u^2}{2} + \lambda \frac{l}{d} \frac{u_{总}^2}{2}$$

$$(15 - 3) \times 10 = \frac{u^2}{2} + \frac{2.4 \times 10^4}{1000} + 0.03 \times \frac{15u^2 + 45 \times (2u)^2}{0.05 \times 2}$$

得到 $u = 1.28\text{m/s}$。

26. (1) 此泵符合要求；(2) 9.36kW，压力表读数增大；

(3) 27.53kW；与第二问相比，其流量相同，则两种情况下压力表读数相同

解：(1) 由题意知：

$$u = \frac{V}{0.785d^2} = \frac{90/3600}{0.785 \times 0.156^2} = 1.31\ (\text{m/s})$$

对水库及水池平面列方程可得（$g = 10\text{m/s}^2$）：

$$H = z + \sum H_f = 50 + 0.025 \times \frac{1000}{0.156} \times \frac{1.31^2}{2 \times 10} = 63.75\ (\text{m})$$

代入泵的特性曲线方程可以求出：

$$Q=154.97\mathrm{m}^3/\mathrm{h}>90\mathrm{m}^3/\mathrm{h}$$

即此泵符合要求。

(2) $N_e=QH\rho g=\dfrac{90}{3600}\times 63.75\times 1000\times 10=15.94\mathrm{kW}$

$$N=\frac{N_e}{\eta}=\frac{15.94}{68\%}=23.44\ (\mathrm{kW})$$

对于此泵流量为 $90\mathrm{m}^3/\mathrm{h}$ 时，代入泵特性曲线方程得：

$$H=124.5-0.392\times 90=89.22\ (\mathrm{m})$$

$$N=32.80\mathrm{kW}$$

$$\Delta N=9.36\ \mathrm{kW}$$

对泵出口处和水池的液面列伯努利方程：

$$\frac{u_1^2}{2}+\frac{p_1}{\rho}=gz_2+\sum h_f$$

$$\frac{p_1}{\rho}=gz_2+\sum h_f-\frac{u_1^2}{2}$$

因管路较长则阻力比动能大很多，当用阀门来减小流量进而减小流速，最终是压力表读数增大。

(3) 由离心泵的比例定律可知：

$$\frac{H'}{H}=\left(\frac{n'}{n}\right)^2$$

$$H'=51.44\ (\mathrm{m})$$

$$N=\frac{QH'\rho g}{\eta}=\frac{90\div 3600\times 51.44\times 1000\times 10}{68\%}=18.91\ (\mathrm{kW})$$

$$\Delta N=23.44-18.91=4.53\ (\mathrm{kW})$$

与第二问相比，其流量相同，则两种情况下压力表读数相同。

27. 19.95kW

解：在两液面间列伯努利方程得：

$$z_1+\frac{u_1^2}{2g}+\frac{p_1}{\rho g}+H_e=z_2+\frac{u_2^2}{2g}+\frac{p_2}{\rho g}+\sum H_f$$

因 $Z_1=0$，$Z_2=35\mathrm{m}$，$u_1\approx 0$，$u_2\approx 0$，$p_1=p_2$

则

$$H_e=z_2+\sum H_f=35+\sum H_f$$

$$u=\frac{V}{A}=\frac{50}{3600\times 0.785\times 0.10^2}=1.769\ (\mathrm{m/s})$$

$$\sum H_f=\left(\lambda\times\frac{l}{d}\times\frac{u_2^2}{2g}\right)\times 1.25=0.034\times\frac{180}{0.10}\times\frac{1.769^2}{2\times 9.81}\times 1.25=12.20\ (\mathrm{m})$$

$$H_e=35+12.20=47.20\ (\mathrm{m})$$

$$N_e=Q\times H_e\times\rho\times g=\frac{50\times 47.20\times 1861\times 9.81}{3600}=11968\ (\mathrm{W})$$

$$N=\frac{N_e}{\eta}=\frac{11968}{0.60}=19947(\mathrm{W})=19.95\ (\mathrm{kW})$$

四、推导

1. 证：在压力表与真空表间列伯努利方程，可得

$$z_1+\frac{p_1}{\rho g}+\frac{u_1^2}{2g}+H=z_2+\frac{p_2}{\rho g}+\frac{u_2^2}{2g}+\sum H_f$$

移项，得

$$H=(z_2-z_1)+\frac{p_2-p_1}{\rho g}+\frac{u_2^2-u_1^2}{2g}+\sum H_f=h_0+\frac{p_2-p_1}{\rho g}+\frac{u_2^2-u_1^2}{2g}+\sum H_f$$

由于1、2两截面间管路很短，故两表间的能量损失 $\sum H_f$ 很小，可忽略不计；进出管径相差不大，故上式可简化为

$$H=h_0+\frac{p_2-p_1}{\rho g}$$

2. 证：(1) 密度的影响。轴功率 P_a 满足 $P_a=\frac{P_e}{\eta}$，$P_e=\frac{q_V H\rho}{102}$，所以

$$P_a=\frac{q_V H\rho}{102\eta}$$

所以

$$\frac{P_a}{P'_a}=\frac{q_V H\rho}{102\eta}/\frac{q_V H\rho'}{102\eta}=\frac{\rho}{\rho'}$$

(2) 黏度的影响。若被输送液体的黏度大于常温下清水的黏度，则泵体内部液体的能量损失增大，因此泵的压头、流量都要减小，效率下降，而轴功率增大，亦即泵的特性曲线发生改变。当液体的运动黏度 $\nu=\frac{\mu}{\rho}$ 大于 $2\times10^{-2}\mathrm{Pa\cdot s}$ 时，离心泵的性能需按下式计算：

$$Q'=C_0Q,\ H'=C_HH,\ \eta'=C_\eta\eta$$

式中，C_0、C_H、C_η 分别为离心泵的流量、压头和效率的换算系数，它们可由相关图表查得。

(3) 转速对特性曲线的影响。同一台离心泵在不同转速运转时其特性曲线不同。如转速相差不大，转速改变后的特性曲线可从已知的特性曲线近似地换算求出，换算的条件是设转速改变前后液体离开叶轮的速度三角形相似，泵的效率相等。参见图 2-13，由速度三角形相似可得

$$\frac{q'_V}{q_V}=\frac{2\pi r_2b_2c'_{2r}}{2\pi r_2b_2c_{2r}}=\frac{u'_2}{u_2}=\frac{n'}{n}$$

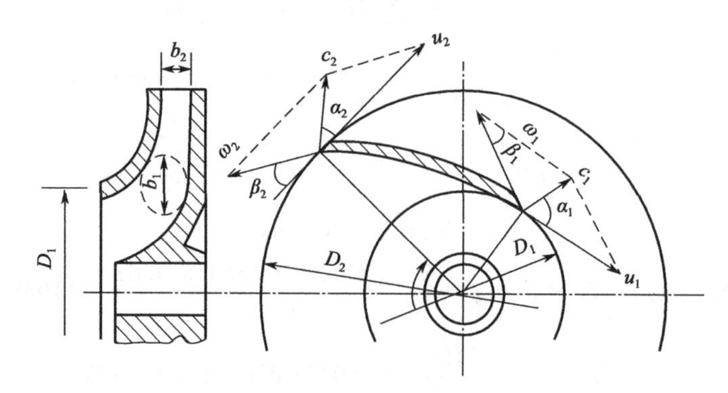

图 2-13

式中，c_{2r} 为叶片出口处液体绝对速度的径向分速度，m/s。

上式是保持速度三角形相似的条件，即调节离心泵的流量，使其与转速的关系满足上式时，泵内液体的速度三角形相似。

$$\frac{H'_e}{H_e}=\frac{u'_2c'_2\cos a_2}{u_2c_2\cos a_2}=\left(\frac{n'}{n}\right)^2$$

轴功率之比为 $\dfrac{P'_a}{P_a}=\left(\dfrac{H'_e}{H_e}\right)\left(\dfrac{q'_V}{q_V}\right)=\left(\dfrac{n'}{n}\right)^3$

综上所述可得离心泵的比例定律如下：

如果流量之比 $\dfrac{q'_V}{q_V}=\dfrac{n'}{n}$（为速度三角形相似的条件）

则扬程之比 $\dfrac{H'_e}{H_e}=\left(\dfrac{n'}{n}\right)^2$

轴功率之比 $\dfrac{P'_a}{P_a}=\left(\dfrac{n'}{n}\right)^3$

据此可从某一转速下的特性曲线换算出另一转速下的特性曲线，但是仅以转速变化在±20%以内为限。当转速变化超出此范围，则上述速度三角形相似、效率相等的假设就会导致很大误差，此时泵的特性曲线应通过实验重新测定。

3. 证：如图 2-14 所示，以 0-0′为基准面，在 0-0′和 1-1′截面间列伯努利方程，有

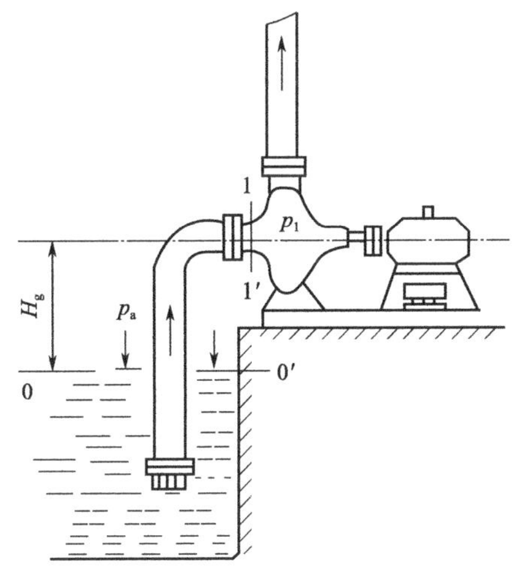

图 2-14

$$\frac{p_0}{\rho g}=H_g+\frac{p_1}{\rho g}+\frac{u_1^2}{2g}+H_{f0\text{-}1} \qquad ①$$

泵在正常操作时，其入口处的压力 p_1 一定要超过所输送液体的饱和蒸气压 p_V 。泵入口处的静压头 $\dfrac{p_1}{\rho g}$ 和动压头 $\dfrac{u_1^2}{2g}$ ，其超出量即为汽蚀余量，故汽蚀余量 Δh 可表示为

$$\Delta h=\left(\frac{p_1}{\rho g}+\frac{u_1^2}{2g}\right)-\frac{p_V}{\rho g} \quad 所以 \frac{p_1}{\rho g}+\frac{u_1^2}{2g}=\Delta h+\frac{p_V}{\rho g} \qquad ②$$

把式②代入式①，有 $\dfrac{p_0}{\rho g}=H_g+\Delta h+\dfrac{p_V}{\rho g}+H_{f0\text{-}1}$

即 $H_g=\frac{p_0}{\rho g}-\frac{p_V}{\rho g}-\Delta h-H_{f0\text{-}1}$

4. 解：在风机的进口和出口间列伯努利方程式，有

$$z_1+\frac{p_1}{\rho g}+\frac{u_1^2}{2g}+H_t=z_2+\frac{p_2}{\rho g}+\frac{u_2^2}{2g}+\sum H_f \quad ①$$

式①中下标 1 表示进口状态，下标 2 表示出口状态。

由式①得，

$$H_t=(z_2-z_1)+\frac{p_2-p_1}{\rho g}+\frac{u_2^2-u_1^2}{2g}+\sum H_f \quad ②$$

式②两边同乘 ρg，有

$$\begin{cases}\rho g H_t=\rho g(z_2-z_1)+(p_2-p_1)+\frac{\rho}{2}(u_2^2-u_1^2)+\rho g\sum H_f \\ \text{又因为} p_t=\rho g H_t\end{cases}$$

故

$$p_t=\rho g(z_2-z_1)+(p_2-p_1)+\frac{\rho}{2}(u_2^2-u_1^2)+\rho g\sum H_f \quad ③$$

对于气体，式中 (z_2-z_1) 及 ρ 值均很小，故 $\rho g(z_2-z_1)$ 项可忽略；又因进、出口管段很短，$\rho g\sum H_f$ 项亦可忽略。当空气直接由大气进入通风机时，u_1 可忽略。故式③ 可简化为 $p_t=(p_2-p_1)+\frac{\rho u_2^2}{2}$。$(p_2-p_1)$ 为静风压，$\frac{\rho u_2^2}{2}$ 为动风压，p_t 又称全风压。通风机性能表上所列风压即全风压。

5. 解：(1) 当出口阀 A 加大时，$q_V\uparrow$，$H_e\downarrow$，$p_{出}\uparrow$，$p_{真空度}\uparrow$，$P_a\uparrow$。

阀门 A 加大，减少了管道阻力，因而改变了管道性能曲线；曲线 A 变为曲线 A′，使工作点下移，因此流量 q_V 增大，压头 H_e 变小，这可以从泵性能曲线和管道性能曲线交点的压头和流量值看出。

出口管道上的压力表读数增加，可从压力表处和高位槽水平面间列伯努利方程来分析：

$$z_1+\frac{p_1}{\rho g}+\frac{u_1^2}{2g}=z_2+\frac{p_2}{\rho g}+\frac{u_2^2}{2g}+\sum H_f$$

$$\frac{p_1}{\rho g}=z_2+\frac{p_2}{\rho g}+\frac{u_2^2}{2g}+\left(\lambda\frac{l+l_e}{d}\right)\frac{u_1^2}{2g}-\frac{u_1^2}{2g}-z_1$$

$$\frac{p_1}{\rho g}=(z_2-z_1)+\frac{p_2}{\rho g}+\left(\lambda\frac{l+l_e}{d}-1\right)\frac{u_1^2}{2g}$$

式中其他参数如 z_1、z_2、p_2、u_2、$\lambda\frac{l+l_e}{d}$ 不变，仅仅 u_1 增加，故出口压力 p_1 增加。

同理，从罐 1 的水面到真空表处列伯努利方程，可以看出 $p_{真空度}$ 读数上升，即进口处的绝对压力下降。

开大 A 阀时，P_a 增加。分析如下：仅从 $P_a=\frac{q_V H_e\cdot\gamma}{102}$ 不宜判断 P_a 的变化，但可从泵性能图中的 q_V-P_a 曲线看出 $q_V\uparrow$，$P_a\uparrow$。

(2) 当输送密度为 1500kg/m³ 的液体时，从离心泵的理论基本方程式 $q_V=\pi D_2 b_2 C_{r_2}$ 可知，流量 q_V 仅与叶轮外径 D_2，叶轮厚度 b_2，径向速度 C_{r_2} 有关。输送流体的密度增加，对流量无影响。

离心泵的理论压头 $H_e=\frac{u_2C_2\cos a_2}{2g}$，从式中可以看出，$H_e$ 仅与叶轮速度 u_2、C_2 有关，与密度无关，因此理论上说 H_e 与输送流体密度无关。

由于输送功率 $P_a=\frac{q_V H_e\cdot\gamma}{102}$，在其他条件不变时，功率 P_a 随 γ 增加而增加，$\gamma=\rho g$，故当密度由 1000kg/m^3 增大到 1500kg/m^3 时，P_a 增大。

$p_{出}$加大、$p_{真空度}$上升，可以根据伯努利方程分析。

(3) 当泵的叶轮直径减小 5%时，根据泵的切割定律：

$$\frac{q'_V}{q_V}=\frac{D_2'}{D_2}\ ;\ \frac{H'}{H}=\left(\frac{D_2'}{D_2}\right)^2\ ;\ \frac{P'_a}{P_a}=\left(\frac{D_2'}{D_2}\right)^3$$

可看出，D_2 下降，q_V 按一次方下降，压头 H 按 2 次方下降，功率 P_a 按 3 次方规律下降。用伯努利方程可以分析，由于管道中流速下降，所以出口管上压力表 $p_{出}$下降，进口管中真空表的真空度 $p_{真空度}$下降。

(4) 当泵的转速提高 5%时，根据泵的比例定律：

$$\frac{q_{V_1}}{q_{V_2}}=\frac{n_1}{n_2}\ ;\qquad \frac{H_1}{H_2}=\frac{n_1^2}{n_2^2}\ ;\qquad \frac{P_{a1}}{P_{a2}}=\frac{n_1^3}{n_2^3}$$

从上式同样可以看出，转速 n 增加，泵的压头和所需功率均增加。

对于 $p_{出}$和$p_{真空度}$，也可以按伯努利方程分析得出 $p_{出}$上升，$p_{真空度}$也上升。

6. 证：若以静止物系为参照系，具有径向运动的旋转流体所具有的机械能应是势能 $\frac{p}{\rho g}$ 和以绝对速度计的动能 $\frac{u^2}{2g}$。离心泵叶轮对单位重量流体所提供的能量等于流体在进出口截面的总机械能之差，即

$$\begin{cases} H_T=\frac{p_2-p_1}{\rho g}+\frac{c_2^2-c_1^2}{2g} \\ \frac{p_2-p_1}{\rho g}=\frac{u_2^2-u_1^2}{2g}+\frac{\omega_2^2-\omega_1^2}{2g} \end{cases} \Rightarrow H_T=\frac{u_2^2-u_1^2}{2g}+\frac{\omega_2^2-\omega_1^2}{2g}+\frac{c_2^2-c_1^2}{2g}$$

由图 2-13 知，$\omega_1^2=c_1^2+u_1^2-2c_1u_1\cos\alpha_1$

$$\omega_2^2=c_2^2+u_2^2-2c_2u_2\cos\alpha_2$$

$$\Rightarrow H_T=\frac{c_2u_2\cos\alpha_2-c_1u_1\cos\alpha_1}{g}$$

由上式可看出，为得到较大压头，在离心泵设计时，通常使液体不产生预旋，从径向进入叶轮，即 $\alpha_1=90°$，于是泵的理论压头

$$H_T=\frac{c_2u_2\cos\alpha_2}{g}$$

第三章

流体通过颗粒层的流动

一、选择题

1. 下列关于非均相物系的举例及说明中错误的是________。

   甲：泡沫液，是液气组成的非均相物质，其中分散相是液体，分散介质是气体。

   乙：乳浊液，是液固组成的非均相物质，其中连续相是液体，分散介质是固体。

   丙：烟尘气，是气固组成的非均相物质，其中连续相是气体，分散介质是固体。

   丁：雾沫气，是气液组成的非均相物质，其中分散相是液体，分散介质是气体。

   ① 甲、乙　　② 乙、丙　　③ 丙、丁　　④ 丁、甲

2. 下面论断中正确的有__________。

   ① 单位体积固体颗粒所具有的表面积称为该固体颗粒的比表面积

   ② 根据不同方面的等效条件（质量等效、体积等效、比表面积等效等），可以定义不同的当量直径

   ③ 形状系数是与非球形颗粒体积相等的球的表面积除以非球形颗粒的表面积的商

   ④ 对于球形颗粒，只要一个参数，即颗粒直径便可唯一地确定其体积、表面积和比表面积

   ⑤ 对于非球形颗粒，必须定义两个参数（通常定义体积当量直径和形状系数）才能确定其体积、表面积和比表面积

3. 下面有关颗粒群论断中正确的是________。

   ① 在任何颗粒群中，都存在一定的尺寸（粒度）分布

   ② 颗粒粒度的测量方法有筛分法、显微镜法、沉降法、电阻变化法、光散射与衍射法、表面积法等

   ③ 对于大于 70μm 的颗粒，也就是工业固定床经常遇到的情况，常采用一套标准筛进行测量（筛分分析）

   ④ 筛分使用的标准筛系金属丝网编织而成，各国习用筛的开孔规格各异，常用的泰勒制是以每英寸边长上的孔数为筛号或称目数

4. 下面有关颗粒群筛分结果论断中正确的有________。

   ① 筛分结果可用分布函数和频率函数图示

   ② 分布函数曲线上对应于某一尺寸 d_{pi} 的分布函数 F_i 值表示直径小于 d_{pi} 的颗粒占全部试样的质量分数，而该批颗粒的最大直径 $d_{p,max}$ 处，其分布函数 F_i 的值为 1

   ③ 频率分布曲线上在一定粒度范围内的颗粒占全部颗粒的质量分数等于该粒度范围内频率函数曲线下的面积，而频率分布函数曲线下的全部面积等于 1

④ 颗粒群的任何一个平均直径都不能全面代替一个分布函数

5. 颗粒的比表面积 a 和床层的比表面积 a_B 及床层的空隙率 ε 之间的关系式为________。

① $a_B=(1-\varepsilon)a$　② $a_B=a/\varepsilon$　③ $a=(1-\varepsilon)a_B$　④ $a_B=a\varepsilon$

6. 将床层空间均匀分成边长等于球形颗粒直径的方格，每一方格放置一颗固体颗粒，现有直径为 d 和 D 的两种球形颗粒，按上述规定进行填充，填充高度为 1m，则两种颗粒层空隙率 ε 之间的关系为________。

① 相等　② 直径大的 ε 大　③ 直径小的 ε 小　④ 无法比较

7. 在流体流过固定床内大量细小而密集的固体颗粒时，人们将床层中的不规则网状通道简化成若干个平行的长度为 L_e、直径为 d_e 的圆形细管，这样简化的根据是________。

① 流体通过颗粒层的流动多为爬流，单位体积床层所具有的表面积对流动阻力有决定性的作用

② 以单位流动空间的表面积相等作为准则来保证阻力损失即压降的等效性

③ 这一物理模型在压降方面与真实过程是等效的

④ 这是在对所研究过程深刻理解的基础上对复杂过程的合理简化

8. 在对过程的内在规律，特别是过程的特殊性有着深刻理解的基础上可以建立数学模型，建立数学模型的主要步骤有________。

① A→C→E　② A→B→E　③ A→C→D　④ B→F→D

A：将复杂的真实过程本身简化成易于用数学方程式描述的物理模型。

B：列出影响过程的主要因素。

C：对所得物理模型进行数学描述，即建立数学模型。

D：采用幂函数方式逼近。

E：通过实验对数学模型的合理性进行检验并测定模型参数。

F：通过无量纲化减少变量数目。

9. 正确描述表面过滤的论断为__________。

① 过滤介质常用多孔织物，其网孔尺寸未必一定小于被截留的颗粒直径

② 经过过滤初级阶段后形成的滤饼才是真正有效的过滤介质

③ 过滤时，固体颗粒并不形成滤饼而是沉积于较厚的过滤介质内部，在惯性和扩散作用下，进入通道的固体颗粒趋向通道壁面并借静电与表面力附着其上

④ 过滤刚开始时，会有部分颗粒进入过滤介质网孔中发生架桥现象，同时也有少量颗粒穿过介质而混于滤液中

10. 描绘助滤剂的正确论断有________。

① 采用助滤剂是为了改变滤饼结构，增加滤饼刚性和滤饼的空隙率

② 助滤剂应为不可压缩的粉状或纤维状固体。使用时，可将助滤剂混入待滤的悬浮液中一起过滤或预先制备只含助滤剂颗粒的悬浮液并先行过滤（称为预涂）

③ 助滤剂应能悬浮于料液中；粒子大小有适当的分布，不含可溶性盐类和色素，并具有化学稳定性

④ 常使用的助滤剂有硅藻土、纤维素、活性炭、石棉等

11. 关于表面过滤中滤饼比表面积、滤饼空隙率、滤饼比阻的以下认识正确的是________。

甲：滤饼比表面积愈大，滤饼空隙率就愈小，滤液通过滤饼的压降就愈大。

乙：滤饼空隙率愈大，滤饼的比阻就愈小，滤液通过滤饼的速度就愈高。

丙：滤饼比表面积愈小，滤饼的比阻就愈大，滤液通过滤饼的速度就愈低。

① 甲对，其余错　② 甲、乙对，丙错　③ 乙对，其余错　④ 甲、丙对，乙错

12. 假定在滤浆与滤渣中，液相与固相各自所占的体积分别与其单独存在时的体积相同，且滤液中不含固相，则获得 $1m^3$ 滤液所生成的滤渣体积 ν 与固相在滤浆及滤渣中所占的体积分数 e、e_s 之间的关系式为________。

① $\nu=\dfrac{e_s}{e_s-e}$　② $\nu=\dfrac{e}{e_s-e}$　③ $\nu=\dfrac{e}{e-e_s}$　④ $\nu=e_s(e_s-e)$

13. 所给条件如题 12 中所述，则获得 $1m^3$ 滤液所生成的滤渣体积 ν 与滤浆、滤渣及滤液的密度 ρ_m、ρ_c、ρ 之间的关系为________。

① $\nu=\dfrac{\rho_m}{\rho_c-\rho}$　② $\nu=\dfrac{\rho_m-\rho}{\rho_c-\rho_m}$　③ $\nu=\dfrac{\rho}{\rho_c-\rho_m}$　④ $\nu=\dfrac{\rho-\rho_m}{\rho_c-\rho_m}$

14. 过滤速率基本方程式为____________。

① $\dfrac{dq}{d\tau}=\dfrac{K}{2(q+q_e)}$　② $\dfrac{dq}{d\tau}=\dfrac{K}{q+q_e}$　③ $\dfrac{dq}{d\tau}=\dfrac{KA^2}{2(V+V_e)}$　④ $\dfrac{dq}{d\tau}=\dfrac{K}{2(V+V_e)}$

15. 下面有一些过滤速率方程式：

① $\dfrac{dq}{d\tau}=\dfrac{K}{2(q+q_e)}$　② $q^2+qq_e=\dfrac{K}{2}\tau$

③ $q^2+qq_e=K\tau$　④ $(q^2-q_1^2)+2q_e(q-q_1)=K(\tau-\tau_1)$

上面公式中，属于恒速过滤方程的是________；属于恒压过滤方程的是________；属于先恒速后恒压过滤方程的是________。

16. 若滤布阻力可以忽略，滤饼不可压缩，则如图 3-1 所示，表示恒速过滤时 q-θ 和 Δp-θ 关系的图为________；表示恒压过滤时 q-θ 和 Δp-θ 关系的图为________；表示先恒速后恒压过滤时 q-θ 和 Δp-θ 关系的图为________。

①1）(a)，(b)　2）(c)，(d)　3）(e)，(f)

②1）(c)，(d)　2）(a)，(b)　3）(e)，(f)

③1）(c)，(d)　2）(e)，(f)　3）(a)，(b)

④1）(e)，(f)　2）(c)，(d)　3）(a)，(b)

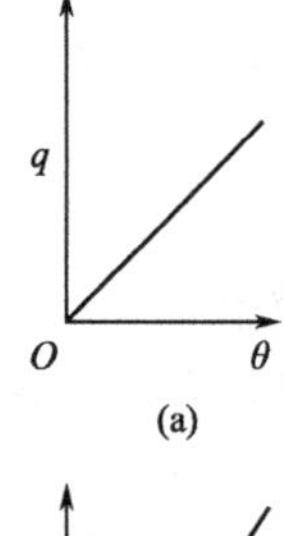

(a)

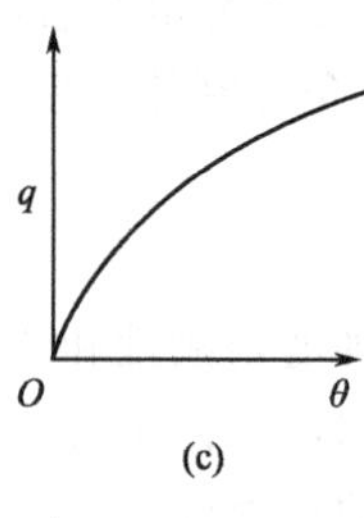

(c)

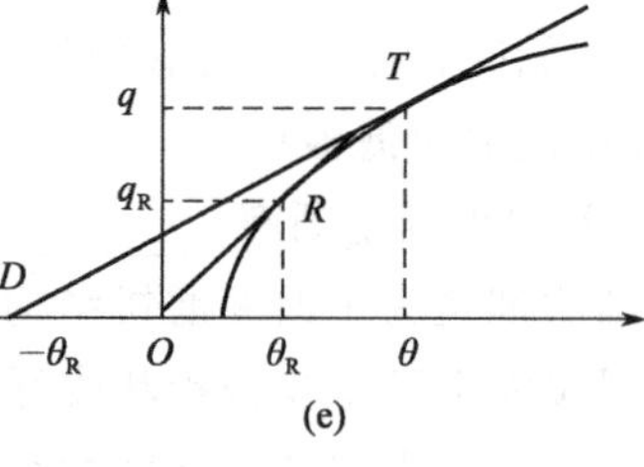

(e)

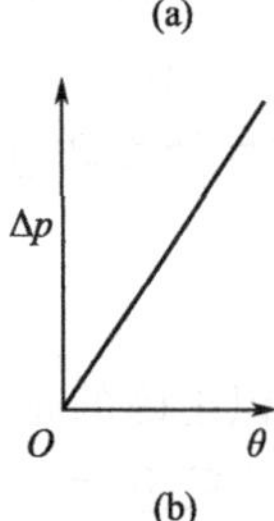

(b)

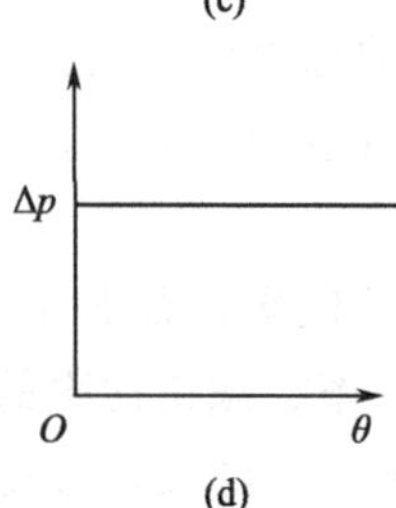

(d)

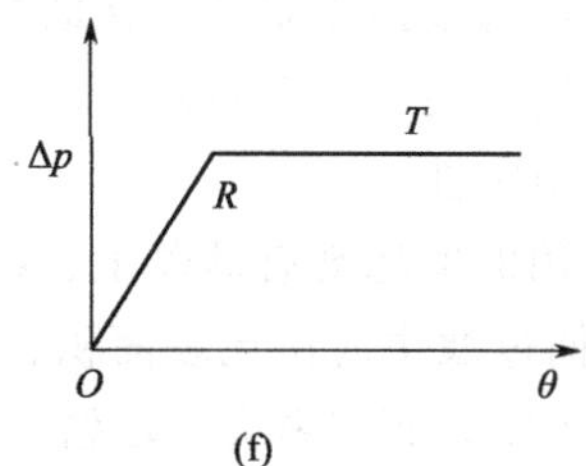

(f)

图 3-1

17. 下列关于过滤介质的当量滤液体积的认识中正确的为________。

甲：过滤介质相同，其当量滤液体积就相同。

乙：过滤介质相同，其当量滤液体积可以不同。

丙：过滤介质不同，其当量滤液体积一定不同。

① 甲对 ② 乙对 ③ 丙对 ④ 甲、丙对，乙错

18. 某些过滤操作需要回收滤渣中残留的滤液或除去滤渣中的可溶性杂质，则在过滤操作结束时需用某种液体对滤饼进行洗涤，则洗涤速率为________。

① 常数 ② 变数 ③ 无法确定

19. 如果上题中的过滤操作取消滤饼的洗涤，该过滤机生产能力的增加幅度与原过滤工艺的生产能力之比，将在下列________范围。

① 不大于25% ② 不大于20% ③ 不大于15% ④ 不大于10%

20. 将某回转真空过滤机的转速提高50%，它的生产能力有望提高________（假设过滤介质阻力可略去）。

① 大于50% ② 大于40% ③ 大于30% ④ 大于20%

21. 对于恒压过滤，下列说法正确的是________。

① 滤液体积增大一倍则过滤时间增大为原来的2倍

② 滤液体积增大一倍则过滤时间增加了2倍

③ 滤液体积增大一倍则过滤时间增大至原来的4倍

④ 当介质阻力不计时，滤液体积增大一倍，则过滤时间增大至原来的4倍

22. 恒压过滤时，如介质阻力不计，滤饼不可压缩，过滤压差增大一倍时同一过滤时刻所得滤液量________。

① 增大至原来的2倍 ② 增大至原来的4倍

③ 增大至原来的$\sqrt{2}$倍 ④ 增大至原来的6倍

23. 非球形颗粒的当量直径的一种是等体积球径，它的表达式为________。

① $d_p=6V/A$（V为非球形颗粒的体积，A为非球形颗粒的表面积）

② $d_p=(6V/p)^{1/3}$

③ $d_p=(4V/p)^{1/2}$

④ $d_p=(kV/p)^{1/3}$（k为系数，与非球形颗粒的形状有关）

24. 回转真空过滤机的过滤介质阻力可略去不计，其生产能力为$5m^3/h$（滤液）。现将转速降低一半，其他条件不变，则其生产能力应为________。

① $5m^3/h$ ② $2.5m^3/h$ ③ $10m^3/h$ ④ $3.54m^3/h$

25. 过滤基本方程是基于________推导出来的。

① 滤液在过滤介质中呈湍流流动 ② 滤液在过滤介质中呈层流流动

③ 滤液在滤渣中呈湍流流动 ④ 滤液在滤渣中呈层流流动

26. 球形度（形状系数）恒小于或等于1，此值越小，颗粒的形状离球形越远，球形度的定义式可写为________。

① $\Phi_s=V_p/V$，V为非球形粒子的体积，V_p为球形粒子的体积

② $\Phi_s=A_p/A$，A为非球形粒子的表面积，A_p为与非球形粒子体积相同的球形粒子的表面积

③ $\Phi_s=a_p/a$，a 为非球形粒子的比表面积，a_p 为球形粒子的比表面积

④ $\Phi_s=6a_p/(\pi d)$

27. 回转真空过滤机洗涤速率与最终过滤速率之比为________。

① 1 ② 1/2 ③ 1/4 ④ 1/3

28. 以下说法正确的是________。

① 过滤速率与 S（过滤面积）成正比 ② 过滤速率与 S^2 成正比

③ 过滤速率与滤液体积成正比 ④ 过滤速率与滤布阻力成反比

二、填空题

1. 影响流体通过固定床的压降的变量有________、________和________；其中影响最大的因素是________。
2. 固定床内大量细小而密集的固体颗粒对流体的运动提供很大的阻力，这可使流体沿床层截面的速度分布变得________，并在床层两端造成很大的________。
3. 流体通过颗粒层的流动多呈________状态，故单位体积床层所具有的表面积对流动阻力起决定作用。
4. 量纲分析法规划实验，决定成败的关键在于能否____________。
5. 数学模型法规划实验，决定成败的关键是________________，其精髓是紧紧抓住过程的________和________这两方面的特殊性，具体问题具体分析，从而做出合理不同的简化。
6. 过滤分__________和__________两种方式。
7. 工业上常用的过滤介质有________、________和________等。
8. 常用的过滤设备有________、________、________、________、________、________和________。
9. 间歇式过滤机一个完整的操作周期中所包括的时间有________、________和________。
10. 加快过滤速率原则上有__________、____________以及________三种途径。
11. 在相同操作压强下，加压叶滤机的洗涤速率与最终过滤速率之比应为________。

① 1 ② $\frac{1}{2}$ ③ $\frac{1}{4}$ ④ $\frac{1}{8}$

12. 为获得最大的生产能力，对于间歇操作恒压过滤机，过滤时间 τ_F 与过滤机的拆装重整时间 τ_D 的关系一般为________。

① $\tau_F=\tau_D$ ② $\tau_F<\tau_D$ ③ $\tau_F>\tau_D$ ④ $\tau_F=2\tau_D$

13. 一个过滤操作周期中，“过滤时间越长，生产能力越大”的看法是________，“过滤时间越短，生产能力越大”的看法是________。过滤时间有一个________值，此时过滤机生产能力为________。
14. 按 $\psi=A_p/A$ 定义的球形度（此处下标 p 代表球形粒子），最大值为________，球形度越小则颗粒形状与球形相差越________。
15. 对恒压过滤，当过滤面积增大一倍时，如滤饼不可压缩，则过滤速率增大为原来的________倍。对恒压过滤，当过滤面积增大一倍时，如滤饼可压缩，则过滤速率增大为原来的________倍。

三、计算

1. 今用 12.2g 水泥充填成截面积为 $5.0cm^2$，厚度为 1.5cm 的床层，若水泥粉末的密度 $\rho_p=$

$3120kg/m^3$，则床层的空隙率为________。

① 0.5　② 0.8　③ 0.9　④ 0.48

2. 某管式固定床反应器的管径为 20mm，管内填充直径和高度皆为 5mm 的催化剂颗粒，填充高度为 1m，催化剂密度为 $2100kg/m^3$，填充量为 0.36kg，则反应管内的空隙率为________。

① 0.454　② 0.632　③ 0.546　④ 0.8

3. 某固定床反应器的管内填充直径为 8mm，高度为 6mm 的圆柱体催化剂颗粒，填充高度为 1m，则催化剂颗粒的比表面积 a 为________。

① $900m^2/m^3$　② $1200m^2/m^3$　③ $833.3m^2/m^3$　④ $602m^2/m^3$

4. 直径为 0.1mm 球形颗粒状物质悬浮于水中，过滤形成的不可压缩滤饼的空隙率为 0.6，则滤饼的比阻 r 为________$\times 10^{10} m^{-2}$。

① 2.66　② 1.33　③ 0.756　④ 4.0

5. 每过滤 1L 固体-水悬浮液可得滤液 0.945L。取 100g 湿滤饼经烘干称重得知其中含水 57.5g，固体颗粒密度为 $1560kg/m^3$，则单位体积清水带有的固体质量 ψ（kg/m^3）为________。

① $28.0kg/m^3$　② $35.4kg/m^3$　③ $17.0kg/m^3$　④ $29.8kg/m^3$

6. 叶滤机在压差为 49.05kPa（表压）下恒压过滤某水悬浮液，悬浮液温度为 10℃，过滤 1h 得滤液 $10m^3$，介质阻力可忽略不计，则将悬浮液预热到 40℃，其他条件不变，过滤 1h 所得滤液为________m^3（已知 10℃时水的黏度为 1.3×10^{-3} Pa·s，40℃时水的黏度为 0.65×10^{-3} Pa·s）。

① 10　② 20　③ 14.1　④ 28.2

7. 所给条件见题 6，现只是增加操作压差，其他条件不变，为使所得滤液加倍，操作压差应为________kPa（设 $s=0.5$）。

① 49.05　② 98.1　③ 196.2　④ 784.8

8. 在 9.81×10^3 Pa 恒定压强下过滤某悬浮液，已知 r 值为 $1.333\times 10^9 m^{-2}$，滤饼体积与相应的滤液体积之比为 $0.333m^3/m^3$，水的黏度为 1.0×10^{-3} Pa·s，若过滤介质阻力可略，则每平方米过滤面积上获得 $1.5m^3$ 滤液所需的过滤时间为________。

① 58.0s　② 50.9s　③ 47.2s　④ 69.0s

9. 在一板框过滤机上过滤某种悬浮液，在 0.1MPa（表压）下 20min 可在每平方米过滤面积上得到 $0.197m^3$ 的滤液，再过滤 20min 又得到滤液 $0.09m^3$，则共过滤 1h 可得总滤液量________m^3。

10. 有一板框过滤机，总过滤面积为 $10m^2$，在 1.3×10^5 Pa（表压）下进行过滤，2h 后得滤液 $30m^3$，滤布介质阻力略去不计。

(1) 为了缩短过滤时间，增加板框数目，使总过滤面积增加到 $15m^2$，滤液量仍为 $30m^3$，此时过滤时间为________。

(2) 若把压力加大到 2×10^5 Pa（表压），过滤面积仍为 $15m^2$，2h 后得滤液 $50m^3$，此时过滤常数 K 为________。

11. 某板框式压滤机，在表压 2at 下以恒压操作方式过滤某悬浮液，2h 后得滤液 $10m^3$，过滤介质的阻力可以忽略不计，则：

(1) 若操作时间缩短为 1h，其他情况不变，所得滤液为________m^3。

(2) 若表压加倍，滤饼可压缩，其压缩系数 $s=0.25$，则 2h 可得滤液________m^3。

12. 某板框过滤机，在一恒定的操作压差下，过滤某一水悬浮液。经 2h 后，滤渣刚好充满滤框，并得滤液 $15m^3$。第一个小时滤出的滤液为________m^3（过滤介质阻力忽略不计）。

① 7.5　　② 10　　③ $\frac{15}{\sqrt{2}}$　　④ 无法计算

13. 若将上题中板框过滤机的操作压差降低为原来的 1/2，仍旧进行上述水悬浮液的过滤，经 2h 后，滤饼占据滤框容积的比例为__________（假定滤饼小，可压缩）。

① $\frac{1}{4}$　　② $\frac{1}{\sqrt{3}}$　　③ $\frac{1}{2}$　　④ $\frac{1}{\sqrt{2}}$

14. 同样体积的洗涤液，当洗涤液与滤液黏度相等、操作压强相同时，板框式压滤机的洗涤时间为叶滤机的__________倍。

① $\frac{1}{4}$　　② 2　　③ 3　　④ 4

15. 板框压滤机恒压过滤的最终速率为 $1m^3/h$，过滤完毕用横穿法（即滤液横穿两层滤布及整个滤饼厚度）洗涤 30min，洗涤时的压差和过滤时相同，滤液和洗液均为水，且温度相同，则洗涤速率 $(dV/d\theta)_w$＝__________m^3/h，需洗液体积 V_w＝__________m^3。

16. 某台板框式压滤机的过滤面积为 $0.2m^2$，在压差 Δp＝1.5at 下，以恒压操作方式过滤一种悬浮液，2h 后得滤液 $40m^3$，过滤介质阻力可以忽略不计，若在原压差下过滤 2h 后，用 $5m^3$ 的水洗涤滤渣，需要洗涤时间为__________h。

① 1.7　　② 4　　③ 8　　④ 2

17. 用压滤机以 $1.5kg/cm^2$ 的压强进行恒压过滤，4h 得 $40m^3$ 的滤液。当压强加大 1 倍时，假设过滤阻力增加 20%，则 4h 得滤液为__________m^3（已知过滤网的阻力系数是以 $1.5kg/cm^2$ 压强过滤完毕时滤渣的阻力系数的 0.02 倍）。

18. BMS50/810-25 型板框式压滤机的框内空间尺寸为 810mm×810mm×25mm，共 38 个框，框内实际总容积为 $0.615m^3$。现拟用 BMS50/810-25 型板框式压滤机过滤某种悬浮液（滤浆中固相质量分数为 13.9%，滤饼中水的质量分数为 32%，每立方米滤饼中含固相 1180kg），过滤压差为 2atm。已知 $K=2.72\times10^{-5}m^2/s$，$q_e=3.45\times10^{-3}m^3/m^2$，$\tau_e$＝0.439s，滤布与试验时用的相同，则：

(1) 滤至滤框全部充满滤渣所需的时间为________s，所得滤液量为________m^3。

(2) 过滤完后，用 $1m^3$ 清水洗涤滤饼，洗涤水的表压亦为 2atm，则洗涤时间为________s。

19. 叶滤机在等压条件下过滤某悬浮液，其累积滤液量与过滤时间之间的关系式为 $\tau=(q^2+0.026q)/0.003$，而单位过滤面的生产能力与累积滤液量之间的关系为 $Q=0.003q/(1.4q^2+0.0312q+2.7)$，则最佳过滤时间为________。

① 600s　　② 560s　　③ 720s　　④ 655s

20. 用叶滤机在等压条件下过滤某悬浮液，过滤开始后 10min 和 20min 获得累积滤液量为 $1.327m^3/m^2$ 和 $1.882m^3/m^2$，所得滤饼需用 1/5 滤液体积的清水在相同压力下洗涤（洗涤水黏度与滤液黏度相同），每个操作周期的辅助时间为 15min，则每周期的过滤时间为________s 时，叶滤机的生产能力最大。

21. 某间歇操作恒压过滤机的拆装重整时间已测得为 48min，倘若滤饼的洗液量按工艺规定为滤液的 1/10，如果希望该过滤机的产量 H 最大，在每一个过滤周期中，过滤与洗涤时间应定为________min（过滤介质阻力可略去）。

① 36　　② 48　　③ 60　　④ 72

22. 一回转真空过滤机转鼓面积为 $3m^2$，用来过滤某悬浮液，当转速为 0.8r/min，真空度为 7.33×10^4 Pa，介质阻力可略，每小时可得滤液 $58m^3$，滤饼不可压缩，厚度为 10mm，今需过滤的悬浮液增加 1 倍，真空度提高到 8.67×10^4 Pa，过滤机转速应为________r/min，所生成滤饼厚度为________mm。

23. 密度为 $1116kg/m^3$ 的某种悬浮液，于 400mmHg 的过滤压强差下作试验，测得过滤常数 $K=5.15\times10^{-6}m^2/s$；每送出 $1m^3$ 滤液所得到的滤渣中含固相 594kg，固相密度为 $1500kg/m^3$，液相为水。现用一直径 1.75m、长 0.9m 的转筒真空过滤机进行生产，转筒真空度维持在 400mmHg，转筒转速为 1r/min，浸没角度为 124.5°，且滤布阻力可忽略，则：

（1）过滤机的生产能力 Q 为________m^3/h；

（2）转筒表面的滤渣厚度 L 为________mm；

（3）若转速改为 0.5r/min，而其他操作条件不变，Q 与 L 将分别为__________m^3/h 和________mm；

（4）若将真空度提高到 600mmHg 而其他操作条件不变，Q 与 L 将分别为________m^3/h 和________mm。

24. 用板框过滤机过滤某悬浮液，一个操作周期内过滤 20min 后共得滤液 $4m^3$（滤饼不可压缩，介质阻力可略）。若在一个周期内共用去辅助时间 30min，求：

（1）该机的生产能力。

（2）若操作表压加倍，其他条件不变（物性、过滤面积、过滤时间与辅助时间），该机生产能力提高多少？

25. 对某悬浮液进行恒压过滤。已知过滤时间为 300s 时，所得滤液体积为 $0.75m^3$，且过滤面积为 $1m^2$，恒压过滤常数 $K=5\times10^{-3}m^2/s$。若要再得滤液体积 $0.75m^3$，则又需过滤时间为多少？

四、推导

叶滤机在恒定压差下操作，过滤时间为 τ，卸渣等辅助时间为 τ_D，滤饼不洗涤。试证当过滤时间 τ 满足下式时，叶滤机的生产能力达最大值。

$$\tau=\tau_D+2q_e\sqrt{\tau_D/k}$$

第三章 流体通过颗粒层的流动 参考答案

一、选择题

1.① 2.①②③④⑤ 3.①②③④ 4.①②③ 5.①

6.①

解释：$\varepsilon=\dfrac{V_{床}-V_{颗}}{V_{床}}=\dfrac{d^3-\dfrac{\pi}{6}d^3}{d^3}=1-\dfrac{\pi}{6}=0.476$，空隙率 ε 与颗粒的绝对尺寸无关

7.①②③④ 8.① 9.①②④ 10.①②③④ 11.②

12.②

解释：对 $1m^3$ 滤液而言，滤渣中固相体积＝悬浮液中固相体积

$$\nu e_s=(1+\nu)e \quad \Rightarrow \nu=\frac{e}{e_s-e}$$

13.②

解释：$1m^3$ 滤浆质量＝$\rho_m\times 1=e\rho_s+(1-e)\rho$ 则 $e=\dfrac{\rho_m-\rho}{\rho_s-\rho}$

$1m^3$ 滤渣质量＝$\rho_c\times 1=e\rho_s+(1-e)\rho$ 则 $e_s=\dfrac{\rho_c-\rho}{\rho_s-\rho}$

代入 $\nu=\dfrac{e}{e_s-e}$ 得 $\nu=\dfrac{\rho_m-\rho}{\rho_c-\rho_m}$

14.① 15.②；③；④ 16.①；②；③ 17.② 18.①

19.④ 20.④ 21.④ 22.③ 23.②

24.④ 25.④ 26.② 27.① 28.②

二、填空

1. 操作变量 U；流体物性 μ 和 ρ；床层特性 ε 和 α；空隙率 ε
2. 相当均匀；压降
3. 爬流
4. 如数列出影响过程的主要因素
5. 对复杂过程的合理简化，足够简单即可用数学方程式表示而又不失真的物理模型的能否建立；特征；研究的目的
6. 滤饼过滤；深层过滤
7. 织物介质；多孔性固体介质；堆积介质
8. 叶滤机；板框压滤机；厢式压滤机；回转真空过滤机；离心机；刮刀卸料式离心机；活

塞往复式卸料离心机

9. 过滤时间；洗涤时间；组装、卸渣及清洗滤布等辅助时间

10. 改变滤饼结构；改变悬浮液中的颗粒聚集状态；动态过滤

11. ①　　　　12. ②

13. 不正确的；不正确的；最适宜；最大

14. 1；大　　　　15. 4；4

三、计算

1. ④

解：
$$\xi=\frac{V_{床}-V_{颗}}{V_{床}}=\frac{5.0\times1.5\times10^{-6}-12.2\times10^{-3}/3120}{5.0\times1.5\times10^{-6}}=0.48$$

2. ①

解：
$$\xi=\frac{V_{床}-V_{颗}}{V_{床}}=\frac{\frac{\pi}{4}D^2L-\frac{G}{\rho_p}}{\frac{\pi}{4}D^2L}=\frac{0.785\times0.02^2\times1-0.36/2100}{0.785\times0.02^2\times1}=0.454$$

3. ③

解：
$$a=\frac{\frac{\pi}{4}d^2\times2+\pi dh}{\frac{\pi}{4}d^2h}=\frac{\frac{d}{2}+h}{\frac{d}{4}h}=\frac{\frac{0.008}{2}+0.006}{\frac{0.008}{4}\times0.006}=833.3\text{m}^2/\text{m}^3$$

4. ②

解：
$$a=\frac{\pi d^2}{\frac{\pi}{6}d^3}=\frac{6}{d}=\frac{6}{0.1\times10^{-3}}=6\times10^4\text{m}^2/\text{m}^3$$

$$r=\frac{5a^2(1-\varepsilon)^2}{\varepsilon^3}=\frac{5\times(6\times10^4)^2\times(1-0.6)^2}{0.6^3}=1.33\times10^{10}\text{m}^{-2}$$

5. ①

解：由 $(V+\varepsilon LA)\psi=LA(1-\varepsilon)\rho_p$

$$\psi=\frac{LA(1-\varepsilon)\rho_p}{V+\varepsilon LA}=\frac{LA}{V}\,\frac{(1-\varepsilon)\rho_p}{1+\varepsilon\frac{LA}{V}}$$

$$\frac{LA}{V}=\frac{1\times10^{-3}-0.945\times10^{-3}}{0.945\times10^{-3}}=0.0582\,\frac{\text{m}^3(滤饼)}{\text{m}^3(滤液)}$$

$$\varepsilon=\frac{57.5/1000}{57.5/1000+(100-57.5)/1560}=0.679$$

$$\psi=\frac{LA(1-\varepsilon)\rho_p}{V+\varepsilon LA}=0.0582\times\frac{(1-0.679)\times1560}{1+0.679\times0.0582}=28.0\text{kg}/\text{m}^3$$

6. ③

解：由等压过滤方程 $V^2=\frac{\Delta p^{1-s}}{r_0\mu\varphi}A^2\tau$ 得

$$\frac{V'^2}{V^2}=\frac{\mu}{\mu'}\Rightarrow V'=V\left(\frac{\mu}{\mu'}\right)^{\frac{1}{2}}=10\times\left(\frac{1.3}{0.65}\right)^{\frac{1}{2}}=14.1\text{m}^3$$

7. ④

解：由等压过滤方程　$V^2=\frac{\Delta p^{1-s}}{r_0\mu\psi}A^2\tau$

得：$\frac{V'^2}{V^2}=\left(\frac{\Delta p'}{\Delta p}\right)^{1-s}$

即　$\Delta p'=\Delta p\left(\frac{V'}{V}\right)^{\frac{2}{1-s}}=49.05\times\left(\frac{20}{10}\right)^{\frac{2}{1-0.5}}=784.8\text{kPa}$

8. ②

解：$K=\frac{2\Delta p}{\mu r\nu}=\frac{2\times 9.81\times 10^3}{1.0\times 10^{-3}\times 1.333\times 10^9\times 0.333}=4.42\times 10^{-2}\text{m}^2/\text{s}$

$\tau=\frac{q^2}{K}=\frac{1.5^2}{4.42\times 10^{-2}}=50.9\text{s}$

9. 0.356

解：由过滤方程可得

$(q+q_e)^2=K(\tau+\tau_e)$　　$q_e^2=K\tau_e$

由已知可得

$$\left.\begin{aligned}(0.197+q_e)^2=K(20\times 60+\tau_e)\\ [(0.197+0.09)+q_e]^2=K(40\times 60+\tau_e)\end{aligned}\right\}\Rightarrow\begin{cases}q_e=0.022\text{m}^3/\text{m}^2\\ K=3.96\times 10^{-5}\text{m}^2/\text{s}\end{cases}$$

1h 所获得的总滤液量（1m^2 过滤面积上）q 满足下式：

$q^2+2q\times 0.022=3.96\times 10^{-5}\times 3600$

解得　$q=0.356\text{m}^3/\text{m}^2$

故过滤 1h 可得总滤液量为 0.356m^3

10. (1) 0.889h　(2) $5.56\text{m}^2/\text{h}$

解：(1) 由常压过滤方程式知 $\frac{V_1^2}{A_1^2}=K\tau_1$，$\frac{V_2^2}{A_2^2}=K\tau_2$　因工作条件不变，K 不变，又保持滤液量不变

$$\frac{\tau_2}{\tau_1}=\frac{A_1^2}{A_2^2},\ \tau_2=\frac{10^2\times 2}{15^2}=0.889\text{h}$$

(2) 若把压力增加到 $2\times 10^5\text{Pa}$，A 仍为 15m^2，2h 得 $V=15\text{m}^3$

$$K=\frac{50^2}{15^2\times 2}=5.56\text{m}^2/\text{h}$$

11. 7.07；13.0

解：(1) 悬浮液不变，Δp 不变，介质阻力不计时，恒压过滤方程有如下形式：

$$V^2=KA^2\tau$$

现　$V_1^2=KA^2\tau_1$，$V_2^2=KA^2\tau_2$，

故　$\frac{V_2^2}{V_1^2}=\frac{\tau_2}{\tau_1}$ 即 $V_2=V_1\sqrt{\frac{\tau_2}{\tau_1}}$　　①

已知　$V_1=10\text{m}^3$，$\tau_1=2\text{h}$，$\tau_2=1\text{h}$，代入式①中，

得：$V_2=10\sqrt{\frac{1}{2}}=7.07\text{m}^3$

（2）因滤饼可压缩，根据恒压过滤方程：

$V_1^2=2KA^2\Delta p_1^{1-s}\tau$，$V_2^2=2KA^2\Delta p_2^{1-s}\tau$

所以 $\dfrac{V_2^2}{V_1^2}=\dfrac{\Delta p_2^{1-s}}{\Delta p_1^{1-s}}$，即

$$V_2=V_1\left[\frac{\Delta p_2}{\Delta p_1}\right]^{\frac{(1-s)}{2}} \quad ②$$

已知 $V_1=10\text{m}^3$，$\Delta p_1=2\text{at}$，$\Delta p_2=4\text{at}$，$s=0.25$，

代入式②中，得 $V_2=V_1\left[\dfrac{\Delta p_2}{\Delta p_1}\right]^{\frac{(1-s)}{2}}=10\times\left[\dfrac{4}{2}\right]^{\frac{1-0.25}{2}}=10\times 2^{0.375}=13.0\text{m}^3$

12. ③

解：根据恒压过滤方程，在介质阻力可以忽略不计时有：

$V^2=KA^2\tau$

故 $\dfrac{V_2^2}{V_1^2}=\dfrac{KA^2\tau_2}{KA^2\tau_1}=\dfrac{\tau_2}{\tau_1}$，

即 $V_2=\sqrt{\dfrac{1}{2}V_1^2}=\dfrac{15}{\sqrt{2}}\text{m}^3$

13. ④

解：由 $K=\dfrac{2\Delta p}{r\mu\psi}$

知 $K'/K=\dfrac{\Delta p'}{\Delta p}=\dfrac{\frac{1}{2}\Delta p}{\Delta p}=\dfrac{1}{2}$

故 $\dfrac{V_2^2}{V_1^2}=\dfrac{K'A^2\tau_2}{KA^2\tau_1}=\dfrac{1}{2}$，即 $\dfrac{V_2}{V_1}=\dfrac{1}{\sqrt{2}}$

14. ④

解：叶滤机洗涤时间

$$\tau_{N_1}=\frac{2(V+V_e)V_N}{KA^2}$$

板框式压滤机洗涤时间

$$\tau_{N_2}=\frac{8(V+V_e)V_N}{KA^2}$$

故 $\tau_{N_2}/\tau_{N_1}=4$

15. 0.25；0.125

解：$\left(\dfrac{dV}{d\theta}\right)_w=\dfrac{1}{4}\left(\dfrac{dq}{d\tau}\right)_{过滤}=\dfrac{1}{4}\times 1=0.25\text{m}^3/\text{h}$

$V_w=\tau\left(\dfrac{dq}{d\tau}\right)_w=0.5\times 0.25=0.125\text{m}^3$

16. ④

解：在恒压下操作，过滤介质阻力忽略不计，对于不可压缩滤渣用下式计算：

$$V^2=KA^2\tau$$

微分后得 $2V\mathrm{d}V = KA^2\mathrm{d}\tau$，即 $\dfrac{\mathrm{d}V}{\mathrm{d}\tau} = \dfrac{KA^2}{2V}$

此微分式表示任何瞬间的过滤速率，因洗涤是过滤完后进行，所以 $V=40\mathrm{m}^3$；

对于板框式压滤机而言，洗涤速率约为过滤速率的 1/4，所以洗涤速率为

$$\left[\frac{\mathrm{d}V}{\mathrm{d}\tau}\right]_w = \frac{1}{4}\frac{KA^2}{2V} = \frac{1}{4}\frac{1}{2V}\left(\frac{V^2}{\tau}\right) = \frac{1}{8}\times\frac{V}{\tau} = \frac{1}{8}\times\frac{40}{2} = 2.5\mathrm{m}^3/\mathrm{h}$$

今洗涤水用量为 $5\mathrm{m}^3$，所以洗涤时间 τ_w 为

$$\tau_w = \frac{V_w}{\left(\dfrac{\mathrm{d}V}{\mathrm{d}\tau}\right)_w} = \frac{5}{2.5} = 2\mathrm{h}$$

17. 52.0

解：$\dfrac{\mathrm{d}V}{\mathrm{d}\tau} = \dfrac{K}{2(V+C)}$（Ruth 通式） ①

式中：$K = 2\dfrac{pg_cA^2k}{\alpha\mu}$，$C = \dfrac{AkK_m}{\alpha}$ ②

V 为 $A\mathrm{m}^2$ 的过滤面积在 τ 秒后的滤液量，m^3；p 为压强，$\mathrm{kg/cm}^2$；α 为单位质量滤渣的比阻力，m^3/kg；μ 为黏度，kg/(m·s)；K 为鲁斯（Ruth）过滤常数，m^6/s；C 为与过滤网具有相当阻力的假想滤液量，m^3；K_m 为过滤网的阻力系数。

恒压过滤时，p=常数，K=常数

当 $\tau=0$，$V=0$，对式① 积分得

$$V^2 + 2VC = K\tau \quad ③$$

$$(V+C)^2 = K(\tau+\tau_0) \quad ④$$

式中：

$$\tau_0 = \frac{C^2}{K} = \frac{K_m^2\mu k}{2g_cp\alpha}(\mathrm{s}) \quad ⑤$$

假想液量 C 根据题意为 $0.02\times40=0.8\mathrm{m}^3$

因此，由式⑤，$\tau_0 = \dfrac{C^2}{K} = \dfrac{(0.80)^2}{K} = \dfrac{0.64}{K}(\mathrm{s})$

式④中，$V=40\mathrm{m}^3$，$\tau=4\mathrm{h}$，两边以 h 表示

$$(40+0.80)\times2 = K\left(4+\frac{0.64}{3600K}\right)\times3600$$

所以 $K = \dfrac{416}{3600}\mathrm{m}^2/\mathrm{h}$

根据式②，当压强为 $1.5\mathrm{kg/cm}^2$ 时，K'、C'为

$$K' = K\left(\frac{p'}{p}\right)\left(\frac{\alpha}{\alpha'}\right) = 2\times\frac{1}{1.2}\times K = 1.67K = 0.193$$

$$C' = \left(\frac{\alpha}{\alpha'}\right)C = 0.83C = 0.83\times0.80 = 0.67$$

由式④得 $V^2 + 2\times0.67V - (4\times0.193\times3600) = 0$

所以 $V=-0.67\pm52.7$　　$V=52.0\mathrm{m}^3$

18. (1) 277；4.156　(2) 515

解：(1) 过滤时间及所得滤液量，滤饼体积应等于全部滤框的实际总容积，即 $0.615\mathrm{m}^3$，

滤饼中固相的质量为 0.615×1180=726kg，滤饼的质量为 $\frac{726}{1-0.32}=1067\text{kg}$。滤饼中固相质量等于一个循环中所处理的悬浮液中的固相质量，故悬浮液质量为 $\frac{726}{0.139}=5223\text{kg}$。所以滤液质量为 5223－1067＝4156kg；滤液体积为 $V=4.156\text{m}^3$，过滤面积 $A=0.81\times0.81\times2\times38=49.9\text{m}^2$，单位面积上的滤液量为 $q=\frac{4.156}{49.9}=0.0835\text{m}^3/\text{m}^2$，将此值代入过滤方程 $(q+q_e)^2=K(\tau+\tau_e)$

已知　$K=2.72\times10^{-5}\text{m}^2/\text{s}$，$q_e=3.45\times10^{-3}\text{m}^3/\text{m}^2$，$\tau_e=0.439\text{s}$

所以　$(q+3.45\times10^{-3})^2=2.72\times10^{-5}(\tau+0.439)$　①

或　$q^2+6.9\times10^{-3}q=2.72\times10^{-5}\tau$

将　$q=0.0835\text{m}^3/\text{m}^2$ 代入式① 中，得：

$(0.0835+3.45\times10^{-3})^2=2.72\times10^{-5}(\tau+0.439)$

解得　$\tau=277\text{s}$

(2) 洗涤时间

板框式压滤机的洗涤速率为最终过滤速率的 1/4，任一瞬间的过滤速率为

$$\frac{dV}{d\tau}=\frac{KA^2}{(V+V_e)} \text{ 或 } \frac{dV}{d\tau}=\frac{KA}{2(q+q_e)}$$

最终过滤速率，即 $q=0.0835\text{m}^3/\text{m}^2$ 时的过滤速率，故洗涤速率为

$$\frac{dV}{d\tau}=\frac{1}{4}\left(\frac{dV}{d\tau}\right)_w=\frac{1}{4}\times\frac{KA}{2(q+q_e)}=\frac{KA}{8(q+q_e)}$$

洗涤时间

$$\tau_w=\frac{V_w}{\left(\frac{dV}{d\tau}\right)_w}=\frac{8(q+q_e)V_w}{KA}=\frac{8\times(0.0835+3.45\times10^{-3})\times1}{2.72\times10^{-5}\times49.9}=515\text{s}$$

19. ④

解：由于　$Q=0.003q/(1.4q^2+0.0312q+2.7)$，令 $dQ/dq=0$，求得 Q 最大时的累积滤液量 $q=1.389\text{m}^3/\text{m}^2$，则最佳过滤时间

$$\tau_{OPI}=\frac{1.389^2+0.026\times1.389}{0.003}=655\text{s}$$

20. 655

解：对等压过滤 $q^2+2qq_e=K\tau$，据题意

$$\left.\begin{aligned}1.327^2+2\times1.327q_e=600K\\1.882^2+2\times1.882q_e=1200K\end{aligned}\right\}\Rightarrow K=0.003\text{m}^2/\text{s},\ q_e=0.013\text{m}^3/\text{m}^2$$

过滤时间可表示为

$$\tau=\frac{q^2+2qq_e}{K}=\frac{q^2+0.026q}{0.003}$$

洗涤工序为恒速操作，洗涤时间可表示为

$$\tau_w=\frac{q_w}{\left(\frac{dq}{d\tau}\right)_w}=\frac{2(q+q_e)\times0.2q}{K}=\frac{0.4q^2+0.0052q}{0.003}$$

叶滤机单位过滤面的生产能力

$$Q=\frac{q}{\tau+\tau_w+\tau_D}=\frac{0.003q}{1.4q^2+0.0312q+2.7}$$

对上式求导并令 $\frac{dQ}{dq}=0$，求得 Q 最大的累积滤液量 $q=1.389m^3/m^2$。

由此可求最优过滤时间为

$$\tau_{OPI}=\frac{1.389^2+0.026\times1.389}{0.003}=655s$$

相应的洗涤时间为

$$\tau_w=\frac{0.4\times1.389^2-0.0052\times1.389}{0.003}=260s$$

$$\sum\tau=655+260+900=1815s$$

该过滤机单位体积的最大生产能力为

$$Q_{max}=\frac{1.389}{1815/3600}=2.755m^3/(m^2\cdot s)$$

间歇过滤机的操作周期由过滤、洗涤和辅助三个工序组成，其生产能力为 $Q=\frac{V}{\tau+\tau_w+\tau_D}$ 在等压操作条件下，过滤速度随过滤时间的延长而减小，故必定有一个使生产能力最大的过滤时间或操作周期。

21. ②

解：$\left.\begin{aligned}&\tau_w=\frac{8VV_w}{KA^2}=\frac{0.8V^2}{KA^2}\\&V^2=KA^2\tau\end{aligned}\right\}\tau_w=0.8\tau$

$$Q=\frac{V}{\tau+\tau_w+\tau_D}=\frac{\sqrt{KA^2\tau}}{\tau+0.8\tau+48}$$

由 $\frac{dQ}{d\tau}=0$ 得 $\tau=\frac{24}{0.9}min$

故 $\tau+\tau_w=1.8\tau=1.8\times\frac{24}{0.9}=48min$

22. 2.7；5.9

解：回转真空过滤机恒压过滤方程：

$$V=\sqrt{KA^2(\tau+\tau_e)}-V_e=\sqrt{KA^2\tau}\,(V_e=0，\tau_e=0)$$

$$V^2=KA^2\tau=K(nA_{鼓})^2\times\frac{60}{n}\varphi=KnA_{鼓}{}^2 60\varphi$$

设新工况下过滤常数为 K'，所需转速为 n'，滤饼厚度为 δ'，则

$$V'^2/V^2=\frac{K'}{K}\times\frac{n'}{n}$$

$$n'=n\left(\frac{V'}{V}\right)^2\frac{K}{K'}=0.8\times\left(\frac{7.33\times10^4}{8.67\times10^4}\right)\times\left(\frac{2}{1}\right)^2=2.7r/min$$

$$\delta'=\left(\frac{2(A_{鼓})\delta}{nA_{鼓}}\right)=\frac{2n\delta}{n'}=\frac{2\times0.8\times10}{2.7}=5.9mm$$

可见，回转真空过滤机的生产能力之所以随转速加快而增长，是由于转速加快，滤饼变薄，流动阻力减小的缘故。

23. (1) 3.07 (2) 7.3 (3) 2.17；10.3 (4) 3.77；8.94

解：(1) 生产能力 Q

转筒侧面积 $A=\pi DL=\pi\times1.75\times0.9=4.95\text{m}^2$，以回转一周为基准，转筒侧表面任何部分的浸没时间即为过滤时间。

故 $\tau=1\times60\times\dfrac{124.5}{360}=20.75\text{s}$

滤布阻力可以忽略时，恒压过滤方程式可简化为 $q^2=K\tau$

则 $q=\sqrt{K\tau}=\sqrt{5.15\times10^{-6}\times20.75}=1.034\times10^{-2}\text{m}^3/\text{m}^2$

故知每转一周所得滤液量为

$V=1.034\times10^{-2}\times4.95=5.12\times10^{-2}\text{m}^3$

生产能力 $Q=1\times60\times5.12\times10^{-2}=3.07\text{m}^3/\text{h}$

(2) 滤渣厚度 L

欲求滤渣厚度应先通过物料衡算求得每送出 1m^3 滤液所获得的滤渣体积。以 1m^3 悬浮液为基准，设其中固相质量分数为 x，则

由 $\dfrac{1116x}{1500}+\dfrac{1116\times(1-x)}{1000}=1\text{m}^3$ 可得 $x=0.312$，由此可知 1m^3 悬浮液中固相质量为 $1116\times0.312=348\text{kg}$

$$\text{滤液体积}=\frac{348}{594}=0.586\text{m}^3\qquad\text{滤渣体积}=1-0.586=0.414\text{m}^3$$

则 $\nu=\dfrac{0.414}{0.586}=0.706$

故每转一周获得的滤渣体积 $=\nu V=0.706\times5.12\times10^{-2}=0.0361\text{m}^3$

则滤渣厚度

$$L=\frac{0.0361}{4.95}=0.0073\text{m}=7.3\text{mm}$$

(3) 改变转速后的生产能力 Q' 与滤渣厚度 L'

在滤布阻力可以忽略的条件下，生产能力计算式化简为 $Q=465A\sqrt{K\psi n}$

今 K、A、ψ 皆未变，则 $\dfrac{Q'}{Q}=\sqrt{\dfrac{n'}{n}}=\sqrt{\dfrac{0.5}{1}}=0.707$

$Q'=0.707Q=0.707\times3.07=2.17\text{m}^3/\text{h}$

又因 $L=q\nu=\sqrt{K\tau}\nu$

今 K、ν 皆未变，则 $\dfrac{L'}{L}=\sqrt{\dfrac{\tau'}{\tau}}=\sqrt{\dfrac{n}{n'}}=\sqrt{\dfrac{1}{0.5}}=1.414$

$L'=1.414L=1.414\times7.3=10.3\text{mm}$

(4) 过滤压强差改变后的生产能力 Q'' 与滤渣厚度 L''

滤布阻力 $R=rl=(r'\Delta p^s)\left(\dfrac{\nu V}{A}\right)=r'\Delta p^s\nu q_e$

今 $R=$ 常数，故 $r'\Delta p^s\nu q_e=$ 常数，其中 r' 为 $\Delta p=1\text{N/m}^2$ 时的比阻，对于一定物系，r'

为常数；其滤饼体积与滤液体积之比 ν 亦为常数，故 $\Delta p^s q_e$＝常数或 $q \propto \Delta p^{1-s}$

因 $\dfrac{K''}{K}=\left(\dfrac{\Delta p''}{\Delta p}\right)^{1-s}$ 已知滤渣不可压缩，即 $s=0$

$\dfrac{K''}{K}=\dfrac{\Delta p''}{\Delta p}$ 所以 $Q=465A\sqrt{K\psi n}$ ，今 A、ψ、n 不变，

又因 $L=q\nu=\sqrt{K\tau\nu}$ ，今 ν、τ 不变，

则 $\dfrac{L''}{L}=\sqrt{\dfrac{K''}{K}}=\sqrt{\dfrac{\Delta p''}{\Delta p}}=1.225$

所以 $L''=1.225L=8.94\text{mm}$

24. （1）$0.08\text{m}^3/\text{min}$ （2）$0.113\text{m}^3/\text{min}$

解：（1）$Q=\dfrac{60V}{\theta+\theta_w+\theta_D}=\dfrac{4}{20+30}=0.08\text{m}^3/\text{min}$

（2）$V_1^2=K_1A^2\theta$，$V'^2=K'A^2\theta$

$\dfrac{V'^2}{V_1^2}=\dfrac{K'}{K_1}$

$\because K\propto\Delta p$

$\therefore V'\propto\sqrt{\Delta p}$

$V'=\sqrt{2}V=1.414\times4=5.65\text{m}^3$

$Q=\dfrac{5.65}{50}=0.113\text{m}^3/\text{min}$

25. 525s

解：由 $q^2+2q_eq=K\theta$

得 $2q_eq=K\theta-q^2$

$\therefore q_e=\dfrac{K\theta-q^2}{2q}=\dfrac{5\times10^{-3}\times300-0.75^2}{2\times0.75}=0.625\text{m}^3/\text{m}^2$

$\theta=\dfrac{q^2+2q_eq}{K}=\dfrac{1.5^2+2\times0.625\times1.5}{5\times10^{-3}}=825\text{s}$

$\Delta\theta=825-300=525\text{s}$

四、推导

证：恒压下 由 $q^2+2qq_e=K\tau$ 知 $\tau=(q^2+2qq_e)/K$

生产能力 $Q=\dfrac{V}{\tau+\tau_D}=\dfrac{qA}{\dfrac{1}{K}(q^2+2qq_e)+\tau\nu}=AK\dfrac{q}{q^2+2qq_e+K\tau_D}=f(q)$

当 $dQ/dq=0$ 时，q_{OPI} 代入 f（q）即是最大生产能力

$$\frac{dQ}{dq}=AK\frac{q^2+2qq_e+K\tau_D-2(q+q_e)q}{(q^2+2qq_e+K\tau_D)}=0$$

得 $q_{OPI}=\sqrt{K\tau_D}$

所以 $\tau_{OPI}=\dfrac{1}{K}(q_{OPI}^2+2q_{OPI}q_e)=\tau_D+2q_e\sqrt{\dfrac{\tau_D}{k}}$

第四章

颗粒的沉降和流态化

一、选择题

1. 球形颗粒在流体中沉降时，根据颗粒雷诺数 Re_p 的不同，曳力系数的表达式是不同的，下面论断中正确的是________。

   ① 当 $Re_p < 2$ 时，即颗粒的沉降位于斯托克斯定律区时，曳力与速度成正比，服从一次方定律

   ② 当 $2 < Re_p < 500$ 时，即颗粒的沉降位于阿仑区时，此时曳力与速度的 1.2 次方成正比

   ③ 当 $500 < Re_p < 2\times10^5$ 时，即颗粒的沉降位于牛顿定律区时，形体曳力偏重要地位，表面曳力可以忽略。此时曳力与速度的平方成正比，服从平方定律

   ④ 当 $Re_p > 2\times10^5$ 时，边界层内的流动自层流转为湍流，在湍流边界层内流体的动量增大，使脱体点后移到 $\theta = 140°$ 处，由于尾流区缩小，形体曳力突然下降，曳力系数也由原来的 0.44 降至 0.1 左右

   ⑤ 在斯托克斯定律区（爬流区）并未发生边界层的脱体，但是形体曳力同样存在，即形体曳力的存在并不以边界层的脱体为前提，只是边界层的脱体现象使形体曳力明显地增加

2. 对静止流体内颗粒的自由沉降而言，在沉降过程中颗粒所受到的力有__________。

   ① 场力（重力或离心力）　　② 浮力

   ③ 曳力（阻力）　　④ 牛顿力

3. 有关颗粒沉降速度的论断中正确的是__________。

   ① 对于小颗粒而言，由于沉降的加速阶段很短，故可忽略其加速阶段，而近似认为颗粒始终以沉降速度（终端速度）u_t 下降

   ② 固体颗粒在以定速度 u 向上流动的流体中的绝对速度 u_p 等于流体速度与颗粒沉降速度之差，即 $u_p = u - u_p$

   ③ 对于转子流量计中的转子而言，可认为是流体速度与转子沉降速度相等，从而转子静止地悬浮于流体之中

   ④ 对于确定的流-固系统，物性参数 μ、ρ 和 ρ_p 都是定值，故颗粒的沉降速度只与粒径有关，即沉降速度和颗粒直径之间存在着一一对应的关系

4. 在讨论实际颗粒的沉降时尚须考虑的因素有__________。

   ① 相邻颗粒间的相互影响使原单个颗粒周围的流场发生了变化，会引起颗粒沉降的相互干扰

   ② 容器的壁和底面均增加颗粒沉降时的曳力，从而使实际颗粒的沉降速度较自由沉降时

的计算值小，即所谓的“端效应”

③ 流体分子热运动对沉降的影响

④ 液滴或气泡在曳力作用下产生变形对沉降速度的影响

5. 借助于重力沉降以除去气流中的尘粒的重力沉降设备称为除尘室，有关除尘室正确的论断有________。

① 除尘室采用锥形进出口是为了气流在除尘室内分布均匀，避免死角存在，以使颗粒沉降完全

② 为避免沉下的尘粒重新被扬起，除尘室中气体的流速一般小于 1m/s

③ 假设气流在整个流动截面上均匀分布，则任一流体质点进入除尘室的时间间隔（停留时间）为设备内的流动容积（持留量）与流体通过设备的流量之比

④ 除尘室的处理能力仅决定于除尘室的底面积，与高度无关，故除尘室常设计为扁平形状，或在室内设置多层水平隔板

6. 立方体粒子 A、正四面体粒子 B、液滴 C 三者的密度与体积相同，在同一种气体中自由沉降，若其最终沉降速度分别用 u_A、u_B、u_C 表示，则它们之间的相对大小顺序为________。

① $u_A > u_B > u_C$　② $u_B > u_C > u_A$　③ $u_C > u_A > u_B$　④ $u_A = u_B = u_C$

7. A、B 粒子的直径比为 $d_A/d_B = 2$，密度分别为水的 2 倍及 4 倍，现将这两种粒子的混合物置于垂直向上的水流中，欲借水流将它们分离，水相对粒子的最低分离速度应根据________计算。

① A 粒子数据　② B 粒子数据

③ 可任取 A、B 粒子数据　④ 尚无法确定

8. 如图 4-1 所示，某降尘器能将流量为 V（m^3/s）的含尘气流中直径为 d（μm）的粒子全部沉降下来。

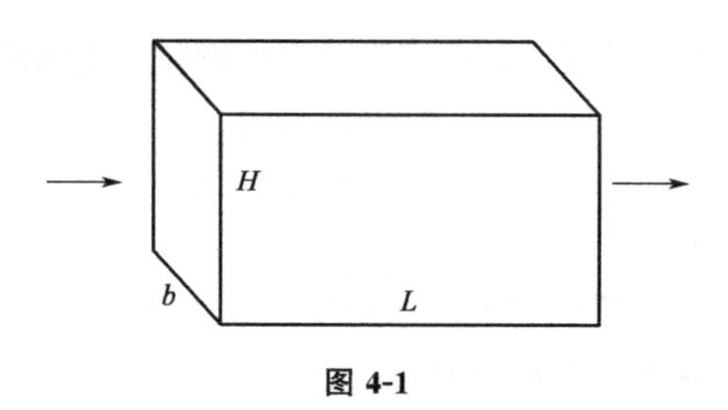

图 4-1

今想将 $2V$(m^3/s) 的相同含尘气流进行同样效果的除尘，在保持其他尺寸不变的情况下，单方面地按如下________方式来改选设备。

① 将 H 增加 1 倍　② 将 H 增加 2 倍　③ 将 L 增加 1 倍　④ 将 L 增加 1/2 倍

9. 工业上对大量悬浮液的分离常采用连续式沉降器或增稠器，下面有关增稠器的论断中正确的是________。

① 悬浮液中颗粒在增稠器中的沉降大致可分为两个阶段：在加料口以下一段距离内固体颗粒浓度很低，颗粒在其中大致为自由沉降；在增稠器下部颗粒浓度逐渐增大，颗粒做干扰沉降，沉降速度很慢

② 增稠器具有澄清液体和增稠悬浮液的双重功能

③ 增稠器中固体颗粒在重力作用下沉降而与液体分离

④ 大的增稠器的直径可达 10～100m，深 2.5～4m，常用于大流量、低浓度悬浮液的处理，如污水处理等

10. 利用重力沉降可将悬浮液中不同粒度的颗粒进行粗略的分级，或将两种不同密度的物质进行分类。图 4-2 为分级器的示意图。若第一级、第二级和第三级所对应的被 100%除下的最小颗粒直径分别为 d_{I}、d_{II} 和 d_{III}，则它们之间关系应为________。

① $d_{\mathrm{I}}>d_{\mathrm{II}}>d_{\mathrm{III}}$　② $d_{\mathrm{I}}<d_{\mathrm{II}}<d_{\mathrm{III}}$　③ $d_{\mathrm{I}}=d_{\mathrm{II}}=d_{\mathrm{III}}$　④ 无法确定

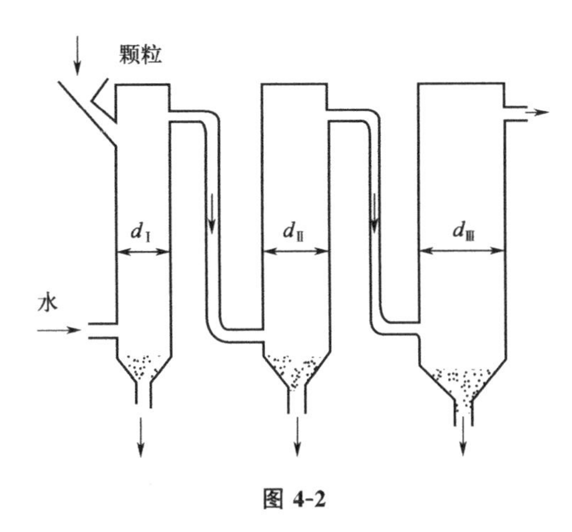

图 4-2

11. 下列有关旋风分离器的论断中正确的是__________。

① 在分离器内气流形成两个主旋涡，即气体切线进入分离器后以螺旋形旋转向下的外旋涡和由锥底螺旋形上升至排气管的内旋涡，两旋涡的旋转方向相同

② 内、外主旋涡中的气流速度均可以分解为切向线速度、径向速度和轴向速度三个分量

③ 外旋涡造成的离心力将颗粒抛向器壁，内旋涡由于具有较大的旋转角速度，也可将细小颗粒向外抛出，同样也是分离的积极部分

④ 从经济角度而言，一般可取旋风分离器进口气速为 15～25m/s。若气体处理量较大，则可采用两个或更多个尺寸较小的旋风分离器并联操作，这比用一个大尺寸的旋风分离器可望获得更高的效率

12. 造成旋风分离器分离效率下降的主要原因有__________。

① 锥底集尘斗密封不良，旋风分离时锥底造的负压导致少量空气窜入器内

② 锥底部螺旋形上升至排气管的内旋涡气流将已沉下的部分颗粒重新卷起

③ 靠近旋风分离器排气管的顶部的旋涡所形成的粉尘环，其中带有不少细尘粉粒，在进口主气流干扰下较易窜入排气口逃逸

④ 扩散式旋风分离器或 CLP/B 型旋风分离器的使用

13. 下列关于旋风分离器的一般认识中错误的是__________。

① 细长形旋风分离器的分离效率高，但气流通过的压降较大

② 旋风分离器处于低气体负荷下操作是不适宜的

③ 提高含尘气流中的粉尘浓度，可以使旋风分离的阻力有所下降，且分离效率会提高

④ 旋风分离器进气速度提高，总是有利于分离的

14. 某旋风分离器处理流量为 q_V 的某含尘气流时，恰好能满足生产工艺上的要求，现该工

厂生产要翻一番。有流量为 $2q_V$ 的同一含尘气流要处理，将采取下列建议中的哪项措施________。

① 换一台型号相同，直径大 1 倍的旋风分离器

② 并联一台同型号的旋风分离器

③ 串联一台同型号的旋风分离器

15. 提高旋风除尘器效率的措施有__________。

① 采用细长形旋风除尘器　　② 采用粗短形旋风除尘器

③ 采用较大的进口气速　　④ 使旋风除尘器在低气体负荷下操作

16. 下列有关流化床的论断中正确的是__________。

① 流化床存在的基础是大量颗粒的群居，群居的大量颗粒可以通过床层的膨胀来调整空隙率，从而能在一个相当宽的气速范围内悬浮于气流之中

② 对于液-固系统而言，当表观流速超过某一临界值（起始流化速度）后，床层膨胀，颗粒均布于流体之中并作随机运动，忽上忽下，忽左忽右，造成床内固体颗粒均匀充分混合（理想流化床），流化床上界面较清晰

③ 对于气-固系统而言，当表观流速超过某一临界值（起始流化速度）后，床内出现一些空穴，气体将取道穿过各个空穴至床层顶部逸出。由于过量的气体涌向空穴，该处流速最大，空穴顶部的颗粒被推开，其结果是空穴向上移动并在床的界面处“破裂”。空穴的移动和合并，从表面看酷似气泡的运动（鼓泡流化床）。流化床上界面频繁地起伏波动，以流化床界面为基准，以上区域为稀相区，以下区域为浓相区

④ 流化床的床层压降为一恒定值

⑤ 流化床也称为沸腾床，这是因为它宛如沸腾的液体，显示某些液体样的性质

⑥ 由于流化床内颗粒处于悬浮状态并不停地运动，故床内固体颗粒容易达到宏观上的均匀混合，对于流化床内进行的放热反应操作而言也很容易获得均匀的温度

17. 当流体自下而上地流过由均匀颗粒组成的颗粒层（床层）时，根据流体流速的不同，会出现下列情况中的________。

① 若流体的表观速度（即空塔速度）u 较低，颗粒空隙中流体的实际流速 $u_1 < u_t$（颗粒沉降速度），此时颗粒基本上静止不动，颗粒层为固定床

② 当 $u > u_{max} = u_t \cdot \varepsilon$（$u_{max}$ 为固定床的最大表观速度，ε 为固定床的空隙率）时，床内颗粒将“浮起”，颗粒层将“膨胀”，ε 将增大；当 $u_t = u_1 = \dfrac{u}{\varepsilon}$ 时，床层不再膨胀而颗粒则悬浮于流体中，该床层称为流化床。此时，每一个表观速度 u 对应一个相应的空隙率，u 越大，ε 也越大，但通过床层的实际流速不变，总是等于颗粒的沉降速度 u_t

③ 若 $u > u_t$，颗粒将获得上升速度，此时颗粒将被流体带出器外，进入颗粒输送阶段

18. 气固流化床中气流的不均匀分布可能导致的现象有________。

① 腾涌或节涌　　② 沟流　　③ 液泛　　④ 泄漏

19. 下列论断中正确的是__________。

① 流化床在操作时一旦发生腾涌或节涌，较多的颗粒被抛起和跌落造成设备振动，甚至将床内构件冲坏，流体动力损失也较大

② 大直径床层中，由于颗粒堆积不匀或气体初始分布不良，可能在局部形成沟流，气体将不能与全部颗粒良好接触，使工艺过程恶化

③ 为防止内生不稳定性严重时导致沟流和死床，常采用增加分布板的阻力，采用内部构件，采用小粒径、宽分布的颗粒，采用细颗粒、高气速流化床等措施来增加两相接触的均匀性

20. 下面论断中正确的是________。

① 流化床操作范围的下限应为起始流化速度，即床层内空隙中的实际速度等于颗粒的沉降速度，此时表观速度应等于沉降速度与床层空隙率之积

② 流化床操作范围的上限应为沉降速度，即表观速度等于颗粒的沉降速度

③ 流化床实际操作速度与起始流化速度之比称为流化数

④ 为使稀相区内的较大颗粒得以沉降返回浓相区，从床层界面起在稀相区取一定的高度，对应于稀相区的颗粒松密度（单位设备容积中颗粒的质量）趋于定值，这段距离称为分离高度（TDH）

二、填空

1. 固体颗粒在空气中自由沉降，颗粒受____________、____________、__________等几种力的作用。其沉降速度为______________。

2. 沉降分离设备可分为重力沉降和离心沉降两大类，重力沉降设备包括______________、________和__________；离心沉降设备包括____________、____________、__________、____________和____________。

3. 降尘室和沉降槽为气固或液固两相分离设备，它们的生产能力与该设备的________有关，与______________无关。

4. 当旋风分离器切向进口速度相同时，随着旋风分离器的直径增大，其离心分离因数变________；而离心分离机随着转鼓直径的增大，其离心分离因数变______________。

5. 离心机离心分离因数的大小是反映离心分离设备性能的重要指标，它是同一颗粒所受__________力与__________力之比。若 $u=r\omega$ 为颗粒的切向速度，则离心分离因数可写为____________。

6. 根据流体流速的不同，由均匀颗粒组成的颗粒床层分________阶段、________阶段和________阶段。

7. 实际的流化现象包括________和________。

8. 为抑制流化床内的内生不稳定性，通常采用的措施有________、________、________和________。

9. 流化床的主要特性包括________、________和________等。

三、计算

1. 试求直径 70μm、相对密度为 2.65 的球形石英颗粒在 20℃空气中的沉降速度为________m/s（20℃时空气的密度为 1.205kg/m^3，黏度为 1.81×10^{-5}Pa·s）。

① 6.79×10^{-3}　② 3.97×10^{-1}　③ 3.97×10^{-3}　④ 6.79×10^{-1}

2. 若上题中的石英颗粒在 20℃的水中沉降，则其沉降速度应为________m/s（20℃时水的密度为 998.2kg/m^3，黏度为 1.0042×10^{-3}Pa·s）。

① 6.79×10^{-3}　② 3.97×10^{-1}　③ 3.97×10^{-3}　④ 6.79×10^{-1}

3. 密度为 3000kg/m^3 的粒子在 60℃的空气中沉降，则服从斯托克斯公式的最大颗粒直径为

________μm（已知60℃空气的$\rho=1.06\text{kg/m}^3$，$\mu=2\times10^{-5}\text{Pa·s}$，滞流区内$10^{-4}<Re\leqslant1$）。

4. 一直径为30μm的球形颗粒，于1atm及20℃下在某气体中的沉降速度为在水中沉降速度的88倍，已知此颗粒在气体中的质量为在水中质量的1.6倍，此颗粒在此气体中的沉降速度为________m/s（20℃下水的黏度为1cP，密度为1000kg/m^3，此气体的密度为1.2kg/m^3）。

5. 已算出直径为40μm的某小颗粒在20℃常压空气内的沉降速度为0.08m/s，另一种直径为1mm的较大颗粒的沉降速度为10m/s，则

   (1) 颗粒密度与小颗粒相同，直径减半，沉降速度为________m/s。

   (2) 颗粒密度与大颗粒相同，直径加倍，沉降速度为________m/s。

6. 密度为3500kg/m^{3}的尘粒悬浮在20℃空气中，现欲将其50μm以上的粒子分离出去，则降尘室的尺寸为：长________m，宽________m，高________m（已知空气流量为300m^3/min，20℃时空气的密度$\rho=1.205\text{kg/m}^3$，黏度$\mu=1.81\times10^{-5}\text{Pa·s}$，假设降尘室高$H=2$m）。

7. 欲用降尘室净化温度为20℃、流量为2500m^3/h的常压空气，空气中所含灰尘的密度为1800kg/m^3，要求净化后的空气不含有直径大于10μm的尘粒，则所需沉降面积为______m^2；若降尘室的底面宽2m、长5m，室内需要设________块隔板。

8. 拟采用多层除尘室除去炉气中所含尘粒，尘粒最小直径为8μm，密度为4000kg/m^3，炉气温度为700K，在此温度下，气体的黏度为$3.4\times10^{-5}\text{Pa·s}$，密度为0.5kg/m^3。今要求除尘室每秒钟处理炉气1m^3（标准状态下），若除尘室中的隔板已选定长度为5m，宽度为1.8m，则隔板间的距离为________mm，所需层数为________层。

9. 某气体中含有直径不同的尘粒，其质量分数如下：$d_p<10\mu\text{m}$的尘粒占10%，d_p为10～30μm的尘粒占40%，$d_p>30\mu\text{m}$的尘粒占50%；气体流量为300m^3/h，温度为500℃，气体密度为0.43kg/m^3，黏度为0.036cP，气体通过除尘室的速度$u=0.75$m/s，尘粒的密度为2000kg/m^3，若设计一个具有50%分离效率的除尘室，其底面积为________m^2（该室高度为0.8m，用隔板分成10层，隔板的厚度可以忽略不计）。

   ① 8.8　　② 8　　③ 6　　④ 16

10. 如图4-3所示，某多层降尘室宽度$b=2$m、长度$l=5$m，其中共设有9块隔板，隔板间距$h=0.1$m，通过的含尘气体为2000m^3/h。已知气体密度为1.6kg/m^3，黏度为$2.5\times10^{-5}\text{Pa·s}$，尘粒密度为3000kg/m^3，试计算以下三种情况下降尘室可全部除去的最小颗粒直径：

    (1) 降尘室水平放置时为________μm。

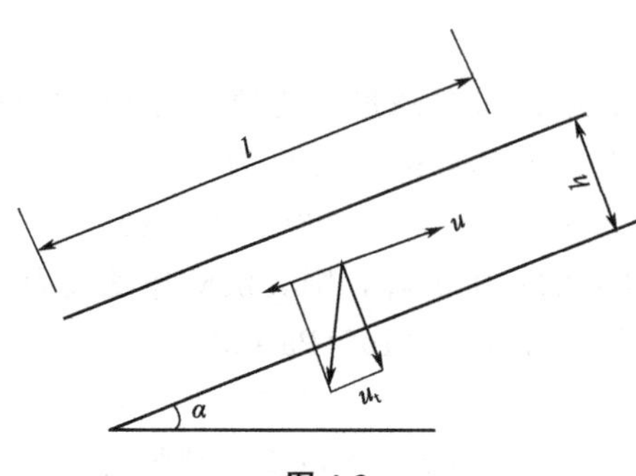

图4-3

（2）降尘室与水平方向成30°角倾斜放置时为________μm。

（3）降尘室垂直放置时为________μm。

11. 用一个截面为矩形的沟槽，从炼油厂的废水中分离所含的油滴，拟回收直径200μm以上的油滴，槽的宽度为4.5m，深度为0.8m；在出口端，除油后的水可以不断从下部排出，而汇聚成层的油则从顶部移去，油的密度为870kg/m³，水温为20℃，若每分钟处理废水29m³，则所需槽的长度L为________m（20℃时水的密度为998.2kg/m³，黏度为1×10^{-3}Pa·s）。

① 4.5　　② 0.85　　③ 7　　④ 38.5

12. 选用一台普通标准型旋风分离器CLT/A-7.5型，筒体直径$D=750$mm，其各部尺寸为：$A=0.66D=495$mm，$B=195$mm，$D_1=0.6D=450$mm，$H'=4.5D=3375$mm，$H_2=2D=1500$mm。用它来分离空气流中的某种粉尘，空气温度为60℃，流量为6000m³/h，粉尘的密度为1250kg/m³，旋风分离器的压力降估算值为________mmH_2O，理论上能分出来的最小尘粒的直径d_e（即临界直径）为________μm（已知空气在1atm、0℃下的密度为1.2933kg/m³，60℃下的黏度为2.01×10^{-5}Pa·s）。

13. 从某矿石焙烧炉出口的含尘气体，依次经过一个除尘室和一个旋风分离器进行除尘，气体流量为1000m³/h，含尘量为10g/m³，此时总除尘效率为90%，其中50%由除尘室除去，现气体流量增为1100m³/h，除尘室除尘量________（填“降低”或“提高”），除尘效率________（填“降低”或“提高”）；旋风分离器中的除尘效率________（填“降低”或“提高”）；总除尘效率________（填“降低”或“提高”）。

14. 含尘气流中某粒径的尘粒在降尘室中的沉降速度为u_t，若使该含尘气流通入旋风分离器，上述的尘粒旋风分离器轴心为0.2m，其圆周速度$u_r=10$m/s，则该尘粒在这两种设备中的沉降分离速度之比为________（设u_t和u_r皆服从斯托克斯定律，即粒子沉降运动属于滞流情况）。

① $u_r/u_t=1$　　② $u_r/u_t=5$　　③ $u_r/u_t=10$　　④ $u_r/u_t=50$

四、推导

1. 试推导一表面光滑的球形颗粒在静止流体中的沉降速度

$$u_t=\sqrt{\frac{4gd(\rho_1-\rho)}{3\varepsilon\rho}}$$

2. 试推导离心沉降速度$u_t=\sqrt{\dfrac{4d(\rho_s-\rho)}{3\varepsilon\rho}\cdot\dfrac{u_r^2}{r}}$

3. 试推导旋风分离器在满足以下假设时的临界直径$d_c=\sqrt{\dfrac{9\mu\beta}{\pi N\rho_s u_t}}$

假设：（1）含尘气流在旋风分离器内的切向速度恒定，等于进口气流速度u_t；（2）颗粒的沉降距离为进气口的宽度B；（3）颗粒的沉降运动服从斯托克斯定律；（4）离心加速度为常量，其值为u_i^2/r_m。

第四章
颗粒的沉降和流态化　参考答案

一、选择题

1. ①②③④⑤　2. ①②③　3. ①②③④　4. ①②③④　5. ①②③④
6. ③　7. ④　8. ③　9. ①②③④　10. ①
11. ①②③④　12. ①②③　13. ④　14. ②　15. ①③
16. ①②③④⑤⑥　17. ①②③　18. ①②　19. ①②③　20. ①②③④

二、填空

1. 重力；浮力；阻力；$u_t=\sqrt{4(\rho_s-\rho)gd/(3\rho\xi)}$
2. 除尘室；增稠器；分级器；旋风分离器；气力旋流分级机；转鼓式离心机；碟式离心机；管式高速离心机
3. 长度和宽度；高度　4. 小；大　5. 离心；重；$a=\dfrac{r\omega^2}{g}=\dfrac{u^2}{gr}$
6. 固定床；流化床；颗粒输送
7. 散式流化；聚式流化
8. 增加分布板；阻力采用内部构件；采用小颗粒、宽分布的颗粒；采用细颗粒、高气速流化床
9. 液体样特性；恒定的压降；固体的混合

三、计算

1. ②

解：先假设此沉降处于滞流区，则

$$u_t=\frac{d_p^2(\rho_p-\rho)g}{18\mu}=\frac{(70\times10^{-6})^2\times(2650-1.205)\times9.81}{18\times1.81\times10^{-5}}=0.39\text{m/s}$$

复核：$Re_p=\dfrac{70\times10^{-6}\times0.39\times1.205}{1.81\times10^{-5}}=1.82>1$，不处于滞流区

再设该沉降处于过渡区，则

$$u_t=0.27\sqrt{\frac{d_p(\rho_p-\rho)g}{\rho}Re_p^{0.6}}$$

$$=0.27\times\sqrt{70\times10^{-6}\times\frac{(2650-1.205)\times9.81}{1.205}\times(1.82)^{0.6}}$$

$$=0.397\text{m/s}=3.97\times10^{-1}\text{m/s}$$

复核：

$$Re_p=\frac{d_p u_t \rho}{\mu}=\frac{70\times10^{-6}\times0.397\times1.205}{1.81\times10^{-5}}=1.850$$

Re_p 在 1～1000 之间，属于过渡区，上述计算有效，即颗粒在 20℃空气中的沉降速度为 0.397m/s。

2. ①

解：假设此沉降处于滞流区，则

$$u_t=\frac{d_p^2(\rho_p-\rho)g}{18\mu}=\frac{(70\times10^{-6})^2\times(2650-998.2)\times9.81}{18\times(1.0042\times10^{-3})}$$
$$=6.79\times10^{-3}\text{m/s}$$

复核：$Re_p=\frac{d_p u_t \rho}{\mu}=\frac{70\times10^{-6}\times6.79\times10^{-3}\times998.2}{1.0042\times10^{-3}}=0.47<1$

$Re_p<1$，与假设的沉降处于滞流区相符合，上述计算有效，即颗粒在 20℃水中的沉降速度为 6.79×10^{-3}m/s。

3. 61.3

解：$d_p=\sqrt{\frac{18\mu u_t}{g(\rho_p-\rho)}}$

$Re=\frac{d_p u_t \rho}{\mu}\rightarrow u_t=\frac{Re\mu}{d_p\rho}$

所以 $d_p=\sqrt{\frac{18\mu u_t}{g(\rho_p-\rho)}}$

$=\sqrt{\frac{18\mu Re\mu}{d_p\rho g(\rho_p-\rho)}}$

得 $d_p^{\frac{3}{2}}=\sqrt{\frac{18\mu^2 Re}{\rho g(\rho_p-\rho)}}$

$=\sqrt{\frac{18\times(2\times10^{-5})^2\times1}{1.06\times9.81\times(3000-1.06)}}$

$d_p=61.3\mu\text{m}$

4. 7.18×10^{-2}

解：由 $m=V\rho$ 得知，$\frac{m_{气}}{m_{水}}=\frac{(\pi/6)d^3(\rho_s-\rho_{气})}{(\pi/6)d^3(\rho_s-\rho_{水})}=1.6$

故 $\rho_s=2664.7\text{kg/m}^3$

设颗粒在水中的沉降是层流，则

$$u_{t水}=\frac{d^2(\rho_s-\rho)g}{18\mu}=\frac{(30\times10^{-6})^2\times(2664.7-1000)\times9.81}{18\times1\times0.001}$$
$$=8.16\times10^{-4}\text{m/s}$$

检验 $Re_t=\frac{d_p u_t \rho}{\mu}=\frac{3\times10^{-5}\times8.16\times10^{-4}\times1000}{1\times10^{-3}}=0.0245$

因 $Re_t=0.0245<1$，故假设正确。

$u_{t气}=88u_{t水}=88\times8.16\times10^{-4}=7.18\times10^{-2}\text{m/s}$

即该颗粒在气体中的沉降速度为 7.18×10^{-2}m/s。

5. (1) 0.02 (2) 14.1

解：20℃空气的密度 $\rho=1.2\text{kg/m}^3$，黏度 $\mu=1.81\times10^{-5}\text{Pa}\cdot\text{s}$

小颗粒沉降的雷诺数

$$Re=\frac{\rho d_p u_t}{\mu}=\frac{1.2\times40\times10^{-6}\times0.08}{1.81\times10^{-5}}=0.2<2$$

故沉降运动位于斯托克斯区，$u_t\propto d_p^2$，故直径减半后颗粒的沉降速度为

$$u_t=\frac{(0.5d_p)^2}{d_p^2}u=0.25\times0.08=0.02\text{m/s}$$

大颗粒沉降的雷诺数

$$Re=\frac{\rho d_p u_t}{\mu}=\frac{1.2\times1\times10^{-3}\times10}{1.81\times10^{-5}}=663>500$$

故颗粒沉降运动位于牛顿定律区，$u_t\propto\sqrt{d_p}$，故直径加倍后颗粒的沉降速度为

$$u_t'=\frac{\sqrt{2d_p}}{\sqrt{d_p}}u_t=\sqrt{2}\times10=14.1\text{m/s}$$

6. 6；3.1；2

解：设尘粒沉降属层流，则

$$u_t=\frac{d^2(\rho_s-\rho)g}{18\mu}\approx\frac{d^2\rho_s g}{18\mu}=\frac{(5\times10^{-5})^2\times3500\times9.81}{18\times1.81\times10^{-5}}$$
$$=0.263\text{m/s}$$

检验 Re_t 的值：$Re_t=du_t\rho/\mu=5\times10^{-5}\times0.263\times1.205/(1.81\times10^{-5})=0.875$

因 $Re_t=0.875<1$，假设正确。

又设降尘室高 $H=2\text{m}$，$u=0.8\text{m/s}$，则

$$\frac{l}{u}=\frac{H}{u_t}$$

即 $\dfrac{2.0}{0.263}=\dfrac{l}{0.8}$

解得 $l\approx6\text{m}$，因为 $q_{V_s}=blu_t=300\text{m}^3/\text{min}$，得

$b=q_{V_s}/lu_t=300/(60\times6\times0.263)=3.1\text{m}$

故此降尘室的尺寸为：长 6m，宽 3.1m，高 2m。

7. 128.6；12

解：20℃空气黏度 $\mu=1.81\times10^{-5}\text{Pa}\cdot\text{s}$，密度 $\rho=1.2\text{kg/m}^3$。设直径为 $10\mu\text{m}$ 的尘粒的沉降位于斯托克斯定律区，则

$$u_t=\frac{d_p^2(\rho_p-\rho)g}{18\mu}=\frac{(10\times10^{-6})^2\times(1800-1.2)\times9.81}{18\times1.81\times10^{-5}}=5.42\times10^{-3}\text{m/s}$$

所需沉降面积 $A=\dfrac{q_V}{u_t}=\dfrac{2500/3600}{0.0054}=128.6\text{m}^2$

因降尘室底面积为 $2\times5\text{m}^2$ 已定，故所需板数目

$$N=\frac{A}{A_{底}}-1=\frac{128.6}{10}-1=11.9=12\text{ 块}$$

8. 40；70

解：假设为滞流沉降，则

$$u_t=\frac{d^2(\rho_s-\rho)g}{18\mu}=\frac{(8\times10^{-6})^2\times(4000-0.5)\times9.81}{18\times3.4\times10^{-5}}$$

$$=0.0041\text{m/s}$$

复核流型：$Re_t=\dfrac{8\times10^{-6}\times0.0041\times0.5}{3.4\times10^{-5}}=0.00048<1$

与假设滞流情况符合。

炉气处理量：$q_V=\dfrac{1\times700}{273}=2.56\text{m}^3/\text{s}$

已知隔板宽度 b 为 1.8m，长度 $L=5$m，故所需层数为

$$N\geqslant\frac{q_V}{bLu}=\frac{2.56}{1.8\times5\times0.0041}=69.5\approx70\text{ 层}$$

取 $u=0.5$m/s，则隔板间的距离为

$$h=\frac{q_V}{nbu}=\frac{2.56}{70\times1.8\times0.5}=0.0406=40\text{mm}$$

9. ①

解：先求尘粒沉降速度 u，因为要求的分离效率为 50%，所以直径为 30μm 的尘粒能全部沉降，$d_p=30\times10^{-6}$m。假设颗粒的沉降运动在滞流区，则

$$u_t=\frac{d_p^2(\rho_p-\rho)g}{18\mu}=\frac{(30\times10^{-6})^2\times(2000-0.43)\times9.81}{18\times0.036\times10^{-3}}=2.73\times10^{-2}\text{m/s}$$

校核：$Re_p=\dfrac{\rho d_p u_t}{\mu}=\dfrac{0.43\times30\times10^{-6}\times2.73\times10^{-2}}{0.036\times10^{-3}}$

$=0.976\times10^{-2}<1$

由于 $Re_p<1$，所以原假设成立，即颗粒沉降运动是在滞流区，服从斯托克斯定律，上述计算有效。

计算降尘室尺寸：

$$L=0.75\times\frac{0.08}{2.73\times10^{-2}}=2.2\text{m}$$

气体的流量为

$$q_V=300\times\frac{273+500}{273}\times\frac{1}{3600}=0.236\text{m}^3/\text{s}$$

降尘室宽度：

$$b=\frac{q_V}{uh}=\frac{0.236}{0.75\times0.08}=3.93\text{m，取 }4.0\text{m}$$

校核气体在降尘室内的流动形态：

$$u=\frac{q_V}{bh}=\frac{0.236}{4\times0.08}=0.74\text{m/s},\ d_{当}=\frac{4\times(4\times0.08)}{2\times(4+0.08)}=0.157\text{m}$$

$$Re=\frac{d_{当}u\rho}{\mu}=\frac{0.157\times0.74\times0.43}{0.036\times10^{-3}}=1.39\times10^3<2000\text{（滞流区）}$$

故除尘室尺寸：长 2.2m，宽 4.0m，高 0.08×10=0.80m；底面积为 2.2×4=8.8m^2

10. (1) 9.2 (2) 9.8 (3) 65.2

解：(1) 降尘室全部沉降面积为：

$$A=bl(n+1)=2\times5\times(9+1)=100\mathrm{m}^2$$

能全部除去的最小颗粒的沉降速度为

$$u_1=\frac{q_V}{A}=\frac{2000/3600}{100}=5.56\times10^{-3}\ \mathrm{m/s}$$

由斯托克斯公式可求出最小颗粒直径为

$$d_p=\sqrt{\frac{18\mu u_1}{(\rho_p-\rho)g}}=\sqrt{\frac{18\times2.5\times10^{-5}\times5.56\times10^{-3}}{(3000-1.6)\times9.81}}=9.2\times10^{-6}\ \mathrm{m}=9.2\mu\mathrm{m}$$

(2) 每层隔板上方所通过的气体流量为

$$q'_V=\frac{q_V}{n+1}=\frac{2000/3600}{10}=5.56\times10^{-2}\ \mathrm{m^3/s}$$

气体在沿隔板方向的流速为

$$u=\frac{q'_V}{hb}=\frac{5.56\times10^{-2}}{0.1\times2}=0.278\mathrm{m/s}$$

由图 4-3 可知，尘粒在降尘室内的停留时间为

$$T_t=\frac{l}{u-u_t\sin\alpha}$$

可全部除去的最小尘粒所需的沉降时间为

$$T_t=\frac{h}{u_t\cos\alpha}$$

令 $T_t=T$，可得

$$u_t=\frac{q'_V/b}{h\sin\alpha+l\cos\alpha}=\frac{\frac{5.56\times10^{-2}}{2}}{0.1\sin30^\circ+5\cos30^\circ}$$
$$=6.34\times10^{-3}\mathrm{m/s}$$

最小颗粒直径为

$$d_p=\sqrt{\frac{18\times2.5\times10^{-5}\times6.34\times10^{-3}}{(3000-1.6)\times9.81}}$$
$$=9.8\times10^{-6}\mathrm{m}=9.8\mu\mathrm{m}$$

(3) 将 $\alpha=90^\circ$代入上面公式，则

$$u_t=\frac{q'_V/b}{h\sin\alpha+l\cos\alpha}=\frac{q'_V/b}{h}=0.278\mathrm{m/s}$$

故最小尘粒直径为

$$d_p=\sqrt{\frac{18\times2.5\times10^{-5}\times0.278}{(3000-1.6)\times9.81}}$$
$$=6.52\times10^{-5}\mathrm{m}=65.2\mu\mathrm{m}$$

由此可见，降尘室水平安装时分离能力最大。但当倾斜角度较小时，分离能力下降不大，故无须对降尘室的安装水平度提出过高要求。当倾斜角度很大时，降尘室的分离能力急剧下降，因此，在降尘室设计时，气流不能做垂直向上的流动。

11. ④

解：
$$u_t=\frac{d^2(\rho_s-\rho)g}{18\mu}$$

即
$$l=\frac{\frac{29}{60}\times 18\times 1.0\times 10^{-3}}{4.5\times(200\times 10^{-6})^2\times(998.2-870)\times 9.81}=38.5\text{m}$$

12. 89；22.8

解：
$$\rho=\rho_0\frac{T_0}{T}=1.2933\times\frac{273}{273+60}=1.06\text{kg/m}^3$$

气体进口流速为 $u_{进}=\frac{q_V}{AB}=\frac{6000/3600}{0.495\times 0.195}=17.3\text{m/s}$

估算压力值，取阻力系数 $\varepsilon=5.5$，则

$$\Delta p=\varepsilon\frac{u_{进}^2\rho}{2}=5.5\times\frac{17.3^2\times 1.06}{2}=872\text{N/m}^2=89\text{mmH}_2\text{O}$$

压力降 Δp 在允许范围 $86\text{mmH}_2\text{O}\sim 175\text{mmH}_2\text{O}$ 之内。

理论上能分出来的最小颗粒直径 d_e 为

$$d_e=\sqrt{\frac{9\mu B}{\pi N\rho_p\cdot u_{进}}}=\sqrt{\frac{9\times 2.01\times 10^{-5}\times 0.195}{3.14\times 5\times 1250\times 17.3}}$$
$$=22.8\times 10^{-6}\text{m}=22.8\mu\text{m}$$

13. 降低；降低；提高；提高

解：除尘室除尘量降低，是因为气量增加，气体在除尘室中的停留时间减少，原来能在除尘室中除掉的小粒子来不及沉降，所以除尘效率降低。

旋风分离器中的除尘效率提高，因为流量增加，入口流速增加，在旋风分离中可分离出更细的粒子。

因为气体先经除尘室，后进旋风分离器，所以总除尘效率提高。

14. ④

四、推导

1. 证：颗粒密度 $\rho_1>$流体密度 ρ，则颗粒在重力作用下即沉降。颗粒在沉降过程中受重力 F_g、浮力F_b、阻力 F_d，重力方向与颗粒沉降方向一致，其值为

$$F_g=mg=\frac{\pi}{6}d^3\rho_g g \quad ①$$

浮力方向与颗粒沉降方向相反，其值为

$$F_b=\frac{\pi}{6}d^3\rho g \quad ②$$

阻力方向与颗粒沉降方向相反，其值为

$$F_d=\varepsilon A\frac{1}{2}\rho u_t^2 \quad ③$$

当颗粒开始沉降的瞬间，因颗粒处于静止状态，故 $u=0$，此刻阻力 $F_d=0$，颗粒作加速运动。随 u 的增加，F_d 亦随之增加，经过一段时间后，当 $F_g=F_b+F_d$ 时，颗粒开始作匀速沉降运动，此时颗粒的下降速度为沉降速度 u_t。

根据牛顿第二定律，$F_g - F_b - F_d = ma$，当 $a=0$ 时，即

$$F_g - F_b - F_d = 0 \qquad ④$$

颗粒与流体的相对速度即为沉降速度 u_1，将式①、式②、式③代入式④，有

$$\frac{\pi}{6}d^3\rho_1 g - \frac{\pi}{6}d^3\rho g - \varepsilon\frac{\pi}{4}d^2\frac{\rho u_t^2}{2} = 0$$

化简后可得：

$$u_t = \sqrt{\frac{4gd(\rho_1 - \rho)}{3\varepsilon\rho}}$$

2. 证：离心运动时，颗粒受三个作用力，即

沿回转半径指向外围的离心力　$F_c = \frac{\pi}{6}d^3\rho_s\frac{u_t^2}{r}$

沿回转半径指向中心的向心力（即浮力）　$F_b = \frac{\pi}{6}d^3\rho\frac{u_r^2}{r}$

沿回转半径指向中心的阻力　$F_d = \varepsilon\frac{\pi}{6}d^2\frac{\rho u_r^2}{2}$

当 F_c、F_b、F_d 三力平衡时，$F_c - F_b - F_d = 0$　①

此时颗粒在径向上相对于流体的速度即为颗粒在此位置上的离心沉降速度，以 u_r 表示，式① 可写成

$$\frac{\pi}{6}d^3\rho_s\frac{u_t^2}{r} - \frac{\pi}{6}d^3\rho\frac{u_r^2}{r} - \varepsilon\frac{\pi}{6}d^2\frac{\rho u_r^2}{2} = 0 \qquad ②$$

整理后，可得　$u_t = \sqrt{\frac{4d(\rho_s - \rho)}{3\varepsilon\rho}\cdot\frac{u_r^2}{r}}$

3. 证：根据以上假设，旋风分离器内颗粒沉降速度 $u_r = \frac{d^2\rho_s}{18\mu}\cdot\frac{u_r^2}{r_m}$，所需沉降时间为

$$\theta' = \frac{B}{u_t} = \frac{18\mu r_m}{d^2\rho_s u_1^2}B \qquad ①$$

若气体在进入旋风分离器内旋转 N 圈后进入排气口，则：

$$\theta = 2\pi r_m N/u_1 \qquad ②$$

当 $\theta = \theta'$ 时，$d = d_c$，有

$$\frac{18\mu r_m}{d_c^2\rho_s u_t^2}B = \frac{2\pi r_m N}{u_t}，即\ d_c = \sqrt{\frac{9\mu\beta}{\pi N\rho_s u_t}}$$

第五章

传热

一、选择题

1. 下列关于传热与温度的讨论中正确的是________。

① 绝热物系温度不发生变化　　② 恒温物体与外界（环境）无热能交换

③ 温度变化物体的焓值一定改变　　④ 物体的焓值改变，其温度一定发生了变化

2. 下列关于温度梯度的论断中错误的是________。

① 温度梯度决定于温度场中的温度分布

② 温度场中存在温度梯度就一定存在热量的传递

③ 热量传递会引起温度梯度的变化

④ 热量是沿温度梯度的方向传递的

3. 传热的目的为________。

① 加热或冷却　　② 保温

③ 换热，以回收利用热量　　④ 萃取

4. 根据冷、热两流体的接触方式的不同，换热器包括________几种类型。

① 直接混合式　　② 间壁式　　③ 蓄热式　　④ 沉降热量

5. 传热的基本方式为________。

① 热传导（简称导热）　　② 热辐射

③ 对流传热　　④ 相变传热

6. 下列有关导热系数 λ 的论断中正确的是________。

① 导热系数 λ 是分了微观运动的一种宏观表现

② 导热系数 λ 的大小是当导热温差为 1℃、导热距离为 1m、导热面积为 $1m^2$ 时的导热量，故 λ 的大小表示了该物质导热能力的大小，λ 越大，导热越快

③ 一般来说，金属的导热系数最大，固体非金属次之，液体较小，气体最小

④ 大多数金属材料的导热系数随温度的升高而下降，而大多数非金属固体材料的导热系数随温度的升高而升高

⑤ 金属液体的导热系数大于非金属液体的导热系数，非金属液体中除水和甘油外，绝大多数液体的导热系数随温度的升高而减小，一般情况下，溶液的导热系数低于纯液体的导热系数

⑥ 气体的导数系数随温度的升高而增大，在通常压力下，导热系数与压力变化的关系很小，故工程计算中可不考虑压力的影响

7. 气体的导热系数随温度的变化趋势为________。

① T 升高，λ 增大　　② T 升高，λ 可能增大或减小

③ T 升高，λ 减小　　④ T 变化，λ 不变

8. 空气、水、金属固体的导热系数分别为 λ_1、λ_2、λ_3，其大小顺序为________。

① $\lambda_1>\lambda_2>\lambda_3$　　② $\lambda_2>\lambda_3>\lambda_1$

③ $\lambda_1<\lambda_2<\lambda_3$　　④ $\lambda_2<\lambda_3<\lambda_1$

9. 水银、水、软木的导热系数分别为 λ_1、λ_2、λ_3，其大小顺序为________。

① $\lambda_1>\lambda_2>\lambda_3$　　② $\lambda_1>\lambda_3>\lambda_2$

③ $\lambda_1<\lambda_2<\lambda_3$　　④ $\lambda_3>\lambda_1>\lambda_2$

10. 下列比较铜、铁、熔化的铁水三种物质导热系数大小的论断中正确的是________。

① 铜的导热系数最大，铁水的最小　　② 铁水的导热系数最大，铁的最小

③ 铜的导热系数最大，铁的最小　　④ 铁的导热系数最大，铁水的最小

11. 对于通过多层壁的定态导热过程而言，下列论断中正确的是________。

① 传热推动力和热阻是可以加和的，总热阻等于各层热阻之和，总推动力等于各层推动力之和

② 哪层热阻大，哪层温差大；反之，哪层温差大，哪层热阻一定大

③ 通过每层壁面的热量均相等

④ 温差确定后减小阻力就可强化传热，可通过减小壁厚或增加导热系数和平壁面积来达到

12. 多层平壁定态热传导时，各层的温度降与各相应层的热阻________。

① 成正比　　② 没关系　　③ 成反比　　④ 不确定

13. 对由三层平壁组成的多层平壁稳定热传导而言，若三层的传热推动力 $\Delta t_1>\Delta t_2>\Delta t_3$，则三层平壁的传热阻力 R_1、R_2、R_3 之间的关系为________。

① $R_1>R_2>R_3$　　② $R_1<R_2<R_3$

③ $R_1>R_3>R_2$　　④ $R_2>R_1>R_3$

14. 双层平壁稳定热传导，壁厚相同，各层的导热系数分别为 λ_1 和 λ_2，其对应的温度差为 Δt_1 和 Δt_2，若 $\Delta t_1>\Delta t_2$，则 λ_1 和 λ_2 的关系为________。

① $\lambda_1<\lambda_2$　　② $\lambda_1>\lambda_2$　　③ $\lambda_1=\lambda_2$　　④ 无法确定

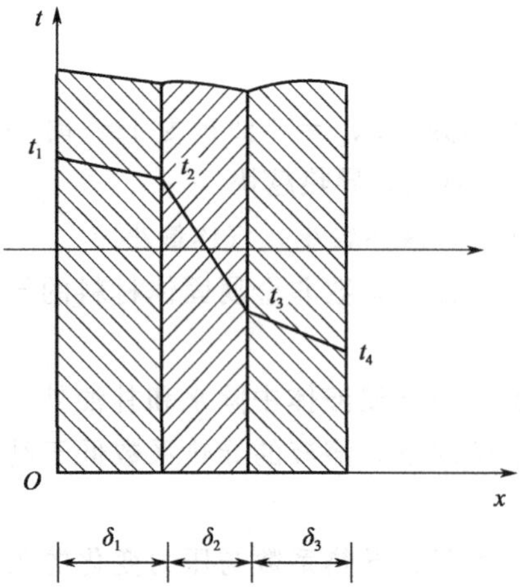

15. 对由厚度都相同的平壁组成的三层平壁而言，若 $\lambda_1>\lambda_2>\lambda_3$，则热阻 R_1、R_2、R_3 之间的关系为________。

① $R_1>R_2>R_3$　　② $R_1>R_3>R_2$

③ $R_1<R_2<R_3$　　④ $R_3>R_1>R_2$

16. 通过三层厚度相等平壁的稳定导热过程如图 5-1 所示，由该图可判断________的导热系数最大。

① 第一层　　② 第二层

③ 第三层　　④ 不能确定

17. 根据图 5-1，若比较第一层的热阻 R_1 与第二、三层的热阻 (R_2+R_3) 的大小，则正确的是________。

① $R_1>(R_2+R_3)$　　② $R_1=(R_2+R_3)$

③ $R_1<(R_2+R_3)$　　④ 无法比较

图 5-1

18. 对于三层圆筒壁的稳定热传导而言，若 Q_1、Q_2、Q_3 为从内向外各层的导热量，则它们之间的关系为________。

① $Q_1>Q_2>Q_3$　　② $Q_1=Q_2=Q_3$

③ $Q_3>Q_2>Q_1$　　④ Q_1、Q_2、Q_3 之间无法比较

19. 某燃烧炉炉壁内、外表面温度分别为 t_1、t_2，今在炉壁外表面加一层保温层，炉壁内、外表面的温度变为 T_1、T_2。下列判断中正确的是________。

① $T_1=T_2$，$T_1-T_2>t_1-t_2$　　② $T_1>T_2$，$T_1-T_2>t_1-t_2$

③ $T_1<T_2$，$T_1-T_2>t_1-t_2$　　④ ①、②、③ 以外的其他判断

20. 由傅里叶定律可以定义导热系数 λ；由牛顿冷却定律可以定义出对流传热系数 α。对于 λ 及 α 的下列认识中正确的是________。

① λ 和 α 皆为物质的热物理性质

② λ 和 α 具有相同的量纲

③ α 和 λ 不一样，仅 λ 为物质的热物理性质

④ α 和 λ 不一样，仅 α 为物质的热物理性质

21. 传热中的相似准数有努塞尔准数 Nu、雷诺准数 Re、普朗特准数 Pr、格拉斯霍夫准数 Gr，大空间内无相变的自然对流传热现象可由其中的________描述。

① Re、Pr、Gr　　② Nu、Re、Pr　　③ Pr、Gr、Nu　　④ Nu、Re

22. 设水在一圆直管内呈湍流流动，在稳定段处，其对流传热系数为 α_1；若将水的质量流量加倍，而保持其他条件不变，此时的对流传热系数 α_2 与 α_1 的关系为________。

① $\alpha_2=\alpha_1$　　② $\alpha_2=2^{0.8}\alpha_1$　　③ $\alpha_2=2\alpha_1$　　④ $\alpha_2=2^{0.4}\alpha_1$

23. 下列准数中反映的物体物性对对流传热有影响的是________。

① Nu　　② Re　　③ Pr　　④ Gr

24. 下列准数中反映自然对流对对流传热有影响的是________。

① Nu　　② Re　　③ Pr　　④ Gr

25. 下列准数中反映流动状态和湍流程度对对流传热有影响的是________。

① Nu　　② Re　　③ Pr　　④ Gr

26. 对于对流给热过程的准数关联式 $Nu=f\,(Re,\ Pr,\ Gr)$ 而言，根据不同情况可作适当简化。

(1) 当流体的流动属强制对流时，可忽略上述准数关联式中的________。

(2) 当只是在自然对流状态下进行传热时，可忽略上述关联式中的________。

① Nu　　② Re　　③ Pr　　④ Gr

27. 有关特征尺寸论断中正确的是________。

① 特征尺寸是指对给热过程产生直接影响的几何尺寸

② 对管内强制对流给热，若为圆管，特征尺寸取管径 d；若为非圆形管，通常取当量直径 d_e，$d_e=4\times$流动截面积/润湿周边长

③ 对大空间内自然对流，因加热面高度对自然对流的范围和运动速度有直接的影响，故取加热（或冷却）表面的垂直高度为特征尺寸

28. 下列有关定性温度论断中正确的是________。

① 选用的用以确定流体物性参数的温度称为定性温度

② 有时可用流体进出口的平均温度作为定性温度

③ 有时可用流体进出口温度的平均值和壁面平均温度两者的平均值作为定性温度

④ 如何选取定性温度取决于建立关联式时所用的方法

29. 对由外管直径为 d_1、内管直径为 d_2 组成的套管而言，其传热当量直径为________。

① $\dfrac{d_1^2-d_2^2}{d_2}$　　② $(d_1^2-d_2^2)/2$　　③ $\dfrac{d_1^2-d_2^2}{d_1}$　　④ $(d_1^2+d_2^2)/2$

30. 对由外管直径为 d_1、内管直径为 d_2 组成的套管而言，按润湿周边计算而得的当量直径为________。

① $\dfrac{d_1+d_2}{2}$　　② d_1+d_2　　③ d_1-d_2　　④ d_2-d_1

31. 换热器中任一截面上的对流传热速率＝系数×推动力，其中推动力是指________。

① 两流体温差度（$T-t$）　　② 冷流体进、出口温度差（t_1-t_2）

③ 热流体进、出口温度差（T_1-T_2）　　④ 液体温度和管壁温度差（$T-T_w$）或（$t-t_w$）

32. 液体在圆形直管内作强制湍流时，其对流传热系数 α 与雷诺准数 Re 的 n 次方成正比，其中 n 的值为________。

① 0.5　　② 0.8　　③ 1　　④ 0.33

33. 在低于或高于环境温度下操作的化工设备和管道常需要保温，下列分析中正确的是________。

甲：无论保温层厚薄，只要加保温层，设备和管道与环境的热交换必定减少，保温效果总是好的。

乙：保温层加厚，热量（或冷量）就不易从设备和管道散失，经济上总是划得来的。

① 甲对　　② 乙对　　③ 甲、乙均不对　　④ 甲、乙均对

34. 用电炉将一壶水自常温加热至沸腾，继而加热使水蒸发。下列分析中正确的是________。

① 水从加热到沸腾再到蒸发，全过程均为不稳定传热

② 上述全过程为稳定传热

③ 水在汽化之前的加热过程为不稳定传热，水的蒸发过程接近稳定传热

④ 水的加热过程为稳定传热，蒸发过程则是不稳定传热

35. 工业生产中，沸腾传热操作应设法保持在________。

① 自然对流区　　② 泡核沸腾区　　③ 膜状沸腾　　④ 过渡区

36. 对于大容积饱和沸腾过程，下列强化沸腾装置效率的措施中有效的是________。

甲：提高热源的功率。

乙：向沸腾液体中加入某种降低沸腾液表面张力的添加剂。

丙：使液体受热表面粗糙化。

①甲、乙措施不一定能起作用　　②乙、丙措施不一定能起作用

③甲、丙措施不一定能起作用　　④甲、乙、丙措施都不一定能起作用

37. 从传热角度来看，工业锅炉与工业冷凝器的设计是依据________现象来考虑的。

① 核状沸腾及膜状冷凝　　② 膜状沸腾及膜状冷凝

③ 核状沸腾及滴状冷凝　　④ 膜状沸腾及滴状冷凝

38. 有关液体沸腾给热论断中正确的有________。

① 液体沸腾给热属于有相变的给热过程

② 液体沸腾给热的主要特征是液体内部有气泡产生

③ 液体沸腾给热时，气泡的生成和脱离对紧贴加热表面的液体薄层产生强烈的扰动，使热阻大大降低，故沸腾给热的强度大大高于无相变的对流给热

④ 根据大容积饱和沸腾曲线，可将整个过程分为表面汽化阶段、核状沸腾阶段和膜状沸腾阶段

⑤ 核状沸腾具有给热系数大、壁温低的优点；膜状沸腾具有给热系数小、壁温高的特点，故为了安全高效运行，工业沸腾装置应在核状沸腾下操作

⑥ 采用机械加工或腐蚀的方法将金属表面粗糙化，或在沸腾液体中加入少量的某种添加剂（如乙醇、丙酮、甲基乙基酮等）改变沸腾液体的表面张力，均可强化沸腾给热

39. 在通常操作条件下的同类换热器中，设空气的对流传热系数为 α_1，水的对流传热系数为 α_2，蒸气冷凝的传热系数为 α_3，则________。

① $\alpha_1>\alpha_2>\alpha_3$　② $\alpha_2>\alpha_3>\alpha_1$　③ $\alpha_3>\alpha_2>\alpha_1$　④ $\alpha_2>\alpha_1>\alpha_3$

40. 下列论断中正确的有________。

① 任何物体，只要其热力学温度不为零度，都会不停地以电磁波的形式向外界辐射能量，同时又不断吸收来自外界其他物体的辐射能

② 热辐射可以在真空中传播，无须任何介质

③ 当外界的辐射能投射到物体表面上时，将会发生吸收、反射和穿透现象

④ 一般来说，固体和液体不允许热辐射透过，而气体则对热辐射几乎没有反射能力

⑤ 物体的黑度不单纯是颜色的概念，它表明物体的辐射能力接近于黑体的程度

⑥ 任何实际物体只能部分地吸收投到其上的辐射能，并且对不同波长的辐射能呈现出一定的选择性

41. 下列论断中正确的是________。

① 从理论上讲，固体可同时发射波长为 0～∞的各种电磁波

② 吸收率等于 1 的物体称为黑体

③ 黑体的辐射能力，即单位时间单位黑体表面向外界辐射的全部波长的总能量，服从斯蒂芬-玻耳兹曼定律：$E=C_0T^4$

④ 对各种波长辐射均能同样吸收的理想物体称为灰体，并且同一灰体的吸收率与其黑度在数值上必相等，这表明物体的辐射能力越大其吸收能力也越大，即善于辐射者必善于吸收

⑤ 计算两黑体间辐射传热的关键是角系数 φ_{21} 和 φ_{12} 的求取。对于相距很近的平行黑体平板，若两平板的面积相等且足够大，则 $\varphi_{12}=\varphi_{21}=1$

⑥ 影响固体辐射传热的主要因素有：温度、几何位置、表面黑度及辐射表面之间的介质等

42. 为了减少室外设备的热损失，保温层外包的一层金属皮应该是________。

① 表面光滑，色泽较浅　② 表面粗糙，色泽较深

③ 表面粗糙，色泽较浅　④ 表面光滑，色泽较深

43. 下列关于换热设备的热负荷及传热速率说法中错误的是________。

① 热负荷决定于化工工艺的热量衡算

② 传热速率决定于换热设备、操作条件及换热介质

③ 热负荷是选择换热设备应有的生产能力的依据

④ 换热设备应有的生产能力由传热速率确定

44. 下列有关传热方面的论断正确的是________。

① 在定态条件下，串联传热过程的推动力和阻力具有加和性

② 对于串联传热过程而言，原则上减少任何环节的热阻都可提高传热系数，增大传热过程的速率，但若存在最大热阻的控制步骤时，在考虑传热强化时，必须着力减小控制步骤的热阻

③ 当流体并流或存在相变化时，传热基本方程式仍然适用

④ 当冷热流体的进出口温度相同时，逆流操作的平均推动力总是大于并流操作，因而逆流操作传递同样的热流量，所需的传热面积较小

⑤ 对于热敏性物料或某些高温换热器而言，一般采用并流操作，这是因为并流操作可避免出口温度过高而影响产品质量或避免逆流高温操作因冷却流体的最高温度集中在一端，将使该处的壁温升高特别多，从而影响其使用寿命

⑥ 在用工业用水作为冷却剂时，冷却用水出口温度 t_2 不宜过高（一般不高于45℃），这是因为工业水中含有许多盐类（主要是 $CaCO_3$、$MgCO_3$、$CaSO_4$、$MgSO_4$ 等），出口温度太高，盐类析出，将有导热性能很差的垢层生成，从而恶化传热过程

⑦ 在可能的情况下，传热过程中管内、管外必须尽量避免层流状态

45. 在将并流操作的换热过程改为逆流操作时，若调节冷热流体流量，控制它们各自的温度改变仍和并流操作时一样（见图5-2），以下结论中错误的是________。

甲：两种操作的平均换热温差相同。

乙：两种操作的设备换热能力相同。

丙：两种操作的设备传热系数相同。

① 甲、乙　　② 乙、丙　　③ 丙、甲　　④ 甲、乙、丙

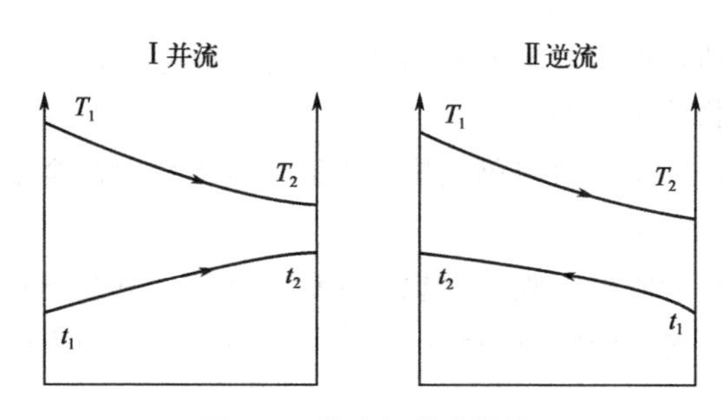

图 5-2　并流与逆流操作

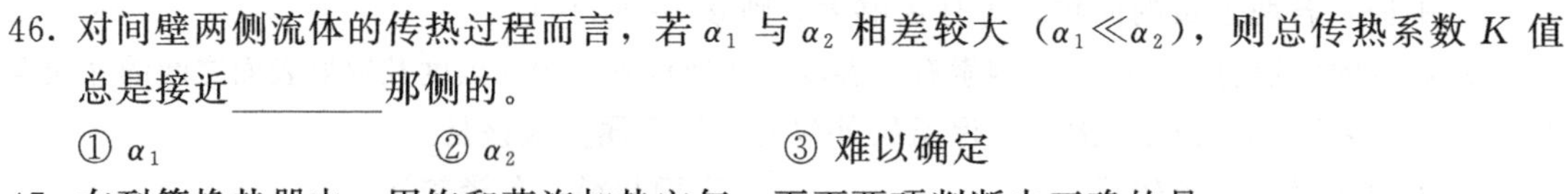

46. 对间壁两侧流体的传热过程而言，若 α_1 与 α_2 相差较大（$\alpha_1 \ll \alpha_2$），则总传热系数 K 值总是接近________那侧的。

① α_1　　② α_2　　③ 难以确定

47. 在列管换热器中，用饱和蒸汽加热空气，下面两项判断中正确的是________。

甲：传热管的壁温将接近加热蒸汽温度

乙：换热器总传热系数 K 将接近空气侧的对流传热系数

① 甲、乙均合理　　② 甲、乙均不合理

③ 甲合理、乙不合理　　④ 甲不合理、乙合理

48. 间壁式换热器的类型有________。

① 夹套式　　② 喷淋式　　③ 套管式　　④ 管壳式

⑤ 沉浸式蛇管换热器

49. 根据所采取的温差补偿措施的不同，管壳式换热器又包括以下________几种主要类型。

① 固定管板式　　② 浮头式　　③ U 形管式

50. 强化管式换热器包括________。

① 翅片管　　② 螺旋槽纹管　　③ 缩放管　　④ 静态混合器

⑤ 折流杆换热器

51. 在管壳式换热器内，冷热流体的流动通道可依据以下原则中的________选择。

① 不洁净和易结垢的液体宜走管程，因管内清洗方便

② 腐蚀性流体宜在管程，以免管束和壳体同时受到腐蚀

③ 压强高的流体宜在管内，以免壳体承受压力

④ 饱和蒸汽宜走壳程，因饱和蒸汽较清净，给热系数与流速无关而且冷凝液容易排出

⑤ 被冷却的流体宜走壳程，以便于散热

⑥ 若两流体的温度差较大，要使传热系数较大的流体走壳程，以使管子和壳体的温度较为接近，减小热应力

⑦ 流量小的流体应走管程，从而提高流速，增大传热系数。但若流体的量虽少而黏度却很大，则应走壳程，因在壳程中流体的流向和流速多次改变，在较低 Re 下即可达到湍流

52. 对于换热器中无相变的流体的传热过程而言，减小热阻，提高总传热系数 K 的措施有________。

① 增加列管换热器的管程数和壳体中的挡板数

② 使用翅片管换热器

③ 在板式换热器的板面上压制各种沟槽

④ 在管内或管外适当装入由各种金属的条带、片或丝绕制或扭曲成的螺旋形添加物，如麻花铁、螺旋线、螺旋带

⑤ 采用导热系数较大的流体以及传热过程中有相变化的载热体

53. 如图 5-3 所示两换热器，冷热流体的进出口温度相同，则它们的对数平均传热温差（Δt_m）的大小关系为________。

① $(\Delta t_m)_{\rm I} > (\Delta t_m)_{\rm II}$　　② $(\Delta t_m)_{\rm I} < (\Delta t_m)_{\rm II}$

③ $(\Delta t_m)_{\rm I} = (\Delta t_m)_{\rm II}$　　④ 无确定的关系

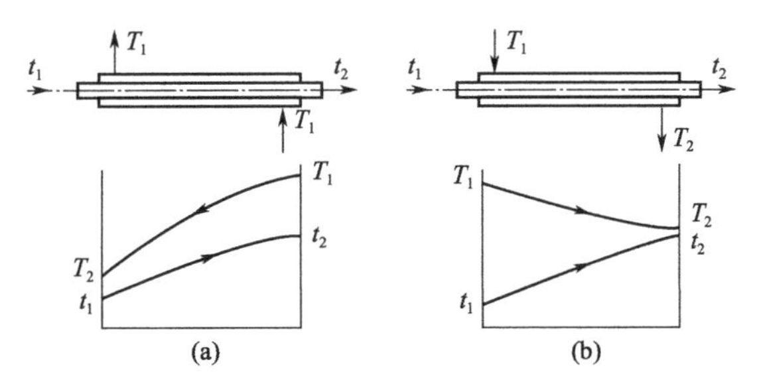

图 5-3　逆流（a）和并流（b）

54. 下列关于流体在换热器中走管程或走壳程的安排中不一定妥当的是________。

① 流量较小的流体宜安排走壳程

② 饱和蒸汽宜安排走壳程

③ 腐蚀性流体以及易结垢的流体宜安排走管程

④ 压强高的流体宜安排走管程

55. 蒸发操作的目的是________。

① 获得浓缩的溶液直接作为化工产品或半成品

② 脱除溶剂并增浓至饱和状态，然后再加以冷却，即采用蒸发、结晶的联合操作以获得固体溶质

③ 脱除杂质，制取纯净的溶剂

56. 降低蒸发器垢层热阻的方法有________。

① 定期清理　　② 加快流体的循环运动速度

③ 加入微量阻垢剂　　④ 处理有结晶析出的物料时加入少量晶种

57. 为提高蒸汽的利用率，可供采取的措施有________。

① 多效蒸发　　② 额外蒸汽的引出

③ 二次蒸汽的再压缩，再送入蒸发器加热室

④ 蒸发器加热蒸汽所产生的冷凝水热量的利用

58. 蒸发器中溶液的沸点不仅取决于蒸发器的操作压强，而且还与________等因素有关。

① 溶质的存在　　② 蒸发器中维持的一定液位

③ 二次蒸汽的阻力损失

二、填空

1. 间壁式换热器的传热过程是________、________、________。

2. 金属的导热系数 λ 大约为________kcal/（m·h·℃），液体的 λ 大约为________kcal/（m·h·℃），气体的 λ 大约为________kcal/（m·h·℃）。

3. 平壁稳定热传导过程，通过三层厚度相同的材料，层间温度变化如图 5-4 所示，则 λ_1、λ_2、λ_3 的大小顺序为________，每层热阻的大小顺序为________。

4. 某圆形管道外有两层厚度相等的保温材料 A 和 B，其温度曲线如图 5-5 所示，则 A 层导热系数________（填“大于”或“小于”）B 层导热系数，将________材料放在里层时保温效果较好。

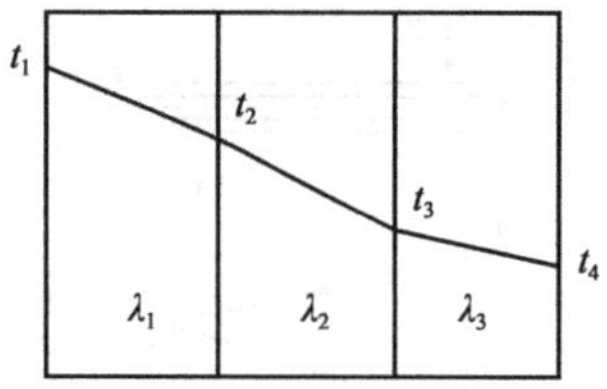

图 5-4

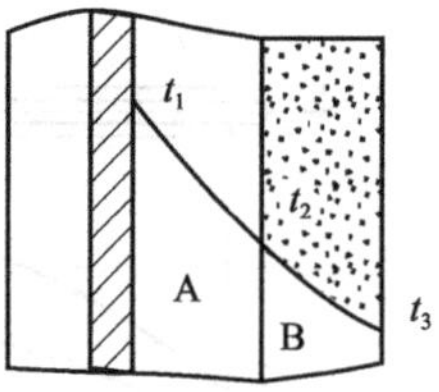

图 5-5

5. 沸腾传热可分为________个区域，它们是________、________和________，应维持在________区内操作。

6. 用饱和蒸汽加热水，经过一定时间后，发现传热的阻力迅速加大，这可能是由________

________引起的。

7. 常见的蒸汽冷凝方式为膜状冷凝和________。
8. 液体沸腾现象的两种基本表现形式为膜状沸腾和________。
9. 饱和蒸汽冷凝时，给热系数突然下降，可能的原因为________________，解决的措施为________。
10. 某一套管换热器用管间饱和蒸汽加热管内气，设饱和蒸汽温度为100℃，空气进口温度为20℃，出口温度为80℃，则此套管换热器内壁温度是________。

    ① 接近空气的平均温度　　② 接近饱和蒸汽与空气的平均温度

    ③ 接近饱和蒸汽的温度　　④ 接近室温
11. 两台设备如图5-6所示，A的夹套中通过蒸汽加热，B中通冷却水，则蒸汽的流动方向为________，而水的流动方向为________。

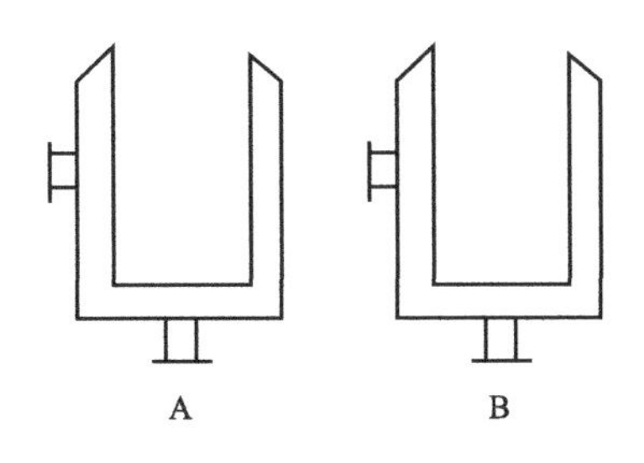

图 5-6

12. 列管式换热器中，用饱和水蒸气加热空气，则传热管的壁温接近________，总传热系数 K 值接近________。
13. 固定管板式列管换热器中，压力高、有腐蚀性以及不清洁物料应走________程。
14. 有相变时的对流传热系数比无相变时________，黏度值大，对流给热系数________，热壁面在冷空气之下比热壁面在冷空气之上时对流传热系数________。
15. 当设计一台用饱和蒸汽加热空气的列管式换热器时，________宜在管内流动。
16. 下面各组给热系数 α 的数值大小（饱和蒸汽的压力相同）为（填“>”或“<”）：

    ① $\alpha_{空气}$ ________ $\alpha_{水}$　　② $\alpha_{水蒸气冷凝}$ ________ $\alpha_{水加热或冷却}$

    ③ $\alpha_{弯管}$ ________ $\alpha_{直管}$　　④ $\alpha_{水蒸气滴状冷凝}$ ________ $\alpha_{水蒸气膜状冷凝}$
17. 套管换热器的总传热速率方程的表达式为________；以外表面积为基准的总传热系数 K_0 的计算式为________（忽略垢层热阻）。
18. $Q=C_p q_m \Delta t$ 和 $Q=KA\Delta t$ 两式中的 Q 的区别为________，Δt 的区别为________。
19. 有两台同样的管壳式换热器，拟作气体冷却器用，在气、液流量及进口温度一定时，为使气体温度降到最低，采取的流程为________。

    ① 气体走管外，气体并联逆流操作　　② 气体走管内，气体并联逆流操作

    ③ 气体走管内，气体串联逆流操作
20. 写出两种带有热补偿的列管式换热器的名称：________；________。
21. 对于某些热敏性物料的加热而言，为避免出口温度过高而影响产品质量，冷热流体采用________操作。
22. 一套管式换热器，管内走液体，管间走蒸汽，由于流体入口温度下降，在流量不变的情

况下，为仍达到原来的出口温度（此设备再提高压力强度已不允许），可采取的简便有效的措施为________。

① 管内加麻花铁　② 提高壳程数　③ 减少壳程数　④ 换封头

23. 多程列管式热交换器的壳程中常装有一定数目与管束相垂直的折流挡板（简称挡板），其目的是________。

24. 一套管式换热器，用水冷却油，水走管内，油走管外，为强化传热加翅片，将翅片加在管的________侧，理由为____________________________________。

25. 对管壳式换热器，当管束和壳体温差超过________时，应采取适当的温差补偿措施。

① 60℃　② 50℃　③ 40℃　④ 30℃

26. 写出三种非循环型蒸发器的名称：________、________、________，这三种类型的蒸发器特别用于______________。

27. 蒸发过程的实质是______________________。

28. 大多数工业蒸发所处理的是水溶液，热源是________，产生的仍是________，两者的区别是________不同。

29. 工业上常用的蒸发器有________、________和________。

30. 通常将 1kg 水蒸气所能蒸发的水量（W/D）称为________。

31. 一般定义单位传热面的蒸发量为蒸发器的________。

32. 测得某碱液蒸发器中蒸发室内二次蒸汽的压强为 p，碱液沸点为 t。今若据 p 去查水的汽化潜热 r_p 与据 t 去查水的汽化潜热 r_t，可断定 r_p 与 r_t 的相对大小为________。

① $r_p > r_t$　② $r_p < r_t$

③ $r_p = r_t$　④ 无确定关系，不好比较

33. 提高蒸发装置的真空度，一定能取得的效果为________。

① 将增大加热器的传热温差　② 将增大冷凝器的传热温差

③ 将提高加热器的总传热系数　④ 会降低二次蒸汽流动的阻力损失

34. 采用多效蒸发的目的在于________。

① 提高完成液的浓度　② 提高蒸发器的生产能力

③ 提高水蒸气的利用率　④ 提高完成液的产量

35. 下列关于并流（顺流）加料多效蒸发装置的各效总传热系数（K_1、K_2、K_3…）以及各效蒸发量（W_1、W_2、W_3…）相对大小的判断中正确的是________。

① $K_1 > K_2 > K_3 > \cdots$；$W_1 < W_2 < W_3 < \cdots$ ② $K_1 < K_2 < K_3 < \cdots$；$W_1 < W_2 < W_3 < \cdots$

③ $K_1 > K_2 > K_3 > \cdots$；$W_1 > W_2 > W_3 > \cdots$ ④ $K_1 < K_2 < K_3 < \cdots$；$W_1 > W_2 > W_3 > \cdots$

36. 某四效蒸发装置，沸点进料。现从该装置引出 W（kg/h）量的二次蒸汽另作他用，考虑下列三种引出方案（见表 5-1）：

表 5-1

二次蒸汽引出方案	第一效引出	第二效引出	第三效引出
方案Ⅰ	—	0.5W	0.5W
方案Ⅱ	—	W	—
方案Ⅲ	0.25W	0.25W	0.5W

假定料液在各效的蒸发潜热相同，且忽略自蒸发和热损失的影响，可判断________因二次蒸汽的引出而需增加的水蒸气量最少，其次为________。

37. 在常压单效蒸发器中蒸发某种盐溶液。已测知该盐溶液在常压下因蒸气压降低引起的沸点升高为12℃，液柱静压引起的平均沸点升高为4℃，根据表5-2选定该蒸发操作至少得用________atm（表压）的生蒸汽。

表 5-2

饱和水蒸气绝对压强/atm	1.5	2	2.5	3	3.5
饱和水蒸气温度/℃	115	120	128	132	138

① 2.5　② 2　③ 1.5　④ 1

38. 有一套平流加料蒸发装置，一共三效，各效蒸发器的形式及传热面均相同。现以W_1、W_2、W_3分别表示第一、二、三效在相同时间内蒸发出的水分量，它们的大小顺序为________。

① $W_1>W_2>W_3$　② $W_2>W_1>W_3$　③ $W_3>W_2>W_1$　④ $W_1=W_2=W_3$

39. 蒸发器的形式很多，但它们均由________、________和________三部分组成。

三、计算

1. 耐火砖、保温砖和普通砖的厚度分别为$\delta_1=150\text{mm}$，$\delta_2=310\text{mm}$，$\delta_3=240\text{mm}$，导热系数分别为$\lambda_1=1.06\text{W/(m·℃)}$，$\lambda_2=0.15\text{W/(m·℃)}$，$\lambda_3=0.69\text{W/(m·℃)}$，则它们热阻$R_1$、$R_2$、$R_3$之间的关系为________。

① $R_1>R_2>R_3$　② $R_1<R_2<R_3$　③ $R_2>R_3>R_1$　④ $R_1>R_3>R_2$

2. 一红砖平面墙厚度为500mm，一面温度为200℃，另一面温度为30℃，红砖的导热系数为0.57W/(m·℃)，则距离高温面墙内350mm处的温度为________℃。

① 101　② 81　③ 83　④ 87

3. 某炉壁由下列三种材料组成：耐火砖，$\lambda_1=1.4\text{W/(m·℃)}$，$\delta_1=230\text{mm}$；保温砖，$\lambda_2=0.15\text{W/(m·℃)}$，$\delta_2=115\text{mm}$；建筑砖，$\lambda_3=0.8\text{W/(m·℃)}$，$\delta_3=230\text{mm}$。若其内壁温度$t_1=900℃$，外壁温度$t_4$为80℃，则单位面积的热损失为________$\text{W/m}^2$。

① 673　② 1020　③ 365　④ 793

4. 如图5-7所示，有一平壁加热炉，为减少热损失，在加热炉外壁包一层绝热层，其厚度为350mm。已知绝热层外壁温度t_3为30℃，在绝热层50mm深处测得温度t_2为60℃，则加热炉外壁温度t_1为________℃（假设绝热层的导热系数与温度无关）。

① 360　② 240　③ 420　④ 630

5. 燃烧室壁覆盖一层厚度为500mm的保温层，保温层两侧的温度分别为$t_1=250℃$，$t_2=50℃$，保温材料的导热系数与温度的关系可表示为$\lambda=0.2+5\times10^{-4}t^b$［W/(m·℃)］，则当$b=1$时，通过单位面积的热损失为________$\text{W/m}^2$。

6. 某保温材料的$\lambda=0.02\text{W/(m·K)}$，厚度为300mm，测得低温处$t_0=80℃$，单位面积导热速率为$30\text{J/(m}^2\text{·s)}$，则高温处$t_1=$________。

7. 某平壁厚度$\delta=0.37\text{m}$，内表面温度$t_1=1650℃$，外表面温度$t=300℃$，平壁材料的导热系数$\lambda=0.815+0.00076t$［W/(m·℃)］，若将导热系数λ按常量（取平均导热系数）

计算，则平壁的导热热通量为________W/m^2，温度分布关系式为________；若导热系数 λ 按变量计算，则平壁的导热热通量为________W/m^2，温度分布关系式为________。

8. 有一根 Φ219mm×6mm 的无缝钢管，内外表面温度分别为 300℃和 295℃，导热系数为 45W/(m·℃)，则每米长裸管的热损失为________W。

① 25100　　② 183　　③ 24917　　④ 993

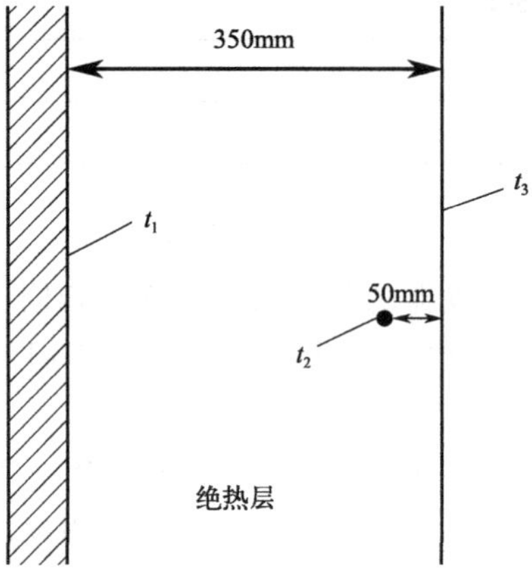

图 5-7

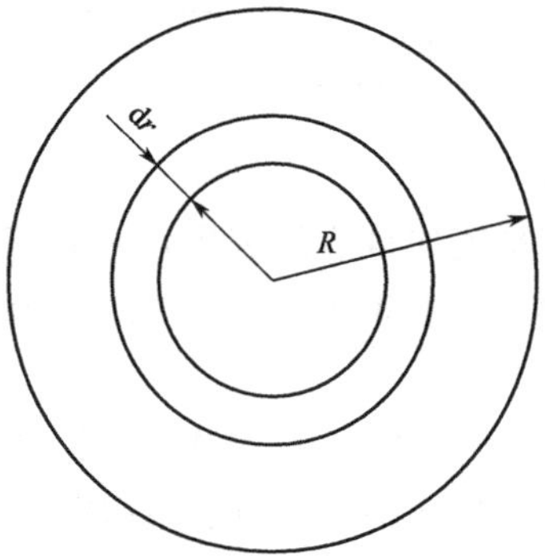

图 5-8

9. 有一蒸汽管外径为 25mm，管外包两层保温材料，层厚均为 25mm，外层与内层保温材料的导热系数之比为 $\lambda_2/\lambda_1=4$，此时的热损失为 Q。今将内、外两层材料互换位置，且设管外壁与保温层外表面的温度均不变，若热损失为 Q'，则 Q'/Q 为________。

① 1　　② 2　　③ 1.56　　④ 0.56

10. 蒸汽管外包裹两层厚度相等的保温材料，外层的平均直径为内层的 2 倍，外层的导热系数为内层的 1/2，若保持保温层内外表面温度不变，将两层材料互换位置，则互换前后蒸汽管散热损失之比为________。

① 2　　② 1.75　　③ 1.5　　④ 1.25

11. 如图 5-8 所示，有一 Φ25mm×2mm 的蒸汽管道，管内饱和蒸汽温度为 130℃，管外还包一层 $\lambda=0.8$W/(m·℃) 的保温层，保温层外面是 30℃的大气，给热系数为 $\alpha_0=$ 10W/(m^2·℃)，则热损失最大的保温层厚度为________mm。

12. 有一直径为 10mm 的催化剂颗粒，因化学反应，颗粒内部存在一个均匀的内热源，其发热强度为 100kW/m^3。已知颗粒外表面温度为 500℃，颗粒的导热系数为 0.2W/(m·℃)，并假定所有热量均靠导热移除，则球形内部中心的温度为________℃。

13. 某蒸汽在套管换热器中冷凝，内管为 Φ25mm×2.5mm 钢管，管长 2m。蒸汽在管外冷凝，冷却水走管内，管内流速为 1m/s，冷却水的进口温度为 20℃，出口温度为 50℃，则管壁对水的给热系数为________W/(m^2·℃)。

① 4806　　② 2374　　③ 1486　　④ 7321

14. 将上题中的管径缩小一半，流速及其他条件都不变，则给热系数将变为原来的________倍。

① 1　　② 0.5　　③ 1.149　　④ 1.74

15. 如果将 13 题中的流速增加 1 倍，其他条件不变，则给热系数将变为原来的________倍。

① 1　　② 0.5　　③ 4.149　　④ 1.74

16. 一套管换热器，由 Φ76mm×3mm 和 Φ45mm×2.5mm 的钢管制成，两种低黏度的流体分别在该换热器内管和环隙中流过。测得给热系数分别为 α_1 和 α_2。若两流体的流量保持不变，并忽略出口温度变化对物性参数所产生的影响，将内管改用 Φ38mm×2.5mm 后，环隙中的给热系数变为原来的________倍（设流动状态皆为湍流）。

① 1　　② 2　　③ 0.82　　④ 1.82

17. 水在一定流量下，通过某套管换热器的内管，温度从 20℃升到 80℃，并测得其给热系数为 1000W/(m^2·℃)，则同样体积流量的甲苯通过该换热器内管时的给热系数为________W/(m^2·℃)（已知在两种情况下流动形态皆为湍流，甲苯进出口温度的算术平均值为 50℃）。

① 286　　② 826　　③ 174　　④ 321

18. 某气体在内径为 20mm 的圆形直管内作湍流流动，管外用饱和蒸汽加热，测得给热系数为 α。若气体流量与加热条件不变，并假定气体进出口平均温度相同，则气体在横截面积与圆管相等的长与宽之比为 1∶8 的长方形通道内流动的给热系数与圆管内的给热系数之比为________。

① 1　　② 1.8　　③ 1.12　　④ 0.27

19. 将钳电阻丝置于溶液中通电，电阻丝的表面温度 T_w 与该液体所处压强下的饱和温度 T_S 的差为 ΔT，热流量 q 的对数、传热系数 α 的对数和 ΔT 三者的关系如图 5-9 所示。图中，AB 间为自然对流，中间为________。

① 强制对流区　　② 膜沸腾区　　③ 核沸腾区　　④ 自然对流区

20. 在外径为 152mm 的水平管内通 171℃的饱和水蒸气，管外空气温度为 21℃，若管道不保温，每米管长因空气自然对流所造成的热损失为________W。

21. 若传热推动力增加 1 倍，试求在下述几种流动条件下传热速率增加的倍数：

① 圆管内强制湍流，传热速率增加________倍；

② 大容积自然对流，传热速率增加________倍；

③ 大容积饱和沸腾，传热速率增加________倍；

④ 蒸汽膜状冷凝，传热速率增加________倍。

22. 已知两物体的温度分别为 127℃与 107℃，若同时升温 400℃（两者的温差依旧为 20℃），则升温后两物体间辐射的热流量是升温前的________（假定其他条件相同）。

① 8 倍多　　② 80 多倍　　③ 800 多倍　　④ 8000 多倍

23. 倘若太阳表面温度为 6000℃，而某恒星表面温度为 12000℃，则它们单位面积上能量辐射值 q 的大小为________（假定两者的黑度相同）。

① $q_{星}=2q_{太阳}$　　② $q_{星}=2^2q_{太阳}$　　③ $q_{星}=2^3q_{太阳}$　　④ $q_{星}=2^4q_{太阳}$

24. 被温度为 727℃的很大的炉壁所包围的某物体，其黑度为 0.8，表面积为 1m^2，稳态时，吸热为 29000kcal/h，则该物体表面温度为________℃。

25. 板 1 与板 2 平行放置且相距很近，黑度皆为 0.8。在两板之间插入一块遮热板 3，遮热板的黑度开始为 0.1，后因氧化变为 0.8，则无遮热板时的热流量是遮热板黑度变化前后的热流量的________倍和________倍。

26. 如图 5-10 所示，保温瓶具有双壁镀银的夹层结构，夹层抽真空，镀银壁的黑度 $\varepsilon=0.02$，外壁温度保持在 20℃。瓶内盛满 100℃的水。假设顶盖是绝热的，则经________h 水温降为 90℃。

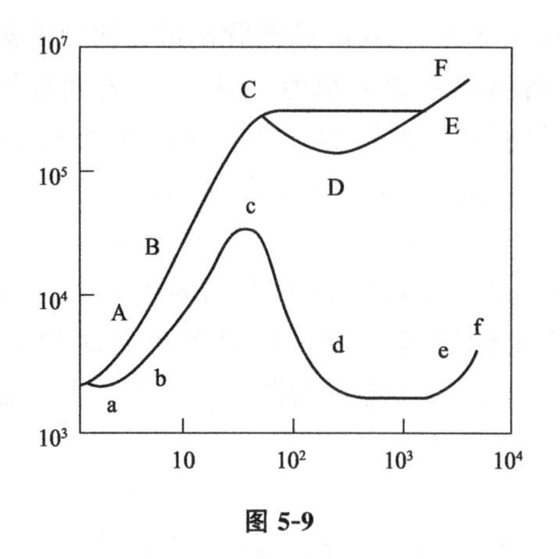

图 5-9

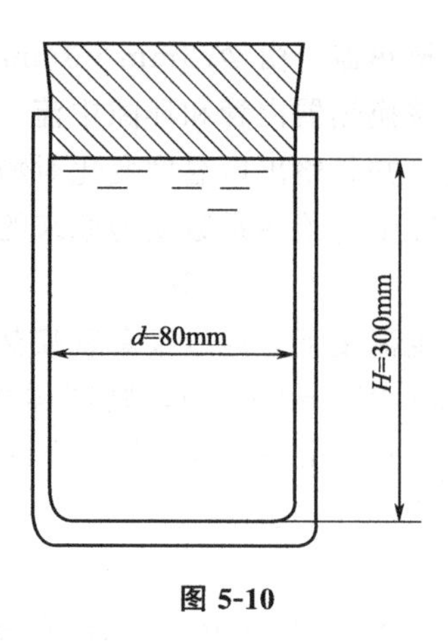

图 5-10

27. 室内有一根水平放置的蒸汽管道，外径为 100mm，管内通 120℃的饱和水蒸气，管外空气温度为 20℃，四周墙壁、天花板及地面温度皆为 20℃。若管道不保温（管壁的黑度为 0.55)，则每米管长因辐射和空气自然对流造成的总热损失为________W。

① 395　　② 539　　③ 234　　④ 161

28. 已知外径为 20cm、长为 10m 的圆形管中有高温流体流动，管外壁温度为 127℃，外界气温为 17℃，从管壁向外界散失的热量为 6900kcal/h，管外壁的黑度为 0.3，则对流给热系数为________。

29. 有一套管换热器，管间用饱和蒸汽加热，空气在一定流量下在内管湍流流过，出口温度可升到指定温度。现将空气流量增加 1 倍（即 $q_{m2}=2q_{m1}$），要使空气出口温度仍达到原指定温度，则套管换热器的长度应为原来的________倍（假定壁温保持不变）。

① 1.48　　② 1.148　　③ 1.348　　④ 2.012

30. 在一台列管式换热器中，用热水加热冷水，热水流量为 2000kg/h，冷水流量为 3000kg/h，热水进口温度为 80℃，冷水进口温度为 10℃，热损失忽略不计。如果要求将冷水加热到 30℃，则并流和逆流时的平均温度差分别为________℃和________℃。

31. 一套管换热器采用逆流操作，热流体的进出口温度分别为 350℃、300℃，冷流体的进出口温度分别为 250℃、300℃，此时的对数平均温度差 ΔT_m 为________℃。

① 20　　② 30　　③ 40　　④ 50

32. 若 31 题中的换热操作，热流体的进出口温度分别为 350℃、300℃，而冷流体的进出口温度分别为 290℃、320℃，则该换热器的传热效率为________。

① 5/6　　② 4/6　　③ 3/6　　④ 2/6

33. 某厂一台新使用的换热器的技术档案中，记载有三个技术数据：0.185kW/（m^2·K)，0.2kW/(m^2·K)，2.5kW/(m^2·K)，只确知两个是对流给热系数，一个是总传热系数，则总传热系数为________。

① 0.185kW/(m^2·K)　　② 0.2kW/(m^2·K)

③ 2.5kW/(m^2·K)　　④ 数据不合理

34. 33 题中的换热器是以烟道气加热水用的，针对技术档案中的三个数据，下列议论中正确的是________。

甲：烟道气的传热热阻是热水热阻的 12.5 倍。

乙：热水的热阻很小，只占到总热阻的 7.4%。

① 甲合理　　② 乙合理　　③ 甲、乙均不合理　④ 甲、乙均合理

35. 在一个 Φ180mm×10mm 的套管换热器中，热水流量为 3500kg/h，需从 100℃冷却到 60℃，冷水入口温度为 20℃，出口温度为 30℃，内管外表面总传热系数 K=2326W/(m^2·K)，冷却水走内管，忽略热损失。则：

(1) 冷却水用量为________kg/h；

(2) 逆流时管长为________m [$C_{p水}$=4.18kJ/(kg·K)]。

36. 有立式列管式换热器，其规格如下：管数 30 根，管长 3m，管径 Φ25mm× 2.5mm，管程为 1，今拟采用此换热器冷凝冷却 CS_2 饱和蒸气，从饱和温度 46℃冷却到 10℃，CS_2 走管外，其流量为 250kg/h，其冷凝潜热为 356kJ/kg，液体 CS_2 的比热容为 1.05kJ/(kg·℃)。水走管内与 CS_2 呈逆流流动，冷却水进出口温度分别为 5℃和 30℃。已知 CS_2 冷凝和冷却时传热系数（以外表面积为基准）分别为 K_1=232.6W/(m^2·℃) 和 K_2=116.8W/(m^2·℃)，则此换热器________（适用，不适用）。

37. 在某列管式换热器中，管间通入饱和水蒸气，以加热管内的甲苯。甲苯的进口温度为 30℃，饱和水蒸气温度为 110℃，汽化潜热为 2200kJ/kg，饱和水蒸气的流量为 350kg/h，以管外表面计算的换热器传热面积 S_0 为 2m^2，以外表面积为基准的总传热系 K_0 为 1750W/(m^2·℃)。假设平均温度差可按算术平均温度差计算，则甲苯的出口温度为________℃（换热器的热损失可忽略）。

① 20　　② 67.8　　③ 78.6　　④ 68.7

38. 在一列管换热器内，用 110℃的饱和水蒸气加热管内湍流流动（Re>10000）的空气，使其从 30℃升温至 45℃，若将空气的流量增加 1 倍，而入口温度不变，则加热蒸汽用量为原用量的________倍（忽略管壁热阻、垢层热阻及热损失，并忽略因空气出口温度变化所引起的物性变化）。

39. 某列管式加热器，由多根 Φ25mm×2.5mm 的钢管所组成。将某液体由 20℃加热到 55℃，其流量为 15t/h，管内流速为 0.5m/s，比热容为 1.76kJ/(kg·℃)，密度为 858kg/m^3；加热剂为 130℃的饱和水蒸气，在管外冷凝。已知加热器以外表面为基准的传热系数为 774W/(m^2·℃)，则此加热器所需管数 n 为________根及单管长度 L 为________m。

40. 用一传热面积为 3m^2，由 Φ25mm×2.5mm 的管子组成的单程列管式换热器，用初温为 10℃的水将机油由 200℃冷却至 100℃，水走管内，油走管间。已知水和机油的质量流量分别为 1000kg/h 和 1200kg/h，其比热容分别为 4.18kJ/(kg·K) 和 2.0kJ/(kg·K)，水侧和油侧的对流传热系数分别为 2000W/(m^2·K) 和 250W/(m^2·K)，两流体呈逆流流动，忽略管壁和污垢热阻。

(1) 该换热器________（适用，不适用）；

(2) 夏天当水的初温达到 30℃时，该换热器________（适用，不适用），解决措施为________（假设传热系数不变）。

41. 正在操作的某换热器，如图 5-11 所示，已知该换热器的总传热系数 K=0.15kW/(m^2·K)，冷却水的对流给热系数 α=2.5kW/(m^2·K)。现热气流的温度 T 因工艺变化而提高较大，若希望该气流仍被冷却到原来的出口温度，宜采取下列措施（设换热器管壁与垢层热阻忽略不计）中的________。

① 加大冷却水流量　　② 既加大冷却水流量又加大热气流流量

③ 降低热气流流量同时加大冷却水流量　　④ 另设计一台换热器

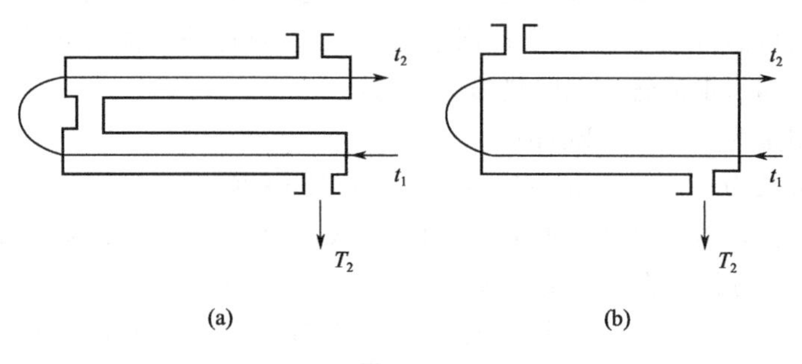

图 5-11

42. 一套管换热器，用 196kPa 水蒸气加热某料液，料液在 Φ54mm×2mm 的管道中流动，水蒸气在管外冷凝，已知料液进口温度为 30℃，出口温度为 60℃，流量为 4000kg/h，已知料液对管壁的传热系数为 500W/(m^2·K)，蒸汽对管壁的传热系数为 10000W/(m^2·K)，管内壁的污垢热阻为 0.0004m^2·K/W，忽略管壁及管外污垢的热阻，则：

(1) 以上换热器的管壁平均温度为________℃。

(2) 若蒸汽压强改为 150kPa，料液出口温度为________℃。

已知：①196kPa 时水蒸气饱和温度为 120℃；150kPa 时为 109℃。②料液的定压比热容为 9kJ/(kg·K)，水蒸气汽化潜热为 2200kJ/kg。③ 改变条件后认为液体物性不变，传热系数不变。

43. 某列管冷凝器，管内通冷却水，管外为有机蒸气冷凝。在新使用时，冷却水的进、出口温度分别为 20℃和 30℃，使用一段时间后，在冷却水进口温度与流量相同的条件下，冷却水出口温度降为 26℃，则此时的垢层热阻为________m^2·℃/W（已知换热器的换热面积为 16.5m^2，有机蒸气的冷凝温度为 80℃，冷却水流量为 2.5kg/s）。

① 8.62×10^{-3}　　② 6.28×10^{-3}　　③ 10.12×10^{-3}　　④ 2.63×10^{-3}

44. 在逆流操作的套管换热器中，用 15℃的冷水冷却某溶液。已知溶液的流量为 1800kg/h，平均比热容为 4.18kJ/(kg·℃)，其进口温度为 80℃，出口温度为 50℃，冷却水出口温度为 35℃，该换热器尺寸为外管 Φ108mm×4mm，内管 Φ57mm×4.5mm，长 6m，则基于内表面积的总传热系数为________W/(m^2·℃)（假设换热器的热损失可忽略）。

① 1751　　② 750　　③ 1510　　④ 1500

45. 有一单程列管换热器，由 Φ25mm×2.5mm 的 136 根钢管组成。用 110℃的饱和水蒸气加热管内某溶液（冷凝液排出温度为 110℃）。已知溶液流量为 15000kg/h，其平均比热容为 4.187×10^3J/(kg·℃)，溶液由 15℃加热到 100℃。若已知管内对流传热系数为 520W/(m^2·℃)，管外的对流传热系数为 1.16×10^4W/(m^2·℃)，钢管导热系数为 45W/(m^2·℃)，则换热器列管长度为________m（垢层热阻和热损失可忽略不计）。

① 19.37　　② 9.37　　③ 7.38　　④ 3.93

46. 95℃的水在一根 $d_{外}/d_{内}<2$ 的管中流动，已知距入口 100m 处温度 $t=55$℃，则距入口 50m 处水的温度为________（已知周围空气 $t=25$℃，并假设传热系数及水的比热容均为定值）。

47. 在单程列管换热器内，用110℃的饱和水蒸气将管内的水从30℃加热至50℃，列管直径为Φ25mm×2mm，长6m，水流经换热管因摩擦引起的压降为3000Pa，换热器的热负荷为2500kW，则：

(1) 换热器的管数n为________。

(2) 基于管子外表面积的总传热系数K_0为________ W/(m^2·℃)。

48. 在一套管换热器（已知内管直径和长度）中，常压空气在管内流动，管间饱和蒸汽冷凝（饱和水排出）以加热空气。现拟通过实验测定其总传热系数K_0，需测定的数据有________________，有关的计算公式有________（不必绘流程图，假设换热器的热损失可忽略）。

49. 拟设计一台单程列管式换热器，换热管为Φ25mm×2.5mm的钢管，共136根。某种溶液在管内呈湍流流动，流量为15000kg/h，温度由15℃升至75℃，平均比热容为4.18kJ/(kg·℃)，壳程为110℃的饱和水蒸气冷凝。若测得管外表面积为基准的总传热系数K_0为400W/(m^2·℃)，则：

(1) 换热管的有效长度为________m。

(2) 设管内对流传热系数α_i为500W/(m^2·℃)，管内壁的平均温度为________。

50. 某列管式空气冷却器，由Φ19mm×2mm的钢管组成，冷却水在管内流过，给热系数为1000W/(m^2·℃)；热空气在管外流过，给热系数为60W/(m^2·℃)，管内、外壁有污垢产生，则以外表面为基准的传热系数K为________ W/(m^2·℃)。

已查得钢的λ=45W/(m^2·℃)；水侧的污垢热阻$R_{内}$=5.2×10^{-4}m^2·℃/W；空气侧的污垢热阻$R_{外}$=3.4×10^{-4}m^2·℃/W。

① 52.6　　② 54.8　　③ 55.5　　④ 50.0

51. 在一管式换热器中，冷热流体逆流操作，热流体的进、出口温度为138℃和93℃，冷流体进、出口温度为25℃和65℃。现另有一台完全相同的换热器，两台换热器按图5-12所示流程操作，即串联组合，但A为并流而B为逆流流动，流程操作下冷、热流体的出口温度为________（两流体进口温度不变）。

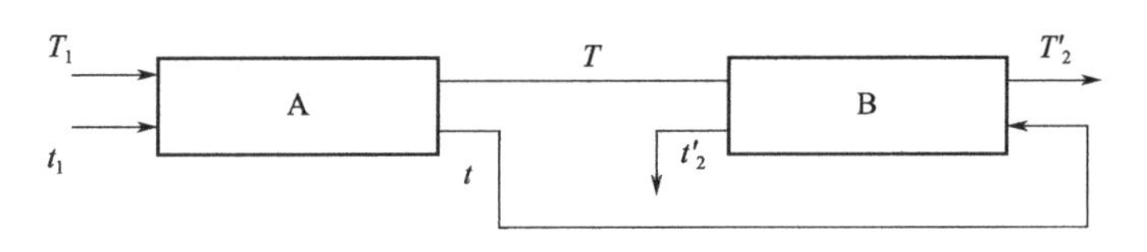

图 5-12

52. 冷、热流体的总流量为W_1与W_2，进口温度为T_1和T_2，以及A、B两换热器与上题相同，假定在串联组合时，热流体走壳程，给热系数为α_1=0.4kW/(m^2·℃)，冷流体走管程，给热系数α_2=2.0kW/(m^2·℃)，当换热器并联组合，逆流操作，如图5-13所示，且冷热流体皆均匀分配时，冷、热流体的出口温度为________。

53. 1000kg温度为100℃ 的乙二醇，用一夹套冷却罐冷却，进入夹套的水温为15℃，冷却罐传热面积为2m^2，传热过程中总平均传热系数K=300W/(m^2·K)，经过若干小时后乙二醇温度降至40℃，水流量为0.5m^3/s，则此时出口水温度为________℃。乙二醇从100℃冷却至40℃所需时间为________h [已知水的比热容为C_{p1}=4.18kJ/(kg·K)，乙二醇的平均比热容为 $C_{p2}=2.7\text{kJ/(kg·K)}$]。

54. 在一单壳程、四管程的列管式换热器中，用水冷却苯，苯在管内流动，进口温度为80℃，出口温度为35℃，冷却水进口温度为23℃，出口温度为30℃，则两流体间简单折流时的平均温度差 Δt_m 为________℃。

① 24.6　② 21.4　③ 26.6　④ 20.1

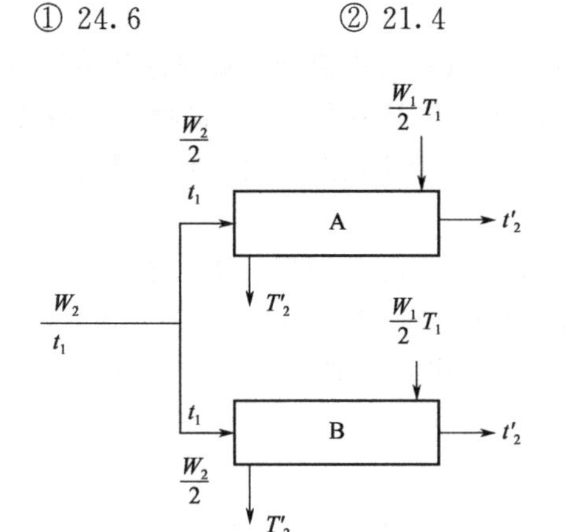

图 5-13

55. 某溶液在单效蒸发器中进行蒸浓，用饱和蒸汽加热，需加热蒸汽2100kg/h，加热蒸汽的温度为120℃，其汽化潜热为2205kJ/kg。已知蒸发器内二次蒸汽的冷凝温度为81℃，各项温差损失共为9℃，取饱和蒸汽冷凝给热系数 $\alpha_1=8000\text{W/(m}^2\text{·℃)}$，沸腾溶液的给热系数 $\alpha_2=3500\text{W/(m}^2\text{·℃)}$，则该换热器的传热面积为________ m^2（假定该蒸发器是新造的，且管壁较薄，因此垢层热阻和管壁热阻均可不考虑，热损失可忽略不计）。

56. 欲将浓度为25%（质量分数，下同）、流量为3600kg/h的NaOH水溶液通过蒸发操作浓缩至50%，料液的进口温度为20℃，加热蒸汽压强为4atm（绝压），冷凝器的压强为400mmHg，据经验蒸发器的传热系数可取 $1100\text{W/(m}^2\text{·℃)}$，蒸发器的液层高度均为2.5m，溶液密度为 1500kg/m^3。若忽略蒸发器的热损失，蒸发器的加热蒸汽耗量为________kg/s，所需蒸发器的加热面积为________ m^2。

四、推导

1. 有一钢制球罐，内装液体，钢罐内径为 D_1，钢罐外径为 D_0。在钢罐外表面另有一保温层，厚度为 h，钢罐内壁的温度为 T_1，保温层外表面的温度为 T_0；钢板的导热系数为W/（m·℃）；假定为稳定传热。

（1）试推导出钢罐单位时间的热损失与上述几个已知常量的关系式；

（2）当钢罐内壁的半径远大于罐的总壁厚时，请将所推导出的上述传热速度关系式加以简化。

2. 在下述条件下，推导出换热器的每个管程内水流的温度随管长而变化的关系式。流量为 G 的水需在管壳式换热器的管程中被加热至 t_2，另一股水作为加热流体从壳侧单程流动，其流量为 q_{m1}，加入换热器温度为 t，总传热系数为 K，稳定传热。

3. 直圆管内流体为湍流流动（强制对流无相变）的传热过程中，影响传热系数 α 的因素有哪些？用量纲分析法推导出其准数关系式。

第五章
传热　参考答案

一、选择题

1.③
2.④
3.①②③
4.①②③
5.①②③
6.①②③④⑤⑥
7.①
8.③
9.①
10.①
11.①②③④
12.①
13.①
14.①
15.③
16.①
17.③
18.②
19.②
20.③
21.③
22.②
23.③
24.④
25.②
26.（1）④；（2）②
27.①②③
28.①②③④
29.①
30.③
31.④
32.②
33.③
34.③
35.②
36.③
37.①
38.①②③④⑤⑥
39.③
40.①②③④⑤⑥
41.①②③④⑤⑥
42.①
43.④
44.①②③④⑤⑥⑦
45.④
46.①
47.①
48.①②③④⑤
49.①②③
50.①②③④⑤
51.①②③④⑤⑥⑦
52.①②③④⑤
53.②
54.①
55.①②③
56.①②③④
57.①②③④
58.①②③

二、填空

1. 对流；传导；对流
2. 几十；10^{-1}；10^{-2}
3. $\lambda_3>\lambda_1>\lambda_2$；$2>1>3$
4. 小于；A
5. 3；自然对流；膜状沸腾；核状沸腾；核状沸腾
6. 冷凝水未排出；不凝气未排出
7. 滴状冷凝　8. 核状沸腾
9. 蒸汽中含不凝气，壁附近形成一层气膜，传热阻力加大，给热系数急剧下降；应及时排出不凝气
10.③　11. 由上向下；由下向上
12. 饱和水蒸气的温度；空气侧传热系数
13. 管　14. 大；小；大
15. 空气　16.①$<$；②$>$；③$>$；④$>$

17. $Q=KA\Delta t_m$；$K_0=\dfrac{1}{\dfrac{1}{\alpha_0}+\dfrac{\delta d_0}{\lambda d_m}+\dfrac{1d_0}{\alpha_i d_i}}$

18.

	$Q=C_p q_m \Delta t$	$Q=KA\Delta t$
Q	热负荷——生产任务提出的换热器应有的能力	对流传热速率——换热器在一定条件下的换热能力
Δt	热流体与冷流体最终的温度差	冷、热流体的平均温度，是传热的推动力

19. ③
20. U形管式换热器；浮头式换热器；带补偿圈（膨胀节）式换热器（任意两种均可）
21. 并流　22. ①　23. 提高对流传热系数
24. 外；外侧油的 α_2<内侧水的 α_1，$\dfrac{A_1}{A_2}<1$，则 $\dfrac{1}{\alpha_2}\cdot\dfrac{A_1}{A_2}<\dfrac{1}{\alpha_2}$，加翅片热阻减小，而油侧的传热面积大，有利于传热
25. ②
26. 升膜式，降膜式，升降膜式；升膜式适合蒸发量大、热敏物料，降膜式适合浓度大、黏度大的溶液，升降膜式适合浓度变化大、厂房高度受限制的情况
27. 热量传递
28. 加热蒸汽（生蒸汽）；水蒸气（二次蒸汽）；温位（或压强）
29. 循环型蒸发器；单程型蒸发器；旋转刮片式蒸发器
30. 蒸汽的经济性
31. 生产强度　32. ②　33. ①
34. ③　35. ①　36. 方案Ⅰ；方案Ⅱ
37. ③　38. ①
39. 加热室；流动（或循环）通道；气液分离空间

三、计算

1. ③

解：由 $R=\dfrac{\delta}{\lambda A}$ 和 $A_1=A_2=A_3$ 得

$$R_1=\frac{0.15}{1.06A}=\frac{0.1415}{A}\quad R_2=\frac{0.31}{0.15A}=\frac{2.067}{A}$$

$$R_3=\frac{0.24}{0.69A}=\frac{0.3478}{A}$$

故　$R_2>R_3>R_1$

2. ②

解：已知 $t_1=200℃$，$t_2=30℃$，$\delta=0.5\text{m}$，可求得通过每平方米砖墙的导热量

$$\frac{Q}{A}=\frac{t_1-t_2}{\dfrac{\delta}{\lambda}}=\frac{200-30}{\dfrac{0.5}{0.57}}=194\text{W/m}^2$$

设距离高温面墙内 $\delta'=350\text{mm}$ 处的温度为 t'，通过该层的导热量为 Q'，因系平壁的稳定

热传导，故

$$\frac{Q'}{A}=\frac{Q}{A}=194\text{W/m}^2\text{，即}\frac{Q'}{A}=\frac{t_1-t'}{\frac{\delta'}{\lambda}}=\frac{200-t'}{\frac{0.35}{0.57}}=194$$

解得：$t'=81℃$。

3. ①

解：设 t_2 为耐火砖和保温砖间接触面的温度，t_3 为保温砖和建筑砖间接触面的温度，Δt_1、Δt_2、Δt_3 分别为耐火砖层、保温砖层、建筑砖层的温差

对多层（n 层）平壁而言，有：

$$\frac{Q}{A}=\frac{t_1-t_{n+1}}{\sum_{i=1}^{n}\frac{\delta_i}{\lambda_i}}=\frac{\sum\Delta t}{\sum R_{导}}$$

故求得单位面积的热损失为

$$\frac{Q}{A}=\frac{t_1-t_4}{\frac{\delta_1}{\lambda_1}+\frac{\delta_2}{\lambda_2}+\frac{\delta_3}{\lambda_3}}=\frac{900-80}{\frac{0.23}{1.4}+\frac{0.115}{0.15}+\frac{0.23}{0.8}}$$

$$=\frac{820}{0.164+0.767+0.288}=673\text{W/m}^2$$

4. ②

解：已知 $\delta=350\text{mm}$　　$\delta_1=50\text{mm}$　　$t_2=60℃$　　$t_3=30℃$

$$Q/A=\frac{t_1-t_3}{\delta/\lambda}=\frac{t_2-t_3}{\delta_1/\lambda}$$

$$\left[\text{或}\frac{t_1-t_3}{\delta/\lambda}=\frac{t_1-t_2}{(\delta-\delta_1)/\lambda}\text{，或}\frac{t_1-t_2}{(b-b_1)/\lambda}=\frac{t_2-t_3}{b_2/\lambda}\right]$$

$$t_1=\frac{\delta}{\delta_1}(t_2-t_3)+t_3=\frac{0.35}{0.05}\times(60-30)+30=240℃$$

5. 110

解：对于平壁内的定态一维热传导，热流密度 g 为常量，由傅里叶定律与中值定律可得

$$q=\frac{\int_{t_1}^{t_2}-\lambda\mathrm{d}t}{\int_0^{\delta}\mathrm{d}x}=\frac{\int_{t_2}^{t_1}\lambda\mathrm{d}t}{\delta}=\frac{\lambda_{\mathrm{m}}(t_1-t_2)}{\delta}$$

当　$b=1$

$$\lambda_{\mathrm{m}}=\frac{\int_{t_2}^{t_1}(0.2+5\times10^{-4}t)\mathrm{d}t}{t_1-t_2}$$

$$=\frac{0.2(t_1-t_2)+5\times10^{-4}\frac{t_1^2-t_2^2}{2}}{t_1-t_2}$$

$$=0.2+5\times10^{-4}\frac{t_1+t_2}{2}=0.2+5\times10^{-4}\times\frac{250+50}{2}$$

$$=0.275\text{W/(m·℃)}$$

每平方米保温层的热损失为

$$q=\lambda_{m}\frac{t_1-t_2}{\delta}=0.275\times\frac{250-50}{0.5}=110\text{W/m}^2$$

6. 530℃

解：由 $q=\lambda\frac{\Delta t}{\delta}=\lambda\frac{t_1-t_0}{\delta}$

得：$t_1=\frac{q\delta}{\lambda}+t_0=\frac{30\times0.3}{0.02}+80=530℃$

7. 5677，$t=1650-3649x$

5677，$t=-1072+\sqrt{7.4\times10^6-1.49\times10^7x}$

解：由傅里叶定律得 $Q=-A\lambda\frac{\partial t}{\partial n}=-\lambda_0(1+\alpha t)A\cdot\frac{\mathrm{d}t}{\mathrm{d}x}$

积分 $$Q\int_0^b\mathrm{d}x=-\lambda_0A\int_{t_1}^{t_2}(1+\alpha t)\mathrm{d}t \quad ①$$

$$bQ=-\lambda_0A[(t_2-t_1)+\alpha(t_2^2-t_1^2)/2] \quad ②$$

Ⅰ. $\lambda=\lambda_m$，即 $\lambda_0=\lambda_m=0.815+0.00076(t_2-t_1)/2$，$\alpha=0$

代入式②可得：$Q/A=5677\text{W/m}^2$

将式①中的 b 换成 x，可得温度分布式 $t=1650-3649x$

Ⅱ. x 为变量，则 $\lambda_0=0.815$，$\alpha=0.00076$

将已知量代入式②可得：$Q/A=W^2$

将式①中的 b 换成 x，t_2 换成 t 可得温度分布式

$$t=-1072+\sqrt{7.4\times10^6-1.49\times10^7x}$$

8. ①

解：钢管内径 $d_1=219-2\times6=207\text{mm}$

钢管外径 $d_2=219\text{mm}$

钢管平均直径 $d_m=\frac{d_2-d_1}{\ln\frac{d_2}{d_1}}=\frac{219-207}{\ln\frac{219}{207}}=213\text{mm}$

则每米长裸管的热损失为：

$$\frac{Q}{L}=\frac{(t_1-t_2)\pi d_m}{\frac{\delta}{\lambda}}=\frac{(300-295)\times3.14\times0.213}{\frac{0.006}{45}}=25100\text{W/m}$$

9. ③

解：蒸汽管外半径：$r_1=\frac{25}{2}=12.5\text{mm}$；内层保温层外半径：$r_2=12.5+25=37.5\text{mm}$；外层保温层半径：$r_3=37.5+25=62.5\text{mm}$；已知 $\lambda_2/\lambda_1=4$，即 $\lambda_2=4\lambda_1$，当导热系数小的材料包在里层时，热损失为

$$Q=\frac{2\pi L(t_1-t_3)}{\frac{1}{\lambda_1}\ln\frac{r_2}{r_1}+\frac{1}{\lambda_2}\ln\frac{r_3}{r_2}}=\frac{2\pi L(t_1-t_3)}{\frac{1}{\lambda_1}\ln\frac{37.5}{12.5}+\frac{1}{4\lambda_1}\ln\frac{62.5}{37.5}}=\frac{8\pi L(t_1-t_3)\lambda_1}{4.91}\text{W} \quad ①$$

当导热系数大的材料包在里层时，热损失为

$$Q'=\frac{2\pi L(t_1-t_3)}{\frac{1}{\lambda_2}\ln\frac{r_2}{r_1}+\frac{1}{\lambda_1}\ln\frac{r_3}{r_2}}=\frac{8\pi L(t_1-t_3)\lambda_1}{3.14}\text{W} \quad ②$$

②/①得

$$Q'/Q=\frac{4.91}{3.14}=1.56$$

10. ④

解：设蒸汽管外半径为 r_1，内层厚度为 δ_1，外层厚度为 δ_2，并且 $\delta_1=\delta_2$，由题意得

$$(r_1+\delta_1)+(r_1+\delta_1+\delta_2)=2[r_1+(r_1+\delta_1)]$$

故 $r_1=\frac{\delta_2}{2}=\frac{\delta_1}{2}$，内层保温层外半径 $r_2=r_1+\delta_1=3r_1$

外层保温层外半径 $r_3=r_1+\delta_1+\delta_2=5r_1$，$\lambda_2=\frac{1}{2}\lambda_1$

$$\frac{Q}{Q'}=\frac{\dfrac{2\pi L(t_1-t_3)}{\frac{1}{\lambda_1}\ln\frac{3r_1}{r_1}+\frac{1}{\lambda_2}\ln\frac{5r_1}{r_1}}}{\dfrac{2\pi L(t_1-t_3)}{\frac{1}{\lambda_2}\ln\frac{3r_1}{r_1}+\frac{1}{\lambda_1}\ln\frac{5r_1}{3r_1}}}=\frac{\ln\left[3\times\left(\frac{5}{3}\right)^{\frac{1}{2}}\right]}{\ln\left(3^{\frac{1}{2}}\times\frac{5}{3}\right)}\approx 1.25$$

11. 80

解：设保温层半径为 r，每米管长的总热阻为

$$\sum R=\frac{1}{\alpha_1 A_1}+\frac{r_2-r_1}{\lambda_1 A_{m1}}+\frac{r-r_2}{\lambda A_{m2}}+\frac{1}{\alpha_0 A}=\frac{1}{\alpha_i\cdot 2\pi r_1}+\frac{\ln\frac{r_2}{r_1}}{2\pi\lambda_1}+\frac{\ln\frac{r}{r_2}}{2\pi\lambda}+\frac{1}{\alpha_0\cdot 2\pi r}$$

随着保温层厚度的增加，保温层的导热热阻 $\frac{\ln\frac{r}{r_2}}{2\pi\lambda}$ 增大，而外表面给热热阻 $\frac{1}{\alpha_0 2\pi r}$ 减小，故可能存在一个最小热阻使热损失最大。

产生最小热阻的保温层半径由下式求出，即

$$\frac{\mathrm{d}(\sum R)}{\mathrm{d}r}=\frac{1}{2\pi\lambda r}-\frac{1}{\alpha_0 2\pi r}=0$$

$$r=\frac{\lambda}{\alpha_0}=\frac{0.8}{10}=0.08\text{m}$$

因此，不是任何条件下都是保温层越厚越好。对本题而言，当 $r<80$mm 时，r 越大，热损失越大；而当 $r>80$mm 时，r 越大，热损失越小。

12. 502.1

解：在颗粒内部距球中心 r 处取一厚度为 dr 的球形壳体，对此微元体作热量衡算：

单位时间内因导热而进入微元体的热量为

$$-\lambda\cdot 4\pi r^2\left(\frac{\mathrm{d}t}{\mathrm{d}r}\right)_r$$

单位时间内因导热而流出微元体的热量为

$$-\lambda \cdot 4\pi(r+\mathrm{d}r)^2\left(\frac{\mathrm{d}t}{\mathrm{d}r}\right)_{r+\mathrm{d}r}$$

单位时间内因化学反应而放出的热量为

$$4\pi r^2 \cdot \mathrm{d}r \cdot q_0 (q_0 \text{为内热流强度})$$

在定态条件下，必成立

$$-\lambda \cdot 4\pi r^2\left(\frac{\mathrm{d}t}{\mathrm{d}r}\right)_r + 4\pi r^2 \cdot \mathrm{d}r \cdot q_0 = -\lambda \cdot 4\pi(r+\mathrm{d}r)^2\left(\frac{\mathrm{d}t}{\mathrm{d}r}\right)_{r+\mathrm{d}r}$$

移项整理并略去高阶无穷小项得

$$\lambda r^2\left[\frac{\left(\frac{\mathrm{d}t}{\mathrm{d}r}\right)_{r+\mathrm{d}r}-\left(\frac{\mathrm{d}t}{\mathrm{d}r}\right)_r}{\mathrm{d}r}\right]+2\lambda r\frac{\mathrm{d}t}{\mathrm{d}r}=-q_0 r^2$$

即 $r^2\frac{\mathrm{d}^2 t}{\mathrm{d}r^2}+2r\frac{\mathrm{d}t}{\mathrm{d}r}=-\frac{q_0}{\lambda}r^2$

令 $\frac{\mathrm{d}t}{\mathrm{d}r}=p$，则上式可写为 $r^2\frac{\mathrm{d}p}{\mathrm{d}r}+2rp=-\frac{q_0}{\lambda}r^2$，则

$$r^2\mathrm{d}p+2pr\,\mathrm{d}r=-\frac{q_0}{\lambda}r^2\mathrm{d}r \text{ 即 } \mathrm{d}(r^2 p)=-\frac{q_0}{\lambda}r^2\mathrm{d}r$$

积分一次得

$$r^2 p=-\frac{q_0}{\lambda}\frac{r^3}{3}+C$$

因颗粒内部的温度分布相对于球心是对称的，故当 $r=0$ 时，$p=\frac{\mathrm{d}t}{\mathrm{d}r}=0$。因此边界条件可求出 $C_1=0$，即 $p=\frac{\mathrm{d}t}{\mathrm{d}r}=-\frac{q_0}{3\lambda}r$。再次积分得

$$t=-\frac{q_0}{6\lambda}r^2+C_2$$

利用 $r=R$，$t=500℃$的边界条件，求得

$$C_2=500+\frac{100\times 1000}{6\times 0.2}\times 0.005^2=502.1$$

颗粒内温度分布为

$$t=-8.33\times 10^4 r^2+502.1$$

球中心 $r=0$ 处温度值为：

$$t=502.1℃$$

13. ①

解：按题意，本题可确定为低黏度的流体在圆形直管中作强制湍流，定性温度为$\frac{20+50}{2}=35℃$，查得水在35℃时的物性数据为：

$$\rho=994\text{kg/m}^3,\ C_p=4.174\text{kJ/(kg}\cdot℃),$$
$$\mu=0.7225\text{mPa}\cdot\text{s},\ \lambda=0.6257\text{W/(m}\cdot℃)$$

管内径 $d=25-2\times 2.5=20\text{mm}$，则

$$Re=\frac{du\rho}{\mu}=\frac{0.02\times 1\times 994}{0.7225\times 10^{-3}}=2.75\times 10^4>10^4\text{(湍流)}$$

$$Pr=\frac{\mu C_p}{\lambda}=\frac{0.7225\times10^{-3}\times4.174\times10^3}{0.6257}=4.82$$

$$0.7<Pr<120$$

$$L/d=2/0.02=100，L/d>60$$

根据 Re、Pr 和 L/d 值，可用下式求算 α。水被加热，取 $n=0.4$，得

$$\alpha=0.023\frac{\lambda}{d}Re^{0.8}Pr^{0.4}$$

$$=0.023\times\frac{0.6257}{0.02}\times(2.75\times10^4)^{0.8}\times(4.82)^{0.4}$$

$$=4806\mathrm{W/(m^2\cdot ℃)}$$

14. ③

解：管径缩小一半，即 $d_1=\frac{d}{2}$，其他条件不变，则

$$Re_1=\frac{d_1u\rho}{\mu}=\frac{Re}{2}=\frac{2.75\times10^4}{2}=13760>10^4，湍流 Pr 不变$$

$$L/d_1=L/\frac{d}{2}=200>60$$

则　$\alpha=0.023\frac{\lambda}{d}\left(\frac{du\rho}{\mu}\right)^{0.8}\left(\frac{\mu C_p}{\lambda}\right)^{0.4}$

将式中不变的量合并为 B_1

即　$\alpha=\frac{B_1}{d^{0.2}}$，$\alpha_1=\frac{B_1}{d_1^{0.2}}=\frac{B_1}{\left(\frac{d}{2}\right)^{0.2}}=2^{0.2}\alpha=1.149\alpha$

管径缩小一半，其他条件不变，α_1 是 α 的 1.149 倍。

15. ④

解：流速增加一倍，$u_2=2u$，其他条件不变，则

$Re_2=\frac{du_2\rho}{\mu}=\frac{2du\rho}{\mu}=2Re=2\times2.75\times10^4>10^4$，

湍流时 Pr 不变，$L/d=2/0.02=100>60$，

$\alpha=0.023\frac{\lambda}{d}\left(\frac{du\rho}{\mu}\right)^{0.8}\left(\frac{\mu C_p}{\lambda}\right)^{0.4}$

故题 14 中公式仍适用，将式中不变的量合并为 B_2，

即　$\alpha=B_2u^{0.8}$，$\alpha_2=B_2u_2^{0.8}=2^{0.8}B_2u^{0.8}=1.74\alpha$

流速增加 1 倍，其他条件不变，α_2 是 α 的 1.74 倍。

16. ③

解：外管的内径 $D=76-2\times3=70\mathrm{mm}$，原内管的外径 $d_1=45\mathrm{mm}$，内径 $d_2=40\mathrm{mm}$；现内管的外径 $d'_1=38\mathrm{mm}$；内径 $d'_2=33\mathrm{mm}$

设原环隙流速为 u_2，现环隙流速为 u'_2，给热系数为 α'_2。

此为低黏度的流体在非圆形直管中作强制湍流，仍可采用式 $\alpha=0.023\frac{\lambda}{d}\left(\frac{du\rho}{\mu}\right)^{0.8}\left(\frac{\mu C_p}{\lambda}\right)^{0.4}$ 计算 α，但应将管内径改为当量直径 $d_{当}$。

原环隙的当量直径　$d_{当}=D-d_1=70-45=25\text{mm}$

现环隙的当量直径　$d'_{当}=D-d'_1=70-38=32\text{mm}$

$$\frac{u'_2}{u_2}=\frac{\frac{\pi}{4}(D^2-d_1^2)}{\frac{\pi}{4}(D^2-d'^2_1)}=\frac{D^2-d_1^2}{D^2-d'^2_1}=\frac{70^2-45^2}{70^2-38^2}=0.83$$

同理

$$\frac{\alpha'_2}{\alpha_2}=\left(\frac{u'_2}{u_2}\right)^{0.8}\left(\frac{d_{当}}{d'_{当}}\right)^{0.2}=(0.83)^{0.8}\times\left(\frac{25}{32}\right)^{0.2}=0.82$$

17. ①

解：水的定性温度为$\frac{20+80}{2}=50℃$，甲苯的定性温度亦为50℃，查得水在50℃时的物性数据：$\rho=988\text{kg/m}^3$；$C_p=4.17\times10^3\text{J/(kg}\cdot℃)$；$\lambda=0.648\text{W/(m}\cdot℃)$；$\mu=0.549\times10^{-3}\text{Pa}\cdot\text{s}$。50℃时，甲苯的物性数据：$\rho'=836\text{kg/m}^3$；$C'_p=1.82\times10^3\text{J/(kg}\cdot℃)$；$\lambda'=0.147\text{W/(m}\cdot℃)$；$\mu'=0.425\times10^{-3}\text{Pa}\cdot\text{s}$。

按题意，两种情况下的给热系数皆可用下式计算：

$$\alpha=0.023\frac{\lambda}{d}\left(\frac{du\rho}{\mu}\right)^{0.8}\left(\frac{\mu C_p}{\lambda}\right)^{0.4}=0.023\frac{\rho^{0.8}C_p^{\ 0.4}\lambda^{0.6}}{\mu^{0.4}}\cdot\frac{u^{0.8}}{d^{0.2}}$$

两种情况下的给热系数之比为

$$\frac{\alpha'_2}{\alpha_2}=\frac{\left(\frac{\rho'}{\rho}\right)^{0.8}\left(\frac{C'_p}{C_p}\right)^{0.4}\left(\frac{\lambda'}{\lambda}\right)^{0.6}}{\left(\frac{\mu'}{\mu}\right)^{0.4}}=\frac{\left(\frac{836}{988}\right)^{0.8}\times\left(\frac{1.82\times10^3}{4.17\times10^3}\right)^{0.4}\times\left(\frac{0.147}{0.648}\right)^{0.6}}{\left(\frac{0.425\times10^{-3}}{0.549\times10^{-3}}\right)^{0.4}}=0.286$$

甲苯通过该换热器内管的给热系数为

$$\alpha'=0.286\alpha=0.286\times1000=286\text{W/(m}^2\cdot℃)$$

18. ③

解：设长方形通道的宽度为a，长度为$8a$。

$$8a^2=\frac{\pi}{4}d^2,\ a=\sqrt{\frac{\pi d^2}{4\times8}}=\sqrt{\frac{\pi\times0.02^2}{4\times8}}=0.00627\text{m}$$

长方形通道的当量直径为

$$d_{当}=4\times\frac{\frac{\pi}{4}d^2}{2(a+8a)}=\frac{\pi\times0.02^2}{2\times9\times0.00627}=0.0111\text{m}$$

长方形管道与圆管内的给热系数之比为

$$\frac{\alpha'}{\alpha}=\left(\frac{d}{d_{当}}\right)^{0.2}=\left(\frac{0.02}{0.0111}\right)^{0.2}=1.12$$

则　$\alpha'=1.12\alpha$

19. ③

20. 530

解：理想气体在恒压时

$$\frac{\text{d}V}{\text{d}T}=\frac{nR}{p}$$

$$\beta = \frac{1}{V}\frac{dV}{dT} = \frac{p}{nRT}\frac{nR}{p} = \frac{1}{T}$$

定性温度 $T = \frac{T_w + T_1}{2} = \frac{444 + 294}{2} = 369\text{K}$

在定性温度下

$$\rho = 0.956\text{kg/m}^3,\ \lambda = 3.167\times10^{-2}\text{W/(m}\cdot\text{K)},$$

$$\mu = 2.17\times10^{-5}\text{N}\cdot\text{s/m}^2,\ Pr = 0.694,\ \beta = \frac{1}{369}\text{K}^{-1}$$

$$Gr = \frac{\beta g\Delta t d^3\rho^2}{\mu^2} = \frac{9.81\times(444-294)\times0.152^3\times0.956^2}{369\times(2.17\times10^{-5})^2} = 2.72\times10^7$$

$$Gr\cdot Pr = 2.72\times10^7\times0.694 = 1.89\times10^7$$

因 $5\times10^2 < Gr\cdot Pr < 5\times10^7$，查得 $A = 0.54$，$b = \frac{1}{4}$，则

$$\alpha = A\frac{\lambda}{d}(Gr\cdot Pr)^b = 0.54\times\frac{3.167\times10^{-2}}{0.152}\times(1.89\times10^7)^{\frac{1}{4}} = 7.4\text{W/(m}^2\cdot\text{K)}$$

$$Q = \alpha\pi d\Delta t = 7.4\times3.14\times0.152\times(171-21) = 530\text{W/m}$$

21. ① 1

② 1.18～1.52

③ 10.3

④ 0.68

解：① 圆管内强制湍流。在此流动条件下，给热系数 α 与 Δt 无关，所以

$$\frac{q'}{q} = \frac{\alpha'\Delta t'}{\alpha\Delta t} = \frac{\Delta t'}{\Delta t} = 2\text{ 倍}$$

② 大容积自然对流。在此流动条件下，根据 Gr、Pr 的大小，$\alpha\propto\Delta t^{\frac{1}{8}\sim\frac{1}{3}}$，所以

$$\frac{q'}{q} = \frac{\alpha'\Delta t'}{\alpha\Delta t} = \left(\frac{\Delta t'}{\Delta t}\right)^{\frac{9}{8}\sim\frac{4}{3}} = 2.18\sim2.52\text{ 倍}$$

③ 大容积饱和沸腾。大容积饱和沸腾的给热系数 $\alpha\propto\Delta t^{2.5}$，所以

$$\frac{q'}{q} = \frac{\alpha'\Delta t'}{\alpha\Delta t} = \left(\frac{\Delta t'}{\Delta t}\right)^{3.5} = 11.3\text{ 倍}$$

④ 蒸汽膜状冷凝。蒸汽膜状冷凝给热系数 $\alpha\propto\Delta t^{-\frac{1}{4}}$，所以

$$\frac{q'}{q} = \frac{\alpha'\Delta t'}{\alpha\Delta t} = \left(\frac{\Delta t'}{\Delta t}\right)^{3/4} = 1.68\text{ 倍}$$

22. ①

解：由 $Q = \varepsilon AC_0\left[\left(\frac{T_1}{100}\right)^4 - \left(\frac{T_2}{100}\right)^4\right]$

可得

$$\frac{Q'_{12}}{Q_{12}} = \frac{\left(\frac{T'_1}{100}\right)^4 - \left(\frac{T'_2}{100}\right)^4}{\left(\frac{T_1}{100}\right)^4 - \left(\frac{T_2}{100}\right)^4} = \frac{\left(\frac{127+273+400}{100}\right)^4 - \left(\frac{107+273+400}{100}\right)^4}{\left(\frac{127+273}{100}\right)^4 - \left(\frac{107+273}{100}\right)^4} \approx 8.3$$

23. ④

解：由 $q = C_0\left(\frac{T}{100}\right)^4$

可得 $\frac{q_{星}}{q_{太阳}} = \frac{T_{星}^4}{T_{太阳}^4} = \left(\frac{12000}{6000}\right)^4 = 2^4$

24. 439

解：设所求温度为 t（℃），根据热辐射方程式得

$$29000 = 4.88 \times 0.8 \times 1 \times \left[\left(\frac{727+273}{100}\right)^4 - \left(\frac{273+t}{100}\right)^4\right]$$

解得 $t = 439℃$

25. 13.7；2.0

解：无遮热板时

$$q = \frac{C_0\left[\left(\frac{T_1}{100}\right)^4 - \left(\frac{T_2}{100}\right)^4\right]}{\frac{1}{\varepsilon_1} + \frac{1}{\varepsilon_2} - 1}$$

有遮光板时

$$q' = \frac{C_0\left[\left(\frac{T_1}{100}\right)^4 - \left(\frac{T_3}{100}\right)^4\right]}{\frac{1}{\varepsilon_1} + \frac{1}{\varepsilon_3} - 1} = \frac{C_0\left[\left(\frac{T_3}{100}\right)^4 - \left(\frac{T_2}{100}\right)^4\right]}{\frac{1}{\varepsilon_3} + \frac{1}{\varepsilon_2} - 1} = \frac{C_0\left[\left(\frac{T_1}{100}\right)^4 - \left(\frac{T_2}{100}\right)^4\right]}{\frac{1}{\varepsilon_1} + \frac{2}{\varepsilon_3} + \frac{1}{\varepsilon_2} - 2}$$

当 $\varepsilon_3 = 0.1$ 时

$$\frac{q}{q'} = \frac{\frac{1}{\varepsilon_1} + \frac{2}{\varepsilon_3} + \frac{1}{\varepsilon_2} - 2}{\frac{1}{\varepsilon_1} + \frac{1}{\varepsilon_2} - 1} = \frac{\frac{1}{0.8} + \frac{2}{0.1} + \frac{1}{0.8} - 2}{\frac{1}{0.8} + \frac{1}{0.8} - 1} = 13.7(倍)$$

当 $\varepsilon_3 = 0.8$ 时

$$\frac{q}{q'} = \frac{\frac{1}{\varepsilon_1} + \frac{2}{\varepsilon_3} + \frac{1}{\varepsilon_2} - 2}{\frac{1}{\varepsilon_1} + \frac{1}{\varepsilon_2} - 1} = \frac{\frac{1}{0.8} + \frac{2}{0.8} + \frac{1}{0.8} - 2}{\frac{1}{0.8} + \frac{1}{0.8} - 1} = 2.0(倍)$$

26. 3.47

解：保温瓶夹层间隙很小，可看成是无限大平行平板间的辐射传热问题，故在某瞬时的辐射热流量为

$$Q = \frac{AC_0\left[\left(\frac{T_1}{100}\right)^4 - \left(\frac{T_2}{100}\right)^4\right]}{\frac{1}{\varepsilon_1} + \frac{1}{\varepsilon_2} - 1}$$

$$A = \pi dH + \frac{\pi a^2}{4} = 3.14 \times 0.08 \times 0.3 + \frac{3.14}{4} \times 0.08^2 = 0.0804\text{m}^2$$

$$\frac{C_0 \times 10^8}{\frac{1}{\varepsilon_1} + \frac{1}{\varepsilon_2} - 1} = \frac{5.67 \times 10^8}{\frac{1}{0.02} + \frac{1}{0.02} - 1} = 0.0573 \times 10^8$$

故 $$Q = 4.6 \times 10^{-11}(T^4 - 293^4) \quad ①$$

保温瓶内水的质量为

$$m=\frac{\pi}{4}d^2H\rho=\frac{3.14}{4}\times 0.08^2\times 0.3\times 1000=1.508\text{kg}$$

热量散失的结果是水温下降，故

$$Q=-mC_p\frac{\mathrm{d}T}{\mathrm{d}\tau}=-1.508\times 4200\frac{\mathrm{d}T}{\mathrm{d}\tau}=-6333.6\frac{\mathrm{d}T}{\mathrm{d}\tau} \qquad ②$$

由式①、式②得

$$\mathrm{d}\tau=-1.37\times 10^{14}\frac{\mathrm{d}T}{T^4-293^4}$$

$$\tau=-1.37\times 10^{14}\times\int_{373}^{363}\frac{\mathrm{d}T}{T^4-293^4}=\frac{1.37\times 10^{14}}{4\times 293^4}\times\left[\ln\frac{293+T}{T-293}+2\arctan\frac{T}{293}\right]_{373}^{363}$$

$$=1.25\times 10^4\text{s}=3.47\text{h}$$

27. ①

解：(1) 设管外壁温度仍为120℃，定性温度为 $\frac{120+20}{2}=70$℃。查得空气在70℃时的物性数据为：$\rho=1.029\text{kg/m}^3$；$C_p=1.017\text{kJ/(kg·℃)}$；$\lambda=2.966\times 10^{-2}\text{W/(m·℃)}$；$\mu=2.06\times 10^{-5}\text{Pa·s}$。

算得 $\beta=\frac{1}{T}=\frac{1}{70+273}=2.92\times 10^{-3}$

$$Pr=\frac{C_p\mu}{\lambda}=\frac{1.017\times 10^3\times 2.06\times 10^{-5}}{2.966\times 10^{-2}}=0.706$$

$$Gr=\frac{\beta g\Delta t d^3\rho^2}{\mu^2}=\frac{2.92\times 10^{-3}\times 9.81\times(120-20)\times 0.1^3\times 1.029^2}{(2.06\times 10^{-5})^2}=7.15\times 10^6$$

$$Gr\cdot Pr=7.15\times 10^6\times 0.706=5.05\times 10^6$$

对水平圆管，$Gr\cdot Pr=10^4\sim 10^9$ 时，可采用下式计算 α。

$$\alpha=0.53\frac{\lambda}{d}(Gr\cdot Pr)^{1/4}=0.53\times\frac{2.966\times 10^{-2}}{0.1}\times(5.05\times 10^6)^{1/4}=7.45\text{W/(m}^2\text{·℃)}$$

每米管长因空气自然对流所造成的热损失为

$$\frac{Q_{对}}{L}=\frac{\alpha A\Delta t}{L}=\alpha\pi d\Delta t=7.45\times 3.14\times 0.1\times(120-20)=234\text{W/m}$$

(2) 假设室内除蒸汽管道外，别无其他物体，或所有其他物体的温度皆与墙壁温度相等，则蒸汽管与房间内其他物体组成内包系统，而且室内四周的面积与蒸汽管表面相比大得多，故每米管长因辐射而引起的热损失为：

$$\frac{Q_{辐}}{L}=\varepsilon_1\pi dC_0\left[\left(\frac{T_1}{100}\right)^4-\left(\frac{T_2}{100}\right)^4\right]$$

$$=0.55\times 3.14\times 0.1\times 5.67\times\left[\left(\frac{273+120}{100}\right)^4-\left(\frac{273+20}{100}\right)^4\right]\approx 161\text{W/m}$$

未保温时，每米管长的总热损失为

$$\frac{Q_{总}}{L}=\frac{Q_{对}}{L}+\frac{Q_{辐}}{L}=234+161=395\text{W/m}$$

28. $7.53\text{kcal/(m}^2\text{·h·℃)}$

解：$A = \pi D_0 L = 3.14 \times 0.2 \times 10 = 6.28\text{m}^2$

$$q = q_c + q_r = 6900\text{kcal/h}$$

$A_1 \gg A_2$，故根据热辐射方程式

$q_r = 4.88 A_1 \varepsilon_1 [(T_1/100)^4 - (T_2/100)^4]$

$= 4.88 \times 6.28 \times 0.3 \times \left[\left(\dfrac{273+127}{100}\right)^4 - \left(\dfrac{273+17}{100}\right)^4\right] = 1700\text{kcal/h}$

因　$q_c = q - q_r = 5200\text{kcal/h} = \alpha_c A \Delta t = \alpha_c \times 6.28 \times (127-17)$

故　$\alpha_c = \dfrac{5200}{6.28 \times 110} = 7.53\text{kcal/(m}^2 \cdot \text{h} \cdot ℃)$

29. ②

解法一：设 α 为空气侧对流传热系数，则 $K \approx \alpha$

因　$q_{m2} = 2q_{m1}$　故　$u_2 = 2u_1$

$$\frac{\alpha_2}{\alpha_1} = \left(\frac{u_2}{u_1}\right)^{0.8} = 2^{0.8} = 1.741$$

$$\alpha_2 = 1.741\alpha_1$$

则　$K_2 = 1.741K_1$

$$Q_1 = K_1 A_1 \Delta t_{m1} \quad ①$$

$$Q_2 = K_2 A_2 \Delta t_{m2} \quad ②$$

又　$Q_2 = 2Q_1$，Δt_m 为对数平均温度差(℃)，$\Delta t_{m1} = \Delta t_{m2}$。

则式②可写为：

$$2Q_1 = 1.741 K_1 A_2 \Delta t_{m1} \quad ③$$

将式①、式③ 联立解得 $\dfrac{A_2}{A_1} = 1.148$，即换热器管长之比 $\dfrac{L_2}{L_1} = 1.148$。

解法二：设空气侧壁温不变，故空气侧对流传热推动力不变，

即　$\Delta t_1 = \Delta t_2$

因　$q_{m2} = 2q_{m1}$，故$u_2 = 2u_1$。

$$\frac{\alpha_2}{\alpha_1} = \left(\frac{u_2}{u_1}\right)^{0.8} = 2^{0.8} = 1.741$$

$$\alpha_2 = 1.741\alpha_1$$

$$Q_1 = \alpha_1 A_1 \Delta t_1 \quad ①$$

$$Q_2 = \alpha_2 A_2 \Delta t_2 \quad ②$$

$$Q_2 = 2Q_1$$

则式②可写为　$2Q_1 = 1.741\alpha_1 A_2 \Delta t_1$　③

联立式①、式③，解得 $\dfrac{A_2}{A_1} = 1.148$，即换热器管长之比$\dfrac{L_2}{L_1} = 1.148$。

30. 39.9；44.8

解：在本题所述温度范围内，水的比热容为 4.17kJ/(kg·℃)

由热量衡算式 $q_{m热} C_{p热} (T_1 - T_2) = q_{m冷} C_{p冷} (t_1 - t_2)$

知　$2000 \times (80 - T_2) = 3000 \times (30 - 10)$

解得　$T_2 = 50℃$，并流操作时

80 → 50

10 → 30

$\Delta t_1 = 70$，$\Delta t_2 = 20$

$$\Delta t_m = \frac{\Delta t_1 - \Delta t_2}{\ln \frac{\Delta t_1}{\Delta t_2}} = \frac{70 - 20}{\ln \frac{70}{20}} = 39.9℃$$

逆流操作时

$$\Delta t_m = \frac{\Delta t_1 - \Delta t_2}{\ln \frac{\Delta t_1}{\Delta t_2}} = \frac{50 - 40}{\ln \frac{50}{40}} = 44.8℃$$

31. ④

解：逆流操作

350℃ → 300℃

300℃ ← 250℃

$\Delta t_1 = 50℃$ $\Delta t_2 = 50℃$

因 $\Delta t_1/\Delta t_2 < 2$，故 $\Delta t_m = \dfrac{\Delta t_1 + \Delta t_2}{2} = 50℃$

32. ①

解：逆流操作

350℃→300℃

320℃←290℃

故 $\varepsilon_1 = \dfrac{T_1 - T_2}{T_1 - t_1} = \dfrac{350 - 300}{350 - 290} = \dfrac{5}{6}$

33. ①

解：由 $\dfrac{1}{K} = \dfrac{1}{\alpha_1} + \dfrac{1}{\alpha_2}$

知 K 值总是小于 α_1 或 α_2

34. ④

解：$\dfrac{\frac{1}{\alpha_1}}{\frac{1}{\alpha_2}} = \dfrac{\frac{1}{0.2}}{\frac{1}{2.5}} = 12.5$

$$\frac{\frac{1}{\alpha_2}}{\frac{1}{K}} = \frac{\frac{1}{\alpha_2}}{\frac{1}{\alpha_1} + \frac{1}{\alpha_2}} = \frac{\frac{1}{2.5}}{\frac{1}{0.2} + \frac{1}{2.5}} = 7.4\%$$

35. (1) 14000　(2) 2.25

解：$C_p = 4.18\text{kJ}/(\text{kg} \cdot \text{K})$

(1) $G_{冷} = \dfrac{G_{热} C_{p热} \Delta T_{热}}{C_{p冷} \Delta T_{冷}} = \dfrac{3500 \times 4.18 \times (100 - 60)}{4.18 \times (30 - 20)} = 14000\text{kg/h}$

(2) 热水　100℃→60℃

冷水　30℃←20℃

$\Delta t_1 = 70℃$，$\Delta t_2 = 40℃$，$\Delta t_1/\Delta t_2 = 1.75 < 2$，

$$\Delta t_{m}=\frac{70+40}{2}=55℃$$

$$Q=KA\Delta t_{m}$$

$$l=\frac{Q}{K\Delta t_{m}\pi d}=\frac{3500\times4.18\times1000\times40}{3600\times2326\times55\times3.14\times0.18}=2.25\text{m}$$

36. 适用

（1）$Q_{总}=Q_1+Q_2=250\times356+250\times1.05\times36=98450\text{kJ/h}=27.35\text{kW}$

（2）冷却水量 $q_{m水}=\frac{Q}{C_p(30-5)}=\frac{27.35}{4.18\times25}=0.262\text{kg/s}=942\text{kg/h}$

（3）求两段的平均温差 Δt_m

冷却水离开冷却段的温度

$$t=\frac{Q_{却}}{q_{m水}C_{p水}}+5=\frac{9450}{942\times4.18}+5=7.40℃$$

冷凝段　$\Delta t_{m凝}=\frac{38.6-16}{\ln\frac{38.6}{16}}=25.4$

冷却段　$\Delta t_{m却}=\frac{38.6-5}{\ln\frac{38.6}{5}}=16.3$

（4）所需面积

$$A_{凝}=\frac{Q_{凝}}{K_1\Delta t_{m凝}}=\frac{24.7\times1000}{232.6\times25.4}=4.181\text{m}^2$$

$$A_{冷却}=\frac{Q_{却}}{K_2\Delta t_{m却}}=\frac{2.6\times1000}{116.8\times16.3}=1.37\text{m}^2$$

实际　$A=\pi dln=3.14\times0.025\times3\times30=7.065\text{m}^2>5.55\text{m}^2$，适用

37. ②

解：已知 $t=110℃$，$t_1=30℃$，$K_0=1750\text{W/(m}^2\cdot℃)$，$A_0=2\text{m}^2$，$r=2200\text{kJ/kg}$，$q_{m水蒸气}=350\text{kg/h}$

$$Q=rq_{m水蒸气}=2200\times350=770000\text{kJ/h}$$

由　$Q=K_0A_0\Delta t_m=K_0A_0\frac{(t-t_1)+(t-t_2)}{2}$

知　$t_2=2t-t_1-\frac{2Q}{K_0A_0}=2\times110-30-\frac{2\times770000\times1000}{1750\times2\times3600}=67.8℃$

38. 1.76

解：$Q=\rho uAC_p(t_2-t_1)=KA\Delta t_m$

因饱和水蒸气冷凝的对流传热系数 $\alpha_1\approx10^4\text{W/(m}^2\cdot℃)$，空气对流传热系数 $\alpha_2\approx10^2\text{W/(m}^2\cdot℃)$，可见 $\alpha_1\gg\alpha_2$，即 $K\approx\alpha_2$

所以　$Dr=\alpha_2A\Delta t_m$

$$\Delta t_{m}=\frac{(110-30)-(110-45)}{\ln\frac{110-30}{110-45}}=72.2℃$$

$$\Delta t_m=\frac{(110-30)+(110-t)}{2}=(190-t)/2(t\text{ 为出口温度})$$

管内为湍流流动，则 $\alpha_1 \propto u_1^{0.8}$

即 $\alpha_i'/\alpha_i=(u_i'/u_i)^{0.8}=2^{0.8}=1.74$

故 $\dfrac{Q'}{Q}=\dfrac{\alpha_2' A\Delta t'_m}{\alpha_2 A\Delta t_m}=\dfrac{\alpha_2'(190-t)/2}{\alpha_2\times 72.2}=0.024\times(190-t)/2$

即 $\dfrac{Q'}{Q}=\dfrac{190-t}{2}\times 0.024=0.012\times(190-t)=2.28-0.012t$

又 $\dfrac{Q'}{Q}=\dfrac{\rho u' AC_p(t-30)}{\rho u AC_p(45-30)}=\dfrac{u'(t-30)}{u(45-30)}=0.133t-4.0$

解得 $t=43.3℃$

故 $\dfrac{Q'}{Q}=1.76$，加热蒸汽为原来的 1.76 倍。

39. 31；1.5

解：由流量方程 $q_m=n\dfrac{\pi}{4}d^2u\rho$ 知所需管数 n

$$n=\frac{q_m}{\frac{\pi}{4}d^2u\rho}=\frac{\frac{15\times10^3}{3600}}{\frac{\pi}{4}\times(0.02)^2\times0.5\times858}=31\text{ 根}$$

$$Q=q_{m冷}C_{p冷}(t_2-t_1)=\frac{15\times10^3}{3600}\times1.76\times(55-20)=257\text{kW}$$

$$\Delta t_m=\frac{\Delta t_1-\Delta t_2}{\ln\frac{\Delta t_1}{\Delta t_2}}=\frac{(130-20)-(130-55)}{\ln\frac{130-20}{130-55}}=91℃$$

$$K_外=774\text{W}/(\text{m}^2\cdot℃),\ A_外=\frac{Q}{K_外\ \Delta t_m}=\frac{257\times10^3}{774\times91}=3.65\text{m}^2$$

$$A_外=n\pi d_外 L$$

单管长度为 $L=\dfrac{A_外}{n\pi d_外}=\dfrac{3.65}{31\times3.14\times0.025}=1.5\text{m}$

40. (1) 适用 (2) 不适用；在传热系数不变的情况下，增大传热面积或串联（并联）一个换热器，或加大水流量等

解：(1) 传热速率

$$Q=W_H C_{pH}(t_初-t_终)=1200/3600\times2.0\times10^3\times(200-100)=6.667\times10^4\text{ W}$$

水的出口温度：

$$Q=W_c C_{pc}(t_终-t_初)$$

得

$$6.667\times10^4=1000/3600\times4.18\times10^3\times(t_终-10)$$

$$t_终=67.4℃$$

水和油的特征温度：$t_{mw}=(10+67.4)/2=38.7℃$

$$t_{mo}=(100+200)/2=150℃$$

$$\Delta t_m=\frac{(200-67.4)-(100-10)}{\ln\frac{200-67.4}{100-10}}=109.9℃$$

由　$K=[1/\alpha_0+d_0/(\alpha_i d_i)]^{-1}=[1/250+25/(2000\times 20)]^{-1}=216.2\text{W}/(\text{m}^2\cdot℃)$

由　$Q=KA\Delta t_m$，得

$$A=6.667\times 10^4/(216.2\times 109.9)=2.8\text{m}^2$$

而由（3－2.8）/3＝6.5％，则换热器适用。

（2）水的初温达到 30℃时，

$$6.667\times 10^4=1000/3600\times 4.18\times 10^3\times(t_{终}-30)$$

得　$t_{终}=87.4℃$

$$\Delta t_m=\frac{(200-87.4)-(100-30)}{\ln(112.6/70)}=89.6℃$$

若 K 不变，则 $A=6.667\times 10^4/(216.2\times 89.6)=3.4\text{m}^2$

由（3－3.4）/3＝－14.7％，则换热器不适用。

41. ④

42. (1) 117.25　(2) 56.33

解：(1) 设管壁为基准的传热系数 K 为：

$$\frac{1}{K}=\frac{1}{\alpha_1}+R_{0m}+\frac{1}{\alpha_0}=\frac{1}{500}+0.0004+\frac{1}{10000}\times\frac{50}{54}$$

得　$K=401.2\text{W}/(\text{m}^2\cdot\text{K})$

$$\Delta t_m=\frac{(120-30)-(120-60)}{\ln\dfrac{120-30}{120-60}}=74℃$$

对于水蒸气到管壁之间的传热量　$Q'=Q=\alpha_2 A'\Delta t'_m$

其中　$\dfrac{A'}{A}=\dfrac{\pi dL}{\pi d_0 L}=\dfrac{54}{50}$，$\Delta t'_m=T-T_w$

由　$KA\Delta t_m=\alpha_2 A'\Delta t'_m$

$\dfrac{\Delta t'_m}{\Delta t_m}=\dfrac{KA}{\alpha_2 A'}$，即 $\dfrac{120-t_w}{74}=\dfrac{401.2}{10000}\times\dfrac{50}{54}$，可得 $t_w=117.25℃$

(2) 用 150kPa 蒸汽加热，设出口温度为 t

则　$\dfrac{Q'}{Q}=\dfrac{q_m C_p\Delta t'}{q_m C_p\Delta t}=\dfrac{t-30}{60-30}=\dfrac{t-30}{30}$

又　$\dfrac{Q'}{Q}=\dfrac{KA\Delta t'_m}{KA\Delta t_m}=\dfrac{\Delta t'_m}{\Delta t_m}=\dfrac{t-30}{74\ln\dfrac{109-30}{109-t}}=\dfrac{t-30}{30}$

得　$t=56.33℃$

43. ②

解：换热器新使用时

$$Q=q_{m水}C_{p水}(t_2-t_1)=2.5\times 4.18\times 10^3\times(30-20)=104.5\text{kW}$$

$$\Delta t_m=\frac{\Delta t_1-\Delta t_2}{\ln\dfrac{\Delta t_1}{\Delta t_2}}=\frac{(80-20)-(80-30)}{\ln\dfrac{80-20}{80-30}}=54.8℃$$

$$K=\frac{Q}{A\Delta t_m}=\frac{104.5\times 10^3}{16.5\times 54.8}=116\text{W}/(\text{m}^2\cdot℃)$$

总热阻 $R=\frac{1}{K}=\frac{1}{116}=8.62\times10^{-3}\text{m}^2\cdot℃/\text{W}$

换热器使用一段时间后

$$Q'=q_{m水}C_{p水}(t'_2-t_1)=2.5\times4.18\times10^3\times(26-20)=62.7\text{kW}$$

$$\Delta t'_m=\frac{\Delta t_1-\Delta t'_2}{\ln\frac{\Delta t_1}{\Delta t'_2}}=\frac{(80-20)-(80-26)}{\ln\frac{80-20}{80-26}}=56.9℃$$

$$K'=\frac{Q'}{A\Delta t'_m}=\frac{62.7\times1000}{16.5\times56.9}=67\text{W}/(\text{m}^2\cdot℃)$$

总热阻为 $R'=\frac{1}{K'}=\frac{1}{67}=1.49\times10^{-2}\text{m}^2\cdot℃/\text{W}$

换热器的垢层热阻为

$$R_{垢}=R'-R=1.49\times10^{-2}-8.62\times10^{-3}=6.28\times10^{-3}\text{m}^2\cdot℃/\text{W}$$

44. ①

解：$Q=q_{mh}C_{ph}(T_2-T_1)=\frac{1800}{3600}\times4.18\times10^3\times(80-50)=6.27\times10^4\text{W}$

$$\Delta t_m=\frac{\Delta t_1-\Delta t_2}{\ln\frac{\Delta t_1}{\Delta t_2}}=\frac{(80-35)-(50-15)}{\ln\frac{80-35}{50-15}}=39.79℃$$

$$A_i=\pi d_iL=\pi\times0.048\times6=0.9\text{m}^2$$

故 $K_i=\frac{Q}{A_i\Delta t_m}=\frac{6.27\times10^4}{0.9\times39.79}=1751\text{W}/(\text{m}^2\cdot℃)$

45. ②

解：$Q=q_{mc}C_{pc}(t_2-t_1)=\frac{15000}{3600}\times4.187\times10^3\times(100-15)=1.483\times10^6\text{W}$

$$K_0=\frac{1}{\frac{1}{\alpha_0}+\frac{\delta}{\lambda}\frac{d_0}{d_m}+\frac{d_0}{\alpha_0\cdot d_i}}=\frac{1}{\frac{1}{1.16\times10^4}+\frac{0.0025\times25}{45\times22.5}+\frac{25}{520\times20}}=392\text{W}/(\text{m}^2\cdot℃)$$

$$\Delta t_m=\frac{\Delta t_1-\Delta t_2}{\ln\frac{\Delta t_1}{\Delta t_2}}=\frac{95-10}{\ln\frac{95}{10}}=37.8℃$$

$$A_0=\frac{Q}{K_0\Delta t_m}=\frac{1.483\times10^6}{392\times37.8}=100\text{m}^2$$

又 $A_0=n\pi d_0L$

则 $L=\frac{A_0}{n\pi d_0}=\frac{100}{136\times3.14\times0.025}=9.37\text{m}$

46. 70.8℃

解：$Q=q_mC_p\Delta t=KA\Delta t_m$

故 $$Q=q_mC_p(95-55)=K\pi D\times100\times\frac{(95-25)-(55-25)}{\ln\frac{95-25}{55-25}}\quad①$$

$$Q' = q_m C_p(95-t) = K\pi D \times 50 \times \frac{(95-25)-(t-25)}{\ln\dfrac{95-25}{t-25}} \qquad ②$$

由式①得 $\dfrac{q_m C_p}{K\pi D} = \dfrac{100}{\ln\dfrac{70}{30}}$，由式 ② 得$\dfrac{q_m C_p}{K\pi D} = \dfrac{50}{\ln\dfrac{70}{t-25}}$

故 $\dfrac{100}{\ln\dfrac{70}{30}} = \dfrac{50}{\ln\dfrac{70}{t-25}}$，即 $\ln\dfrac{70}{t-25} = \dfrac{\ln\dfrac{70}{30}}{2}$， 可解得 $t=70.8℃$

47. (1) 92　(2) 830.1

已知：$Q=2500\text{kJ/s}$，$\Delta p=3000\text{Pa}$，$t_1=30℃$，$t_2=50℃$，$T=110℃$，$l=6\text{m}$，$d_0=25\text{mm}$，$d_1=21\text{mm}$

解：(1) $\Delta p = \lambda \cdot (l/d) \cdot (\rho u^2/2)$

$Re = \rho u d/\mu$，$\lambda = 0.3164/Re^{0.25}$

故 $\Delta p = 0.3164(\mu/\rho u d)^{0.25}(l/d)(\rho u^2)/2$

$\Delta p = 0.3164\rho^{0.75}u^{1.75}l\mu^{0.25}/(2d^{1.25})$

$u^{1.75} = 3000 \times (0.021)^{1.25} \times 2/[6 \times 0.3164 \times (0.656 \times 10^{-3})^{0.25} \times (992)^{0.75}] = 0.89$

$u = 0.94\text{m/s}$

因 $Q = C_p q_m \Delta t = 4.174 \times n \times (\pi d_1^2/4) \times u \times \rho \times 20$

故 $n=92$ 根

(2) 由 $Q = KA\Delta t_m$

得 $\Delta t_m = \dfrac{20}{\ln[(110-30)/(110-50)]} = 69.5℃$

$K_0 = 2500 \times 10^3/(69.5 \times 92 \times \pi \times 0.025 \times 6) = 830.1\text{W}/(\text{m}^2 \cdot ℃)$

48. (1) 应测定以下数据：

饱和蒸汽的压强 p 或温度 T，空气流量 q_v 或 q_m（或冷凝水流量 q'_m），空气进、出口温度 t_1、t_2

(2) 计算公式：

$$Q = q_m C_{pc}(t_2 - t_1)(\text{或 } Q = q'_m r)$$

$$K_0 = \frac{Q}{S_0 \Delta t_m} \text{ 其中} S_0 = \pi d_0 L\text{；} \Delta t_m = \frac{(T-t_1)-(T-t_2)}{\ln\dfrac{T-t_1}{T-t_2}}$$

49. (1) 4.07　(2) 105.1℃

由题意知，$T=110℃$，$d_0=0.025\text{m}$，$K_0=400\text{W}/(\text{m}^2 \cdot ℃)$，$n=136$ 根

(1) $Q = q_m C_{pc}(t_2 - t_1) = 1045 \times 10^3\text{W}$

$$\Delta t_m = \frac{\Delta t_1 - \Delta t_2}{\ln\dfrac{\Delta t_1}{\Delta t_2}} = \frac{(110-15)-(110-75)}{\ln\dfrac{110-15}{110-75}} = 60.1℃$$

$$A_0 = \frac{Q}{K_0 \Delta t_m} = \frac{1045 \times 10^3}{400 \times 60.1} = 43.47\text{m}^2$$

由 $n\pi d_0 L = A_0$

故 $L=\dfrac{A_0}{n\pi d_0}=\dfrac{43.47}{136\times3.14\times0.025}=4.07\text{m}$

(2) $A_i=136\times\pi\times0.02\times4.07=34.78\text{m}^2$

壁温 $t_w=\dfrac{Q}{\alpha_i A_i}+t_m=\dfrac{1045\times10^3}{500\times34.78}+\dfrac{75+15}{2}=105.1℃$

50. ①

解：以外表面为基准的传热系数

$$K_{外}=\cfrac{1}{\cfrac{d_{外}}{\alpha_1 d_{内}}+R_{内}\cfrac{d_{外}}{d_{内}}+\cfrac{\delta d_{外}}{\lambda d_m}+R_{外}+\cfrac{1}{\alpha_2}}$$

$$=\cfrac{1}{\cfrac{0.019}{1000\times0.015}+5.2\times10^{-4}\times\cfrac{0.019}{0.015}+\cfrac{0.002\times0.019}{45\times0.017}+3.4\times10^{-4}+\cfrac{1}{60}}$$

$$=\frac{1}{1.27\times10^{-3}+6.59\times10^{-5}+4.97\times10^{-5}+3.4\times10^{-4}+1.67\times10^{-2}}$$

$=52.6\text{W/(m}^2\cdot℃)$

计算结果表明，K 值总是接近热阻大的流体一侧的 α 值，因管壁较薄，也可按平壁计算 K，即

$$K=\cfrac{1}{\cfrac{1}{\alpha_1}+R_{内}+\cfrac{\delta}{\lambda}+R_{外}+\cfrac{1}{\alpha_2}}$$

$$=\cfrac{1}{\cfrac{1}{1000}+5.2\times10^{-4}+\cfrac{0.002}{45}+3.4\times10^{-4}+\cfrac{1}{60}}$$

$=53.8\text{W/(m}^2\cdot℃)$

误差为$\dfrac{53.8-52.6}{52.6}\times100\%=2.3\%$，在工程计算中是允许的。

51. $T_2'=81.8℃$

$t_2'=75.0℃$

解：根据单台换热器逆流操作工况可得

$$\Delta t_m=\cfrac{(T_1-t_2)-(T_2-t_1)}{\ln\cfrac{T_1-t_2}{T_2-t_1}}=\cfrac{(138-65)-(93-25)}{\ln\cfrac{73}{68}}=70.5℃$$

$$R_1=\frac{q_{m1}C_{p1}}{q_{m2}C_{p2}}=\frac{t_2-t_1}{T_1-T_2}=\frac{65-25}{138-93}=0.889$$

$$\text{NTU}_1=\frac{KA}{q_{m1}C_{p1}}=\frac{T_1-T_2}{\Delta t_m}=\frac{138-93}{70.5}=0.639$$

按流程 b 操作

设冷、热流体在换热器 A 出口处的温度为 t 和 T，则对换热器 A 可写出

$$R_1'=\frac{t-t_1}{T_1-T}=\frac{q_{m1}C_{p1}}{q_{m2}C_{p2}}=0.889$$

$$\text{NTU}_1'=\frac{KA}{q_{m1}C_{p1}}=\frac{T_1-T}{\Delta t_m}=0.639$$

因此换热器为并流

$$\varepsilon_1{}'=\frac{T_1-T}{T_1-t_1}=\frac{1-\mathrm{e}^{\mathrm{NTU}_1{}'(1-R_1{}')}}{R_1{}'-\mathrm{e}^{\mathrm{NTU}'(1-R_1')}}=\frac{1-\mathrm{e}^{0.639\times(1-0.889)}}{0.889-\mathrm{e}^{0.639\times(1-0.889)}}=0.398$$

$$T=T_1-\varepsilon_1{}'(T_1-t_1)=138-0.398\times(138-25)=93.0℃$$

$$t=t_1+R_1{}'(T_1-T)=25+0.889\times(138-93.0)=65.0℃$$

换热器 A 的平均推动力

$$\Delta t'_{\mathrm{m}}=\frac{T_1-T}{\mathrm{NTU}_1{}'}=\frac{138-93.0}{0.639}=70.4℃$$

设冷、热流体在换热器 B 出口处的温度为 $t_2{}'$和 $T_2{}'$，则

$$R_1{}''=\frac{t_2{}'-t}{T-T_2{}'}=0.889$$

$$\mathrm{NTU}_1{}''=\frac{T-T_2{}'}{\Delta t_{\mathrm{m}}}=0.639$$

因此换热器为逆流

$$\varepsilon_1{}''=\frac{T-T_2{}'}{T-t}=\frac{1-\mathrm{e}^{\mathrm{NTU}_1{}''(1-R_1{}')}}{R_1{}'-\mathrm{e}^{\mathrm{NTU}_1{}''(1-R_1{}')}}=\frac{1-\mathrm{e}^{0.639\times(1-0.889)}}{0.889-\mathrm{e}^{0.639\times(1-0.889)}}=0.398$$

$$T_2{}'=T-\varepsilon_1{}''(T-t)=93.0-0.398\times(93.0-65.0)=81.8℃$$

$$t_2{}'=t+R_1{}''(T-T_2{}')=65.0+0.889\times(93.0-81.8)=75.0℃$$

52. $T_2'=84.9℃\quad t_2'=72.2℃$

解：由上题计算结果可知

$$R_1=\frac{q_{\mathrm{m}1}C_{p1}}{q_{\mathrm{m}2}C_{p2}}=0.889\quad \mathrm{NTU}_1=\frac{KA}{q_{\mathrm{m}1}C_{p1}}=0.639$$

根据本题所给条件可求出串联组合时的传热系数为

$$K=\frac{1}{\dfrac{1}{\alpha_1}+\dfrac{1}{\alpha_2}}=\frac{1}{\dfrac{1}{0.4}+\dfrac{1}{2.0}}=0.333\mathrm{W/(m^2\cdot ℃)}$$

对于并联组合，$R_1'=\dfrac{t_2'-t_2}{T_1-T_2'}=\dfrac{\dfrac{q_{\mathrm{m}1}}{2}C_{p2}}{\dfrac{q_{\mathrm{m}2}}{2}C_{p2}}=0.889$

设壳程设置多块 25％圆缺形挡板，则

$$K'=\frac{1}{\dfrac{1}{0.5^{0.55}\times0.4}+\dfrac{1}{0.5^{0.8}\times2.0}}=0.221\mathrm{W/(m^2\cdot ℃)}$$

$$\mathrm{NTU}_1{}'=\frac{K'A}{\dfrac{q_{\mathrm{m}1}}{2}C_{p1}}=\frac{2K'}{K}\frac{KA}{q_{\mathrm{m}1}C_{p1}}=\frac{2\times0.221\times0.639}{0.333}=0.848$$

因逆流操作

$$\varepsilon_1{}'=\frac{T_1-T_2{}'}{T_1-t_1}=\frac{1-\mathrm{e}^{\mathrm{NTU}_1'(1-R_1')}}{R'_1-\mathrm{e}^{\mathrm{NTU}_1'(1-R_1')}}=\frac{1-\mathrm{e}^{0.848\times(1-0.889)}}{0.889-\mathrm{e}^{0.848\times(1-0.889)}}=0.47$$

$$T_2{}'=T_1-\varepsilon_1{}'(T_1-t_1)=138-0.47\times(138-25)=84.9℃$$

$$t_2' = t_1 + R_1'(T_1 - T_2') = 25 + 0.889 \times (138 - 84.9) = 72.2℃$$

53. (1) 36.1 (2) 1.75

解：(1) 求出口水温 t_2

$$q_m C_{p1}(t_2 - t_1) = KA \frac{(T - t_1) - (T - t_2)}{\ln \frac{T - t_1}{T - t_2}}$$

$$0.5 \times 4.18 \times 1000 \times (t_2 - t_1) = 300 \times 2 \frac{t_2 - t_1}{\ln \frac{100 - 15}{100 - t_2}}$$

$$\ln \frac{100 - 15}{100 - t_2} = \frac{300 \times 2}{0.5 \times 4.18 \times 1000} = 0.287$$

$$\frac{85}{100 - t_2} = 1.33，1.33 t_2 = 100 \times 1.33 - 25，即 t_2 = 36.1℃$$

(2) 在 $d\theta$ 时间内变化 dT，此时水出口温度为 t

$$d\theta = \frac{-GC_{p2}dT}{q_m C_{p1}(t - t_1)} = -\frac{1000 \times 2.7 \times 1000 dT}{0.5 \times 4.18 \times 1000(t - 15)}$$

$$= -1291.8 \frac{dT}{(t - 15)}$$

(3) 找出 t-T 的函数关系

$$q_m C_{p1}(t - t_1) = KA \frac{(T - t_1) - (T - t)}{\ln \frac{T - t_1}{T - t}}$$

$$\ln \frac{T - t_1}{T - t} = \frac{KA}{q_m C_{p1}} = \frac{300 \times 2}{4180 \times 0.5} = 0.283，即 \frac{T - 15}{T - t} = 1.33$$

$$T - 15 = 1.33T - 1.33t$$

即 $1.33t = 0.33T + 15$ 或 $t = 0.25T + 11.28$

$$\theta = \int_0^\theta d\theta = \int_{100}^{40} -1291.8 \frac{dT}{(0.25T - 3.72)}$$

$$\theta = -1291.8 \times \frac{1}{0.25} \ln(0.25T - 3.72) \Big|_{100}^{40}$$

$$= -\frac{1291.8}{0.25}[\ln(0.25 \times 40 - 3.72) - \ln(0.25 \times 100 - 3.72)]$$

$$= -\frac{1291.8}{0.25} \ln\left(\frac{0.25 \times 40 - 3.72}{0.25 \times 100 - 3.72}\right)$$

$$= \frac{1291.8}{0.25} \ln \frac{0.25 \times 100 - 3.72}{0.25 \times 40 - 3.72}$$

$$= \frac{1291.8}{0.25} \ln \frac{21.28}{6.28} = \frac{1291.8}{0.25} \times 1.22 = 6304 s = 1.75 h$$

54. ①

解：此题为求简单折流时平均温度差

先按逆流计算

$$\begin{array}{l} 80 \rightarrow 35 \\ 30 \leftarrow 23 \\ \hline 50 \quad 12 \end{array} \quad \Delta t_{m逆} = \frac{50-12}{\ln\frac{50}{12}} = 26.6℃$$

参数 $R = \frac{80-35}{30-23} = 6.43$，$P = \frac{30-23}{80-23} = 0.123$

查得 $\varphi_{\Delta t} = 0.925$，$\Delta t_{m折} = \varphi_{\Delta t} \cdot \Delta t_{m逆} = 0.925 \times 26.6 = 24.6℃$

55. 17.66

解：$Q \approx Dr \approx 2100/3600 \times 2205 \times 10^3 = 1.29 \times 10^6 W$

蒸发器内的温度（溶液的沸点）$t = 81 + 9 = 90℃$

温差：$\Delta t = T - t = 120 - 90 = 30℃$

传热系数：$K = 1/(1/3500 + 1/8000) = 2435W/(m^2 \cdot K)$

由 $Q = KA\Delta t_m$ 可得传热面积：

$$A = 1.29 \times 10^6 / (2435 \times 30) = 17.66m^2$$

56. 0.736；125.9

解：水蒸发量 $W = F\left(1 - \frac{x_0}{x}\right) = \frac{3600}{3600} \times \left(1 - \frac{25}{50}\right) = 0.5kg/s$

由水蒸气表查得 400mmHg 下水蒸气饱和温度 $t_0 = 83℃$。二次蒸汽流动阻力所引起的温度差损失 Δ''取为 1℃，则蒸发室内蒸汽饱和温度为

$$t_{wb} = t_0 + \Delta'' = 83 + 1 = 84℃$$

在蒸发器内溶液大量循环，各点浓度皆等于出口浓度。根据 $x = 50\%$，$t_{wb} = 84℃$，可查得因溶液沸点升高引起的温差损失

$$\Delta'' = 124 - 84 = 40℃$$

考虑溶液静压的作用，液体的平均压强为

$$p_m = p + \frac{1}{2}\rho g L = \frac{400}{760} \times 1.013 \times 10^5 + \frac{1}{2} \times 1500 \times 9.81 \times 2.5 = 7.17 \times 10^4 N/m^2$$

此平均压强所对应的饱和温度为 90.5℃，故液体静压所造成的温差损失

$$\Delta'' = 90.5 - 83 = 7.5℃$$

溶液即完成液的沸点为

$$t = t_0 + \Delta = 83 + 40 + 1 + 7.5 = 131.5℃$$

由 NaOH 水溶液的焓浓图可查得原料液与完成液的焓为

$$i_0 = 70kJ/kg，i = 650kJ/kg$$

由水蒸气表查得二次蒸汽的焓和加热蒸汽的汽化热为

$$I = 2646.6kJ/kg，r_0 = 2143kJ/kg$$

将以上数据代入热量衡算式，可求出加热蒸汽耗量为

$$D = \frac{F(i - i_0) + \omega(I - i)}{r_0} = \frac{\frac{3600}{3600} \times (650 - 70) + 0.5 \times (2646.6 - 650)}{2143} = 0.736kg/s$$

4atm 加热蒸汽的饱和温度 $T = 142.9℃$，由传热速率方程式可求得所需传热面积为

$$A = \frac{Dr_0}{K\Delta t} = \frac{0.736 \times 2143 \times 10^3}{1100 \times (142.9 - 131.5)} = 125.9m^2$$

四、推导

1. 解：(1) 设钢球罐外壁与保温层之间的温度为 T_x，球罐表面积 $A=4\pi r^2$，据傅里叶定律

$$q=-\lambda A\frac{\mathrm{d}t}{\mathrm{d}r}=-\lambda_s 4\pi r^2，即\frac{\mathrm{d}r}{r^2}=-4\lambda_s\pi\frac{\mathrm{d}t}{q} \quad ①$$

积分式① 得
$$\int_{\frac{D_t}{2}}^{\frac{D_0}{2}}\frac{\mathrm{d}r}{r^2}=\frac{-4\bar{\lambda}_s\pi}{q}\int_{T_i}^{T_r}\mathrm{d}t$$

所以 $$\left[-\frac{1}{r}\right]_{\frac{D_i}{2}}^{\frac{D_0}{2}}=-\frac{\bar{\lambda}_s\cdot 4\pi}{q}(T_x-T_i)，\frac{1}{D_0}-\frac{1}{D_i}=\frac{2\pi\bar{\lambda}_s}{q}(T_x-T_i)$$

所以 $$T_i-T_x=\frac{q}{2\pi\bar{\lambda}_s}\left[\frac{1}{D_i}-\frac{1}{D_0}\right] \quad ②$$

对保温层来说

$$T_x-T_0=\frac{q}{2\pi\lambda_a}\left(\frac{1}{D_0}-\frac{1}{D_0+2h}\right) \quad ③$$

式②+式③得

$$T_i-T_0=\frac{q}{2\pi}\left[\frac{1}{\bar{\lambda}_s}\left(\frac{1}{D_0}-\frac{1}{D_i}\right)+\frac{1}{\bar{\lambda}_a}\left(\frac{1}{D_0}-\frac{1}{D_0+2h}\right)\right]$$

故 $$q=\frac{2\pi(T_i-T_0)}{\dfrac{D_0-D_i}{\bar{\lambda}_s D_0-D_i}+\dfrac{2h}{\lambda_2 D_0(D_0+2h)}}$$

$$=\frac{T_i-T_0}{\dfrac{D_0-D_i}{2\pi\bar{\lambda}_s D_0-D_i}+\dfrac{h}{\lambda_2\pi D_0(D_0+2h)}}$$

$$=\frac{T_i-T_0}{\dfrac{\xi_1}{\bar{\lambda}_s A_{m1}}+\dfrac{\xi_2}{\lambda_2 A_{m2}}}$$

$\xi_1=\dfrac{1}{2}(D_0-D_i)$，$\xi_1=h$，$A_{m1}=\pi D_{m1}^2=\pi D_0 D_i$，

$A_{m2}=\pi D_0(D_0+2h)=\pi D_{m2}^2$

(2) 当罐的内半径远大于罐的总壁厚时 $\dfrac{D_0-D_i}{D_0 D_i}$ 很小，而 $\bar{\lambda}_s\gg\lambda_2$

所以 $$\frac{D_0-D_i}{\bar{\lambda}_s D_0 D_i}\ll\frac{2h}{\lambda_2 D_0(D_0+2h)}$$

则 $$q=\frac{2\pi(T_i-T_0)}{\dfrac{2h}{\lambda_2 D_0(D_0+2h)}}=\frac{\lambda_2 D_0(D_0+2h)\pi(T_i-T_0)}{h}$$

取 $D_{m2}^2=D_0(D_0+2h)$ 时，则 $q=\dfrac{\lambda_2 A_{m2}(T_i-T_0)}{h}$

2. 解：$dQ=GC_p dt=Kn\pi D' dl(T-t)$（$D'$ 为管子直径）

所以 $\int_{T_1}^{T_2}\frac{dt}{T-t}=\frac{Kn\pi D'}{GC_p}\int_0^1 dl$，$-\ln\frac{T-T_2}{T-T_1}=\frac{Kn\pi D' l}{GC_p}$

所以 $\frac{T-T_2}{T-T_1}=\exp\left(-\frac{Kn\pi D'}{GC_p}l\right)$

对于壳程时

$$dQ=q_m C_p dT=K(\pi D-n\pi D')dl(T-t)$$

所以 $\int_{T_1}^{T_2}dT=\frac{K(\pi D-n\pi D')}{q_m C_p}\int_0^l dl$

即 $\ln\frac{T_2-t}{T_1-t}=\frac{K(\pi D-n\pi D')}{q_m C_p}l$

故

$$\frac{T_2-t}{T_1-t}=\exp\left[\frac{K(\pi D-n\pi D')}{q_m C_p}l\right]$$

3. 解：采用循环待定法求解：φ（a，u，l，λ，μ，ρ）$=0$

这 7 个物理量是由 4 个基本因式 $[M]$、$[L]$、$[\tau]$、$\left[\frac{Q}{T}\right]$组成的变化参数。据 π 定理，影响给热过程的物理量数 n 减去表示这些物理量的基本量纲数 m，就等于无量纲数群 N。$N=n-m=7-4=3$ 个准数，φ（π_1，π_2，π_3）$=0$。每个准数则由 $m+1=4+1=5$ 个物理量组成，故选择 u、l、λ、μ 为循环组合，因它们包括四个基本量纲，且本身不能组成无量纲群。

$$\begin{cases}\pi_1=u^{a_1}l^{b_1}\lambda^{c_1}\mu^{e_1}a\\ \pi_2=u^{a_2}l^{b_2}\lambda^{c_2}\mu^{e_2}\rho\\ \pi_3=u^{a_3}l^{b_3}\lambda^{c_3}\mu^{e_3}C_p\end{cases}$$

展开 π 的各量纲求准数：

$$\pi_1=[L\tau^{-1}]^{a_1}[L]^{b_1}\left[\frac{Q}{T}L^{-1}\tau^{-1}\right]^{c_1}[ML^{-1}\tau^{-1}]^{e_1}\left[\frac{Q}{T}L^{-2}\tau^{-1}\right]$$

$$=[L]^{a_1+b_1-c_1-e_1-2}[\tau]^{-a_1-c_1-e_1-1}\left[\frac{Q}{T}\right]^{c_1+1}[M]^{e_1}$$

式中 $[L]$、$[\tau]$、$\left[\frac{Q}{T}\right]$、$[M]$ 的指数都是零。

$$\begin{cases}a_1+b_1-c_1-e_1-2=0\\ -a_1-c_1-e_1-1=0\\ c_1+1=0\\ e_1=0\end{cases}$$

解方程组，得：$\begin{cases}a_1=0\\ b_1=1\\ c_1=-1\\ e_1=0\end{cases}$

故　$\pi_1=\dfrac{\alpha l}{\lambda}=Nu$ 努塞尔准数，包含待定的给热系数。

$\pi_2=u^{a_2}l^{b_2}\lambda^{c_2}\mu^{e_2}\rho$，展开量纲求准数，有：

$$\pi_2=[L\tau^{-1}]^{a_2}[L]^{b_2}\left[\frac{Q}{T}L^{-1}\tau^{-1}\right]^{c_2}[ML^{-1}\tau^{-1}]^{e_2}[ML^{-3}]$$

$$=[L]^{a_2+b_2-c_2-e_2-3}[\tau]^{-a_2-c_2-e_2}\left[\frac{Q}{T}\right]^{c_2}[M]^{e_2+1}$$

$$\begin{cases}a_2+b_2-c_2-e_2-3=0\\ -a_2-c_2-e_2=0\\ c_2=0\\ e_2+1=0\end{cases}$$

解得：
$$\begin{cases}a_2=1\\ b_2=1\\ c_2=0\\ e_2=-1\end{cases}$$

所以　$\pi_2=ul\mu^{-1}\rho=Re$，雷诺准数 Re 反映流体的流动状态。

因为　$\pi_3=u^{a_3}l^{b_3}\lambda^{c_3}\mu^{e_3}C_p$

所以　$\pi_3=[L\tau^{-1}]^{a_3}[L]^{b_3}\left[\frac{Q}{T}L^{-1}\tau^{-1}\right]^{c_3}[ML^{-1}\tau^{-1}]^{e_3}\left[\frac{Q}{T}M^{-1}\right]$

$$=[L]^{a_3+b_3-c_3-e_3}[\tau]^{-a_3-c_3-e_3}\left[\frac{Q}{T}\right]^{c_3+1}[M]^{e_3-1}$$

$$\begin{cases}a_3+b_3-c_3-e_3=0\\ -a_3-c_3-e_3=0\\ c_3+1=0\\ e_3-1=0\end{cases}$$

解得：
$$\begin{cases}a_3=0\\ b_3=0\\ c_3=-1\\ e_3=1\end{cases}$$

$\pi_3=\mu^1\lambda^{-1}C_p=\dfrac{\mu C_p}{\lambda}=Pr$，普朗特准数 Pr，表示与传热有关的流体物理性质。

由上可表示为 φ（a，u，l，λ，μ，ρ）$=0$，在强制对流传热过程中，一般将 Nu 作为待定准数，故上式可写成显函数形式：$Nu=CRe^mPr^n$。各种不同情况下由实验来确定式中 C、m、n 的数值。

第六章

气体吸收

一、选择题

1. 物理吸收的依据是________。
   ① 气体混合物中各组分在某种溶剂中溶解度的差异
   ② 液体混合物中各组分挥发能力的差异
   ③ 液体均相混合物中各组分结晶能力不同
   ④ 液体均相混合物中各组分沸点不同
2. 一个完整的工业吸收流程应包括________。
   ① 吸收部分　② 解吸部分　③ 吸收和解吸部分　④ 难以说明
3. 吸收操作的作用是分离________。
   ① 气体混合物　② 液体均相混合物
   ③ 互不相溶的液体混合物　④ 气-液混合物
4. 评价吸收溶剂的指标包括________。
   ① 对混合气中被分离组分有较大溶解度，而对其他组分的溶解度要小，即选择性要高
   ② 混合气中被分离组分在溶剂中的溶解度应对温度的变化比较敏感
   ③ 溶剂的蒸气压、黏度要低，化学稳定性要好，此外还要满足价廉、易得、无毒、不易燃烧等经济和安全条件
5. 有关吸收操作的说法中正确的是________。
   ① 实际吸收过程常同时兼有净化与回收双重目的
   ② 吸收是根据混合物中各组分在某种溶剂中溶解度的不同而达到分离的目的
   ③ 一个完整的吸收分离过程一般包括吸收和解吸两部分
   ④ 常用的解吸方法有升温、减压和吹气。其中升温与吹气特别是升温与吹气同时使用最为常见
   ⑤ 用吸收操作来分离气体混合物应解决下列三方面问题：a. 吸收剂的选择；b. 吸收剂的再生；c. 吸收设备
   ⑥ 根据不同的分类方法，吸收可分为物理吸收和化学吸收；也可分为单组分吸收和多组分吸收；又可分为等温吸收和非等温吸收
   ⑦ 按气、液两相接触方式的不同，可将吸收设备分为级式接触与微分接触两大类
6. 由二氧化碳、空气、水构成的气液平衡体系，若总压及温度选定，那么当空气被视为不溶于水的惰性组分时，该体系的自由度是________。
   ① 3　② 2　③ 1　④ 0

7. 下列关于分子扩散与分子热运动的比较与分析中不正确的是________。

① 没有分子热运动就不可能有分子扩散运动

② 分子扩散与分子热运动都是一种无定向的运动

③ 分子扩散只能发生在非平衡体系

④ 无论体系平衡与否，分子热运动总是在进行

8. 非克定律可以解答的问题为________。

① 分子热运动方向及其速度大小　② 分子扩散方向及其扩散系数大小

③ 分子扩散方向及其速率大小　④ 扩散传质方向及其速率大小

9. 下列对扩散系数的理解和认识中不对的是________。

① 扩散系数不是物性参数，而是物系中物质的一种传递性质

② 扩散系数与浓度场中的浓度梯度成正比

③ 气相中物质的扩散系数因温度的增高而加大，因压强的增高而减小

④ 液相中物质的扩散系数受浓度的影响显著

10. 关于亨利定律（$p=Ex$）与拉乌尔定律的下述讨论中错误的是________。

① 亨利定律与拉乌尔定律都是关于理想溶液的气液平衡定律

② 亨利定律与拉乌尔定律都适用于稀溶液的气液平衡

③ 亨利系数 E 越大，物质的溶解度越小

④ 温度越低，亨利系数 E 越小

11. 在一符合亨利定律的气液平衡系统中，溶质在气相中的摩尔浓度与其在液相中的摩尔浓度的差值为________。

① 正值　② 负值　③ 零　④ 不确定

12. 假定空气中的氧为溶质，氮为惰性气体，它们的体积比为 1∶4，若视空气为理想气体，则氧在空气中的摩尔浓度 x、比摩尔浓度 X 以及比质量浓度 X' 的大小顺序为________。

① $x<X<X'$　② $X<X'<x$　③ $X'<x<X$　④ $x<X'<X$

13. 已知 SO_2 水溶液在三种温度 t_1、t_2、t_3 下的亨利系数分别为 $E_1=3.6155\times10^2$ Pa，$E_2=1.1363\times10^3$ Pa，$E_3=6.7145\times10^2$ Pa，则________。

① $t_1<t_2$　② $t_3>t_2$　③ $t_3<t_1$　④ $t_1>t_2$

14. 吸收过程的推动力为________。

① 浓度差　② 温度差

③ 压力差　④ 实际浓度与平衡浓度差

15. 在吸收操作中，吸收塔一截面上总推动力（以气相浓度差表示）为________。

① $Y-Y^*$　② Y^*-Y　③ $Y-Y_i$　④ Y_i-Y

16. 对某一气液平衡物系，在总压一定时，若温度升高，则其亨利系数 $E(p=Ex)$ 将________。

① 减小　② 增大　③ 不变　④ 不确定

17. 相平衡在吸收操作中的作用很重要，其应用主要是________。

① 判断吸收过程的方向，指明不平衡的气液两相接触时，溶质是被吸收还是被解吸

② 指明过程的极限，这是由气液相平衡是吸收过程的极限决定的

③ 计算过程的推动力，这是因为吸收的推动力是以实际的气、液相组成与其平衡组成的偏离程度来表示的。实际组成偏离平衡组成越远，过程的推动力越大，过程速率也越快

18. 吸收过程所发生的是被吸收组分的________。

① 单向扩散　　② 等分子反向扩散　　③ 主体流动　　④ 分子扩散

19. 吸收操作时溶质从气相转入液相的过程主要由下列中的________步骤组成。

① 溶质从气相主体传递到两相界面

② 在界面上溶质由气相转入液相，即在界面上的溶解过程

③ 溶质从界面传递到液相主体

20. 下列论断中正确的是________。

① 分子扩散是由于系统内某组分存在浓度差而引起的分子的微观的随机运动

② 严格地讲，只要不满足等分子反方向的扩散条件，必然出现主体流动。主体流动是由于分子扩散而产生的伴生运动

③ 双组分理想溶液的精馏过程可视为等分子反向扩散过程

④ 吸收过程所发生的是组分 A 的单向扩散，而不是等分子反向扩散

21. 有效膜理论的基本要点为________。

① 气液相间有一稳定的界面，界面两侧各有一层静止的气膜和液膜，溶质以分子扩散方式通过此二膜

② 界面上的气液两相平衡，即 $p_i=f(i)$

③ 膜以外的气液两相中心区无传质阻力，即浓度梯度（分压梯度）为零

④ 对具有自由相界面的系统，对于高度湍动的两流体间的传质过程，理论与实际情况不一致

⑤ 传质系数与扩散系数的 0.67 次方成正比

22. 溶质渗透理论的基本要点为________。

① 液体在下降过程中，每隔一定时间 τ_0 发生一次完全的混合，并使液体的浓度均匀化

② 在 τ_0 时间内发生的是非定态的扩散过程

③ 在发生混合的最初瞬间，只有界面处的浓度处于平衡浓度，界面以外区域浓度均与主体浓度相同；界面处的浓度梯度最大，传质速率也最快

④ 传质系数与扩散系数的 0.5 次方成正比

23. 关于扩散传质中的漂流因数概念，下列讨论中正确的是________。

① 漂流因数永远大于或等于 1

② 漂流因数反映分子扩散速率与单向分子扩散传质速率之比

③ 漂流因数概念只适用于分子扩散传质过程，而不适用于对流扩散传质过程

④ 漂流因数概念只适用于气相扩散传质，而不适用于液相扩散传质

24. 表面更新理论的基本要点为________。

① 液体在下流过程中不断有液体从主体转为界面而暴露于气相中，从而大大强化了传质过程

② 随时的表面更新使得深处的液体有机会直接与气体接触以接受溶质

③ 传质系数与扩散系数的 0.5 次方成正比

25. 下列论断中正确的是________。

① 对于氨溶于水的过程而言，吸收过程的阻力主要集中于气膜，称为气膜控制过程，要想提高其吸收速率，应设法增加气相的湍动程度

② 对于 CO_2 溶于水的过程而言，吸收过程的阻力主要集中于液膜，称为液膜控制过程，

要想提高其吸收速率，应设法增加液相的湍动程度

③ 一般情况下，对于中等溶解度的吸收过程，气膜阻力和液膜阻力均不可忽略，称为双膜控制吸收过程，要想提高其吸收速率，必须同时增加两相湍动程度

④ 吸收过程不论什么情况都不存在控制步骤

26. 某相际传质过程为气膜控制，究其原因，甲认为是由于气膜传质速率小于液膜传质速率的缘故；乙认为是气膜传质推动力较小的缘故。正确的是________。

① 甲对　　② 乙对　　③ 甲、乙都对　　④ 甲、乙都不对

27. 下列吸收操作中为液膜控制的传质过程为________。

① 用氢氧化钠溶液吸收二氧化碳气体　　② 用水吸收氧气

③ 用水吸收二氧化碳气体　　④ 用水吸收二氧化硫气体

28. 依据“双膜理论”，下列判断中可以成立的是________。

① 可溶组分的溶解度小，吸收过程的速率为气膜控制

② 可溶组分的亨利系数 $E(p=Ex)$ 大，吸收过程的速率为液膜控制

③ 可溶组分的相平衡常数大，吸收过程的速率为气膜控制

④ 液相的黏度低，吸收过程的速率为液膜控制

29. 某溶质 A 在气液相中的溶解平衡遵循亨利定律，今以 y_g、c_e 分别表示 A 组分在气液两相中的浓度，以 y_i、c_i 分别表示它在相界面的浓度，据相际传质的“双膜理论”，下列关系成立的是________。

① $\frac{\partial y_i}{\partial c_i}=$常数　　② $\frac{\partial y_g}{\partial c_i}=$常数

③ $\frac{\partial y_i}{\partial c_e}=$常数　　④ $\frac{\partial y_g}{\partial c_e}=$常数

30. 根据“双膜理论”，当被吸收组分在液体中溶解度很小时，以液相浓度表示的传质总系数 K_L ________。

① 大于液相传质分系数 k_L　　② 近似等于液相传质分系数 k_L

③ 大于气相传质分系数 k_G　　④ 近似等于气相传质分系数 k_G

31. 当进塔混合气中的溶质浓度不高（例如小于 5% ～ 10%）时，称为低浓度气体（贫气）吸收，其特点为________。

① 气液两相在吸收塔内流量变化不大，即全塔内流体流动情况基本不变，故气膜传质系数和液膜传质系数在塔内基本不变，可视为常数

② 由于全塔内溶质组成在涉及的范围内可视为稀溶液，平衡关系符合亨利定律，且相平衡常数 m 为定值，故在全塔内总传质系数可视为常数，或可取全塔的平均值

③ 因吸收量少，由溶解热而引起的液体温度的升高并不显著，故认为吸收过程是等温的，故可不作热量衡算

④ 因被吸收的溶质量很少，流经全塔的混合气体流率与液体流率变化不大，可视为常量

32. 下列论断中正确的是________。

① 塔高可看成传质单元数与传质单元高度的乘积，这只是变量的分离和合并，并无实质性的变化

② 传质单元数所含的变量只与物质的相平衡以及进出口的浓度条件有关，与设备的形式和设备中的操作条件（如流速）等无关

③ 传质单元高度表示完成一个传质单元所需的塔高，是吸收设备效能高低的反映；它的数值变化数量级不像传质系数那样大，常用吸收设备的传质单元高度约为0.15～1.5m

④ 传质单元数的大小反映了分离过程进行的难易

⑤ 传质单元高度所含的变量与设备形式、操作条件有关。它的大小反映吸收设备效能的优劣

33. 在某逆流操作的填料塔中，进行低浓度吸收，该过程可视为液膜控制。若入气量增加而其他条件不变，则液相总传质单元高度 H_{OL} ________。

① 增加　　② 减少　　③ 不一定　　④ 基本不变

34. 低浓度液膜控制系统的逆流吸收，在塔操作中若其他操作条件不变，而入口气量有所增加，则液相总传质单元数 N_{OL} ________，气相总传质单元高度 H_{OL} ________，操作线斜率将________。

① 增加　　② 减小　　③ 基本不变　　④ 不变

35. 吸收塔的操作线是直线，主要基于________。

① 物理吸收　　② 化学吸收　　③ 高浓度物理吸收　　④ 低浓度物理吸收

36. 对于逆流接触分离过程，若被分离组分的相平衡关系和操作线均为直线，即相平衡关系为 $y_e=mx$，操作线方程为 $y_{入}-y=\dfrac{L}{V}(x_{出}-x)$，则

(1) 最小溶剂比 $(L/V)_{min}$ 下的吸收因数 $A_{min}=\left(\dfrac{L}{mG}\right)_{min}$ 与该组分的回收率 $\varphi=\dfrac{y_{入}-y_{出}}{y_{入}-mx_0}$ 的关系为________。

① $A_{min}>\varphi$　　② $A_{min}<\varphi$　　③ $A_{min}=\varphi$　　④ $A_{min}=\dfrac{1}{\varphi}$

(2) 这一关系式对板式塔和填料塔________。

① 都适用　　② 板式塔适用　　③ 填料塔适用

(3) 气相总传质单元高度 H_{OG} 和气相传质单元高度 H_G 及液相传质单元高度 H_L 的关系式为________。

① $H_{OG}=H_G+H_L/A$　　② $H_{OG}=H_L+H_G/A$

③ $H_{OG}=H_G-H_L/A$　　④ $H_{OG}=H_L-H_G/A$

(4) 气相传质单元数 N_G 和气相总传质单元数 N_{OG} 的关系式为________。

① $N_G/N_{OG}=1+H_L/(AH_G)$　　② $N_G/N_{OG}=1+H_G/(AH_L)$

③ $N_{OG}/N_G=1+H_L/(AH_G)$　　④ $N_{OG}/N_G=1+H_G/(AH_L)$

37. 设在一气液逆流接触的吸收塔内气体进入量为 G [mol/ (m² · s)]，液体进入量为 L [mol/ (m² · s)]；气体进口浓度为 y_1，出口浓度为 y_2；液体进口浓度为 x_2，出口浓度为 x_1（浓度均为摩尔分数），塔内气体平衡关系符合亨利定律 $y=mx$，则当解吸因数 $mG/L=1$ 时，气体总传质单元数为________。

① $N_{OG}=\dfrac{y_1-mx_2}{y_2-mx_2}+1$　　② $N_{OG}=\dfrac{y_2-mx_2}{y_1-mx_2}+1$

③ $N_{OG}=\dfrac{y_1-mx_2}{y_2-mx_2}-1$　　④ $N_{OG}=\dfrac{y_2-mx_2}{y_1-mx_2}-1$

38. 提高吸收塔的液气比，甲认为将增大逆流吸收过程的推动力，乙认为将增大并流吸收过

程的推动力，正确的是________。

① 甲对　② 乙对　③ 甲、乙都不对　④ 甲、乙都对

39. 据图 6-1，有人做出以下三点判断：

甲：该吸收操作在填料塔中进行。

乙：气、液两相逆流接触。

丙：若按 ac 操作线完成吸收，($x_d - x_c$) 则是塔顶以液相浓度表示的相际传质推动力。

这些判断中正确的是________。

① 甲、乙错误　② 甲、丙错误　③ 乙、丙错误　④ 甲、乙、丙都不对

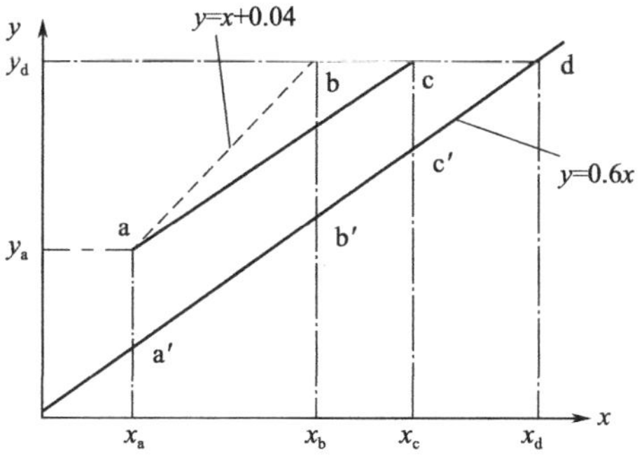

图 6-1　吸收操作示意图

40. 据图 6-1，以下讨论中错误的是________（假定吸收剂、原料气、吸收尾气组成不变）。

① 按 ac 操作线完成吸收任务比按 ab 线要经济，因为吸收剂消耗少

② 若对同一吸收设备，按 ac 操作线进行吸收比按 ab 操作线进行吸收，设备的生产能力要小些

③ 若对同一吸收设备，按 ac 操作线进行吸收比按 ab 操作线进行吸收，流体输送的能耗要小些

④ 对于相同的吸收任务，采用板式塔设备，按 ac 操作线进行吸收比按 ab 操作线进行吸收，所需的塔板数要多些

41. 当原料气、吸收剂的组成一定，尾气浓度亦如图 6-1 限定，假若吸收操作的液气比选 3∶5，那么如图所示的吸收操作，完成液的浓度应是________。

① x_a　② x_b　③ x_c　④ x_d

42. 据图 6-1，若按 ab 操作线进行吸收，吸收因数等于________。

① 3/5　② 1　③ 5/3　④ 5/2

43. 据图 6-1，若按 ac 操作线进行的吸收过程改为按 ab 操作线进行，那么气相总传质单元数 N_{OG} 将会________。

① 增大　② 减小　③ 不变　④ 无法判断

44. 若吸收剂的溶质浓度为零，完成液的浓度及原料气组成如图 6-1 所示，限定为 x_b、y_a，当取液气比等于 0.6 时，则据图可判定吸收尾气的浓度大小为________。

① 大于 y_a　② 等于 y_a　③ 小于 y_a　④ 零

45. 在吸收操作中，下列各项数值的变化不影响吸收传质系数的是________。

① 传质单元数的改变　② 传质单元高度的改变

③ 吸收塔结构尺寸的改变　　④ 吸收塔填料类型及尺寸的改变

46. 在吸收操作的设计计算中，吸收传质系数通常可以通过下列三种途径获得：

A. 采用相同过程，同设备的生产实测数据。

B. 采用同类过程及设备的经验方程推算。

C. 根据传质相似原理，采用相应的特征数关联式求算。

为保证设计计算的准确，应当________。

① 优先考虑 C，其次为 B　　② 优先考虑 B，其次为 C

③ 优先考虑 B，其次为 A　　④ 优先考虑 A，其次为 B

47. 下列论断中正确的是________。

① 填料塔为连续接触的气液传质设备，可应用于吸收、蒸馏等分离过程

② 填料塔的主要流体力学性能为气体通过填料层的压强降和液泛气速

③ 填料塔的主要附件有：a. 填料支撑装置；b. 液体分布装置；c. 液体再分布装置；d. 除沫装置

48. 已知 CO_2 水溶液在两种温度 t_1、t_2 下的亨利系数分别为 $E_1=144$MPa，$E_2=188$MPa，则________。

① $t_1=t_2$　　② $t_1>t_2$　　③ $t_1<t_2$　　④ 无法确定

49. 选择吸收剂时应重点考虑的是________性能。

① 挥发度＋再生性　　② 选择性＋再生性

③ 挥发度＋选择性　　④ 溶解度＋选择性

50. 在吸收塔设计中，当吸收剂用量趋于最小用量时，________。

① 吸收率趋向最高　　② 吸收推动力趋向最大

③ 操作最为经济　　④ 填料层高度趋向无穷大

51. 用纯溶剂逆流吸收混合气中的溶质，符合亨利定律。当入塔气体浓度上升（属低浓度范围）其他入塔条件不变时，气体出塔浓度 y_2 和吸收率 φ ________。

① $y_2\uparrow$，$\varphi\uparrow$　　② $y_2\downarrow$，$\varphi\downarrow$

③ $y_2\uparrow$，φ 不变　　④ $y_2\uparrow$，φ 不确定

52. 正常操作的逆流吸收塔，因故吸收剂入塔量减少，以致液气比小于原定的最小液气比，将会发生________。

① $x_1\uparrow$，$\eta\uparrow$　　② $y_2\uparrow$，x_1 不变

③ $y_2\uparrow$，$x_1\uparrow$　　④ 在塔下部发生解吸现象

53. 操作中的吸收塔，当其他操作条件不变，仅降低吸收剂入塔浓度时，吸收率将________；当用清水作吸收剂时，其他操作条件不变，仅降低入塔气体浓度，则吸收率将________。

① 增大　　② 不变　　③ 降低　　④ 不确定

54. 低浓度逆流吸收操作，当气液进塔组成不变，而改变操作条件使解吸因数 s 增大时，气体出塔浓度 Y_2 将________，液体出塔浓度 X_1 将________。

① 增大　　② 减小　　③ 不变　　④ 不确定

55. 下列叙述错误的是________。

① 对给定物系，影响吸收操作的只有温度和压力

② 亨利系数 E 仅与物系及温度有关，与压力无关

③ 吸收操作的推动力既可表示为 $(Y-Y_e)$，也可表示为 (X_e-X)

④ 降低温度对吸收操作有利，吸收操作最好在低于常温下进行

56. 吸收操作中，增大吸收剂用量，则：________。

① 设备费用增大，操作费用减少　② 设备费用减少，操作费用增大

③ 设备费用和操作费用均增大　④ 设备费用和操作费用均减少

57. 吸收塔尾气超标，可能的原因是________。

① 塔压增大　② 吸收剂降温　③ 吸收剂用量增大　④ 吸收剂纯度下降

58. 低浓度难溶气体吸收，其他操作条件不变，入塔气量增加，气相总传质单元高度 H_{OG}、出塔气体浓度 y_2、出塔液体浓度 x_1 的变化情况为________。

① $H_{OG}\uparrow$，$y_2\uparrow$，$x_1\uparrow$　② $H_{OG}\uparrow$，$y_2\uparrow$，$x_1\downarrow$

③ $H_{OG}\uparrow$，$y_2\downarrow$，$x_1\downarrow$　④ $H_{OG}\downarrow$，$y_2\uparrow$，$x_1\downarrow$

59. 填料因子 Φ 值减小，泛点气速 u_F________。

① 减小　② 增大　③ 不变　④ 不确定

60. 填料塔的正常操作区域为________。

① 载液区　② 液泛区　③ 恒持液量区　④ 任何区

61. 在下列情况下，不会引起降液管液泛的是________。

① 气液负荷过大　② 过量雾沫夹带　③ 塔板间距过小　④ 开孔率过大

62. 在下列吸收过程中，属于气膜控制的过程是________。

① 水吸收氢　② 水吸收硫化氢　③ 水吸收氨　④ 水吸收氧

二、填空

1. 亨利定律的表达式为________；它适用于________。
2. 气体的溶解度一般随温度的升高而________。
3. 吸收操作中，压力________和温度________都可提高气体在液体中的溶解度，而有利于吸收操作。
4. 对于解吸过程而言，压力________和温度________都利于过程的进行。
5. 以分压差为推动力的总传质速率方程可表示为 $N_A=K_G(p-p_e)$，N_A 的单位为 kmol/($m^2\cdot s$)，由此式可推知气相体积总传质系数 K_Ga 的单位是__________，其中 a 代表________。
6. 若 K_G、k_G、k_L 分别为气相总传质系数、气相传质分系数和液相传质分系数，H 为亨利系数，则它们之间的关系式为________。
7. 吸收总系数与分系数间的关系可表示为 $\frac{1}{K_L}=\frac{1}{k_L}+\frac{H}{k_G}$，若 K_L 近似等于 k_L，则该吸收过程为________控制。
8. 吸收操作中，温度不变，压力增大，可使相平衡常数________，传质推动力________。
9. 假设气液界面没有传质阻力，故 p_i 与 c_i 的关系为________。如果液膜传质阻力远小于气膜的，则 K_G 与 k_G 的关系为________。在填料塔中，气速越大，K_G 越________；扩散系数 D 越大，K_G 越________。
10. (1) 在实验室用水吸收空气中的 CO_2 基本属于________控制，其气膜中的浓度梯度________（大于，等于，小于）液膜中的浓度梯度，气膜阻力________（大于，等于，小于）液膜阻力。

（2）吸收塔操作时，若解吸因数 mG/L 增加，而气液进料组成不变，则溶质回收率将________（增加，减小，不变，不确定）。

11. 在一逆流吸收塔中，若吸收剂入塔浓度下降，其他操作条件不变，此时该塔的吸收率________，塔顶气体出口浓度________。

12. 漂流因数表示为________，它反映________的影响。当混合气体中组分 A 的浓度很低时，漂流因数________；当 A 浓度高时，漂流因数________。

13. 压力__________，温度__________将有利于解吸的进行。吸收因数 A 表示__________与__________之比，当 $A \geqslant 1$ 时，增加塔高，吸收率__________。

14. 解吸时，溶质由__________向__________传递，在逆流操作的填料塔中，吸收因数 $A=$________，当 $A<1$ 时，若填料层高度 $H=\infty$，则气液两相在塔________达到平衡。

15. 在气体流量、气相进出口组成和液相进口组成不变时，减少吸收剂用量，则传质推动力将________，操作线将________，设备费用将________。

16. （1）在一个低浓度液膜控制的逆流吸收塔中，若其他操作条件不变，而液量与气量同时成比例增加，则：气体出口组成 y_a 将________；液体出口组成 x_b 将________；回收率将________。

① 增加　　② 减小　　③ 不变　　④ 不定

（2）传质速率 N_A 等于分子扩散速率 J_A 的条件是________。

① 单向扩散　　② 双向扩散　　③ 静止或层流流动

④ 湍流流动　　⑤ 定流过程

17. 用水吸收空气中少量的氨。总气量 G、气温 t 及气体组成 y_1、y_2（进出口组成）均不变，而进塔水温升高后，总传质单元数 N_{OG}________；理论塔板数 N_T________；总传质单元高度 H_{OG}________；最小液气比 $(L/G)_{min}$________；相平衡常数 m________。

18. 吸收操作时，塔内任一横截面上，溶质在气相中的实际分压总是________与其接触的液相平衡分压，所以吸收操作线总是位于平衡线的________；反之，如果操作线位于平衡线________，则应进行解吸过程。

19. 当气体处理量及初、终浓度已被确定时，减少吸收剂用量，操作线的斜率将________，其结果是使出塔吸收液的浓度________，而吸收推动力相应________。

20. s_1、s_2、s_3 是 3 种气体在吸收过程中的解吸因数，已知 $s_1>s_2>s_3$，且吸收过程的操作条件相同，则 3 种气体按溶解度大小排序如下________。

21. 含低浓度难溶气体的混合气，在逆流填料吸收塔内进行吸收操作，传质阻力主要存在于________中；若增大液相湍动程度，则气相总体积吸收系数 K_Ya 值将________；若增加吸收剂的用量，其他操作条件不变，则气体出塔浓度 Y_2 将__________，溶质 A 的吸收率将__________；若系统的总压强升高，则亨利系数 E 将__________，相平衡常数 m 将________。

22. 在气体流量、气相进出口组成和液相进口组成不变时，若吸收剂用量减至最小吸收剂用量时，设备费用将________。

三、计算

1. 某合成氨厂变换气中含 CO_2 27%（体积分数），其余为 N_2、H_2、CO（可视作惰性气体），含量分别为 18%、52.4%、2.6%，CO_2 对惰性气体的比摩尔分数为________，比质量分数为________。

① 0.37，1.74　　② 1.74，0.37　　③ 1.37，0.74　　④ 0.74，1.37

2. 由手册中查得稀氨水的密度为 $0.9939g/cm^3$，若 100g 水中含氨 1g，其浓度为________ $kmol/m^3$。

① 0.99　　② 0.85　　③ 0.58　　④ 0.29

3. 20℃时氨水浓度为 26%（质量分数），则氨的浓度为________ $kmol/m^3$；对水的比摩尔分数为________。

4. 某混合气体中含 H_2S 2%（摩尔分数），混合气体的温度为 20℃，操作压强为常压，在此条件下符合亨利定律，则 H_2S 水溶液的 m 值为________，100g 水中最多可溶解 H_2S________g。

① 4.83×10^2，7.82×10^{-3}　　② 7.82×10^{-3}，4.83×10^2

③ 6.0×10^2，7×10^{-2}　　④ 6.82×10^2，4.83×10^{-2}

5. 温度为 20℃，压强为 101.3kPa 的空气与水充分接触时，水中氧的溶解度为________g (O_2) $/m^3$ (H_2O)（已知该条件下 O_2 在水中的亨利系数 $E=4.06\times10^6kPa$，空气中氧的体积分数为 21%）。

6. 在 507kPa、30℃下，水与 CO_2-空气混合气充分接触，测得 100g 水中溶解 0.0132g CO_2，上方平衡分压为 10.14kPa，则相平衡常数 $m=$________，溶解度系数 H 为________。

7. 20℃时与 2.5% SO_2 水溶液成平衡时气相中 SO_2 的分压为________kPa（已知 $E=0.245\times10^7Pa$）。

① 1.013×10^5　　② 1.65　　③ 17.54　　④ 101.3

8. 某气体中氢的含量为 0.263%（摩尔分数），在 101.3kPa、293K 条件下用水进行吸收。已知氢溶解在水中的亨利系数 $E=6.44\times10^6kPa$，则所得氢溶液的最大质量分数为________%。

① 26.3　　② 10.13　　③ 4.59×10^{-7}　　④ 2.6×10^{-7}

9. 已知总压为 1atm，温度为 20℃，列出 H_2 溶解于水的平衡关系式：$p_e=f(x)$，$p_e=f(c)$，$y_e=f(x)$ 分别为________、________和________，若气相中 H_2 的分压为 200mmHg，$E=6.83\times10^4atm$，则 100kg 水中能溶解________kg 的 H_2。

10. 常压 20℃下稀氨水的相平衡方程为 $y_e=0.94x$，今使含氨 5%（摩尔分数）的含氨混合气体和 $x=0.1$ 的氨水接触，则发生________。

① 吸收过程　　② 解吸过程　　③ 平衡过程　　④ 无法判断

11. 常压 20℃下稀氨水的相平衡方程为 $y_e=0.94x$，今使含氨 10%（摩尔分数）的混合气体和 $x=0.05$ 的氨水接触，则发生________。

① 解吸过程　　② 吸收过程　　③ 平衡状态　　④ 无法判断

12. 总压 1200kPa，温度 303K 下，含 CO_2 5.0%（体积分数）的气体与含 CO_2 1.0g/L 的水溶液相遇，则会发生________（吸收、解吸），以分压差表示的推动力为________kPa。

13. 常压 25℃下，溶质 A 的分压为 0.054 atm 的混合气体分别与以下溶液接触时，溶质 A 在两相间的转移方向为：

（1）溶质 A 浓度为 0.002mol/L 的水溶液________。

（2）溶质 A 浓度为 0.001mol/L 的水溶液________。

（3）溶质 A 浓度为 0.003mol/L 的水溶液________。

（4）若将总压增至 5 atm，气相溶质 A 的摩尔分数仍保持原来数值，与溶质 A 的浓度为 0.003mol/L 的水溶液接触________（已知工作条件下，体系符合亨利定律，亨利系数 $E=0.15\times10^4$ atm）。

14. 某吸收塔用溶剂 B 吸收混合气体中的 A 化合物。在塔的某一点，气相中 A 的分压为 0.21 atm，液相中 A 的浓度为 1.00×10^{-3} kmol/m^3，气液相之间的传质速率为 0.144kmol/(h · m^2)，气相传质分系数为 $k_G=1.44$ kmol/(h · m^2 · atm)。实验证明系统服从亨利定律，当 $p_A=0.08$ atm 时，液相的平衡溶液浓度为 1.00×10^{-3} kmol/m^3。则：

（1）$k_L=$________m/h；（2）$K_G=$________kmol/(m^2 · h · atm)；（3）$K_L=$________m/h；（4）推动力 p_A-p_{Ai} 为________atm，$c_{Ai}-c_A$ 为________kmol/m^3，$p_A-p_{A,e}$ 为________atm，$c_{A,e}-c_A$ 为________ kmol/m^3。

15. 某填料吸收塔在 1atm 和 295K 下，用清水吸收氨-空气混合气中的氨，传质阻力可以认为集中在 1mm 厚的静止气膜中。在塔内某点上，氨的分压为 6.6kPa，水面上氨的平衡分压可以不计。已知氨在空气中的扩散系数为 0.236cm^2/s，摩尔气体常数 $R=8.314$ kJ/(kmol · K)，则该点上单位面积的传质速率为________ kmol/(m^2 · h)。

① 0.83　② 0.48　③ 0.24　④ 0.12

16. 用清水吸收混合气体中的 NH_3，进入吸收塔的气体中含 NH_3 6%（体积分数），吸收后离塔气体中含 NH_3 4%（体积分数），溶液出口浓度（比摩尔分数）$X_1=0.012$，此系统的平衡关系为 $Y=2.52X$，则此吸收塔气体进、出口的推动力 ΔY_1、ΔY_2 分别为________。

① 0.0336、0.00401　② 0.00401、0.0336

③ 0.0135、0.00201　④ 0.0201、0.0135

17. 某逆流吸收塔用纯溶剂吸收混合气体中的易溶组分，设备高为无穷大，入塔 $y_1=8\%$（体积分数），平衡关系 $y_1=2x$，则：（1）液气比为 2.5 时，吸收率=________；（2）液气比为 1.5 时，吸收率=________。

18. 在吸收塔某处，气相主体浓度 $y=0.025$，液相主体浓度 $x=0.01$，气相传质分系数 $k_G=2$ kmol/(m^2 · h)，气相总传质系数 $K_G=1.5$ kmol/(m^2 · h)，若平衡关系为 $y=0.5x$，则该处气液界面上气相浓度 y 应为________。

① 0.02　② 0.01　③ 0.015　④ 0.005

19. 某吸收塔中用清水作吸收剂进行吸收操作，已知相平衡常数 $m=102$，操作压力为 786mmHg 的气相传质分系数 $k_G=0.27$ kmol/(m^2 · h · atm)，液相传质分系数 $k_L=0.42$ m/h，则 K_y 及 K_x 分别为________kmol/(m^2 · h) 和________kmol/(m^2 · h)。

20. 常压下，用清水吸收空气-氨混合气中的氨气。物系平衡关系符合亨利定律，溶解度系数 $H=1.5$ kmol/(m^3 · kPa)，气相传质分系数 $k_G=2.74\times10^{-7}$ kmol/(m^2 · s · kPa)，液相传质分系数 $k_L=0.25$ m/h，则该过程为________。

① 气膜控制　② 液膜控制　③ 双膜控制　④ 无法判断

21. 常压 30℃下用水吸收混合气体中的氨，操作条件下，气液平衡关系为 $y_e=1.20x$。已知气相传质分系数 $k_y=5.31\times10^{-4}$ kmol/(m^2 · s)，液相传质分系数 $k_x=5.33\times10^{-4}$ kmol/(m^2 · s)，则该过程为________。

① 液膜控制　② 气膜控制　③ 双膜控制　④ 无法判断

22. 某吸收过程，已知气相传质分系数 $k_y=4\times10^{-4}$ kmol/(m^2 · s)，液相传质分系数 $k_x=$

8×10^{-3} kmol/(m^2 · s)，由此可判断该过程为________。

① 液膜控制　　② 气膜控制　　③ 双膜控制　　④ 判断依据不足

23. 某气体在低浓度服从亨利定律的情况下被吸收，生成的溶液浓度也是很稀的，其气相传质分系数 $k_G=0.1$ kmol/(m^2 · h · atm)，液相传质分系数 $k_L=0.25$ m/h，溶解度系数 $H=0.2$ kmol/(m^3 · mmHg)，则该气体属于________。

① 难溶性气体　　② 微溶性气体　　③ 易溶性气体

24. 在吸收操作中，若气相体积传质分系数 k_ya 为 0.026kmol/(m^3 · s)，液相体积传质分系数 k_xa 为 0.02kmol/(m^3 · s)，相平衡常数 m 为 0.1，且 k_ya 正比于 $G^{0.7}$（G 为气体流量），若传质推动力用气相浓度差表示，则当气体流量增加一倍时，传质总阻力减少________%。

25. 用填料塔作气液吸收装置，20℃和 1 个大气压下，含 2.5%（体积分数）氨的空气与水逆流接触通过填料塔作等温吸收，出口气体的氨含量为 0.02%（体积分数），不含氨的空气和水的质量流速分别为 $G_i=3000$ kg/(h · m^2)，$L_i=3000$ kg/(h · m^2)，出口液的浓度是________（摩尔分数）。

① 0.02　　② 0.0156　　③ 0.0078　　④ 0.01

26. 有一填料塔，处于稳定逆流操作。气体从塔底进入，吸收剂从塔顶淋下，塔内气-液平衡关系和解吸操作线如图 6-2 所示。请你用图说明并将有关参数表示在图上。

(1) 塔顶和塔底的气液相组成；

(2) 以气相浓度差表示的塔顶塔底总推动力；

(3) 在图上作出塔无限高时的操作线，并作解析式表示此时的气液比。

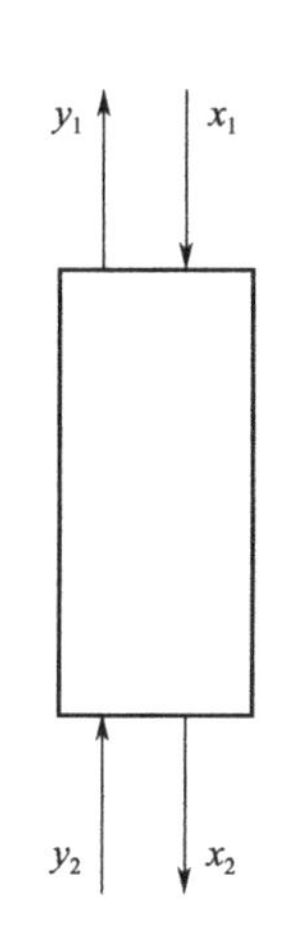

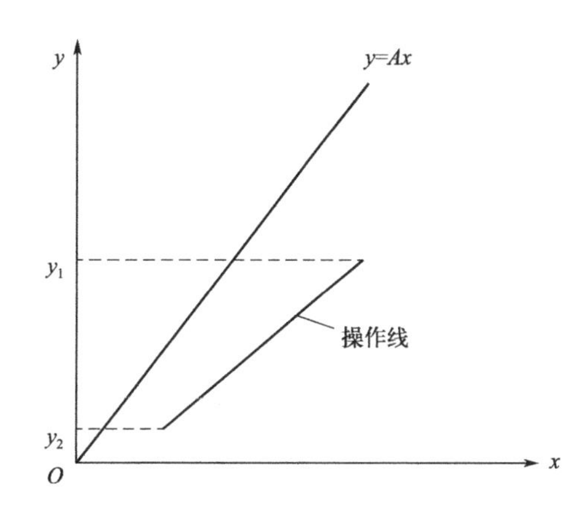

图 6-2　塔内气-液平衡关系和解吸操作线

27. 在一逆流操作的填料塔中，用纯吸收剂吸收混合气体中的苯，已知混合气体中含苯 0.05（摩尔分数），惰性气体流量为 62.2kmol/h，要求吸收率为 90%，相平衡关系为 $Y=26X$（X、Y 为摩尔比），操作液气比为最小液气比的 1.3 倍，则：

(1) 吸收剂用量为________kmol/h；(2) 吸收液出塔浓度（摩尔比）为________。

28. 气体混合物中溶质的浓度 $y_1=0.02$，要在吸收塔内回收溶质的 90%，气液平衡关系为 $y_e=1.0x$。则：

(1) 入塔液体为纯溶剂，液气比 $L/G=2.0$，传质单元数 N_{OG} 为________。

(2) 入塔液体为纯溶剂，液气比 $L/G=1.25$，传质单元数 N_{OG} 为________。

(3) 入塔液体中溶质的浓度 $x_2=0.0001$，液气比 $L/G=1.25$，传质单元数 N_{OG} 为________。

(4) 入塔液体为纯溶剂，液气比 $L/G=0.8$，则溶质的回收率 $\varphi=(y_1-y_2)/y_1$ 最大可能达到________。

29. 在一内径为 1.33m 的填料吸收塔中，用清水吸收温度为 20℃，绝对压强为 1atm 的二氧化碳-空气混合气体，其中 CO_2 含量为 0.13（摩尔分数），余下为空气，逆流操作。惰性气体流量为 36.2kmol/h，要求 CO_2 吸收率为 90%，出塔溶液浓度为 0.2g CO_2/1000g H_2O，气液平衡关系为 $Y=1420X$（X、Y 为摩尔比），液相体积总吸收系数 K_xa 为 10695kmol/(m^3·h)，二氧化碳分子量为 44。则 (1) 吸收剂用量为________kg/h；(2) 该塔所需填料层高度为________m。

30. 逆流吸收操作的一个填料塔内径为 1m，用某纯液体吸收气体混合物中的 A，吸收为气相控制。气相中 A 的体积分数等于 0.08，气体流量为 2000m^3/h，塔在压力 101.6kN/m^2、298K 的条件下操作，要求吸收率 $\varphi=0.9$，平衡关系为 $y=x$，若选用液气比为最小液气比的 1.2 倍，则此塔所需填料高度为________m。
已知经验公式 $k_Ga=0.0033G^{0.8}L^{0.4}$[kmol/(m^3·h·kPa)]，$G$、$L$ 的单位为 kmol/(m^2·h)，现塔内温度有些变化，但经验公式尚能应用，只是亨利系数 E 变为 110kN/m^2，此时 G、L 的量各增为原来的 1.5 倍，若要保持原来的吸收率，则塔高应为________m。

31. 在常压逆流操作的填料塔内，用纯溶剂 S 吸收混合气体中的可溶组分 A，入塔气体中 A 的摩尔分数 $y_1=0.03$，要求吸收率 $\varphi_A=0.95$，已知操作条件下 $mG/L=0.8$（m=常数），平衡条件 $Y=mX$，与入塔气体呈平衡的液相浓度 $X_{1,e}=0.03$，则：(1) 操作液气比为最小液气比的________倍；(2) 吸收液的出口浓度 X_1 为________；(3) 完成上述分离任务所需的气相传质单元数 N_{OG} 为________。

32. 某填料塔用纯轻油吸收混合气中的苯，进气量为 1000m^3/h（标准状态下），进料气体含苯 5%（体积分数），其余为惰性气体，要求回收率为 95%，操作时轻油含量为最小用量的 1.5 倍，平衡关系 $Y=1.4X$（X、Y 为摩尔比），已知气相体积总传质系数 K_ya=125kmol/(m^3·h)，轻油平均分子量为 170。则：(1) 轻油用量为________kg/h；(2) 完成该生产任务所需填料高度为________m。

33. 在常压填料吸收塔中，用清水吸收废气中的氨气，废气流量为 2500m^3/h（标准状态下），其中氨浓度为 0.02（摩尔分数），要求回收率不低于 98%，若水用量为 3.6m^3/h，操作条件下平衡关系为 $Y=1.2X$（X、Y 为摩尔比），气相总传质单元高度为 0.7m。则：(1) 全塔对数平均推动力为________；(2) 气相总传质单元数 N_{OG} 为________；(3) 填料层高度为________m。

34. 在填料塔内用稀 H_2SO_4 吸收空气中的 NH_3，溶液上方的分压为零（相平衡常数 $m=0$），在下列情况下所用的流速及其他操作条件都大致相同，总传质单元高度都是 0.5m，则：(1) 混合气中含 NH_3 1%，要求 NH_3 回收率为 90%，填料层高度为________m；(2) 混合气中含 NH_3 1%，要求 NH_3 回收率为 99%，填料层高度为________m；(3) 混合气中含 NH_3 5%，要求 NH_3 回收率为 99%，填料层高度为________m。

35. 混合气体中含 CO_2 10%，其余为空气，于 303K 及 2×10^3kPa 下用纯水吸收后，CO_2 浓度降到 0.5%，溶液出口浓度 $x_1=0.06\%$，混合气体处理量为 2240m^3/h（按标准状态的体积计)，亨利系数 $E=2\times10^5$kPa，液相体积传质总系数 $K_xa=2780$kmol/(m^3·h)，则：(1) 每小时用水______t；(2) 填料层高度为________m（塔径已定为 1.5m)。

36. 填料吸收塔直径为 880mm，填料层高 6m，所用填料为 56mm 拉西环，每小时处理 2000m^3 含 5%丙酮的空气（25℃，1atm)，用水作溶剂，塔顶送出的废气含 0.263%丙酮，塔底送出的溶液每千克含丙酮 61.2g，根据上述测出的数据，可知气相体积总传质系数 K_ya 为________kmol/(m^3·h)，在此操作条件下，平衡关系为 $Y_e=2.0X$，目前情况下每小时可回收________丙酮，若把填料层加高 3m，每小时可以回收________丙酮。

37. 有一吸收塔，其填料层高为 3m，操作压强为 1atm（绝对压强)，温度为 20℃，现用水来吸收氨-空气混合气体中的氨，吸收率为 99%。混合气体中含氨 0.06（摩尔分数)，进口气体流率为 580kg/(m^2·h)（标准状态下)，进口清水流率为 770kg/(m^2·h)，假定在等温逆流下操作，平衡关系为 $y_e=0.9x$，且 K_G 与气体流速的 0.8 次方成正比。则：
(1) 将操作压强增加 1 倍，即 $p=2$atm（绝对压强)，填料层高度为________m。
(2) 将进口清水量 L [kmol/(m^2·h)] 增加 1 倍，填料层高度为________m。
(3) 将进口气体量 G [kmol/(m^2·h)] 增加 1 倍，填料层高度为________m。

38. 在连续式逆流操作的填料吸收塔中，用清水吸收原料气中的甲醇蒸气，已知处理混合气量为 1000m^3/h（标准状况下)，原料气中含甲醇 100g/m^3（标准状况下)，要求甲醇回收率达 98%，吸收后水中含甲醇量等于最大可能浓度的 67%。操作条件为常压、25℃，在此条件下气液平衡关系为 $Y_e=1.15X$，气相体积总传质系数 $K_ya=120$kmol/(m^3·h)。气体的空塔速度为 0.5m/s，填料为 25mm×25mm×2.5mm 瓷质拉西环，乱堆。则水的用量为________kmol/h，填料层高度为________m。

39. 有一填料吸收塔，在 28℃及 101.3kPa 下，用清水吸收 200m^3/h 的氨-空气混合气中的氨，使其含量由 5%（摩尔分数）降低到 0.04%（摩尔分数)。填料塔直径为 0.8m，填料层体积为 3m^3，平衡关系 $Y_e=1.4X$，已知 $K_ya=38.5$kmol/(m^3·h)。则 (1) 出塔氨水浓度为出口最大浓度的 80%时，该塔________（能、不能）使用。(2) 若在上述操作条件下，将吸收剂用量增大 10%，该塔________（能、不能）使用（注：在此条件下不会发生液泛)。

40. 如图 6-3 所示，空气和 CCl_4 混合气中 CCl_4 的浓度为 $y=0.05$（摩尔分数，下同)，欲用煤油吸收以除去其中 90%的 CCl_4，$G=150$kmol/(m^2·h)。吸收剂分两股，第一股含 CCl_4 $x_2=0.004$ 从塔顶淋下，第二股 $x_3=0.014$ 在塔中部某处加入，$L_3=L_2=75$kmol/(m^2·h)。塔顶处的液气比为 0.5，全塔 $H_{OG}=1$m，平衡关系为 $y=0.5x$。则：
(1) 吸收剂在塔底的浓度 $X_1=$________。
(2) 第二股煤油加入的最适宜位置（加入口至塔底高度）为________m。

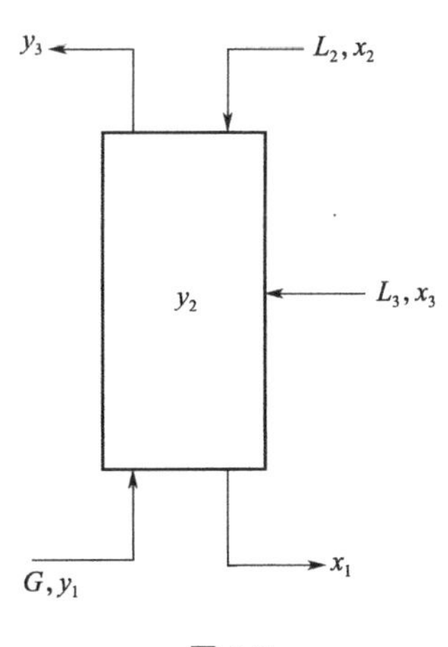

图 6-3

41. 用洗油吸收焦炉气中的芳烃，入塔气体含芳烃 0.02（摩尔分数，下同)，要求芳烃回收率不低于 95%。焦炉气流量为1200kmol/h，进入吸收塔塔底的洗油中含芳烃0.005。取洗油的用量为最小用量的1.3倍。吸收塔在1atm、27℃下操作，此时气液平衡关系为 $y_e=0.125x$。洗油的分子量为260。吸收芳烃后的富油由吸收塔塔底出口经加热后被送入解吸塔塔顶，在解吸塔塔底通入过热水蒸气使洗油脱除芳烃，脱芳烃后的贫油由解吸塔塔底排出被冷却至27℃，再进入吸收塔使用。水蒸气用量取最小用量的1.2倍。解吸塔在1atm、120℃下操作，此时气液平衡关系为 $y_e=3.16x$。则洗油的循环量和解吸时的过热蒸汽消耗量为________。

① 191.52kmol/h，69.84kmol/h　　② 69.84kmol/h，191.52kmol/h

③ 19.84kmol/h，69.52kmol/h　　④ 100kmol/h，70kmol/h

42. 在文丘里管内用清水洗去含 SO_2 的混合气体中的尘粒，气体与洗涤水在气液分离器中分离，出口气体含10%（体积分数）的 SO_2，操作压力为常压，求在以下两种情况下每排出1kg水所能造成 SO_2 的最大损失量。(1) 操作温度为20℃；(2) 操作温度为40℃。

43. 用15℃水逆流吸收混合气中的氯气，混合气入塔氯气组成为8%（体积分数），要求离开塔底的水中氯气含量不低于20g/L，在操作温度下，氯气水溶液的亨利系数 $E=46.12$MPa，则该吸收操作压力至少为多少？

44. 用清水逆流吸收混合气中的氨，进入常压吸收塔的气体含氨6%（体积分数），吸收后气体出口中含氨0.4%（体积分数），溶液出口浓度为0.012（摩尔比），操作条件下相平衡关系为 $Y_e=2.52X$。试用气相摩尔比表示塔顶和塔底处吸收的推动力。

45. 在总压为101.3kPa、温度为20℃的条件下，在填料塔内用水吸收空气中的二氧化碳，塔内某一截面处的液相组成为 $x=0.00065$，气相组成为 $y=0.03$（摩尔分数），气膜吸收系数为 $k_G=1.0\times10^{-6}$kmol/（$m^2\cdot s\cdot kPa$），液膜吸收系数为 $k_L=8.0\times10^{-6}$m/s，若20℃时二氧化碳溶液的亨利系数 $E=3.54\times10^3$kPa，求：

(1) 该截面处的总推动力 Δp、Δy、Δx 及相应的总吸收系数；

(2) 该截面处的吸收速率；

(3) 计算说明该吸收过程的控制因素；

(4) 若操作压力提高到1013kPa，求吸收速率提高的倍数。

46. 在一填料吸收塔内，用清水逆流吸收混合气体中的有害组分A，已知进塔混合气体中组分A的浓度为0.04（摩尔分数，下同），出塔尾气中A的浓度为0.005，出塔水溶液中组分A的浓度为0.012，操作条件下气液平衡关系为 $Y_e=2.5X$。试求操作液气比是最小液气比的多少倍。

47. 某填料吸收塔在101.3kPa、293K下用清水逆流吸收丙酮-空气混合气中的丙酮，操作液气比为2.0，丙酮的回收率为95%。已知该吸收为低浓度吸收，操作条件下气液平衡关系为 $Y=1.18X$，吸收过程为气膜控制，气相总体积吸收系数 K_Ya 与气体流率的0.8次方成正比（塔截面积为 $1m^2$）。

(1) 若气体流量增加15%，而液体流量及气、液进口组成不变，试求丙酮的回收率有何变化。

(2) 若丙酮回收率由95%提高到98%，而气体流量，气、液进口组成，吸收塔的操作温度和压力皆不变，试求吸收剂用量提高到原来的多少倍。

48. 含烃摩尔比为0.0255的溶剂油用水蒸气在一塔截面积为 $1m^2$ 的填料塔内逆流解吸，已知溶剂油流量为10kmol/h，操作气液比为最小气液比的1.35倍，要求解吸后溶剂油中烃的含量减少至摩尔比为 0.0005。已知该操作条件下，系统的平衡关系为 $Y_e=33X$，液相总体积传质系数 $K_Xa=30\mathrm{kmol/(m^3 \cdot h)}$。假设溶剂油不挥发，蒸汽在塔内不冷凝，塔内维持恒温。求：(1) 解吸所需水蒸气量 (kmol/h)；(2) 所需填料层高度。

49. 在一填料吸收塔内，用含溶质 0.0099（摩尔比）的吸收剂逆流吸收混合气中溶质的 85%，进塔气体中溶质含量为 0.091（摩尔比），操作液气比为 0.9，已知操作条件下系统的平衡关系为 $y_e=0.86x$，假设体积传质系数与流动方式无关。试求：

(1) 逆流操作改为并流操作后所得吸收液的浓度；

(2) 逆流操作与并流操作平均吸收推动力之比。

50. 在总压为 101.3 kPa、温度为 30℃的条件下，在逆流操作的填料塔中，用清水吸收焦炉气中的氨，氨的组成为 0.0155（摩尔比），焦炉气的处理量为 $5000\mathrm{m^3/h}$，氨的回收率为 96%，吸收剂用量为最小用量的 1.55 倍，操作的空塔气速为 1.2m/s。已知：101.3kPa、30℃条件下气液平衡关系为 $Y=1.2X$；101.3 kPa、10℃条件下气液平衡关系为 $Y_e=0.5X$。

(1) 计算填料塔的直径；

(2) 若操作温度降为 10℃，而其他条件不变，试求此时的回收率。

四、推导

1. 在低浓度吸收中，平衡关系符合亨利定律，试证明：

$$N_{OG}=\frac{1}{1-\frac{1}{A}}\ln\left[1-\frac{1}{A}\left(\frac{y_1-mx_2}{y_2-mx_2}\right)+\frac{1}{A}\right]$$

式中 $A=\frac{L}{mG}$ 为吸收因数；m 为平衡斜率；N_{OG} 为气相总传质单元数；N_T 为理论塔板数；y、x 为混合气、溶液中溶质的摩尔分数。

2. 在一填料塔中，用惰性气体脱去液体混合物中溶解的气体溶质。若入塔的惰性气体中不含溶质，试证明：

$$N_{OL}=\frac{1}{1-\frac{L}{mG}}\ln\left[\left(1-\frac{L}{mG}\right)\frac{x_1}{x_2}+\frac{L}{mG}\right]$$

式中，N_{OL} 为解吸塔的液相总传质单元数；G 为单位时间通过任一截面积的惰性气体量，$\mathrm{kmol/(m^2 \cdot h)}$；$L$ 为单位时间内通过任一截面单位面积的液体（溶液除外）量，$\mathrm{kmol/(m^2 \cdot h)}$；$x_1$、$x_2$ 分别为入塔及出塔液体混合物中溶质的摩尔分数，kmol 溶质/kmol 混合液。

假定液体混合物为稀溶液，其中溶质的含量很少，相平衡关系可取为 $y_e=mx$。

3. 在连续逆流填料塔内用纯溶剂吸收低浓度气体中的可溶性气体。试证明传质单元数 N_{OG} 为：

$$N_{OG}=\frac{1}{1-\frac{mG}{L}}\ln\left[\left(1-\frac{mG}{L}\right)\frac{y_1}{y_2}+\frac{mG}{L}\right]$$

式中，G、L 分别为气、液摩尔流率，$\mathrm{kmol/(m^2 \cdot h)}$；$y_1$、$y_2$ 分别为塔进、出口的气相摩尔分数；m 为相平衡常数。

4. 对于逆流接触分离过程，若被分离组元的相平衡关系曲线和操作线均为直线，即相平衡关系 $Y=mX$，操作线 $Y_{入}-Y=\dfrac{L}{G}(Y_{出}-X)$。

(1) 试证明：最小液气比 $\left(\dfrac{L}{G}\right)_{min}$ 下的吸收因数 $A_{min}=\left(\dfrac{L}{G}\right)_{min}$ 亦等于该组元的回收率，$\varphi=\dfrac{Y_{入}-Y_{出}}{Y_{入}-mX}$，即 $A_{min}=\varphi$。它对板式塔和填料塔是否均适用?

(2) 试证明：气相总传质单元高度 H_{OG} 和其分量即气相传质单元高度 H_G 及液相传质单元高度 H_L 的关系式 $H_{OG}=H_G+H_L/A$ 以及气相传质单元数 N_{OG} 的关系式 $N_G/N_{OG}=1+H_L/(AH_G)$。

5. 设吸收塔的气体进入量为 G [mol/(m² · s)]，液体进入量为 L [mol/(m² · s)]，气体进口浓度为 y_1，出口浓度为 y_2，液体进口浓度为 x_2，出口浓度为 x_1（浓度均为摩尔分数)，塔内气体平衡关系符合亨利定律 $y_e=mx$，试证明：当解吸因数 $\dfrac{mG}{L}=1$ 时，气相总传质单元数 $N_{OG}=\dfrac{y_1-mx_2}{y_2-mx_2}-1$。

6. 证明当平衡关系为 $Y_e=mX$ 时，$\Delta Y_m=\dfrac{(Y_1-Y_{1,e})-(Y_2-Y_{2,e})}{\ln\dfrac{Y_1-Y_{1,e}}{Y_2-Y_{2,e}}}=\dfrac{Y_1-Y_2}{\int_{Y_2}^{Y_1}\dfrac{dY}{Y-Y_e}}$。

7. 若吸收系统服从亨利定律或平衡关系在计算范围内为直线，界面上达到气液平衡，试证明 $\dfrac{1}{K_G}=\dfrac{1}{Hk_L}+\dfrac{1}{k_G}$ 等式成立。

8. 用纯溶剂在填料塔内逆流吸收混合气体中的某溶质组分，已知吸收操作液气比为最小液气比的 β 倍，溶质 A 的吸收率为 φ，气液相平衡常数为 m。试推导出：

(1) 吸收操作液气比 $\dfrac{L}{G}$ 与 φ、β 及 m 之间的关系；

(2) 当传质单元高度 H_{OG} 及吸收因数 A 一定时，填料层高度 Z 与吸收率 φ 之间的关系。

第六章
气体吸收 参考答案

一、选择题

1. ① 2. ③ 3. ① 4. ①②③ 5. ①②③④⑤⑥⑦
6. ③ 7. ③ 8. ③ 9. ② 10. ①
11. ④ 12. ① 13. ① 14. ④ 15. ①
16. ② 17. ①②③ 18. ① 19. ①②③ 20. ①②③④
21. ①②③④ 22. ①②③④ 23. ① 24. ①②③ 25. ①②③
26. ④ 27. ②③ 28. ② 29. ① 30. ②
31. ①②③④ 32. ①②③④⑤ 33. ④ 34. ③，①，② 35. ④
36. （1）③ （2）① （3）① （4）① 37. ③ 38. ④
39. ② 40. ① 41. ③ 42. ③ 43. ②
44. ① 45. ① 46. ④ 47. ①②③ 48. ③
49. ④ 50. ④ 51. ③ 52. ③ 53. ①，③
54. ①，④ 55. ④ 56. ② 57. ④ 58. ①
59. ② 60. ③ 61. ④ 62. ③

二、填空

1. $p_e=Ex$（式中 p_e 为平衡分压；x 为溶液中A的摩尔分数；E 为亨利系数），稀溶液
2. 降低（减小） 3. 升高，下降 4. 降低，上升
5. kmol/（m^3·s·Pa），单位体积填料层中的传质面积
6. $\frac{1}{K_G}=\frac{1}{k_G}+\frac{1}{Hk_L}$（或 $\frac{1}{K_G}=\frac{1}{k_G}+\frac{H}{k_L}$） 7. 液相阻力
8. 减小，增大 9. 呈平衡，相等，大，大
10. （1）液膜，小于，小于 （2）减小 11. 升高，降低
12. p/p_{Bm}，总体运动对吸收，近似为1，大于1
13. 降低，升高，L/G，m，增加 14. 液相，气相，$L/(mG)$，底
15. 减小，靠近平衡线，增加
16. （1）①，②，② （2）②③
17. 增加，增加，不变，提高，提高
18. 高于，上方，下方 19. 变小，变大，变小
20. 第3种最大，第2种次之，第1种最小
21. 液膜，增大，下降，提高，不变，变小

22. 无穷大

三、计算

1. ①

解：(1) 比摩尔分数

气体　$y = x_V = x_p = 0.27 \quad Y_{CO_2} = \frac{y}{1-y} = \frac{0.27}{1-0.27} = 0.37\text{kmolCO}_2/\text{kmol}$ 惰性气体

(2) 比质量分数

$$M_{N_2} = 28 \qquad M_{H_2} = 2 \qquad M_{CO} = 28$$

$$M = (28 \times 0.18 + 2 \times 0.524 + 28 \times 0.026) \div (1 - 0.27) = 9.34$$

则　$Y_{w,\ CO_2} = Y_{CO_2} \frac{M_{CO_2}}{M} = 0.37 \times \frac{44}{9.37} = 1.74\text{kgCO}_2/\text{kg}$ 惰性气体

2. ③

3. 13.77　0.37

解：(1) 浓度

因 $M_{NH_3} = 17$，$M_{H_2O} = 18$，查得 20℃时 26%（质量分数）氨水的密度为 904kg/m^3，则

$$x_{NH_3} = \frac{\frac{0.26}{17}}{\frac{0.26}{17} + \frac{0.74}{18}} = 0.27$$

$$c_{NH_3} = \frac{x\rho}{M_{H_2O} - x_{NH_3}(M_{H_2O} - M_{NH_3})} = \frac{0.27 \times 904}{18 - 0.27 \times (18 - 17)} = 13.77\text{kmolNH}_3/\text{m}^3 \text{ 溶液}$$

(2) 比质量分数

$$X_{w,\ NH_3} = \frac{0.26}{1 - 0.26} = 0.35\text{kgNH}_3/\text{kgH}_2\text{O}$$

(3) 比摩尔分数

$$X_{NH_3} = \frac{0.27}{1 - 0.27} = 0.37\ \text{kmolNH}_3/\text{kmolH}_2\text{O}$$

或　$$X_{NH_3} = X_{w,\ NH_3} \frac{M_{H_2O}}{M_{NH_3}} = 0.35 \times \frac{18}{17} = 0.37\ \text{kmolNH}_3/\text{kmolH}_2\text{O}$$

4. ①

解：查得 20℃ H_2S 水溶液的亨利系数 $E = 4.893 \times 10^4\text{kPa}$，溶解度系数

$$H = \frac{\rho}{EM_s} = \frac{1000}{4.893 \times 10^4 \times 18} = 1.14 \times 10^{-3}\text{kmol/(kPa} \cdot \text{m}^3)$$

相平衡常数　$m = \frac{E}{p} = \frac{4.893 \times 10^4}{101.3} = 4.83 \times 10^2$

H_2S 在水中的最大浓度：

H_2S 的分子量 $M_{H_2S} = 34$，水的分子量 $M_{H_2O} = 18$，

H_2S 在气相中的分压 $p_1 = py = 101.3 \times 0.02 = 2.026\text{kPa}$

$$\text{摩尔分数 } x_e = \frac{p_1}{E} = \frac{2.026}{4.893 \times 10^4} = 4.14 \times 10^{-5}$$

比质量分数

$$X_{w,NH_3}=\frac{x_e M_{H_2S}}{(1-x_e)M_{H_2O}}\times 100=\frac{4.14\times 10^{-5}\times 34}{(1-4.14\times 10^{-5})\times 18}\times 100=7.82\times 10^{-3}\,gH_2S/100gH_2O$$

5. 9.32

解：由 $p=Ex$ 知 $x=\frac{p}{E}=\frac{0.21\times 101.3}{4.06\times 10^6}=5.24\times 10^{-6}$

故水中氧的溶解度为：

$$\frac{xM_{O_2}}{(1-x)M_{H_2O}}\times \rho_{H_2O}=\frac{5.24\times 10^{-6}\times 32}{(1-5.24\times 10^{-6})\times 18}\times 1000=9.32g(O_2)/m^3(H_2O)$$

6. 370 2.96×10^{-4}kmol/（kPa·m^3）

解：由 $X_{CO_2}=\frac{X_e M_{CO_2}}{(1-X_e)M_{H_2O}}\times 100=\frac{X_e\times 44}{(1-X_e)\times 18}\times 100=0.0132$ 得 $X_e=5.4\times 10^{-5}$

$$m=\frac{E}{p}=\frac{\frac{p_{分}}{X_e}}{p}=\frac{\frac{10.14}{5.4\times 10^{-5}}}{507}=370$$

$$H\approx\frac{\rho_s}{EM_s}=\frac{1000}{\frac{10.14}{5.4\times 10^{-5}}\times 18}=2.96\times 10^{-4}\,kmol/(kPa\cdot m^3)$$

7. ③　　　　8. ③

9. $p_e=6.92\times 10^6 x$

$p_e=1.25\times 10^5 c$

$y_e=6.83\times 10^4 x$　4.28×10^{-5}

10. ②　　　　11. ②

12. 解吸　117.3

解：30℃时，$E=1.88\times 10^5$kPa；$m=\frac{E}{p}=\frac{1.88\times 10^5}{1200}=156.67$

故　$y_e=156.67x$

因　$c=1.0$g/L　故 $x=\frac{\frac{1.0}{44}}{\frac{1000-1}{18}+\frac{1.0}{44}}=0.00041$

$y=156.67x=156.67\times 0.00041=0.064>0.05$，故为解吸过程。

13. （1）气液两相平衡　（2）A 由气相转入液相　（3）A 由液相转入气相　（4）A 由气相转入液相

解：由 $p=0.15\times 10^4 x$ 及 $x=\frac{cM_s}{\rho_s}$（ρ_s 为溶液密度）知 $p=0.15\times 10^4\frac{cM_s}{\rho_s}$

（1）$c_e=\frac{p\rho_s}{M_s\times 0.15\times 10^4}=\frac{0.054\times 1000g/L}{18g/mol\times 0.15\times 10^4}=0.002$mol/L，气液两相达到平衡

（2）$c_o=0.001$mol/L $<c_e$，A 由气相移动到液相，发生吸收过程

（3）$c_o=0.003$mol/L $>c_e$，A 由液相移动到气相，发生解吸过程

(4) $X_e=\frac{y_e p}{E}=\frac{0.054\times 5}{0.15\times 10^4}=0.00018$，$c_o=0.003$，

$X_o=\frac{c_o M_s}{\rho_s}=\frac{0.003\times 18}{1000}=0.000054$，因 $X_o<X_e$，故A由气相转入液相

14. (1) 384.46　(2) 1.108　(3) 88.64

(4) 0.10　3.75×10^{-4}　0.13　1.62×10^{-3}

解：由　$p_A=Hc$ 得 $H=\frac{p_A}{c}=\frac{0.08}{1\times 10^{-3}}=80\text{m}^3\cdot\text{atm/kmol}$

由　$N_A=K_G(p-p_e)$ 得 $K_G=\frac{N_A}{p-p_e}=\frac{0.144}{0.21-80\times 1\times 10^{-3}}=1.108\text{kmol/(h}\cdot\text{m}^2\cdot\text{atm)}$

由　$\frac{1}{K_G}=\frac{1}{k_G}+\frac{H}{k_L}$，$k_L=\frac{HK_G k_G}{k_G-K_G}=\frac{80\times 1.108\times 1.44}{1.44-1.108}=384.46\text{m/h}$

$K_L=HK_G=80\times 1.108=88.64\text{m/h}$

由　$N_A=k_G(p_A-p_{Ai})$，$p_A-p_{Ai}=\frac{N_A}{k_G}=\frac{0.144}{1.44}=0.10\text{atm}$

由　$N_A=k_L(c_{Ai}-c_A)$，$c_{Ai}-c_A=\frac{N_A}{k_L}=\frac{0.144}{384.46}=3.75\times 10^{-4}\text{kmol/m}^3$

由　$N_A=K_G(p_A-p_{A,e})$ 得 $p_A-p_{A,e}=\frac{N_A}{K_G}=\frac{0.144}{1.108}=0.13\text{atm}$

由　$N_A=K_L(c_{A,e}-c_A)$ 得 $c_{A,e}-c_A=\frac{N_A}{K_L}=\frac{0.144}{88.64}=0.00162\text{kmol/m}^3$

15. ③

解：$N_A=\frac{p}{RT}\cdot\frac{D}{\delta}\cdot\ln\frac{p_{B2}}{p_{B1}}=\frac{101.3}{8.314\times 295}\times\frac{0.236\times 10^{-4}}{1\times 10^{-3}}\times\ln\frac{1.013\times 10^5}{(101.3-6.6)\times 10^3}$

$=0.00006567\text{kmol/(m}^2\cdot\text{s)}=0.24\text{kmol/(m}^2\cdot\text{h)}$

16. ①

17. 100%　75%

解：(1) 由 $\frac{L}{G}=\frac{y_1-y_2}{x_1-x_2}=\frac{y_1-y_2}{x_1}=2.5$ 得 $y_1-y_2=2.5x_1$

故　$y=\frac{y_1-y_2}{y_1}=\frac{2.5x_1}{2x_1}=1.25>1$　所以 $y=100\%$

(2) 同 (1) $y=\frac{y_1-y_2}{y_1}=\frac{1.5x_1}{2x_1}=0.75$

18. ②

19. 0.126　12.85

解：$K_G=0.27\times\frac{1}{101.3}=0.2665\times 10^{-2}\text{kmol/(m}^2\cdot\text{h}\cdot\text{kPa)}$

$p=786\times\frac{101.3}{760}=104.8\text{kPa}$

对于稀溶液　$H=\frac{\rho_s}{EM_s}$，

其中　$E=mp=102\times 104.8=1.07\times 10^4\text{kPa}$，$M_s=18$　$\rho_s=1000\text{kg/m}^3$

则　$H=\frac{\rho_s}{EM_s}=\frac{1000}{1.07\times10^4\times18}=5.2\times10^{-3}\text{kmol/(kPa}\cdot\text{m}^3)$

$$\frac{1}{K_G}=\frac{1}{k_G}+\frac{1}{Hk_L}=\frac{1}{0.2665\times10^{-2}}+\frac{1}{5.2\times10^{-3}\times0.42}$$

$K_G=1.2\times10^{-3}\text{kmol/(m}^2\cdot\text{h}\cdot\text{kPa)}$

因　$K_G=HK_L$　$K_L=\frac{K_G}{H}=\frac{1.2\times10^{-3}}{5.2\times10^{-3}}=0.231\text{m/h}$

则　$K_y=K_G\cdot p=1.2\times10^{-3}\times104.8=0.126\text{kmol/(m}^2\cdot\text{h)}$

$K_x=mK_y=102\times0.126=12.85\text{kmol/(m}^2\cdot\text{h)}$

20. ①　　21. ③　　22. ④　　23. ③

24. 34

解：原气体流量时，传质总阻力为 $\frac{1}{K_ya}=\frac{1}{k_ya}+\frac{m}{k_xa}=\frac{1}{0.026}+\frac{0.1}{0.02}=43.5$

气体流量增加一倍时，传质总阻力为 $\frac{1}{K_ya'}=\frac{1}{2^{0.7}k_ya}+\frac{m}{k_xa}=\frac{1}{2^{0.7}\times0.026}+\frac{0.1}{0.02}=28.7$

故　$\frac{1}{K_ya'}/\frac{1}{K_ya}=\frac{28.7}{43.5}=0.66$，即气体流量增加一倍，传质总阻力减少 34%。

25. ②

解：由 $G_i(Y_1-Y_2)=L_i(X_1-X_2)$ 得 $(3000/29)(Y_1-Y_2)=(3000/18)(X_1-X_2)$

因为　$Y_1=0.025/(1-0.025)=0.0256$　$Y_2=0.0002/(1-0.0002)=0.0002$　$X_2=0$

故　$X_1=\frac{103.4\times(0.0256-0.0002)}{166.7}=0.0158(NH_3\text{kg}\cdot\text{mol/kg}\cdot\text{mol}\cdot H_2O)$

$x_1=\frac{0.0158}{1+0.0158}=0.0156$（摩尔分数）

26. 解：见图 6-4

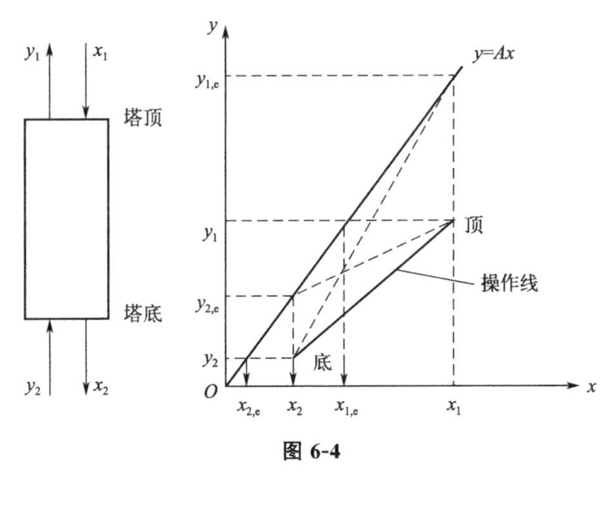

图 6-4

$$\frac{G}{L}\leqslant A:\ \frac{G}{L}=\frac{x_1-x_2}{y_1-y_2}$$

$$\frac{G}{L}>A:\ \frac{G}{L}=\frac{x_1-x_{2,e}}{y_1-y_2}$$

27. (1) 1.89×10^{3} (2) 1.56×10^{-3}

解：已知 $y_1=0.05$，$G=62.2\text{kmol/h}$，$\eta=0.9$，$Y=26X$，$x_2=0$

$$Y_1=\frac{y_1}{1-y_1}=\frac{0.05}{1-0.05}=0.0526 \quad Y_2=Y_1(1-\eta)=0.0526\times(1-0.9)=0.00526$$

由 $x_2=0$ 得 $X_2=0$

$$\left(\frac{L}{G}\right)_{\min}=\frac{Y_1-Y_2}{X_1-X_2}=m\eta=26\times0.9=23.4,\ \frac{L}{G}=\left(\frac{L}{G}\right)_{\min}\times1.3=30.4$$

$$L=30.4\times62.2=1.89\times10^{3}\text{kmol/h}$$

$$X_1=\frac{G(Y_1-Y_2)}{L}=\frac{62.2\times(0.0526-0.00526)}{1.89\times10^{3}}=1.56\times10^{-3}$$

28. (1) 3.41 (2) 5.15 (3) 5.31 (4) 80%

解：$Y_1=\dfrac{y_1}{1-y_1}=\dfrac{0.02}{1-0.02}=0.0204$；$Y_2=Y_1(1-0.9)=0.0204\times(1-0.9)=0.00204$

$Y_e=mx=1.0x$；$x_2=0$

(1) 因为 $X_2=0$，$\dfrac{L}{G}=2.0$，则 $N_{OG}=\dfrac{1}{1-mG/L}\ln\left[\left(\dfrac{Y_1-mX_2}{Y_2-mX_2}\right)\left(1-\dfrac{mG}{L}\right)+\dfrac{mG}{L}\right]=3.41$

(2) 因为 $X_2=0$，$\dfrac{L}{G}=1.25$，则 $N_{OG}=5.15$

(3) 因为 $X_2=0.0001$，$\dfrac{L}{G}=1.25$，则 $N_{OG}=5.31$

(4) 因为 $X_2=0$，$\dfrac{L}{G}=0.8$，根据 $Y_1=mX_{1,e}$，得 $X_{1,e}=Y_1/m=0.0204$

而 $\dfrac{L}{G}=0.8=\dfrac{Y_1-Y_2}{Y_1/m-X_2}=\dfrac{0.0204-Y_2}{0.0204-0}$，解得 $Y_2=0.0041$

最大回收率：$\varphi=\dfrac{Y_1-Y_2}{Y_1}=\dfrac{0.0204-0.0041}{0.0204}=80\%$

29. (1) 1.07×10^{6} (2) 20.5

解：(1) 已知：$y_1=0.13$，$\varphi=0.9$，$M_{CO_2}=44$，$M_{H_2O}=18$，$G=36.2\text{kmol/h}$

$$Y_1=\frac{y_1}{1-y_1}=\frac{0.13}{1-0.13}=0.149$$

$$Y_2=Y(1-\varphi)=0.149\times(1-0.9)=0.0149$$

$$X_1=\frac{0.2/44}{1000/18}=8.18\times10^{-5},\ X_2=0$$

$$L=G\frac{Y_1-Y_2}{X_1-X_2}=36.2\times\frac{0.149-0.0149}{8.18\times10^{-5}-0}=59345\text{kmol/h}=1.07\times10^{6}\text{kg/h}$$

(2) 已知 $K_xa=10695\text{kmol/(m}^3\cdot\text{h)}$，$D=1.33\text{m}$，$Y=1420X$

$$H_{OL}=\frac{L}{K_xa\cdot\Omega}=\frac{59345}{10695\times\frac{\pi}{4}\times1.33^2}=4\text{m}$$

$$X_{1,e}=Y_1/m=0.149/1420=1.05\times10^{-4}$$

$$X_{2,e}=Y_2/m=0.0149/1420=1.05\times10^{-5}$$

$$\Delta X_m=\frac{\Delta X_1-\Delta X_2}{\ln\frac{\Delta X_1}{\Delta X_2}}=\frac{(1.05\times10^{-4}-8.18\times10^{-5})-1.05\times10^{-5}}{\ln\frac{1.05\times10^{-4}-8.18\times10^{-5}}{1.05\times10^{-5}}}=1.6\times10^{-5}$$

$$N_{OL}=\frac{X_1-X_2}{\Delta X_m}=\frac{8.18\times10^{-5}-0}{1.6\times10^{-5}}=5.113$$

$$H=H_{OL}\times N_{OL}=20.5\text{m}$$

30. 7.83　9.57

解：(1) $q_V=2000\text{m}^3/\text{h}$，$G'=2000/22.4=89.3\text{kmol/h}$

$y_1=0.08$，$y_2=(1-0.9)\times0.08=0.008$，$x_2=0$

对于气膜控制 $K_ya=k_ya$

$k_ya=p\cdot K_Ga=p\times0.0033G^{0.8}L^{0.4}$

$$\left(\frac{L'}{G'}\right)_{\min}=\frac{y_1-y_2}{x_1-x_2}=\frac{0.08-0.008}{0.08}=0.9$$

$L'=1.2\times0.9\times G'=1.2\times0.9\times89.3=96.4\text{kmol/h}$

故　$L=96.4\times4/(\pi D^2)=122.8\text{kmol/(h}\cdot\text{m}^2)$

$G=89.3\times4/(\pi D^2)=113.8\text{kmol/(h}\cdot\text{m}^2)$

$k_ya=101.6\times0.0033\times113.8^{0.8}\times122.8^{0.4}=101.4$

$H_{OL}=G/k_ya=113.8/101.4=1.12\text{m}$

$$N_{OG}=(y_1-y_2)/\left[(\Delta y_1-\Delta y_2)/\ln\left(\frac{\Delta y_1}{\Delta y_2}\right)\right]$$

由全塔物料衡算 $Gy_1+Lx_2=Gy_2+Lx_1$ 得

$x_1=[G(y_1-y_2)+Lx_2]/L=0.067$

$\Delta y_1=y_1-mx_1=0.013$　$\Delta y_2=y_2-mx_2=0.008$

求得 $N_{OG}=6.99$，$H=H_{OG}\times N_{OG}=1.12\times6.99=7.83\text{m}$

(2) 变化后：$m=E/p=110/101.6=1.08$，$y=1.08x$

$G=1.5\times113.8=170.7\text{kmol/(h}\cdot\text{m}^2)$

$L=1.5\times112.8=184.2\text{kmol/(h}\cdot\text{m}^2)$

$k_ya=p\times0.0033\times G^{0.8}L^{0.4}=164.9$

$H_{OG}=G/k_ya=170.7/164.9=1.04\text{m}$

$\Delta y_1=y_1-mx_1=0.00764$　$\Delta y_2=y_2-mx_2=0.008$

求得 $N_{OG}=9.2$，$H=H_{OG}\times N_{OG}=1.04\times9.2=9.57\text{m}$

31. (1) 1.316　(2) 0.0228　(3) 7.83

解：(1) $Y_1=\frac{y_1}{1-y_1}=\frac{3}{97}=0.03093$

$Y_2=Y_1(1-\varphi)=0.00155$

$$\left(\frac{L}{G}\right)_{\min}=\frac{Y_1-Y_2}{X_{1,e}-X_2}=\frac{0.03093-0.00155}{0.03093/m}=0.94989m\text{，}\frac{L}{G}=\frac{1}{0.8}m$$

$$\left(\frac{L}{G}\right)/\left(\frac{L}{G}\right)_{\min}=\frac{1}{0.8\times0.94989}=1.316$$

或：

$Y_1 = mX_1$ 即 $m = 0.03093/0.03 = 1.031$　所以 $\dfrac{L}{G} = \dfrac{1.031}{0.8} = 1.289$

$$\left(\frac{L}{G}\right)_{\min} = \frac{0.03093 - 0.00155}{0.03 - 0} = 0.9793\ ,\ \left(\frac{L}{G}\right) / \left(\frac{L}{G}\right)_{\min} = 1.316$$

（2）由操作线方程 $Y_2 = \dfrac{L}{G}X_2 + \left(Y_1 - \dfrac{L}{G}X_1\right)$，$X_2 = 0$

得　$X_1 = \dfrac{Y_1 - Y_2}{\dfrac{L}{G}} = \dfrac{0.03093 - 0.00155}{1.289} = 0.0228$

（3）$N_{OG} = \dfrac{1}{1 - mG/L}\ln\left[\left(1 - \dfrac{mG}{L}\right)\left(\dfrac{Y_1 - mX_2}{Y_2 - mX_2}\right) + \dfrac{mG}{L}\right] = 7.83$

32. （1）15147　（2）2.27

解：(1) $Y_1 = \dfrac{0.05}{1 - 0.05} = 0.0526$　$Y_2 = (1 - \eta)Y_1 = (1 - 0.95) \times 0.0526 = 0.00263$　$X_2 = 0$

$L(X_1 - X_2) = G(Y_1 - Y_2)$，$\left(\dfrac{L}{G}\right)_{\min} = \dfrac{Y_1 - Y_2}{X_{1,e} - X_2} = \dfrac{0.0526 - 0.00263}{0.0526/1.4} = 1.33$

所以 $L = 1.5 \times 1.33V = 89.1\text{kmol/h}$，$W_L = 170 \times 89.1 = 15147\text{kg/h}$

（2）$\Delta Y_2 = Y_2 = 0.00263$

$$X_1 = G(Y_1 - Y_2)/L = \left(\frac{G}{L}\right)\left(\frac{L}{G}\right)_{\min}\frac{Y_1}{m} = \frac{0.0526}{1.5 \times 1.4} = 0.02504$$

$$\Delta Y_1 = Y_1 - mX_1 = 0.01754$$

$$\Delta Y_m = \frac{\Delta Y_2 - \Delta Y_1}{\ln\dfrac{\Delta Y_2}{\Delta Y_1}} = 0.00786$$

所以　$H = \dfrac{G(Y_1 - Y_2)}{K_y a \cdot \Delta Y_m} = \dfrac{1000/22.4}{125} \times \dfrac{0.0526 - 0.00263}{0.00786} = 2.27\text{m}$

33. （1）0.0024　（2）8.33　（3）5.83

解：$Y_1 = \dfrac{y_1}{1 - y_1} = \dfrac{0.02}{1 - 0.02} = 0.0204$

$Y_2 = Y_1(1 - \varphi) = 0.0204 \times (1 - 0.98) = 0.00041$　$X_2 = 0$

$G = \dfrac{2500}{22.4}(1 - y_1) = \dfrac{2500}{22.4} \times (1 - 0.02) = 109.38\text{kmol/h}$

$L = \dfrac{3.6 \times 1000}{18} = 200\text{kmol/h}$

物料衡算　$L(X_1 - X_2) = G(Y_1 - Y_2)$

$$X_1 = G(Y_1 - Y_2)/L = \frac{109.38}{200} \times (0.0204 - 0.00041) = 0.0109$$

塔底推动力：　$\Delta Y_1 = Y_1 - mX_1 = 0.0204 - 1.2 \times 0.0109 = 0.00732$

塔顶推动力：　$\Delta Y_2 = Y_2 - mX_2 = 0.00041$

全塔平均对数推动力　$\Delta Y_m = \dfrac{\Delta Y_2 - \Delta Y_1}{\ln\dfrac{\Delta Y_2}{\Delta Y_1}} = \dfrac{(0.00732 - 0.00041)}{\ln\dfrac{0.00732}{0.00041}} = 0.0024$

$$N_{OG}=\frac{Y_1-Y_2}{\Delta Y_m}=\frac{0.0204-0.00041}{0.0024}=8.33$$

填料高度： $H=H_{OG}\times N_{OG}=0.7\times 8.33=5.83\text{m}$

34. (1) 1.15　(2) 2.3　(3) 2.3

解：(1) $Y_1=\frac{y_1}{1-y_1}=\frac{0.01}{1-0.01}=0.0101$

$$Y_2=(1-\eta)Y_1=(1-0.9)\times 0.0101=0.00101$$

已知 $H_{OG}=0.5\text{m}$，$X_2=0$，$m=0$，则 $1/A=mG/L=0$

所以传质单元数 $N_{OG}=\frac{1}{1-1/A}\ln\left[\left(1-\frac{1}{A}\right)\left(\frac{Y_1-mX_2}{Y_2-mX_2}\right)+\frac{1}{A}\right]=\ln\frac{Y_1}{Y_2}=2.3$

$$H=H_{OG}\times N_{OG}=0.5\times 2.3=1.15\text{m}$$

(2) $Y_1=0.0101$，$Y_2=0.0101\times(1-0.99)=0.000101$

$$N_{OG}=\ln\frac{Y_1}{Y_2}=4.6 \qquad H=H_{OG}\times N_{OG}=0.5\times 4.6=2.3\text{m}$$

(3) $Y_1=\frac{y_1}{1-y_1}=\frac{0.05}{1-0.05}=0.0527$

$$Y_2=Y_1(1-\eta)=0.0527\times(1-0.99)=0.000527$$

$$N_{OG}=\ln\frac{Y_1}{Y_2}=4.6 \qquad H=H_{OG}\times N_{OG}=0.5\times 4.6=2.3\text{m}$$

计算结果表明，在相平衡常数 $m=0$ 时，填料层高度 H 主要取决于回收率的大小。

35. (1) 287　(2) 10

解：塔截面积 $A=\frac{\pi D^2}{4}=1.77\text{m}^2$

气量　$G=2240/22.4=100\text{kmol/h}$

混合气体中 CO_2 量 $=100\times 0.1=10\text{kmol/h}$

出口气体中 CO_2 量 $=90\times\frac{0.5}{99.5}=0.452\text{kmol/h}$

CO_2 吸收量 $=10-0.452=9.55\text{kmol/h}$

溶液量 $L=\frac{9.55}{0.0006}=15917\text{kmol/h}$

用水量 $q_m=\frac{15917\times 18}{1000}=287\text{t/h}$

$$m=E/p=100$$

$$Y_1=\frac{y_1}{1-y_1}=\frac{0.1}{1-0.1}=0.11,\ X_{1,e}=Y_1/m=0.11/100=0.0011$$

$$Y_2\approx y=\frac{0.452}{90+0.452}=0.005$$

$$X_{2,e}=Y_2/m=0.005/100=0.00005$$

$$X_1=0.0006 \qquad X_2=0$$

故：$\Delta X_1=X_{1,e}-X_1=0.0011-0.0006=0.0005$

$$\Delta X_2=X_{2,e}-X_2=0.00005-0=0.00005$$

$$\Delta X_m = \frac{\Delta X_1 - \Delta X_2}{\ln \dfrac{\Delta X_1}{\Delta X_2}} = 0.000195$$

$$H = \frac{L}{K_x a \cdot \Omega} \cdot \frac{X_1 - X_2}{\Delta X_m} = 10\text{m}$$

36. 170.42　3.89kmol　4.008kmol

解：$Y_1 = \frac{y_1}{1-y_1} = \frac{0.05}{1-0.05} = 0.0527$

$$Y_2 = \frac{0.00263}{1-0.00263} = 0.00264$$

$$X_1 = \frac{61.2/58}{(1000-61.2)/18} = 0.02023, \ X_2 = 0$$

$$G = \frac{2000 \times (1-0.05)}{22.4} \times \frac{273}{298} = 77.7\text{kmol/h}$$

$$Y_{1,e} = 2X_1 = 2 \times 0.02023 = 0.04046 \qquad Y_{2,e} = 0$$

$$\Delta Y_m = \frac{(Y_1 - Y_{1,e}) - (Y_2 - Y_{2,e})}{\ln \dfrac{Y_1 - Y_{1,e}}{Y_2 - Y_{2,e}}} = 0.00626$$

$$N_{OG} = \frac{Y_1 - Y_2}{\Delta Y_m} = \frac{0.0527 - 0.00264}{0.00626} = 8$$

故　$H_{OG} = \frac{H}{N_{OG}} = \frac{6}{8} = 0.75$

$$K_y a = \frac{G}{H_{OG} \cdot \Omega} = \frac{77.7}{0.75 \times 0.785 \times 0.88^2} = 170.42\text{kmol/(m}^3 \cdot \text{h)}$$

每小时所能回收的丙酮量：

$$G' = G(Y_1 - Y_2) = 77.7 \times (0.0527 - 0.00264) = 3.89\text{kmol/h}$$

填料层加高 3m 时，$H = 9\text{m}$，$N_{OG} = \frac{H}{H_{OG}} = \frac{9}{0.75} = 12$

$$\frac{mG}{L} = m\frac{X_1 - X_2}{Y_1 - Y_2} = \frac{2 \times 0.02023}{0.0527 - 0.00264} = 0.81$$

故　$N_{OG} = 12 = \frac{1}{1 - mG/L} \ln \left[\left(1 - \frac{mG}{L}\right) \left(\frac{Y_1 - mX_2}{Y_2' - mX_2}\right) + \frac{mG}{L} \right]$

解得：　$Y'_2 = 0.00112$

故　$G' = G(Y'_1 - Y'_2) = 4.008\text{kmol/h}$

37. (1) 1.17　(2) 2.34　(3) 9.80

解：$Y_1 = \frac{y_1}{1-y_1} = \frac{0.06}{1-0.06} = 0.0638$kmol 氨 /kmol 惰性气

$Y_2 = Y_1(1-\varphi) = 0.000638$kmol 氨 /kmol 惰性气

则水的摩尔流率为　$L = 770/18 = 42.78\text{kmol/(m}^2 \cdot \text{h)}$

混合气体的平均分子量为　$M_m = 0.94 \times 29 + 0.06 \times 17 = 28.28$

惰性气摩尔流率为　$G = \frac{580}{28.28} \times (1 - 0.06) \times \frac{293}{273} = 20.69$kmol 惰性气 /(m^2 · h)

(1) 当操作压强增加 1 倍时

当 $p=1\text{atm}$ 时，$1/A=mG/L=0.9\times20.69/42.78=0.435$ 且 $X_2=0$

所以 $N_{OG}=\dfrac{1}{1-1/A}\ln\left[\left(1-\dfrac{1}{A}\right)\left(\dfrac{Y_1-mX_2}{Y_2-mX_2}\right)+\dfrac{1}{A}\right]=7.154$

当 $p=2\text{atm}$ 时，因为 $mp=m'p'$

所以 $m'=0.9\times1/2=0.45$，则 $1/A'=m'G/L=0.218$

所以 $N'_{OG}=\dfrac{1}{1-1/A'}\ln\left[\left(1-\dfrac{1}{A'}\right)\left(\dfrac{Y_1-m'X_2}{Y_2-m'X_2}\right)+\dfrac{1}{A'}\right]=5.58$

因为 $H_{OG}=\dfrac{G}{K_ya\cdot\Omega}=\dfrac{G}{K_Gpa\Omega}$，$H'_{OG}=\dfrac{G}{K'_Gpa\Omega}$

而
$$H-H_{OG}\times N_{OG} \quad ①$$
$$H'=H'_{OG}\times N'_{OG} \quad ②$$

①/②得

$$H'=\frac{H'_{OG}\times N'_{OG}}{H_{OG}\times N_{OG}}\times H=\frac{p\times N'_{OG}}{p'\times N_{OG}}\times H=\frac{1\times5.58}{2\times7.154}\times3=1.17\text{m}$$

(2) 将进口清水量增加 1 倍时，因 $L'=2L=2\times42.78=85.56\text{kmol}/(\text{m}^2\cdot\text{h})$

则 $1/A'=mG/L'=0.218$

同 (1) 计算，得 $N'_{OG}=5.58$，又因为 $H'_{OG}=H_{OG}$

所以 $H'=\dfrac{H'_{OG}\times N'_{OG}}{H_{OG}\times N_{OG}}\times H=\dfrac{5.58}{7.154}\times3=2.34\text{m}$

(3) 将进口气量增加 1 倍时，因 $G'=2G=2\times20.69=41.38\text{kmol}$ 惰性气 $/(\text{m}^2\cdot\text{h})$

$1/A'=mG'/L=0.871$

所以 $N'_{OG}=\dfrac{1}{1-1/A'}\ln\left[\left(1-\dfrac{1}{A'}\right)\left(\dfrac{Y_1-mX_2}{Y_2-mX_2}\right)+\dfrac{1}{A'}\right]=20.33$

对于一定直径的塔，气体流量增加 1 倍时，u 增加 1 倍，即 $u'=2u$。根据题意可知，传质系数 K_G 与气体流速的 0.8 次方成正比，则 $K_G\propto u^{0.8}$ 及 $K_G'\propto(2u)^{0.8}=2^{0.8}u^{0.8}$

因此，流速增加 1 倍时，K_G 值将增至原来的 $2^{0.8}$ 倍，即 $K_G'=2^{0.8}K_G$

因为 $H_{OG}'=\dfrac{G'}{K'_Gpa\Omega}=\dfrac{2G}{2^{0.8}K_Gpa\Omega}=\dfrac{2}{2^{0.8}}H_{OG}$

所以 $H'=\dfrac{H'_{OG}\times N'_{OG}}{H_{OG}\times N_{OG}}\times H=\dfrac{2}{2^{0.8}}\times\dfrac{20.33}{7.154}\times3=9.80\text{m}$

38. 69.8 4.8

解：水的用量：甲醇的分子量 $M=32$，在标准状况下千摩尔体积为 22.4m^3

$$y_1=\frac{0.1/32}{1/22.4}=0.07$$

$$Y_1=\frac{y_1}{1-y_1}=\frac{0.07}{1-0.07}=0.0753$$

$$Y_2=Y_1(1-\varphi)=0.0753\times(1-0.98)=0.00151$$

$$X_1=0.67X_{1,e}=0.67\times\frac{Y_1}{m}=0.67\times\frac{0.0753}{1.15}=0.0439 \quad X_2=0$$

$$G=\frac{1000}{22.4}(1-y_1)=\frac{1000}{22.4}\times(1-0.07)=41.5\text{kmol 惰性气}/\text{h}$$

代入上式得

$$L=G\frac{Y_1-Y_2}{X_1-X_2}=41.5\times\frac{0.0753-0.00151}{0.0439-0}=69.8\text{kmolH}_2\text{O/h}$$

塔径计算：

$$q_V=\frac{1000}{3600}\times\frac{Tp_0}{T_0p}=\frac{1000}{3600}\times\frac{273+25}{273}=0.303\text{m}^3/\text{s}$$

则 $D=\sqrt{\frac{4q_V}{\pi u}}=\sqrt{\frac{4\times0.303}{\pi\times0.5}}=0.878\text{m}$ 取 $D=0.9\text{m}$

填料层高度：

气相传质单元高度 $H_{OG}=\frac{G}{K_ya\cdot\Omega}=\frac{41.5}{120\times\frac{\pi}{4}\times0.9^2}=0.544\text{m}$

气相传质单元数用下述两种方法计算：

(1) 对数平均推动力法

$$\Delta Y_1=Y_1-Y_{1,e}=Y_1-mX_1=0.0753-1.15\times0.0439=0.0248$$

$$\Delta Y_2=Y_2-Y_{2,e}=Y_2=0.00151$$

$$\Delta Y_m=\frac{\Delta Y_1-\Delta Y_2}{\ln\frac{\Delta Y_1}{\Delta Y_2}}=\frac{(0.0248-0.00151)}{\ln\frac{0.0248}{0.00151}}=0.00832$$

$$N_{OG}=\frac{Y_1-Y_2}{\Delta Y_m}=\frac{0.0743-0.00151}{0.00832}=8.75$$

填料层高度 $H=H_{OG}\times N_{OG}=0.544\times8.75=4.8\text{m}$

(2) 解析法

$$\frac{mG}{L}=\frac{1.15\times41.5}{69.8}=0.684$$

$$N_{OG}=\frac{1}{1-mG/L}\ln\left[\left(1-\frac{mG}{L}\right)\left(\frac{Y_1-mX_2}{Y_2-mX_2}\right)+\frac{mG}{L}\right]$$

$$=\frac{1}{1-0.684}\ln\left[(1-0.684)\times\frac{0.0753}{0.00151}+0.684\right]=8.86$$

填料层高度 $H=H_{OG}\times N_{OG}=0.544\times8.86=4.8\text{m}$

39. 不能 能

解：(1) 组成换算 $Y_1=\frac{5}{95}=0.0526$ $Y_2=\frac{0.04}{99.96}=0.0004$

惰性气流量 $G=\frac{200}{22.4}\times\frac{273}{301}\times(1-0.05)=7.69\text{kmol/h}$

$$X_{1,e}=\frac{Y_1}{m}=\frac{0.0526}{1.4}=0.0376,\ X_1=0.80X_{1,e}=0.0301$$

$$L=\frac{G(Y_1-Y_2)}{X_1}=\frac{7.69\times(0.0526-0.0004)}{0.0301}=13.34\text{kmol/h}$$

$$\Delta Y'_1=Y_1-mX_1=0.0526-1.4\times0.0301=0.01046$$

$$\Delta Y'_2=Y_2=0.0004$$

$$\Delta Y_m=\frac{\Delta Y'_1-\Delta Y'_2}{\ln\frac{\Delta Y'_1}{\Delta Y'_2}}=0.00308$$

$$H'=\frac{G(Y_1-Y_2)}{K_y a\Omega\Delta Y'_m}=\frac{7.69\times(0.0526-0.0004)}{38.5\times0.785\times0.8^2\times0.00308}=6.74\text{m}$$

$$\text{该塔现有填料层高度 } H=\frac{3}{0.785\times0.8^2}=6\text{m}$$

因为 $H'>H$ ，所以该塔不适用。

(2) 当吸收剂用量增大10%时

$$L'=1.1\times13.34=14.67\text{kmol/h}$$

算出　$X_1=0.0274$，$\Delta Y'_1=0.01424$，$\Delta Y'_2=0.0004$

$$\Delta Y_m=\frac{\Delta Y'_1-\Delta Y'_2}{\ln\frac{\Delta Y'_1}{\Delta Y'_2}}=0.00387$$

$$H''=\frac{7.69\times(0.0526-0.0004)}{38.5\times0.785\times0.8^2\times0.00387}=5.36\text{m}$$

因为 $H''<H$ ，所以该塔适用。

40. (1) 0.054　(2) 4

解：(1) 因为是低浓气体，可认为 $y=Y$ ，$x=X$ ，由塔的总体物料衡算：

$$G(Y_1-Y_3)=L_3(X_1-X_3)+L_2(X_1-X_2) \text{ 及 } L_2=L_3$$

$$G(Y_1-Y_3)=L_3(2X_1-X_2-X_3) \qquad Y_1\times0.9=\frac{L_3}{G}(2X_1-0.018)\text{，得 } X_1=0.054$$

(2) 最合适位置在下行液体与入口液体浓度相同处。在下半部有 $L/G=1$

$$Y_2=Y_1-L(X_1-X_3)/G=0.05-(0.054-0.014)=0.01$$

$$\Delta Y_m=\frac{\Delta Y_1-\Delta Y_2}{\ln\frac{\Delta Y_1}{\Delta Y_2}}=0.00982$$

$$N_{OG}=\frac{Y_1-Y_2}{\Delta Y_m}=\frac{0.05-0.01}{0.00982}=4$$

$$H=H_{OG}\times N_{OG}=4\text{m}$$

41. ①

解：(1) 吸收塔

吸收塔顶部出口气体中含芳烃为 $y_2=(1-\varphi)\times y_1=(1-0.95)\times0.02=0.001$

吸收剂（洗油）在吸收塔底部的最大浓度为 $x_{1,e}=\frac{y_1}{m}=\frac{0.02}{0.125}=0.16$

吸收塔最小液气比为 $\left(\frac{L}{G}\right)_{min}=\frac{y_1-y_2}{x_{1,e}-x_2}=\frac{0.02-0.001}{0.16-0.005}=0.123$

操作液气比为 $\frac{L}{G}=1.3\times\left(\frac{L}{G}\right)_{min}=1.3\times0.123=0.160$

焦炉气流量 $G=1200\text{kmol/h}=0.333\text{kmol/s}$

洗油的循环量 $L=0.160\times0.333=0.0532\text{kmol/s}=191.52\text{kmol/h}$

洗油出塔浓度 $x_1 = x_2 + \frac{G}{L}(y_1 - y_2) = 0.005 + \frac{1}{0.160} \times (0.02 - 0.001) = 0.124$

（2）解吸塔

因过热水蒸气中不含芳烃，即 $y_2 = 0$。解吸塔顶部气相中含芳烃最大浓度为

$y_e = mx = 3.16 \times 0.124 = 0.392$

解吸塔的最小气液比

$$\left(\frac{G}{L}\right)_{min} = \frac{x_1 - x_2}{y_{1,e} - y_2} = \frac{0.124 - 0.005}{0.392 - 0} = 0.304$$

$$操作气液比 \quad \frac{G}{L} = 1.2 \times \left(\frac{G}{L}\right)_{min} = 1.2 \times 0.304 = 0.365$$

过热蒸汽消耗量 $G = 0.365L = 0.365 \times 0.0532 = 0.0194\text{kmol/s} = 69.84\text{kmol/h}$

42. 解：（1）10.15g　（2）5.46g

（1）操作温度为 20℃时，$E = 0.355 \times 10^4 \text{kPa}$

$$p_{总} = 101.3\text{kPa}$$

$$m = \frac{E}{p_{总}} = \frac{3.55 \times 10^3}{101.3} = 35.04$$

$$y = 0.1$$

$$y = mx_e \Rightarrow x_e = \frac{y}{m} = \frac{0.1}{35.04} = 2.85 \times 10^{-3}$$

$$\frac{w/64}{w/64 + 1000/18} = 2.85 \times 10^{-3}$$

$$w = 10.15\text{g}$$

（2）当操作温度为 40℃时，$E = 0.661 \times 10^4 \text{kPa}$

$$m = \frac{E}{p_{总}} = \frac{0.661 \times 10^4}{101.3} = 65.3$$

$$y = 0.1$$

$$y = mx_e \Rightarrow x_e = \frac{y}{m} = \frac{0.1}{65.3} = 1.53 \times 10^{-3}$$

$$\frac{w/64}{w/64 + 1000/18} = 1.53 \times 10^{-3}$$

$$w = 5.46\text{g}$$

43. $2.96 \times 10^6 \text{Pa}$

解：

$$x = \frac{20/(35.5 \times 2)}{20/(35.5 \times 2) + (1000 - 20)/18} = 5.14 \times 10^{-3}$$

$$p_e = Ex = 46.12 \times 10^6 \times 5.14 \times 10^{-3} = 2.37 \times 10^5 \text{Pa}$$

$$\frac{p_e}{p} = \frac{2.37 \times 10^5}{p} = \frac{0.08}{1.00}$$

$$p = \frac{2.37 \times 10^5}{0.08} = 2.96 \times 10^6 \text{Pa}$$

44. 0.00402，0.034

解：$Y_1=\frac{y_1}{1-y_1}=\frac{0.06}{1-0.06}=0.064$

$$Y_{1,e}=2.52X_1=2.52\times0.012=0.03024$$

$$Y_2=\frac{y_2}{1-y_2}=\frac{0.004}{1-0.004}=0.00402 \qquad Y_{2,e}=2.52X_2=2.52\times0=0$$

塔顶：$\Delta Y_2=Y_2-Y_{2,e}=0.00402-0=0.00402$

塔底：$\Delta Y_1=Y_1-Y_{1,e}=0.064-0.03024=0.034$

45. 解：$p_{总}=101.3\text{kPa}$，$k_G=1.0\times10^{-6}\text{kmol/}(\text{m}^2\cdot\text{s}\cdot\text{kPa})$，$k_L=8.0\times10^{-6}\text{m/s}$，$E=3.54\times10^3\text{kPa}$

(1) $m=\frac{E}{p}=\frac{3.54\times10^3}{101.3}=34.95$

$p_A=p_{总}y=101.3\times0.03=3.039\text{kPa}$

$p_e=Ex=3.54\times10^3\times0.00065=2.301\text{kPa}$

$\Delta p=p_A-p_e=3.039-2.301=0.738\text{kPa}$

$p_e=p_{总}y_e\Rightarrow y_e=\frac{p_e}{p_{总}}=\frac{2.301}{101.3}=0.0227$

$\Delta y=y-y_e=0.03-0.0227=7.3\times10^{-3}$

$y=mx_e\Rightarrow x_e=\frac{y}{m}=\frac{0.03}{34.95}=0.0008584$

$\Delta x=x_e-x=0.0008584-0.00065=2.084\times10^{-4}$

(2) $H=\frac{\rho}{EM_s}=\frac{1000}{3.54\times10^3\times18}=1.567\times10^{-2}\text{m}$

$\frac{1}{K_G}=\frac{1}{k_G}+\frac{1}{Hk_L}=\frac{1}{1.0\times10^{-6}}+\frac{1}{1.567\times10^{-2}\times8.0\times10^{-6}}$

$K_G=1.12\times10^{-7}$

$N_A=K_G(p_A-p_e)=1.12\times10^{-7}\times0.738=8.27\times10^{-8}$

(3) $\frac{1}{k_G}<\frac{1}{Hk_L}$，所以该吸收为液膜控制过程。

(4) $p_{总}=1013\text{kPa}$

$m=\frac{E}{p_{总}}=\frac{3.54\times10^3}{1013}=3.495$

$\Delta p'=p'_A-p'_e=p_{总}y-Ex=30.39-2.301=28.089\text{kPa}$

$N'_A=K_G(p'_A-p'_e)=1.12\times10^{-7}\times28.089=3.146\times10^{-6}$

$\frac{N'_A}{N_A}=\frac{3.146\times10^{-6}}{8.27\times10^{-8}}=38.04$，所以吸收速率提高 37.04 倍。

46. 解：$Y_1=\frac{y_1}{1-y_1}=\frac{0.04}{1-0.04}=0.0417$

$Y_2=\frac{y_2}{1-y_2}=\frac{0.005}{1-0.005}=0.005$

$X_1=\frac{x_1}{1-x_1}=\frac{0.012}{1-0.012}=0.0121$

$$\left(\frac{L}{V}\right)_{\min}=\frac{Y_1-Y_2}{X_{e1}-X_2}=\frac{Y_1-Y_2}{\frac{Y_1}{m}}=m\left(1-\frac{Y_2}{Y_1}\right)=2.5\times\left(1-\frac{0.005}{0.0417}\right)=2.2$$

$$\frac{L}{V}=\frac{Y_1-Y_2}{X_1-X_2}=\frac{0.0417-0.005}{0.0121-0}=3.03$$

$$\frac{L}{V}\Big/\left(\frac{L}{V}\right)_{\min}=\frac{3.03}{2.2}=1.38$$

47. 解：(1)　设操作条件变化前为原工况

$$S=\frac{mG}{L}=\frac{1.18}{2.0}=0.59$$

$$X_2=0,\ \frac{Y_1-mX_2}{Y_2-mX_2}=\frac{Y_1}{Y_2}=\frac{1}{1-\eta}=\frac{1}{1-0.95}=20$$

$$N_{OG}=\frac{1}{1-S}\ln\left[(1-S)\frac{Y_1-mX_2}{Y_2-mX_2}+S\right]$$

$$=\frac{1}{1-0.59}\ln[(1-0.59)\times20+0.59]$$

$$=5.301$$

设气量增加15%时为新工况

因　$H_{OG}=\dfrac{G}{K_Ya\Omega}$，$K_Ya\propto V^{0.8}$

所以　$H_{OG}\propto\dfrac{G}{G^{0.8}}=G^{0.2}$

故新工况下　$H'_{OG}=H_{OG}\left(\dfrac{G'}{G}\right)^{0.2}=H_{OG}\times1.15^{0.2}=1.028H_{OG}$

因塔高未变，故　$N_{OG}\cdot H_{OG}=N'_{OG}\cdot H'_{OG}$

$$N'_{OG}=\frac{N_{OG}\cdot H_{OG}}{H'_{OG}}=\frac{N_{OG}\cdot H_{OG}}{1.028H_{OG}}=\frac{5.301}{1.028}=5.157$$

$\because S=\dfrac{mG}{L}$，$S'=\dfrac{mG'}{L}$

$\therefore S'=\dfrac{G'}{G}S=1.15\times0.59=0.679$

新工况下：

$$N'_{OG}=\frac{1}{1-S'}\ln\left[(1-S')\frac{Y_1-mX_2}{Y'_2-mX_2}+S'\right]$$

$$5.157=\frac{1}{1-0.679}\ln\left[(1-0.679)\frac{Y_1}{Y'_2}+0.679\right]$$

$$5.157=\frac{1}{1-0.679}\ln\left[(1-0.679)\frac{1}{1-\eta'}+0.679\right]$$

解得丙酮吸收率 η 变为92.95%。

(2) 当气体流量不变时，对于气膜控制的吸收过程，H_{OG} 不变，故吸收塔塔高不变时，N_{OG} 也不变化，即将丙酮回收率由95%提高到98%，提高吸收剂用量时，新工况下

$$N''_{OG}=N_{OG}=5.301$$

$$S''=\frac{mG}{L''}，\ \eta''=0.98$$

$$N''_{OG}=\frac{1}{1-S''}\ln\left[(1-S'')\frac{1}{1-\eta''}+S''\right]$$

$$5.301=\frac{1}{1-S''}\ln\left[(1-S'')\frac{1}{1-0.98}+S''\right]$$

用试差法解得 $S''=0.338$

$$\frac{S}{S''}=\frac{L''}{L}=\frac{0.59}{0.338}=1.746$$

所以吸收剂用量应提高到原来的 1.746 倍。

48. 解：已知　$X_1=0.0005, X_2=0.0255, Y_1=0, m=33, \frac{G}{L}=1.35\left(\frac{G}{L}\right)_{min}$

$$Y_{2,e}=33X_2=33\times0.0255=0.8415$$

(1) $\left(\frac{G}{L}\right)_{min}=\frac{X_2-X_1}{Y_{2,e}-Y_1}=\frac{0.0255-0.0005}{0.8415-0}=0.0297$

$\frac{G}{L}=1.35\left(\frac{G}{L}\right)_{min}=1.35\times0.0297=0.04$

蒸汽用量　$G=1.35\left(\frac{G}{L}\right)_{min}L=0.04\times10=0.4\text{kmol/h}$

(2) $A=\frac{L}{mG}=\frac{1}{33\times0.04}=0.7558$

$\frac{X_2-X_{1,e}}{X_1-X_{1,e}}=\frac{X_2}{X_1}=\frac{0.0255}{0.0005}=51$

$$N_{OL}=\frac{1}{1-A}\ln\left[(1-A)\frac{X_2-X_{1,e}}{X_1-X_{2,e}}+A\right]$$

$$=\frac{1}{1-0.7558}\ln[(1-0.7558)\times51+0.7558]$$

$$=10.57$$

$H_{OL}=\frac{L}{K_Xa\Omega}=\frac{10}{30\times1}=0.33\text{m}$

填料层高度　$Z=N_{OL}\cdot H_{OL}=10.57\times0.33=3.49\text{m}$

49. 解：逆流吸收时，已知 $Y_1=0.091$，$X_2=0.0099$

所以　$Y_2=Y_1(1-\eta)=0.091\times(1-0.85)=0.01365$

$$X_1=X_2+G\ (Y_1-Y_2)\ /L=0.0099+\frac{(0.091-0.01365)}{0.9}=0.09584$$

$$Y_{1,e}=0.86X_1=0.86\times0.09584=0.0824$$

$$Y_{2,e}=0.86X_2=0.86\times0.0099=0.008514$$

$$\Delta Y_1=Y_1-Y_{1,e}=0.091-0.0824=0.0086$$

$$\Delta Y_2=Y_2-Y_{2,e}=0.01365-0.008514=0.005136$$

$$\Delta Y_m=\frac{\Delta Y_1-\Delta Y_2}{\ln\frac{\Delta Y_1}{\Delta Y_2}}=\frac{0.0086-0.005136}{\ln\frac{0.0086}{0.005136}}=0.00672$$

$$N_{OG}=\frac{Y_1-Y_2}{\Delta Y_m}=\frac{0.091-0.01365}{0.00672}=11.51$$

改为并流吸收后，设出塔气、液相组成为Y'_1、X'_1，进塔气、液相组成为Y_2、X_2。

物料衡算：$(X'_1-X_2)L=G(Y_2-Y'_1)$

$$N_{OG}=\frac{Y_2-Y'_1}{\dfrac{(Y_2-mX_2)-(Y'_1-mX'_1)}{\ln\dfrac{Y_2-mX_2}{Y'_1-mX'_1}}}=\frac{Y_2-Y'_1}{\dfrac{(Y_2-Y'_1)+m(X'_1-X_2)}{\ln\dfrac{Y_2-mX_2}{Y'_1-mX'_1}}}$$

将物料衡算式代入N_{OG}中整理得：

$$N_{OG}=\frac{1}{1+\dfrac{m}{\dfrac{L}{G}}}\ln\frac{Y_2-mX_2}{Y'_1-mX'_1}$$

逆流改为并流后，因k_Ya不变，即传质单元高度H_{OG}不变，故N_{OG}不变。

所以 $11.51=\dfrac{1}{1+\dfrac{0.86}{0.9}}\ln\dfrac{0.091-0.86\times0.0099}{Y'_1-0.86X'_1}$

$$Y'_1-0.86X'_1=1.38\times10^{-11}$$

由物料衡算式得：$Y'_1+0.9X'_1=0.0999$

将此两式联立解得：$X'_1=0.0568$

$$Y'_1=0.0488$$

$$\Delta Y'_m=\frac{Y_2-Y'_1}{N_{OG}}=\frac{0.091-0.0488}{11.51}=0.00366$$

$$\frac{\Delta Y_m}{\Delta Y'_m}=\frac{0.00672}{0.00366}=1.84$$

由计算结果可以看出，在逆流与并流的气、液两相进口组成相等及操作条件相同的情况下，逆流操作可获得较高的吸收液浓度及较大的吸收推动力。

50. 解：(1) 填料塔的直径

由 $D=\sqrt{\dfrac{4V}{\pi u}}$

其中 $V=\dfrac{5000}{3600}\times\dfrac{273+30}{273}\text{m}^3/\text{s}=1.542\text{m}^3/\text{s}$

$$D=\sqrt{\frac{4\times1.542}{3.14\times1.2}}=1.279\text{m}$$

(2) 原工况

$$Y_2=(1-\eta)Y_1=(1-0.96)\times0.0155=0.00062$$

$$G=\frac{5000}{3600}\times\frac{1}{22.4}\times(1-0.0155)\text{kmol/s}=0.061\text{kmol/s}$$

对于纯溶剂吸收 $\left(\dfrac{L}{G}\right)_{\min}=m\eta=1.2\times0.96=1.152$

$$\frac{L}{G}=1.55\times1.152=1.786$$

$$S=\frac{mG}{L}=\frac{1.2}{1.786}=0.672$$

$$N_{OG}=\frac{1}{1-S}\ln\left[(1-S)\ \frac{Y_1-mX_2}{Y_2-mX_2}+S\right]=\frac{1}{1-0.672}\ln\left[(1-0.672)\ \times\frac{0.0155}{0.00062}+0.672\right]=6.655$$

新工况

因水吸收氨属于气膜控制，温度 t 对 K_ya 的影响可忽略，温度降低时 H_{OG} 可视为不变，又因填料层高度一定，故 N_{OG} 亦可视为不变。

$$S'=\frac{m'G}{L}=\frac{0.5}{1.786}=0.28$$

由 $$N_{OG}=\frac{1}{1-S'}\ln\left[(1-S')\ \frac{Y_1-mX_2}{Y'_2-mX_2}+S'\right]$$

$$=\frac{1}{1-0.28}\ln\left[(1-0.28)\ \frac{0.0155}{Y'_2}+0.28\right]=6.655$$

$$Y'_2=0.0000928$$

$$\eta'=\frac{Y_1-Y'_2}{Y_1}=\frac{0.0155-0.0000928}{0.0155}=0.994=99.4\%$$

讨论：从本题计算可看出，对于一定高度的填料塔，在其他条件不变时，操作温度降低，相平衡衡常数 m 减小，平衡线位置下移，平均推动力加大，故溶质的吸收率提高。

四、推导

1. 证明：低浓度吸收中，可取 $Y=y$，$X=x$，亨利定律用 $y_e=mx$ 表示

$$G(y_1-y)=L(x_1-x)=L\left(x_1-\frac{y_e}{m}\right)$$

所以 $$y_e=mx=m\left[x_1-\frac{G(y_1-y)}{L}\right]$$

$$N_{OG}=\int_{y_2}^{y_1}\frac{dy}{y-y_e}=\int_{y_2}^{y_1}\frac{dy}{y-m\left[x_1-\frac{G}{L}(y_1-y)\right]}=\int_{y_2}^{y_1}\frac{dy}{y\left(1-\frac{mG}{L}\right)-\left(mx_1-\frac{mG}{L}y_1\right)}$$

令 $A'=1-\frac{mG}{L}$，$B=mx_1-\frac{mG}{L}y_1$，$mx_1-\frac{mG}{L}y_1=mx_2-\frac{mG}{L}y_2$

所以 $$N_{OG}=\int_{y_2}^{y_1}\frac{dy}{A'y-B}=\int_{y_2}^{y_1}\frac{d(A'y-B)}{A'y-B}=\frac{1}{A'}\ln\frac{A'y_1-B}{A'y_2-B}$$

故 $$N_{OG}=\frac{1}{1-\frac{mG}{L}}\ln\frac{\left(1-\frac{mG}{L}\right)y_1-\left(mx_2-\frac{mG}{L}y_2\right)}{\left(1-\frac{mG}{L}\right)y_2-\left(mx_2-\frac{mG}{L}y_2\right)}=\frac{1}{1-\frac{mG}{L}}\ln\frac{y_1-mx_2-\frac{mG}{L}(y_1-y_2)}{y_2-mx_2}$$

$$=\frac{1}{1-\frac{mG}{L}}\ln\frac{y_1-mx_2-\frac{mG}{L}y_1+\frac{mG}{L}y_2+\frac{m^2G}{L}x_2-\frac{m^2G}{L}x_2}{y_2-mx_2}$$

$$=\frac{1}{1-\frac{mG}{L}}\ln\frac{y_1-mx_2-\frac{mG}{L}(y_1-mx_2)+\frac{mG}{L}(y_2-mx_2)}{y_2-mx_2}$$

$$=\frac{1}{1-\frac{mG}{L}}\ln\left[(1-\frac{mG}{L})(\frac{y_1-mx_2}{y_2-mx_2})+\frac{mG}{L}\right]$$

因 $\frac{mG}{L}=\frac{1}{A}$

所以 $N_{OG}=\frac{1}{1-\frac{1}{A}}\ln\left[\left(1-\frac{1}{A}\right)\left(\frac{y_1-mx_2}{y_2-mx_2}\right)+\frac{1}{A}\right]$

2. 证明：$N_{OL}=\int_{x_2}^{x_1}\frac{dx}{x-x_e}=\int_{x_2}^{x_1}\frac{dx}{x-\frac{L}{mG}(x-x_2)}=\int_{x_2}^{x_1}\frac{dx}{x\left(1-\frac{L}{mG}\right)+\frac{L}{mG}x_2}$

平衡关系符合亨利定律 $x_e=\frac{y}{m}$

列出物料衡算式 $G(y-y_2)=L(x-x_2)$

因进入的惰性气体中不含溶质，则 $y_2=0$，且 $Gy=L(x-x_2)$，$Gmx_e=L(x-x_2)$

故 $x_e=\frac{L}{mG}(x-x_2)$

故得液相总传质单元数

$$N_{OL}=\frac{-1}{\frac{L}{mG}-1}\ln\left[(1-\frac{L}{mG})\frac{x_1}{x_2}+\frac{L}{mG}\right]=\frac{1}{1-\frac{L}{mG}}\ln\left[\left(1-\frac{L}{mG}\right)\frac{x_1}{x_2}+\frac{L}{mG}\right]$$

3. 证明：参见第1题，有 $N_{OG}=\frac{1}{1-\frac{mG}{L}}\ln\left[\left(1-\frac{mG}{L}\right)\left(\frac{y_1-mx_2}{y_2-mx_2}\right)+\frac{mG}{L}\right]$

对于纯溶剂吸收，$x_2=0$，故得 $N_{OG}=\frac{1}{1-\frac{mG}{L}}\ln\left[\left(1-\frac{mG}{L}\right)\left(\frac{y_1}{y_2}\right)+\frac{mG}{L}\right]$

4. 证明：(1) 物料衡算 $G(Y_{入}-Y_{出})=L_{min}(X_{e,出}-X_{入})$，$Y=mX$

所以 $X_{e,出}=\frac{Y_{入}}{m}$

则 $\left(\frac{L}{G}\right)_{min}=\frac{Y_{入}-Y_{出}}{X_{e,出}-X_{入}}=\frac{Y_{入}-Y_{出}}{\frac{Y_{入}}{m}-X_{入}}=\frac{Y_{入}-Y_{出}}{\frac{Y_{入}-mX_{入}}{m}}$

所以 $\left(\frac{L}{mG}\right)_{min}=\frac{Y_{入}-Y_{出}}{Y_{入}-mX_{入}}$

又因为 $A_{min}=\left(\frac{L}{mG}\right)_{min}=\frac{Y_{入}-Y_{出}}{Y_{入}-mX_{入}}$，故证 $A_{min}=\varphi$

吸收操作时，对板式塔单板和填料塔一样计算。

(2) 由传质总系数与两相传质分系数的关系式得

$$\frac{1}{K_y}=\frac{1}{k_y}+\frac{m}{k_x}$$

将上式两边同乘 $\frac{G}{a\Omega}$，且 $\frac{mG}{L}=\frac{1}{A}$；得：$\frac{G}{K_ya\Omega}=\frac{G}{k_ya\Omega}+\frac{mG}{k_xa\Omega}$

令　$H_{OG}=\dfrac{G}{K_y a\Omega}$，$H_G=\dfrac{G}{k_y a\Omega}$，$H_L=\dfrac{L}{k_x a\Omega}$

所以　$H_{OG}=H_G+\dfrac{mG}{L}H_L=H_G+\dfrac{H_L}{A}$

填料层高度　$H=H_{OG}\times N_{OG}=H_G\times N_G$

所以　$N_G/N_{OG}=\dfrac{H_{OG}}{H_G}=\dfrac{H_G+\dfrac{H_L}{A}}{H_G}=1+\dfrac{H_L}{AH_G}$

5. 证明：物料衡算的操作线为：$x-x_2=\dfrac{G}{L}(y-y_2)$

所以　$x=\dfrac{G}{L}(y-y_2)+x_2=\dfrac{G}{L}y-\dfrac{G}{L}y_2+x_2$，又因 $\dfrac{mG}{L}=1$

所以

$$N_{OG}=\int_{y_2}^{y_1}\frac{dy}{y-y_e}=\int_{y_2}^{y_1}\frac{dy}{y-mx}=\int_{y_2}^{y_1}\frac{dy}{y-m\left(\dfrac{G}{L}y-\dfrac{G}{L}y_2+x_2\right)}$$

$$=\int_{y_2}^{y_1}\frac{dy}{y\left(1-\dfrac{mG}{L}\right)-mx_2+\dfrac{mG}{L}y_2}$$

$$=\int_{y_2}^{y_1}\frac{dy}{\dfrac{mG}{L}y_2-mx_2}=\frac{y_1-y_2}{y_2-mx_2}=\frac{y_1-mx_2-y_2+mx_2}{y_2-mx_2}=\frac{y_1-mx_2}{y_2-mx_2}-1$$

6. 证明：当气液平衡关系服从亨利定律，即 $Y_e=mX$ 时，在操作浓度范围内平衡线为直线，操作线是直线，则全塔的气液两相间平均传质推动力用塔底推动力和塔顶推动力的对数平均值来计算，微分段内的吸收塔的吸收速率方程式为：

$$dG_A=K_Y dA(Y-Y_e) \qquad ①$$

对微分段内作物料衡算：

$$dG_A=GdY \qquad ②$$

联立式①、式②，求解得

$$A=\frac{G}{K_Y}\int_{y_2}^{y_1}\frac{dy}{Y-Y_e} \qquad ③$$

全塔的吸收速率方程式为：

$$G_A=G(Y_1-Y_2)=K_Y\cdot A\cdot \Delta Y_m\text{，即 }A=\frac{G(Y_1-Y_2)}{K_Y\cdot\Delta Y_m} \qquad ④$$

式③与式④联立得 $\dfrac{(Y_1-Y_2)}{\Delta Y_m}=\displaystyle\int_{y_2}^{y_1}\frac{dY}{Y-Y_e}$

故证　$\Delta Y_m=\dfrac{(Y_1-Y_{1,e})-(Y_2-Y_{2,e})}{\ln\dfrac{Y_1-Y_{1,e}}{Y_2-Y_{2,e}}}=\dfrac{Y_1-Y_2}{\displaystyle\int_{Y_2}^{Y_1}\frac{dY}{Y-Y_e}}$

7. 证明：若吸收系统服从亨利定律或平衡关系在计算范围内为直线，则：

$$c_A=Hp_{Ae}$$

根据双膜理论，界面无阻力，即界面上气液两相平衡，对于稀溶液，则

$$c_{Ai}=Hp_{Ai}$$

将上两式代入式 $N_A=k_L(c_{Ai}-c_A)$ 得：

$$N_A = Hk_L(p_{Ai} - p_{Ae})$$

或
$$\frac{1}{Hk_L}N_A = p_{Ai} - p_{Ae}$$

式 $N_A = k_G(p_A - p_{Ai})$ 可转化为：

$$\frac{1}{k_G}N_A = p_A - p_{Ai}$$

两式相加得 $\left(\frac{1}{Hk_L} + \frac{1}{k_G}\right)N_A = p_A - p_{Ae}$

$$N_A = \frac{1}{\left(\frac{1}{Hk_L} + \frac{1}{k_G}\right)}(p_A - p_{Ae})$$

将此式与式 $N_A = K_G(p_A - p_{Ae})$ 联立得

$$\frac{1}{K_G} = \frac{1}{Hk_L} + \frac{1}{k_G}$$

8. 解：(1) $\varphi = \frac{Y_1 - Y_2}{Y_1}$

$$\left(\frac{L}{G}\right)_{\min} = \frac{Y_1 - Y_2}{X_{1,e} - X_2} = \frac{Y_1 - Y_2}{Y_1/m} = m\varphi$$

$$\frac{L}{G} = \beta\left(\frac{L}{G}\right)_{\min} = \beta\varphi m$$

(2) $Z = N_{OG} \cdot H_{OG} = H_{OG} \cdot \frac{Y_1 - Y_2}{\frac{(Y_1 - mX_1) - (Y_2 - mX_2)}{\ln\frac{Y_1 - mX_1}{Y_2 - mX_2}}}$

$$X_1 = X_2 + \frac{G}{L}(Y_1 - Y_2) = \frac{G}{L}Y_1\varphi = \frac{\varphi Y_1}{Am}$$

$$Z = H_{OG} \cdot \frac{Y_1 - Y_2}{\frac{Y_1 - mX_1 - Y_2}{\ln\frac{Y_1 - mX_1}{Y_2}}} = \frac{H_{OG}}{1 - \frac{mG}{L}}\ln\frac{Y_1 - mX_1}{Y_2}$$

$$= \frac{H_{OG}}{1 - \frac{mG}{L}}\ln\frac{Y_1 - m\frac{\varphi Y_1}{Am}}{Y_1(1 - \varphi)} = \frac{H_{OG}}{1 - \frac{mG}{L}}\ln\frac{1 - \frac{\varphi}{A}}{1 - \varphi}$$

第七章

液体精馏

一、选择题/填空

1. 精馏操作的作用是分离________。

   ① 气体混合物　② 液体均相混合物　③ 固体混合物　④ 互不溶液体混合物

2. 精馏分离的依据为________。

   ① 利用混合液中各组分挥发度不同

   ② 利用混合气中各组分在某种溶剂中溶解度的差异

   ③ 利用混合液在第三种组分中互溶度的不同

   ④ 无法说明

3. 某一元理想溶液，其组成 $x=0.6$（摩尔分数，下同），相应的泡点为 t_1，与之相平衡的气相组成 $y=0.7$，相应的露点为 t_2，则________。

   ① $t_1=t_2$　② $t_1>t_2$　③ $t_1<t_2$　④ 无法判断

4. 对于双组分物系的恒压蒸馏过程而言，由于物系只有一个自由度，故下列论断中正确的是________。

   ① 液相（或气相）组成与温度之间存在一一对应关系

   ② 气、液相组成之间存在一一对应关系

   ③ 随着简单蒸馏过程的进行，釜温将随釜液组成的变化而变化

   ④ 气、液相组成之间不存在一一对应关系

5. 下列论断中正确的是________。

   ① 溶液中各组分的挥发性可用各组分的平衡蒸气分压与其液相摩尔分数的比值来表示

   ② 溶液中两组分挥发度之比称为相对挥发度

   ③ 理想溶液的相对挥发度等于同一温度下两纯组分的饱和蒸气压之比

   ④ 相对挥发度值的大小表示气相中两组分的浓度比为液相中的两组分浓度比的倍数，故相对挥发度可作为蒸馏分离难易的标志

   ⑤ 相对挥发度等于 1 时，说明该组分的气相组成与液相组成相等，这种情况不能用普通蒸馏方法加以分离

6. 图 7-1 中（a）为 A、B 二元系统气液平衡组成图，图（b）为 C、D 二元系统气液平衡组成图。下列判断中正确的是________。

   ① A、B 无法分离，C、D 可以分离　② A、B 以及 C、D 都无法分离

   ③ A、B 可以分离，C、D 无法分离　④ A、B 以及 C、D 都可以分离

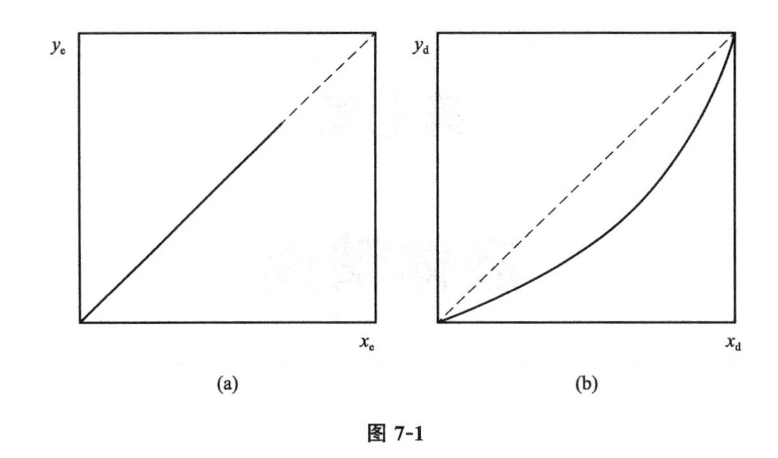

图 7-1

7. 某溶液由 A、B 两种可挥发组分组成，经实验测知，若向该溶液添加 A，溶液的泡点将提高。据此能作出的判断为________。

① $\alpha_{ab}>1$

② $\alpha_{ab}<1$

③ A 在气相中的摩尔分数小于与其平衡的液相中 A 的摩尔分数

④ 在气液相平衡时，气相中 A 的摩尔分数大于 B 的摩尔分数

8. 下列说法中正确的是________。

① 蒸馏和精馏是分离互溶液体混合物的方法之一

② 最简单的蒸馏过程是平衡蒸馏和简单蒸馏

③ 平衡蒸馏又称闪蒸，是连续定态过程

④ 简单蒸馏为间歇操作过程

⑤ 组分间挥发能力（挥发度）的差异是蒸馏分离操作的依据和基础

⑥ 蒸馏过程可分为简单蒸馏、平衡蒸馏、精馏和特殊精馏等。简单蒸馏和平衡蒸馏适用于易分离或对分离要求不高的物系；精馏用于分离要求较高，且难分离的物系；特殊精馏用于普通精馏很难分离或无法分离的物系

⑦ 根据操作压强的不同，蒸馏又可分为常压蒸馏、减压蒸馏和加压蒸馏

⑧ 精馏过程的主要操作费用是加热和冷却的费用

9. 下列有关恒沸精馏和萃取精馏论断中正确的是________。

① 常用的特殊精馏方法是恒沸精馏和萃取精馏，两种方法的共同点是都是在被分离溶液中加入第三组分以改变原溶液中各组分间的相对挥发度而实现分离的

② 恒沸精馏中加入的第三组分能和原溶液中的一种组分形成最低恒沸物，以新的恒沸物形式从塔顶蒸出

③ 萃取精馏中加入的第三组分和原溶液的组分不形成恒沸物而仅改变各组分间的相对挥发度，且第三组分随高沸点液体从塔底排出

④ 无论恒沸精馏或萃取精馏，两者都与加入的第三组分形成最低恒沸物

10. 简单蒸馏计算中，当已知料液的初始组成、物料量、最终组成，求釜液的残存量时，可列微分方程求解，求解时应满足的条件为________。

（1）恒温操作　（2）恒摩尔流　（3）平衡蒸馏　（4）相对挥发度视为常数，方可得解析解

①（1）、（2）　②（2）、（3）　③（3）、（4）　④（1）、（4）

11. 某连续精馏塔，原料量为 F、组成为 x_F，馏出液流量为 D、组成为 x_D。现 F 不变而 x_F 减小，欲保持 x_D 和 x_W 不变，则 D 将________。

① 增加　　② 减少　　③ 不变　　④ 不确定

12. 下列说法中比较概括而确切地说明了液体的精馏过程的是________。

① 精馏过程中溶液在交替地进行汽化与冷凝

② 精馏过程中溶液的部分汽化与蒸气的部分冷凝伴随进行

③ 精馏过程中液气两相在进行传质

④ 精馏过程中蒸发与回流联合进行

13. 下列有关精馏说法中正确的是________。

① 精馏是利用液体混合物中各组分挥发度不同的性质，将其进行高纯度分离的操作

② 精馏塔内塔顶的液相回流和塔釜中产生的蒸气（气相回流）构成了气、液两相接触传质的必要条件

③ 精馏塔内溶液组分挥发度的差异（$\alpha>1$）造成了有利的相平衡条件（$y>x$）

④ 精馏区别于蒸馏就在于“回流”，包括塔顶的液相回流与塔釜造成的气相回流

⑤ 精馏过程的基础仍然是组分挥发度的差异

14. 精馏理论中，“理论板”概念提出的充分而必要的前提是________。

① 塔板无泄漏　　② 板效率为 100%

③ 离开塔板的气液相达到平衡　　④ 板上传质推动力最大

15. 下面有关理论板概念中正确的是________。

① 理论板就是实际塔板

② 理论板是理想化的塔板，即不论进入该板的气、液相组成如何，而离开该板的气、液相在传质、传热两方面都达到平衡，或者说离开该板的气液两相组成平衡，温度相同

③ 在精馏计算中，一般首先求得理论板数，再用塔效率予以修正，即可得实际板数

④ 理论板是一个气、液两相都充分混合而且传质与传热过程的阻力皆为零的理想化塔板

16. 有关恒摩尔流的假定说法中正确的是________。

① 在精馏塔内，各板上下降液体的物质的量相等

② 在精馏塔内，各板上上升蒸气的物质的量相等

③ 精馏塔内，在没有进料和出料的塔段中，各板上上升蒸气的物质的量相等（恒摩尔流），各板上下降液体的物质的量相等（恒摩尔液流）

④ 精馏塔内精馏段和提馏段下降液体摩尔流量（或上升蒸气摩尔流量）相等

17. q 称为加热的热状态参数，下面有关 q 值的论断中正确的是________。

① q 值大小为 1kmol 原料变成饱和蒸气所需的热与原料的摩尔汽化热的比值

② q 值大小等于每加入 1kmol 的原料使提馏段液体所增加的物质的量

③ $q=0$ 为饱和蒸气加料

④ $0<q<1$ 为气液混合物加料

⑤ $q=1$ 为泡点加料

⑥ $q>1$ 为冷料加料

⑦ $q<0$ 为过热蒸气加料

18. 二元连续精馏计算中，进料热状态 q 的变化将引起 x-y 图上变化的线有________。

① 平衡线和对角线　② 平衡线和 q 线　③ 操作线和 q 线　④ 操作线和平衡线

19. 推导精馏塔操作线方程的前提是________。

A. 恒摩尔流　　B. 平衡精馏　　C. 板式塔　　D. 过程稳定（定常）

① A、B　　② B、C　　③ A、B、C　　④ D

20. 有关回流比的说法中正确的是________。

① 回流比通常用塔顶回流量 L 与塔顶产品量 D 之比表示

② 增大回流比的措施是增大塔底的加热速率和塔顶的冷凝量，其代价是能耗增大

③ 回流比可以在零（无回流）至无穷大（全回流）之间变化

④ 全回流时为达到指定的分离程度所需的理论板最少

⑤ 最小回流比对应于无穷多塔板数，设备费用无疑过大而不经济

⑥ 一般而言，操作过程所选的适宜回流比为最小回流比的 1.2～2 倍

21. 下列论断中正确的是________。

① 精馏操作中最优加料板位置是该板的液相组成 x 等于或略低于 x_q（即精馏段操作线和提馏段操作线交点的横坐标）

② 最适宜回流比对应于总费用（设备费和操作费）最低

③ 一般而言，在热耗不变的情况下，热量应尽可能在塔底输入，使所产生的气相回流能在全塔中发挥作用；而冷却量应尽可能施加于塔顶，使所产生的液体回流能经过全塔而发挥最大的效能

④ 当塔釜温度过高、物料易产生聚合或结焦时，工业上采用热态或气态进料

22. 下列关于精馏中"最小回流比"的说法中正确的是________。

A. 它是经济效果最好的回流比

B. 它是保证精馏操作所需塔板数最少的回流比

C. 它是保证精馏分离效率最高的回流比

① 都不对　　② A 对　　③ B 对　　④ C 对

23. 对一定分离程度而言，精馏塔所需最少理论板数为________。

① 全回流　　② 50％回流　　③ 25％回流　　④ 无法判断

24. 若仅仅加大精馏塔的回流量，会引起________。

① 塔顶产品易挥发组分浓度提高　　② 塔底产品难挥发组分浓度提高

③ 塔顶产品的产量提高　　④ 塔顶易挥发组分的回收率提高

25. 若某精馏塔正在正常、稳定地生产，现想增加进料量，且要求产品质量维持不变，宜采取的措施为________。

① 加大塔顶回流液量

② 加大塔釜加热蒸气量

③ 加大塔釜加热蒸气量以及冷凝器冷却水量

④ 加大冷凝器冷却水量

26. 下列设备中能起到一块精馏板的分离作用的是________。

A. 再沸器　　B. 冷凝器　　C. 分凝器　　D. 汽化器

① A、B　　② A、C　　③ B、D　　④ C、D

27. 若仅仅加大精馏塔再沸器的加热蒸气量，会引起________。

① 塔顶产品易挥发组分浓度提高　　② 塔底产品难挥发组分浓度提高

③ 塔底产品的产量提高　　④ 塔底难挥发组分的回收率提高

28. 某连续操作的常规精馏塔，在保持进料的流量、组成和热状态一定，以及塔釜加热蒸气量和塔顶冷凝器冷却水量一定的条件下，若加大回流比，将会引起________。

(1) 塔顶产品浓度 x_D 将提高　　(2) x_D 将降低

(3) 塔顶产品产量 D 将提高　　(4) D 将下降

(5) 塔底产品产量 W 将提高　　(6) W 将下降

① (1)、(4)、(5) 对　　② (1)、(3)、(5) 对

③ (2)、(3)、(6) 对　　④ (2)、(4)、(6) 对

29. 用精馏方法分离某二元理想溶液，产品组成为 x_D、x_W，当进料组成为 x_{F1} 时，相应的最小回流比为 R_{m1}；当进料组成为 x_{F2} 时，相应的最小回流比为 R_{m2}。若 $x_{F1}<x_{F2}$，且进料状态相同，则________。

① $R_{m1}<R_{m2}$　　② $R_{m1}=R_{m2}$　　③ $R_{m1}>R_{m2}$　　④ 无法确定

30. 在精馏设计中，对一定的物系，其 x_F、q、x_D和 x_W 不变，若回流比 R 增加，则所需理论板数 N_T 将________。

① 减小　　② 增加　　③ 不变　　④ 无法确定

31. 进出精馏塔第 n ($n>1$) 块板的气液相的组成（以易挥发组分表示）如图 7-2 所示。下列判别式中未必成立的是________。

① $y_n>x_{n-1}$　　② $y_n\geqslant x_n$　　③ $y_{n+1}>x_n$　　④ $y_{n+1}\geqslant x_{n+1}$

32. 某二元理想体系进行连续精馏，相邻两理论板气液浓度见图 7-3，在 x-y 图（图 7-4）上将 4 个浓度表示出来的高低顺序为：________。

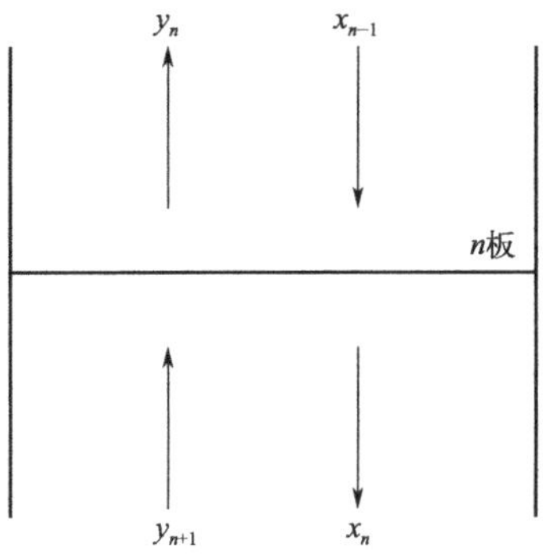

图 7-2

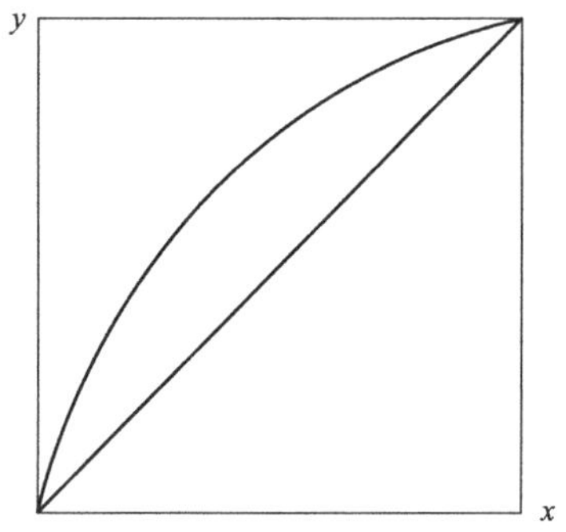

图 7-3

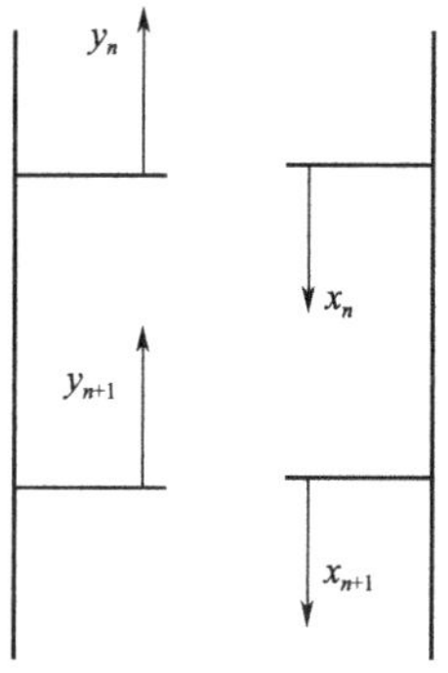

图 7-4

33. 在连续精馏中，其他条件均不变时，仅加大回流，可以使塔顶产品浓度________。若此时加热蒸气量 V 不变，产品量 D 将________。若在改变 R 的同时，保持塔顶采出量不变，必然需增加蒸气用量，那么冷却水量将________。

34. 精馏塔操作时，其温度和压力从塔顶到塔底的变化趋势为________。

① 温度逐渐增大，压力逐渐减小　　② 温度逐渐减小，压力逐渐增大

③ 温度逐渐减小，压力逐渐减小　　④ 温度逐渐增大，压力逐渐增大

35. 下面论断中正确的是________。

① 精馏塔内存在一定的温度分布

② 精馏塔内从塔顶到塔底，温度是升高的

③ 在高纯度分离时，在塔顶（或塔底）相当高的一个塔段内温度变化极小，但在精馏段或提馏段的某些塔板上，温度变化最为显著，或者说，存在灵敏板，这些塔板上的温度对外界干扰参数的反应最灵敏

④ 由于灵敏板比较靠近进料口，故常将感温组件安装在灵敏板上，以便及时采取相应调节手段，稳定塔顶馏出液的组成

36. 精馏塔设计时，若 F、x_F、x_D、x_W、V 为定值（其中 F 为进料量，x_F 为进料组成，x_D 为馏出液组成，x_W 为釜残液组成，V 为精馏段上升蒸气流量），将进料热状态参数 $q=1$ 改为 $q>1$，则所需要理论板数________。

① 增加　② 减少　③ 不变　④ 无穷大

37. 甲说：若增加精馏塔的进料量就必须增加塔径。乙说：若增大精馏塔的塔径就可以减少精馏塔板。丙说：若想提高塔底产品的纯度应增加塔板。甲、乙、丙三种说法中正确的是________。

① 甲、乙对　② 乙、丙对　③ 甲、丙对　④ 丙对

38. 某精馏装置，由分凝器、全凝器、精馏塔（有两块塔板）、再沸器组成，料液自塔顶第一块板加入，对该装置的说法中正确的是________。

甲：该塔是提馏塔。乙：该分离操作只有提馏过程。

① 甲对　② 乙对　③ 甲、乙都对　④ 甲、乙都不对

39. A、B 二元体系精馏操作如图 7-5 设计进行，下列议论中正确的是________。

（图中 x_D、x_F、x_W 分别表示精馏塔塔顶产品的 B 组分浓度、料液中 B 组分的摩尔分数、精馏塔塔底产品的 B 组分浓度）

甲：该精馏是按液态泡点进料设计。　乙：该精馏是按蒸气露点进料设计。

丙：该精馏采用 A 蒸气直接加热。　丁：该精馏采用 B 蒸气直接加热。

① 甲、丙对　② 乙、丙对　③ 甲、乙对　④ 乙、丁对

40. 如果某精馏塔的加料口原在第七块板（自塔顶向下计数），现操作工人将料液改自第四块板加入，可能是下列原因中的________使他这样做。

① 生产任务加大，料液增加了　② 生产任务减小，料液减少了

③ 料液由冷液态改为饱和液态了　④ 料液由饱和液态改为冷液态了

41. 有两股组成不同的料液，若使加入精馏塔进行精馏分离更经济，应________。

① 分别从不同的塔板加入

② 将它们混合后从某一合适的塔板加入

③ 分别从不同的塔板入塔与混合后从某一恰当的塔板入塔经济效果一样

④ 是分别入塔还是混合后入塔要据两股料液的热状态而定

42. 某精馏过程的操作线如图 7-6 所示，据该图，下列论述正确的是________。

① 该精馏过程是将两股料液从不同塔板加入，加入口在Ⅰ-Ⅱ及Ⅱ-Ⅲ操作段交接处

② 该精馏过程有中间产品抽提，提出口在Ⅰ-Ⅱ操作段交接处

③ 该精馏操作有两股中间产品抽提，抽提口在Ⅰ-Ⅱ及Ⅱ-Ⅲ操作段交接处

④ 该精馏过程有三股料液，它们分别从不同塔段入塔

43. 据图 7-7，该分离操作具有的特征为________。

（1）该过程包括精馏和提馏过程

（2）该过程仅有提馏过程

（3）该过程同时处理两股组分不同的料液

① （1）、（3）　　② （2）、（3）　　③ （1）　　④ （2）

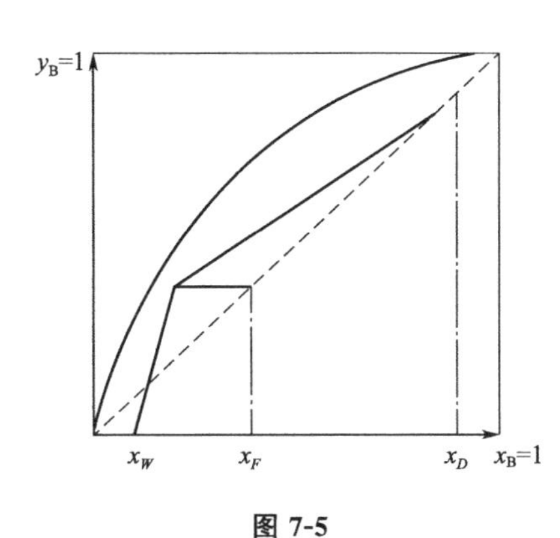

图 7-5

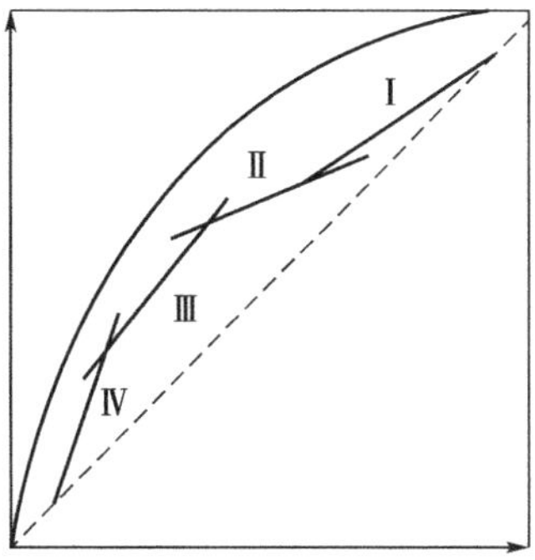

图 7-6

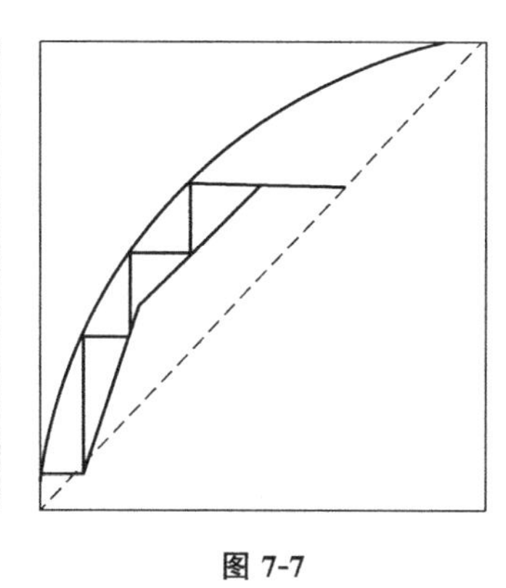

图 7-7

44. 据图 7-7，可断定该分离操作具有的特征为________。

（1）塔顶有回流　　（2）塔顶无回流

（3）直接蒸气加热　　（4）间接蒸气加热

① （1）、（3）　　② （2）、（3）　　③ （3）　　④ （2）、（4）

45. 减压操作精馏塔内自上而下真空度及气相露点的变化为________。

① 真空度及露点均提高　　② 真空度及露点均降低

③ 真空度提高，露点降低　　④ 真空度降低，露点提高

46. 在讨论回流比恒定的间歇精馏时，有两种论述，正确的是________。

A. 馏出液的浓度是恒定的。　　B. 塔顶蒸气的温度是恒定的。

① A、B 都对　　② A、B 都不对　　③ A 对　　④ B 对

47. 以 t_d、t_b 分别表示气相露点与液相泡点。进出某理论塔板的气液流如图 7-8 所示，下列判断中不能成立的是________。

① $(t_d)_n > (t_d)_{n-1}$　　② $(t_d)_n > (t_d)_{n+1}$

③ $(t_d)_{n+1} > (t_d)_n$　　④ $(t_d)_{n+1} > (t_d)_{n-1}$

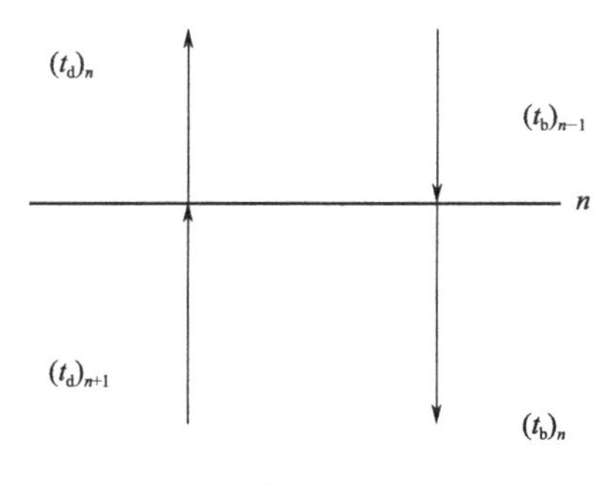

图 7-8

48. 在讨论塔设备的负荷性能图时，下列论述中正确的是________。

A. 塔的负荷性能图只决定于塔设备的结构与物质的性质，而与生产的气液相负荷无关。

B. 塔的负荷性能图，除与塔设备的结构有关外，还与物质的性质以及气液相流量有关。

① A对　　　② B对　　　③ A、B都不对

49. 塔设备的操作弹性，与下列的________因素有关。

(1) 塔的结构；(2) 物料性质；(3) 负荷的液气比。

① (1)、(2)　　　② (1)、(3)　　　③ (2)、(3)　　　④ (1)、(2)、(3)

二、填空

1. 精馏分离的依据是________的差异。要使混合物中的组分得到完全的分离，必须进行多次的________。
2. 相对挥发度的表示式 $\alpha=$________。平衡常数的定义 $K_A=$________。对于二组分精馏，若 $\alpha=1$，则________。
3. 写出用相对挥发度 α 表示的相平衡关系式________。
4. 双组分理想溶液在同一温度下两纯组分的饱和蒸气压分别为 p_A^0 和 p_B^0，则相对挥发度 α_{AB} 的表示式为________。
5. q 线方程的表达式为________；该表达式在 x-y 图上的几何意义是________。
6. 当进料热状态 $q=1$ 时，x_F 与 x_q 之间的关系为________。
7. 当进料热状态 $q>1$，x_F 与 x_q 之间的关系为________。
8. 若已知某精馏过程的回流比 R 和塔顶产品的质量 x_D，则精馏段操作线方程为________。
9. 精馏实验中，通常在塔顶安装一个温度计，以测量塔顶的气相温度，其目的是判断________和________。
10. 某精馏操作时，原料液流量 F、组成 x_F、进料热状态参数 q 及精馏段上升蒸气量 V 均保持不变，若回流比增加，则此时馏出液组成 x_D 增加、釜液组成 x_W 减小、馏出液流量 D________、精馏段液气比 L/V________(增加，不变，减少)。
11. 某精馏塔操作时，F、x_F、q、D 保持不变，增加回流比 R，则此时 x_D________，x_W________，V________，L/V________(增加，不变，减少)。
12. 直接水蒸气加热的精馏塔适用于________的情况。直接水蒸气加热与间接水蒸气加热相比较，当 x_D、x_F、R、q、α、回收率相同时，其所需理论板数要________(多，少，一样)。
13. 完成一个精馏操作的两个必要条件是塔顶________和塔底________。
14. 精馏操作中，再沸器相当于一块________板。
15. 用逐板计算法求理论板层数时，用一次________方程就计算出一层理论板。
16. 某精馏塔操作时，若保持进料流率及组成、进料热状况和塔顶蒸气量不变，增加回流比，则此时塔顶产品组成 x_D________，塔底产品组成 x_W________，塔顶产品流率________，精馏段液气比________。
17. 某精馏塔的设计任务是：原料为 F、x_F，分离要求为 x_D、x_W。设计时若选定回流比 R 不变，加料状况由原来的气液混合改为过冷液体加料，则所需的理论板数 N_T________，精馏段和提馏段的气液相流量的变化趋势 V________，L________，V'________，L'________。若加料热状况不变，将回流比增大，理论塔板数 N_T________。
18. 用图解法求理论塔板数时，在 α、x_F、x_D、x_W、q、R、F 和操作压力 p 诸参数中，________与解无关。
19. 当增大操作压强时，精馏过程中物系的相对挥发度________，塔顶温度________，塔釜

温度________。

20. 精馏塔结构不变，操作时若保持进料的组成、流率、热状况及塔顶流率一定，只减少塔釜的热负荷，则塔顶 x_D________，塔底 x_W________，提馏段操作线斜率________。

21. 精馏塔的塔底温度总是________塔顶温度，其原因一是________________，二是________________。

22. 将板式塔中泡罩塔、浮阀塔、筛板塔相比较，操作弹性最大的是________，造价最昂贵的是________，单板压降最小的是________。

23. 板式塔塔板上气液两相接触状态有________种，它们分别是________________。板式塔不正常操作现象常见的有________，它们分别是________________。

24. 评价塔板性能的标准主要是________条，它们分别是________________。塔板负荷性能图中有________条线，分别是________________________。

25. 某精馏塔设计时，若将塔釜由原来间接蒸气加热改为直接蒸气加热，而保持 x_F、D/F、q、R、x_D 不变，则 W/F 将____________，x_W 将____________，提馏段操作线斜率将____________，理论板数将________。

26. 已分析测得连续精馏塔中某四股物料的浓度组成分别为 0.62、0.70、0.75、0.82，试找出 y_7、y_6、x_7、x_6（塔板序列自下往上）的对应值，$y_7=$________，$y_6=$________，$x_7=$________，$x_6=$________。

27. 某连续精馏塔，进料状态 $q=1$，$D/F=0.5$（摩尔比），进料组成 $x_F=0.4$（摩尔分数），回流比 $R=2$，且知提馏段操作线方程的截距为零。则提馏段操作线方程的斜率为________，馏出液组成 x_D 为________________。

28. 精馏和蒸馏的主要区别在于________________________，平衡蒸馏（闪蒸）和简单蒸馏的主要区别在于________________。塔板中溢流堰的主要作用是为了保证塔板上有________________。

29. 某二元物系，相对挥发度 $\alpha=2.5$，对 n、$n-1$ 两层理论板，在全回流条件下，已知 $x_n=0.35$，则 $y_{n-1}=$________。

30. 在进行间歇精馏操作过程中，为了保持塔顶温度的恒定，应逐渐__________回流比，同时为了保持塔顶产品产量的恒定，应逐渐________塔釜加热量。

31. 在进行连续精馏操作过程中，随着进料过程中轻组分组成减小，塔顶温度__________，塔底釜残液中轻组分组成____________。

32. 操作中的精馏塔，若保持 F、x_F、q、R 不变，减小 W，则 L/V________；L'________。

33. 操作中的精馏塔，若增大回流比，其它操作条件不变，则精馏段的液气比__________，塔顶馏出液组成____________。

34. 在连续精馏实验中，仅改变进料中的轻组分浓度，使其浓度增加 50%，此时塔内上升蒸气量随之变________，塔顶温度__________。

35. 若某精馏过程需要 16 块理论板（包括再沸器），其填料的等板高度为 0.5m，则填料层有效高度为____________。

36. 在连续精馏实验中，仅将进料位置向塔顶移动，此时塔釜温度将____________，塔顶温度将____________。

三、计算

1. 某二元混合物蒸气，其中轻、重组分的摩尔分数分别为 0.75 和 0.25，在总压为 300kPa

条件下被冷凝至40℃，所得的气、液两相达到平衡。求其气相摩尔数和液相摩尔数之比。已知轻、重组分在40℃时的蒸气压分别为370kPa和120kPa。

2. 苯和甲苯组成的理想溶液送入精馏塔中进行分离，进料状态为气液共存，其两相组成分别如下：$x_F=0.5077$，$y_F=0.7201$。用于计算苯和甲苯的蒸气压方程如下：

$$\lg p_A^0=6.031-\frac{1211}{t+220.8};\ \lg p_B^0=6.080-\frac{1345}{t+219.5}$$

其中压强的单位为Pa，温度的单位为℃。试求：(1) 该进料中两组分的相对挥发度为多少；(2) 进料的压强和温度各是多少（提示：设进料温度为92℃）。

3. 一连续精馏塔分离二元理想混合溶液，已知某层塔板上的气、液相组成分别为0.83和0.70，与之相邻的上层塔板的液相组成为0.77，而与之相邻的下层塔板的气相组成为0.78（以上均为轻组分A的摩尔分数，下同）。塔顶为泡点回流。进料为饱和液体，其组成为0.46，塔顶与塔底产量之比为2/3。试求：(1) 精馏段操作线方程；(2) 提馏段操作线方程。

4. 如图7-9所示，用精馏塔分离二元混合物，塔顶有一分凝器和一个全凝器。分凝器引出的液相作为回流液，引出的气相进入全凝器，全凝器引出的饱和液相作为塔顶产品。泡点进料，进料量为180kmol/h，其组成为0.48（轻组分的摩尔分数，下同）。两组分的相对挥发度为2.5，回流比为2.0。要求塔顶产品浓度为0.95，塔底产品浓度为0.06，求：(1) 分凝器和全凝器的热负荷分别是多少；(2) 再沸器的热负荷是多少；(3) 理论上再沸器的最低热负荷是多少。已知塔顶蒸气冷凝相变焓为22100kJ/kmol，塔底液体汽化相变焓为24200kJ/kmol。

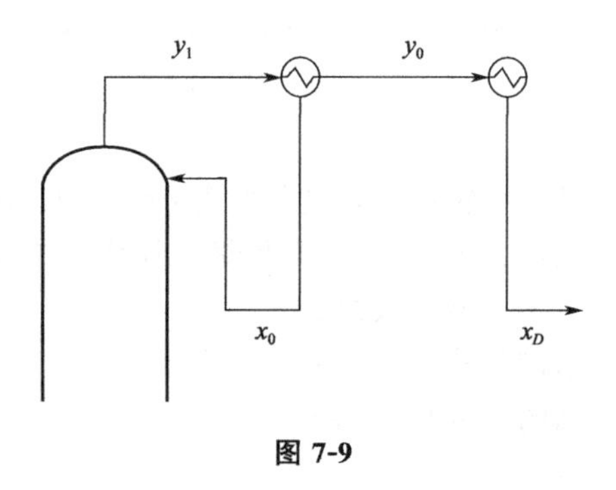

图 7-9

5. 某二元连续精馏塔，操作回流比为2.8，操作条件下体系平均相对挥发度为2.45。原料液泡点进料，塔顶采用全凝器，泡点回流，塔釜采用间接蒸气加热。原料液、塔顶馏出液、塔釜采出液浓度分别为0.5、0.95、0.05（均为易挥发组分的摩尔分数）。试求：(1) 精馏段操作线方程；(2) 由塔顶向下数第二块板和第三块板之间的气、液相组成；(3) 提馏段操作线方程；(4) 由塔底向上数第二块板和第三块板之间的气、液相组成。

6. 用常压连续操作的精馏塔分离苯和甲苯混合液，已知进料含苯0.6（摩尔分数），进料状态是气液各占一半（物质的量），从塔顶全凝器中送出的馏出液组成为含苯0.98（摩尔分数），已知苯-甲苯系统在常压下的相对挥发度为2.5。试求：(1) 进料的气、液相组成；(2) 最小回流比。

7. 在常压连续精馏塔中分离二元理想混合物。塔顶蒸气通过分凝器后，3/5的蒸气冷凝成液体作为回流液，其浓度为0.86。其余未凝的蒸气经全凝器后全部冷凝，并作为塔顶产品送出，其浓度为0.9（以上均为轻组分的摩尔分数）。若已知操作回流比为最小回流比的1.2倍，泡点进料，试求：(1) 第一块板下降的液体组成；(2) 原料液的组成。

8. 某二元混合物含易挥发组分0.15（摩尔分数，下同），以饱和蒸气状态加入精馏塔的底部（如图7-10所示），加料量为100kmol/h，塔顶产品组成为0.95，塔底产品组成为0.05。

已知操作条件下体系平均相对挥发度为2.5。试求：(1) 该塔的操作回流比；(2) 由塔顶向下数第二块理论板上的液相浓度。

9. 1kmol/s的饱和蒸气态的氨-水混合物进入一个精馏段和提馏段各有1块理论塔板（不包括塔釜）的精馏塔（见图7-11），进料中氨的组成为0.001（摩尔分数）。塔顶回流为饱和液体，回流量为1.3kmol/s。塔底再沸器产生的气相量为0.6kmol/s。若操作范围内氨-水溶液的气液平衡关系可表示为$y=1.26x$，求塔顶、塔底的产品组成。

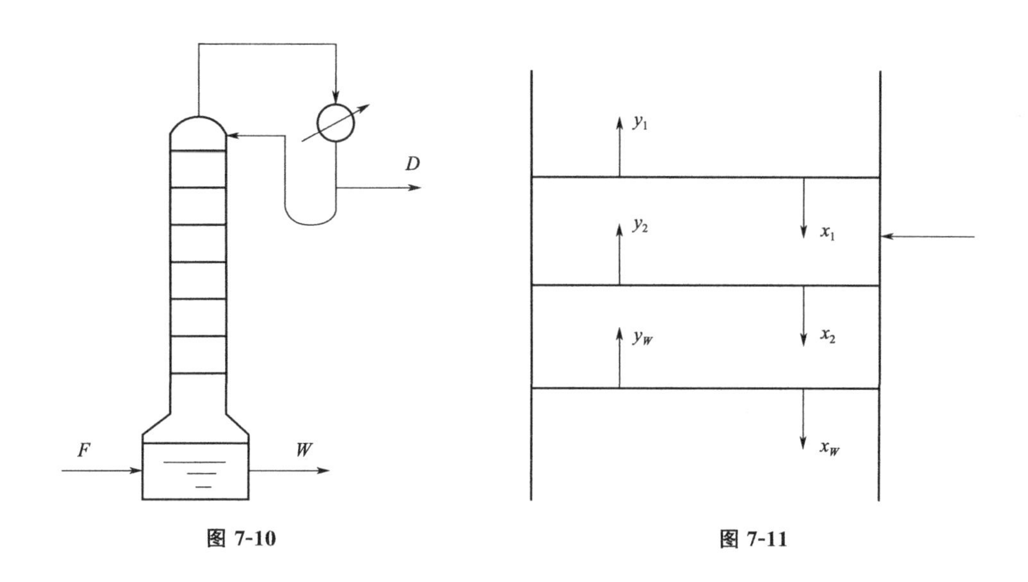

图 7-10　　图 7-11

10. 常压下在一连续操作的精馏塔中分离苯和甲苯混合物。已知原料液中含苯0.45（摩尔分数，下同），气液混合物进料，气、液相各占一半。要求塔顶产品含苯不低于0.92，塔釜残液中含苯不高于0.03。操作条件下平均相对挥发度可取2.4。操作回流比$R=1.4R_{min}$。塔顶蒸气进入分凝器后，冷凝的液体作为回流流入塔内，未冷凝的蒸气进入全凝器冷凝后作为塔顶产品，如图7-12所示。试求：(1) q线方程式；(2) 精馏段操作线方程式；(3) 回流液组成和第一块塔板的上升蒸气组成。

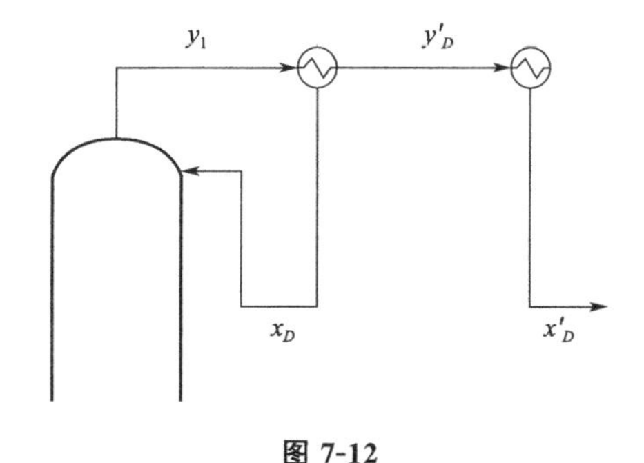

图 7-12

11. 某二元理想溶液，其组成为$x_F=0.3$（易挥发组分摩尔分数，下同），流量为$F=100\text{kmol/h}$，以泡点状态进入连续精馏塔，回流比为2.7。要求塔顶产品组成$x_D=0.9$、塔釜产品组成为$x_W=0.1$。操作条件下体系的平均相对挥发度为2.47，塔顶全凝器，泡点回流。用逐板计算法确定完成分离任务所需的理论板数。

12. 设计一分离苯-甲苯溶液的连续精馏塔，料液含苯 0.5，要求馏出液中含苯 0.97，釜残液中含苯低于 0.04（均为摩尔分数），泡点加料，回流比取最小回流比的 1.5 倍，苯与甲苯的相对挥发度平均值取 2.5，试用逐板计算法求所需理论板数和加料位置。

13. 用一板式精馏塔在常压下分离某二元理想物系，A 为易挥发组分，塔顶采用全凝器，塔釜用间接蒸气加热，泡点回流。物系平均相对挥发度为 3.5，回流比为 4。饱和蒸气进料，进料中 A 的摩尔分率为 0.5，进料量为 100kmol/h。塔顶馏出液中 A 的回收率为 0.9，釜液中 A 的摩尔分率为 0.1。求：（1）所需理论塔板数和进料位置；（2）若总板效率为 60%，求实际塔板数。

14. 在连续精馏塔中分离苯-甲苯溶液，塔釜间接蒸气加热，塔顶采用全凝器，泡点回流。进料为 100kmol/h 的含苯 0.35（摩尔分数，下同）的饱和蒸气，塔顶馏出液量为 40kmol/h，系统的相对挥发度为 2.5。且知精馏段操作线方程为 $y=0.8x+0.16$，试求：（1）该操作条件下的最小回流比；（2）提馏段操作线方程；（3）若塔顶第一块板下降的液相中含苯 0.70，该板以气相组成表示的 Murphree 板效率。

15. 在板式精馏塔内分离 A、B 二元理想混合液。已知原料液的流量为 200kmol/h，其摩尔组成为 0.30（以易挥发组分计，下同），泡点进料；塔顶采用全凝器，泡点回流。操作回流比为最小回流比的 1.8 倍；塔顶馏出液的摩尔组成为 0.90，塔底流出液的摩尔组成为 0.05。操作条件下平均相对挥发度为 3.5。试求：

（1）塔顶及塔底产品流量 D 和 W；

（2）操作回流比 R；

（3）提馏段操作线方程。

16. 有苯和甲苯的混合物，含苯 0.4，流量 1000kmol/h，在一常压精馏塔内进行分离，要求塔顶馏出液中含苯 0.9（以上均为摩尔分数），苯的回收率不低于 90%，泡点进料，泡点回流，取回流比为最小回流比的 1.5 倍，已知相对挥发度 $\alpha=2.5$。试求：

（1）塔顶产品量 D、塔底残液量 W 及组成 x_W；

（2）回流比 R 及精馏段操作线方程；

（3）由第二块理论板（从上往下数）上升蒸气的组成。

17. 某二元理想溶液，在连续精馏塔中精馏。原料液组成 50%（摩尔分数），饱和蒸气进料，原料处理量为每小时 100kmol，塔顶、塔底产品量各为 50kmol/h。已知精馏段操作线方程为 $y=0.833x+0.15$，塔釜用间接蒸气加热，塔顶采用全凝器，泡点回流，试求：

（1）塔顶、塔底产品组成（用摩尔分数表示）；

（2）全凝器中每小时冷凝蒸气量；

（3）提馏段操作线方程；

（4）若全塔平均相对挥发度为 3.0，塔顶第一块板的液相默弗里板效率 $E_{mL}=0.6$，求离开塔顶第二块板的气相组成。

18. 在连续精馏塔中分离苯-甲苯溶液，塔釜间接蒸气加热，塔顶全凝器，泡点回流，进料中含苯 35%（摩尔分数，下同），进料量为 100kmol/h，以饱和蒸气状态进入第三块板。已知塔顶馏出液量为 40kmol/h，系统的相对挥发度为 2.5，精馏段操作线方程为 $y=0.8x+0.16$，各板的板效率均为 1。试求：

（1）塔顶、塔底的出料组成；

（2）提馏段的操作线方程；

（3）离开第四块板的液相组成。

19. 一常压操作的精馏塔用来分离苯和甲苯的混合物。已知进料中含苯 0.5（摩尔分数，下同），泡点进料。塔顶产品组成为 0.9，塔底产品组成为 0.03，塔顶为一个分凝器和一个全凝器，泡点回流，系统的平均相对挥发度为 2，回流比为最小回流比的 2 倍。试求：

（1）精馏段操作线方程；

（2）离开塔顶第一块理论板的上升蒸气组成。

20. 用连续精馏塔每小时处理 100kmol 含苯 40%和甲苯 60%的混合物，要求馏出液中含苯 90%，残液中含苯 1%（组成均以摩尔分数计），求：（1）馏出液和残液的流率（以 kmol/h 计）；（2）饱和液体进料时，若塔釜的汽化量为 132kmol/h，写出精馏段操作线方程。

21. 氯仿（$CHCl_3$）和四氯化碳（CCl_4）的混合物在一连续精馏塔中分离。馏出液中氯仿的浓度为 0.95（摩尔分数），馏出液流量为 50kmol/h，平均相对挥发度 $\alpha=1.6$，回流比 $R=2$。求：（1）塔顶第二块塔板上升的气相组成；（2）精馏段各板上升蒸气量 V 及下降液体量 L（以 kmol/h 表示），氯仿与四氯化碳的混合物可认为是理想溶液。

22. 用一精馏塔分离二元理想混合物，塔顶为全凝器冷凝，泡点温度下回流，原料液中含轻组分 0.5（摩尔分数，下同），操作回流比取最小回流比的 1.4 倍，所得塔顶产品组成为 0.95，釜液组成为 0.05，料液的处理量为 100kmol/h，料液的平均相对挥发度为 3，若进料时蒸气量占一半，试求：（1）提馏段上升蒸气量；（2）自塔顶第 2 层板上升的蒸气组成。

23. 某二元混合液的精馏操作过程如图 7-13 所示。已知组成（以下均为轻组分 A 的摩尔分数）为 0.52 的原料液在泡点温度下直接加入塔釜内，工艺要求塔顶产品的组成为 0.75，塔顶产品采出率 D/F 为 1/2，塔顶设全凝器，泡点回流。若操作条件下，该物系的 α 为 3.0，回流比 R 为 2.5，求完成上述分离要求所需的理论塔板数（操作满足恒摩尔流假设）。

24. 在一连续精馏塔中分离二元理想混合液。原料液为饱和液体，其组成为 0.5，要求塔顶馏出液组成不小于 0.95，釜残液组成不大于 0.05（以上均为轻组分 A 的摩尔分数）。塔顶蒸气先进入一分凝器，所得冷凝液全部作为塔顶回流，而未凝的蒸气进入全凝器，全部冷凝后作为塔顶产品。全塔平均相对挥发度为 2.5，操作回流比 $R=1.5R_{\min}$。当馏出液流量为 100kmol/h 时，试求：（1）塔顶第 1 块理论板上升的蒸气组成；（2）提馏段上升的气体量。

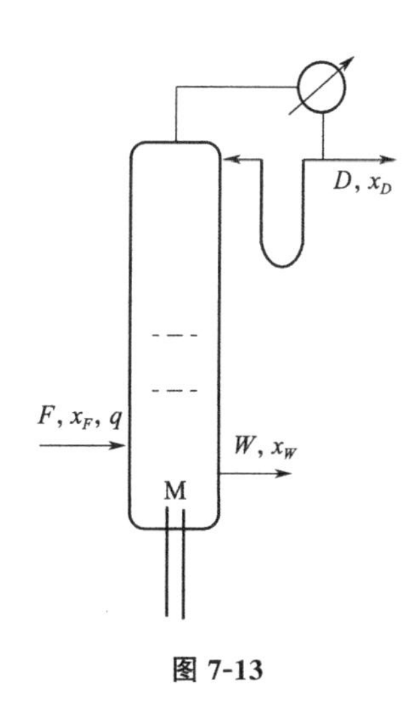

图 7-13

25. 用一精馏塔分离二元液体混合物，进料量 100kmol/h，易挥发组分 $x_F=0.5$，泡点进料，得塔顶产品 $x_D=0.9$，塔底釜液 $x_W=0.05$（皆为摩尔分数），操作回流比 $R=1.61$，该物系平均相对挥发度 $\alpha=2.25$，塔顶为全凝器，求：（1）塔顶和塔底的产品量（kmol/h）；

(2) 第一块塔板下降的液体组成 x_1；(3) 写出提馏段操作线方程；(4) 最小回流比。

26. 在连续精馏塔中分离两组分理想溶液。已知操作回流比 R 为 3，馏出液的组成为 0.95 (易挥发组分的摩尔分数)，塔顶采用全凝器。该物系在本题所涉及的浓度范围内气液平衡方程为 $y=0.42x+0.58$。试求精馏段内离开第二层理论板（从塔顶往下计）的气液相组成。

27. 在常压连续精馏塔中分离苯-甲苯混合液，原料液流量为 1000kmol/h，组成为含苯 0.4 (摩尔分数，下同)，馏出液组成为含苯 0.9，苯在塔顶的回收率为 90%，泡点进料 ($q=1$)，回流比为最小回流比的 1.5 倍，物系的平均相对挥发度为 2.5。试求：(1) 精馏段操作线方程；(2) 提馏段操作线方程。

28. 在常压连续精馏塔中分离苯-甲苯混合液，已知 $x_F=0.4$（摩尔分数，下同），$x_D=0.97$，$x_W=0.04$，相对挥发度 $\alpha=2.47$。试分别求以下三种进料方式下的最小回流比和全回流下的最少理论板数。(1) 冷液进料 $q=1.387$；(2) 泡点进料；(3) 饱和蒸气进料。

29. 常压连续精馏塔分离二元理想溶液，塔顶上升蒸气组成 $y_1=0.96$（易挥发组分的摩尔分数，下同），在分凝器内冷凝蒸气总量的 1/2（物质的量）作为回流，余下的蒸气在全凝器内全部冷凝作为塔顶产品。操作条件下，系统的相对挥发度 $\alpha=2.4$。若已知回流比为最小回流比的 1.2 倍，当饱和蒸气进料时，试求：(1) 塔顶产品及回流液的组成；(2) 由塔顶第二层理论板上升的蒸气组成；(3) 进料饱和蒸气组成。

30. 某精馏塔流程如图 7-14 所示。塔顶设置分凝器和全凝器。已知 $F=500$kmol/h，$q=1$，$x_F=0.5$（摩尔分数，下同），$x_D=0.95$，$x_W=0.05$，$V'=0.8L'$，$y_W=0.08$，设全塔挥发度恒定，物系符合恒摩尔流假定。试求：(1) 回流比 R；(2) 离开塔顶第一块理论板的液体组成 x_1。

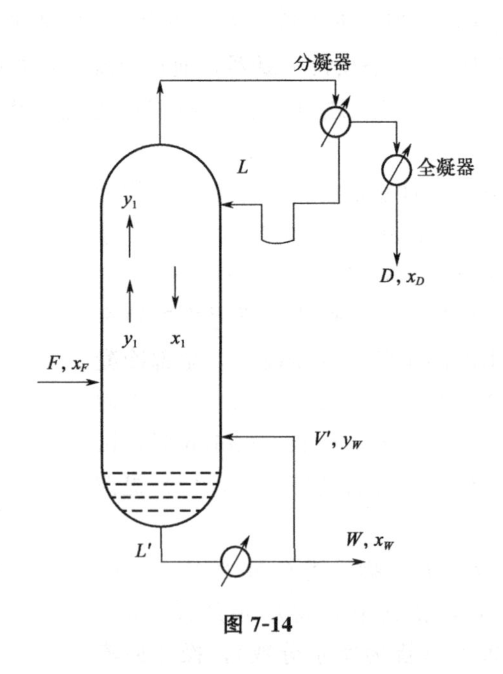

图 7-14

31. 在常压连续精馏塔中分离某均相二元混合液，已知原料为含易挥发组分 0.4（摩尔分数，下同）的饱和液体，进料量为 120kmol/h，要求塔顶馏出液中含易挥发组分 0.96，釜液中不超过0.06，操作回流比为3，计算该塔塔顶、塔底产品流量及精馏段液相流量。

32. 在连续精馏塔中，精馏段操作线方程 $y=0.75x+0.2075$，q 线方程式为 $y=-0.5x+1.5x_F$。试求：(1) 回流比 R；(2) 馏出液组成 x_D；(3) 进料液的 q 值；(4) 判断进料状态；(5) 当进料组成 $x_F=0.44$ 时，精馏段操作线与提馏段操作线交点处 x_q 值为多少？

33. 在常压连续精馏塔内分离某理想二元混合物。已知进料量为100kmol/h，其组成为0.55（摩尔分数，下同）；釜残液流量为45kmol/h，其组成为0.05；进料为泡点进料；塔顶采用全凝器，泡点回流，操作回流比为最小回流比的1.6倍；物系的平均相对挥发度为2.0。

(1) 计算塔顶轻组分的收率；

(2) 求出提馏段操作线方程；

(3) 若从塔顶第一块实际板下降的液相中重组分增浓了0.02（摩尔分数），求该板的板效率 E_{mV}。

34. 在一连续精馏塔中分离某理想二元混合物。已知原料液流量为100kmol/h，其组成为0.5（易挥发组分的摩尔分数，下同）；塔顶馏出液流量为50kmol/h，其组成为0.96；进料为泡点进料；塔顶采用全凝器，泡点回流，操作回流比为最小回流比的1.5倍；操作条件下平均相对挥发度为2.1，每层塔板的气相默弗里板效率为0.5。

(1) 计算釜残液组成；

(2) 求精馏段操作线方程；

(3) 若经过精馏段第 n 块实际板液相组成降低了0.01，求经过该板气相组成的最大变化量。

35. 在常压连续精馏塔内分离某二元理想混合物。已知进料量为100kmol/h，其组成为0.4（易挥发组分的摩尔分数，下同）；馏出液流量为40kmol/h，其组成为0.95；进料为泡点进料；操作回流比为最小回流比的1.6倍；每层塔板的液相默弗里板效率 E_{mL} 为0.5；在本题范围内气液平衡方程为 $y=0.6x+0.35$；测得进入该塔某层塔板的液相组成为0.35。试计算：

(1) 精馏段操作线方程；

(2) 离开该层塔板的液相组成。

36. 某连续精馏塔在常压下分离甲醇水溶液，其精馏段和提馏段的操作线方程分别为 $y=0.63x+0.361$，$y-1.805x-0.00966$，试求：

(1) 此塔的操作回流比；

(2) 料液量为100kmol/h、组成 $x_F=0.4$ 时，塔顶馏出液量；

(3) q 值。

37. 采用常压连续精馏塔分离苯-甲苯混合物。原料中含苯0.44（摩尔分数，下同），进料为气液混合物，其中蒸气与液体量的摩尔比为1∶2。已知操作条件下物系的平均相对挥发度为2.5，操作回流比为最小回流比的1.5倍。塔顶采用全凝器冷凝，泡点回流，塔顶产品液中含苯0.96。试求：

(1) 操作回流比；

(2) 精馏段操作线方程；

(3) 塔顶第二层理论板的气、液相组成。

38. 用有两块理论板的精馏塔提取水溶液中的易挥发组分，饱和水蒸气 $S=50$kmol/h，由塔底进入，加料组成 $x_F=0.2$（摩尔分数，下同），温度为 20℃，$F=100\text{kmol/h}$，料液由塔顶加入，无回流，试求塔顶产品浓度 x_D 及易挥发组分的回收率 η。

在本题范围内平衡关系可表示为 $y=3x$，液相组成 $x=0.2$ 时，泡点温度为 80℃，比热容为 100kJ/（kmol·℃），汽化潜热为 40000kJ/kmol。

39. 在连续精馏塔内分离某二元理想溶液，已知进料组成为 0.5（易挥发组分摩尔分数，下同），泡点进料，进料量为 100kmol/h。塔顶采用分凝器和全凝器，塔顶上升蒸气经分凝器部分冷凝后，液相作为塔顶回流液，其组成为 0.9，气相再经全凝器冷凝，作为塔顶产品，其组成为 0.95。易挥发组分在塔顶的回收率为 96%，离开塔顶第一层理论板的液相组成为 0.84。试求：

(1) 精馏段操作线方程；

(2) 操作回流比与最小回流比的比值 $R/R_{\min}$；

(3) 塔釜液组成 x_W。

40. 常压板式精馏塔连续分离苯-甲苯溶液，塔顶全凝器，泡点回流，塔釜间接蒸气加热，平均相对挥发度为 2.47，进料量为 150kmol/h，组成为 0.4（摩尔分数），饱和蒸气进料 $q=0$，操作回流比为 4，塔顶苯的回收率为 97%，塔底甲苯的回收率为 95%，求：

(1) 塔顶、塔底产品的浓度；

(2) 精馏段和提馏段操作线方程；

(3) 操作回流比与最小回流比的比值。

41. 如图 7-15 所示，精馏塔由一个蒸馏釜及一层实际板组成。料液由塔顶加入，泡点进料，$x_F=0.20$（摩尔分数，下同），今测得塔顶易挥发组分的回收率为 80%，且 $x_D=0.30$，系统相对挥发度 $\alpha=3.0$。试求：

(1) 残液组成 x_W；

(2) 该层塔板的液相默弗里板效率 E_{mL}。设蒸馏釜可视为一块理论板。

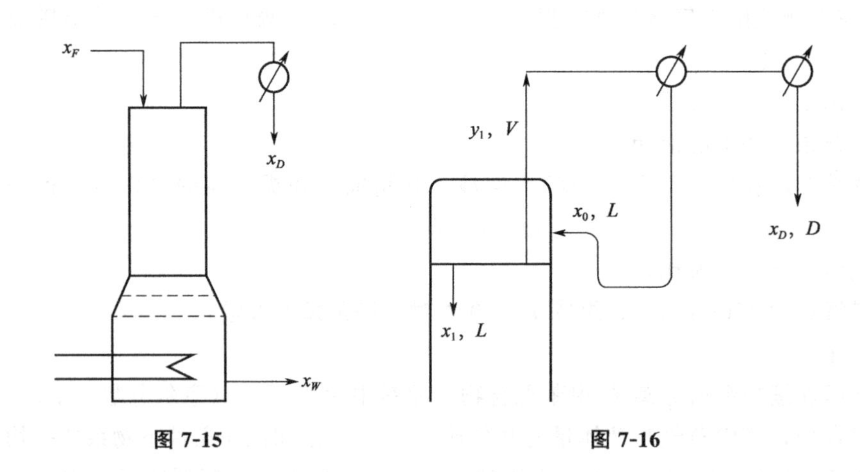

图 7-15　　　　图 7-16

42. 精馏分离苯-甲苯二元溶液，原料液中含苯 0.5（摩尔分数，下同），泡点进料，要求塔顶馏出液中含苯 0.95。塔顶用一分凝器和一全凝器，见图 7-16。饱和液体回流，测得塔顶回流液中含苯 0.88，离开塔顶第一块板液体中含苯 0.79，求：(1) 操作条件下平均相对挥发度；(2) 操作回流比；(3) 最小回流比。

43. 进料组成 $x_F=0.2$，以饱和蒸气状态自精馏塔底部进料，塔底不再设再沸器，$x_D=$

0.95，$x_W=0.11$，平均相对挥发度为 2.5。试求：

（1）操作线方程；

（2）若离开第一块板的实际液相组成为 0.85，则塔顶第一块板以气相表示的单板效率为多少？

44. 在连续精馏塔中，分离某二元理想溶液，其平均相对挥发度为 2。进料为气-液混合物，液相分率为 0.5，进料中易挥发组分的平均组成为 $x_F=0.35$。要求塔顶中易挥发组分的组成为 0.93（以上均为摩尔分数），料液中易挥发组分的 96%进入馏出液中。取回流比为最小回流比的 1.242 倍。试计算：

（1）塔底产品组成；

（2）精馏段操作线方程；

（3）提馏段操作线方程；

（4）假定各板效率为 0.5，从塔底数起的第一块板上，上升蒸气的组成。

45. 在板式精馏塔中分离某二元理想溶液，塔顶采用全凝器，塔釜间接蒸气加热，操作条件下物系的相对挥发度为 2.5，已知进料组成为 0.5（易挥发组分的摩尔分数，下同），饱和蒸气进料，要求塔顶组成达到 $x_D=0.95$，塔釜组成达到 $x_W=0.05$，取回流比为最小回流比的 1.5 倍。现测得塔内第 n 块板的默弗里单板效率 $E_{mL}=0.5$，从上一层板流至该板的液相组成为 $x_{n-1}=0.89$。试求：

（1）提馏段操作线方程；

（2）离开第 n 块板的气液相组成。

46. 用一连续精馏塔分离某二元混合物。进料组成 $x_F=0.5000$（轻组分的摩尔分数，下同），进料为饱和液体。塔顶产品的组成为 $x_D=0.95$，塔顶产品量为 $D=50\text{kmol/h}$，要求塔顶产品中轻组分的回收率为 96%。塔顶采用一分凝器和一全凝器，分凝器中的饱和液体作回流用。已知回流液体的组成为 $x_0=0.88$，离开第一块塔板向下流动液体的组成为 $x_1=0.79$，塔底采用间接加热方式，塔内皆为理论板。全塔相对挥发度为常数。试求：

（1）进料量 F、塔底产品量 W 和塔底产品组成 x_W；

（2）操作回流比是最小回流比的多少倍；

（3）精馏段和提馏段的气相流量。

47. 在一常压连续精馏塔中分离某二元理想溶液，料液浓度 $x_F=40\%$，进料为气液混合物，其摩尔比为气∶液＝2∶3，要求塔顶产品中含轻组分 $x_D=97\%$，釜液浓度 $x_W=2\%$（以上浓度均为摩尔分数），该系统的相对挥发度 $\alpha=2.0$，回流比 $R=1.8R_{\min}$。试求：

（1）塔顶轻组分的回收率；

（2）最小回流比；

（3）提馏段操作线方程。

48. 在一连续常压精馏塔中分离某溶液，塔顶采用全凝器，塔底有再沸器；要求 $x_D=0.94$（摩尔分数，下同），$x_W=0.04$。已知此塔进料 q 线方程为 $y=6x-1$，采用回流比为最小回流比的 2 倍，溶液在本题条件下的相对挥发度为 2；假定恒摩尔流假设成立。试求：

（1）精馏段操作线方程；

（2）若塔底产品量 $W=100\text{kmol/h}$，求进料量 F 和塔顶产品量 D；

（3）提馏段操作线方程；

(4) 离开第二块理论板的液相组成 x_2。

49. 采用连续精馏塔分离某双组分混合物，进料组成为0.4（易挥发组分的摩尔分数），进料液气比为1∶1（物质的量之比）。塔顶泡点回流，塔釜间接蒸气加热。要求塔顶易挥发组分回收率达98%，塔釜难挥发组分回收率达到99%。已知该物系的相对挥发度为3，试求：

(1) 塔顶、塔底组成的浓度和塔顶采出率；

(2) 最小回流比；

(3) 若取回流比为最小回流比的1.5倍，试写出提馏段操作线方程。

50. 一操作中的精馏塔，若保持 F、x_F、q、D 不变，增大回流比 R，试分析 L、V、L'、V'、W、x_D、x_W 的变化趋势。

51. 采用连续精馏塔分离某双组分液体混合物，进料量为200kmol/h，进料中易挥发组分浓度为0.4，气液混合物进料，气∶液=1∶1（物质的量之比）。该塔塔顶设全凝器，泡点回流，塔釜间接蒸气加热，要求塔顶产品浓度为0.95，塔釜产品浓度为0.05（以上皆为摩尔分数），操作条件下，该物系相对挥发度 $\alpha=2.5$，实际回流比为最小回流比的1.5倍。试求：

(1) 塔顶易挥发组分和塔釜难挥发组分的回收率；

(2) 精馏段和提馏段的操作线方程；

(3) 若第一块板的气相默弗里板效率 E_{mV} 为0.6，求塔顶第二块板（自塔顶向下数）上升气相的组成。

52. 采用连续精馏塔分离苯、甲苯混合物，进料量为100kmol/h，进料中苯（易挥发组分）浓度为0.4（摩尔分数，下同），饱和气体进料。该塔塔顶设全凝器，泡点回流，塔釜间接蒸气加热。要求塔顶产品苯浓度为0.99，塔釜产品苯浓度为0.03，操作条件下，该物系相对挥发度 $\alpha=2.5$，实际回流比为最小回流比的1.5倍。试求：

(1) 塔顶采出率和易挥发组分的回收率；

(2) 精馏段和提馏段的操作线方程；

(3) 若塔釜停止供应蒸气，保持回流比不变，若塔板无限多，求塔底残液的浓度。

53. 拟用连续精馏塔分离苯-甲苯混合物，塔顶设全凝器，塔底设再沸器，在常压下操作。已知进料流量为1000kmol/h，含苯0.4（摩尔分数，下同），要求塔顶馏出液中含苯为0.95，苯的回收率不低于90%。泡点进料，泡点回流，回流比为最小回流比的1.5倍。在操作条件下苯、甲苯的平均相对挥发度为2.5，试求：

(1) 塔顶、塔底产品的流量和塔底产品组成；

(2) 最小回流比；

(3) 精馏段操作线方程和提馏段操作线方程；

(4) 从塔顶往下数第二块理论板下降液体的组成。

四、推导

1. 试推导，对双组分物系有 $y=\dfrac{\alpha x}{1+(\alpha-1)x}$；对理想溶液有 $\alpha=\dfrac{p_A^0}{p_B^0}$。

2. 在平衡蒸馏过程中，液相产物占总加料量的分数为 q，气液两相组成分别为 y 和 x，试证

明有 $y=\frac{q}{q-1}x-\frac{x_F}{q-1}$。

3. 有一连续精馏塔，共 12 块塔板，用来精馏甲醇的水溶液。若料液中含甲醇为 $x_F=0.45$，所用回流比为 1.2，进料为泡点进料，所得馏出液组成 $x_W=0.5$（以上均为摩尔分数），试计算此塔之总板效率。今若测得其中某一塔板（设为第 n 块）溢流至下一塔板的液相组成为 $x_n=0.6$，试估计自其下一板（第 $n+1$ 板）上升的蒸气组成 y_{n+1} 及 y_n。
4. 若一精馏塔的物料性质、进料量及组成、馏出液及组成、塔底产物及组成、回流比、冷却水温度、加热蒸气性质均固定，试推导以下各项在进料由泡点液体改为饱和蒸气后的变化情况：

(1) 塔板数；

(2) 塔径；

(3) 冷凝器所需冷却水量及传热面积；

(4) 再沸釜所需加热蒸气量及传热面积。

5. 试推导当平衡线为直线时，双组分溶液在很低含量范围内，有

$$N=\frac{1}{\ln\frac{1}{A}}\ln\left[(1-A)\frac{x_0-\frac{y_{N+1}}{K}}{x_N-\frac{y_{N+1}}{K}}+A\right]，其中 A=\frac{L}{KV}$$

6. 试推导有两股进料时的操作线方程，进料 F_1 为泡点液体（乙醇水溶液）。
7. 试推导有侧线采出（侧线产品为泡点液体）时的操作线方程。

第七章
液体精馏　参考答案

一、选择题/填空

1. ②　2. ①　3. ①　4. ①②③
5. ①②③④⑤　6. ①　7. ③　8. ①②③④⑤⑥⑦⑧
9. ①②③　10. ③　11. ②　12. ②
13. ①②③④⑤　14. ③　15. ②③④　16. ③
17. ①②③④⑤⑥⑦　18. ③　19. ④　20. ①②③④⑤⑥
21. ①②③④　22. ①　23. ①　24. ①
25. ③　26. ②　27. ②　28. ①
29. ③　30. ①　31. ④　32. $y_n \geqslant y_{n+1} \geqslant x_n \geqslant x_{n+1}$
33. 提高，下降，增大　34. ④　35. ①②③④　36. ②
37. ④　38. ①　39. ②　40. ④
41. ①　42. ②　43. ②　44. ②
45. ④　46. ②　47. ②　48. ①
49. ④

二、填空

1. 各组分挥发度；部分冷凝，部分汽化
2. $(y_A/x_A)/(y_B/x_B)$；y_A/x_A；不能用普通精馏分离，能用萃取精馏或者恒沸精馏分离
3. $y=\dfrac{\alpha x}{1+(\alpha-1)x}$
4. $\alpha_{AB}=p_A^0/p_B^0$
5. $y=\dfrac{q}{q-1}x-\dfrac{x_F}{q-1}$　该方程是两操作线交点的轨迹方程
6. $x_q=x_F$
7. $x_q>x_F$
8. $y_{n+1}=\dfrac{R}{R+1}x_n+\dfrac{x_D}{R+1}$
9. 塔内操作是否稳定；塔顶产品组成是否合格
10. 减少；增加
11. 增加；减少；增加；增加
12. 待分离的混合液为水溶液且水是难挥发组分；多
13. 液相回流；上升蒸气

14. 理论

15. 相平衡

16. 增加；减少；减少；增加

17. 减少；不变；不变；增加；增加；减少

18. 进料流率 F

19. 减小；增加；增加

20. 减少；增大；增大

21. 高于；由于塔顶轻组分浓度高于塔底的，相应的泡点较低；由于塔内压降使塔底压力高于塔顶，因而塔底的泡点较高

22. 浮阀塔；泡罩塔；筛板塔

23. 3 种；鼓泡接触状态、泡沫接触状态、喷射接触状态；3 种；严重漏液、液泛、严重雾沫夹带

24. 5；(1) 通过能力大，(2) 塔板效率高，(3) 塔板压降低，(4) 操作弹性大，(5) 结构简单，造价低；5；(1) 液泛线，(2) 雾沫夹带线，(3) 漏液线，(4) 液相上限线，(5) 液相下限线

25. 不变；减小；不变；增加

26. 0.82；0.75；0.7；0.62

27. 0.75；0.8

28. 精馏是多次部分汽化和部分冷凝的结果，而蒸馏仅是一次部分汽化或冷凝；平衡蒸馏的气液相产品呈平衡，简单蒸馏是渐次汽化，气液相不呈平衡；一定厚度的液层

29. 0.35

30. 增大；增大

31. 逐渐升高；减小

32. 不变；增加

33. 增大；变大

34. 大；降低

35. 8m

36. 升高；降低

三、计算

1. 解：$x=\dfrac{p-p_B^0}{p_A^0-p_B^0}=\dfrac{300-120}{370-120}=0.72$

$$y=\frac{p_A}{p}=\frac{p_A^0}{p}x=\frac{370\times 0.72}{300}=0.888$$

设气相摩尔量为 V，液相摩尔量为 L，总量为 F，则

$$F=V+L \qquad Fx_F=Vy+Lx$$

由以上两式可得：$\dfrac{V}{L}=\dfrac{x_F-x}{y-x_F}=\dfrac{0.75-0.72}{0.888-0.75}=0.217$

事实上，气液平衡体系中，两相的摩尔量比值服从杠杆定律。

2. 解：(1) 混合物中两组分的相对挥发度：

$$\alpha = \frac{y_F}{1-y_F} \bigg/ \frac{x_F}{1-x_F} = \frac{0.7201}{1-0.7201} \bigg/ \frac{0.5077}{1-0.5077} = 2.49$$

(2) 设进料温度为 92℃，则

$$\lg p_A^0 = 6.031 - \frac{1211}{92+220.8} = 2.1595 \qquad p_A^0 = 144.38\text{kPa}$$

$$\lg p_B^0 = 6.080 - \frac{1345}{92+219.5} = 1.762 \qquad p_B^0 = 57.83\text{kPa}$$

由此求得体系的相对挥发度为：$\alpha' = \dfrac{p_A^0}{p_B^0} = \dfrac{144.38}{57.83} = 2.496$

其值与 (1) 中所求相对挥发度足够接近，故可认为进料温度为 92℃。

体系总压为：

$$p = p_A^0 x_F + p_B^0(1-x_F) = 144.38 \times 0.5077 + 57.83 \times (1-0.5077) = 101.77\text{kPa}$$

3. 解：(1) 精馏段操作线方程：$y_{n+1} = \dfrac{R}{R+1}x_n + \dfrac{x_D}{R+1}$

将该板和上层板的气液相组成代入有：$0.83 = \dfrac{R}{R+1} \times 0.77 + \dfrac{x_D}{R+1}$ (a)

将该板和下层板的气液相组成代入有：$0.78 = \dfrac{R}{R+1} \times 0.70 + \dfrac{x_D}{R+1}$ (b)

联解 (a)、(b) 两式可得：$R = 2.5$，$x_D = 0.98$

则精馏段的操作线方程为：$y = 0.714x + 0.28$

(2) 提馏段操作线方程：$y_{m+1} = \dfrac{L'}{L'-W}x_m - \dfrac{Wx_W}{L'-W}$

$L' = L + qF$，$F = D + W$，$q = 1$（泡点进料），代入上式可得：

$$y_{m+1} = \frac{L+D+W}{L+D}x_m - \frac{Wx_W}{L+D}$$

$$y_{m+1} = \frac{R+1+W/D}{R+1}x_m - \frac{W/D}{R+1}x_W \qquad \text{(c)}$$

$$\frac{D}{W} = \frac{x_F - x_W}{x_D - x_F} \qquad \frac{2}{3} = \frac{0.46 - x_W}{0.98 - 0.46}$$

可得 $x_W = 0.113$

将有关资料代入式 (c) 可得提馏段操作线方程为：$y = 1.429x - 0.048$

4. 解：求分凝器和全凝器的热负荷，首先求出两者中的冷凝量和汽化量。

(1) 全凝器冷凝量 $D = F\dfrac{x_F - x_W}{x_D - x_W} = 180 \times \dfrac{0.48-0.06}{0.95-0.06} = 84.94\text{kmol/h}$

全凝器热负荷：$Q_D = Dr = 84.94 \times 22100 = 1.88 \times 10^6\text{kJ/h}$

分凝器冷凝量：$L = RD = 2.0 \times 84.94 = 169.9\text{kmol/h}$

分凝器热负荷：$Q_L = Lr = 169.9 \times 22100 = 3.75 \times 10^6\text{kJ/h}$

（认为分凝器中的蒸气和全凝器中的蒸气冷凝潜热近似相等）

(2) 再沸器蒸发量：

$$V' = V - (1-q)F = V = (R+1)D = 3.0 \times 84.94 = 254.82\text{kmol/h}$$

再沸器热负荷：

$$Q_B = V'r' = 254.82 \times 24200 = 6.17 \times 10^6 \text{kJ/h}$$

(3) 在产品产量和纯度要求一定的情况下，再沸器的热负荷取决于回流比 R。R 越小则热负荷越小。所以，再沸器的最小热负荷与最小回流比对应。饱和液体进料，最小回流比可计算如下：

$$R_{\min} = \frac{1}{\alpha - 1}\left[\frac{x_D}{x_F} - \frac{\alpha(1-x_D)}{1-x_F}\right] = \frac{1}{2.5-1} \times \left[\frac{0.95}{0.48} - \frac{2.5\times(1-0.95)}{1-0.48}\right] = 1.16$$

$$V'_{\min} = (R_{\min}+1)D = 2.16 \times 84.94 = 183.47\text{kmol/h}$$

$$Q_{B,\min} = V'_{\min}r' = 183.47 \times 24200 = 4.44 \times 10^6 \text{kJ/h}$$

5. 解：(1) 精馏段操作线方程：$y = \frac{R}{R+1}x + \frac{x_D}{R+1} = \frac{2.8}{2.8+1}x + \frac{0.95}{2.8+1}$ 即 $y = 0.737x + 0.25$

(2) 由相平衡方程 $y = \frac{\alpha x}{1+(\alpha-1)x}$ 可得：$x = \frac{y}{\alpha - (\alpha-1)y}$

$y_1 = x_D = 0.95$，$x_1 = \frac{y_1}{2.45-(2.45-1)y_1} = 0.886$

$y_2 = 0.737x_1 + 0.25 = 0.903$，$x_2 = \frac{y_2}{2.45-(2.45-1)y_2} = 0.792$，$y_3 = 0.737x_2 + 0.25 = 0.834$

(3) 提馏段操作线方程推导：$L' = L + qF = L + F = RD + F$

$$V' = V - (1-q)F = V = (R+1)D$$

$$y = \frac{L'}{V'}x - \frac{Wx_W}{V'} = \frac{RD+F}{(R+1)D}x - \frac{(F-D)x_W}{(R+1)D} = \frac{RD/F+1}{(R+1)D/F}x - \frac{1-D/F}{(R+1)D/F}x_W$$

$$\frac{D}{F} = \frac{x_F - x_W}{x_D - x_W} = \frac{0.5-0.05}{0.95-0.05} = 0.5$$

所以 $y = \frac{2.8\times0.5+1}{(2.8+1)\times0.5}x - \frac{1-0.5}{(2.8+1)\times0.5}\times 0.05 = 1.263x - 0.0132$

即 $y = 1.263x - 0.0132$

(4) 由提馏段操作线方程可得：$x = \frac{y+0.0132}{1.263}$

$$x_{-1} = x_W = 0.05,\quad y_{-1} = \frac{2.45x_{-1}}{1+(2.45-1)x_{-1}} = 0.114$$

$x_{-2} = \frac{y_{-1}+0.0132}{1.263} = 0.101$，$y_{-2} = \frac{2.45x_{-2}}{1+(2.45-1)x_{-2}} = 0.216$，$x_{-3} = \frac{y_{-2}+0.0132}{1.263} = 0.181$

6. 解：(1) $x_F = 0.6$，进料状态为气液各占一半（物质的量）

作易挥发组分的品质衡算：$0.6F = \frac{F}{2}x + \frac{F}{2}y$

又有相平衡方程：$y = \frac{2.5x}{1+1.5x}$

联立求解，得 $x = 0.49$，$y = 0.71$。所以，进料的液相组成为 0.49，气相组成为 0.71。

(2) $q = 0.5$，q 线方程为 $y = \frac{q}{q-1}x - \frac{1}{q-1}x_F$，$y = -x + 1.2$

联立求解 $y = \frac{2.5x}{1+1.5x}$ 和 $y = -x + 1.2$，可得交点坐标为 $x_q = 0.49$，$y_q = 0.71$，所以 $R_{\min} =$

$$\frac{x_D - y_q}{y_q - x_q} = \frac{0.98 - 0.71}{0.71 - 0.49} = 1.227$$

7. 解：(1) 回流比：$R = \frac{L}{D} = \frac{\frac{3}{5}V}{\frac{2}{5}V} = 1.5$

由相平衡关系得 $y_0 = \frac{\alpha x_0}{1+(\alpha-1)x_0} = \frac{0.86\alpha}{1+(\alpha-1)\times 0.86} = 0.9$，$\alpha = 1.465$

由精馏段操作线方程得：

$$y_1 = \frac{R}{R+1}x_0 + \frac{1}{R+1}x_D = \frac{1.5}{1.5+1}\times 0.86 + \frac{0.9}{1.5+1} = 0.876$$

由相平衡方程 $y_1 = \frac{\alpha x_1}{1+(\alpha-1)x_1}$ 可求得 $x_1 = 0.828$

(2) 原料液的组成

因为 $R = 1.2R_{\min}$，所以 $R_{\min} = 1.25$

当采用泡点进料时，$q=1$，即 $x_q = x_F$

$$R_{\min} = \frac{x_D - y_q}{y_q - x_q} = 1.25 \quad \text{(a)}$$

$$y_q = \frac{\alpha x_q}{1+(\alpha-1)x_q} \quad \text{(b)}$$

联立式 (a)、式 (b)，可得 $x_q = 0.758$，$y_q = 0.821$

所以 $x_F = x_q = 0.758$

8. 解：(1) 全塔品质衡算：$\frac{D}{F} = \frac{x_F - x_W}{x_D - x_W} = \frac{0.15-0.05}{0.95-0.05} = 0.111$，$D = 0.111F = 11.1\text{kmol/h}$

根据恒摩尔流假定，塔内上升蒸气量应等于进料量，即 $V = F = 100\text{kmol/h}$。由 $V = (R+1)D$ 可得：$R = \frac{V}{D} - 1 = \frac{100}{11.1} - 1 = 8.0$

(2) 操作线方程为：$y = \frac{R}{R+1}x + \frac{x_D}{R+1} = \frac{8}{8+1}x + \frac{0.95}{8+1} = 0.889x + 0.106$

$y_1 = x_D = 0.95$，$x_1 = \frac{y_1}{\alpha - (\alpha-1)y_1} = \frac{0.95}{2.5 - 1.5\times 0.95} = 0.884$

$y_2 = 0.889x_1 + 0.106 = 0.892$，$x_2 = \frac{y_2}{\alpha - (\alpha-1)y_2} = \frac{0.892}{2.5 - 1.5\times 0.892} = 0.768$

9. 解：参见本题附图，该塔共有包括塔釜在内的三块理论板。

$F = 1\text{kmol/s}$，$V' = 0.6\text{kmol/s}$

饱和蒸气进料，则 $V = V' + F = 1.6\text{kmol/s}$

$L = L' = 1.3\text{kmol/s}$，$D = V - L = 0.3\text{kmol/s}$，$W = F - D = 0.7\text{kmol/s}$

$y_1 = x_D$ 由相平衡方程得：$x_1 = \frac{y_1}{1.26} = \frac{x_D}{1.26}$

由精馏段操作线方程得：

$$y_2 = \frac{13}{16}x_1 + \frac{3}{16}x_D = \frac{13}{16}\times\frac{x_D}{1.26} + \frac{3}{16}x_D = 0.8323x_D$$

由相平衡方程得：$x_2=\dfrac{y_2}{1.26}=0.661x_D$

由提馏段操作线方程得：$y_W=\dfrac{13}{6}x_2-\dfrac{7}{6}x_W=\dfrac{13}{6}\times 0.661x_D-\dfrac{7}{6}x_W$

由相平衡方程得：$y_W=1.26x_W$，所以 $2.427x_W=1.432x_D$

全塔物料衡算得：$0.001=0.3x_D+0.7x_W=0.3x_D+0.7\times\dfrac{1.432}{2.427}x_D$

解得：$x_D=1.402\times 10^{-3}$，$x_W=8.276\times 10^{-4}$

10. 解：由题意已知

(1)$x_D=0.92$，$x_F=0.45$，$x_W=0.03$，$q=0.5$

q 线方程：$y_q=\dfrac{q}{q-1}x_q-\dfrac{x_F}{q-1}=\dfrac{0.5}{0.5-1}x_q-\dfrac{0.45}{0.5-1}=-x_q+0.9$

(2) 求 q 线与精馏段操作线交点坐标

$$\begin{cases} y_q=-x_q+0.9 \\ y_q=\dfrac{2.4x_q}{1+1.4x_q} \end{cases} \quad 解得 \begin{cases} x_q=0.343 \\ y_q=0.557 \end{cases}$$

$$R_{\min}=\frac{x'_D-y_q}{y_q-x_q}=\frac{0.92-0.557}{0.557-0.343}=1.696$$

$$R=1.4\times 1.696=2.37$$

$$y_{n+1}=\frac{2.37}{2.37+1}x_n+\frac{0.92}{2.37+1}=0.703x_n+0.273$$

(3) $y'_D=x'_D=0.92$

$$y'_D=\frac{\alpha x_D}{1+(\alpha-1)x_D}=\frac{2.4x_D}{1+(2.4-1)x_D}=0.92$$

$$x_D=0.827$$

$$y_1=\frac{R}{R+1}x_D+\frac{x'_D}{R+1}=\frac{2.37}{2.37+1}\times 0.827+\frac{0.92}{2.37+1}=0.855$$

11. 解：相平衡方程 $$y=\frac{2.47x}{1+1.47x} \quad ①$$

精馏段操作线方程：

$$y=\frac{R}{R+1}x+\frac{x_D}{R+1}=\frac{2.7}{2.7+1}+\frac{0.9}{2.7+1}=0.73x+0.243 \quad ②$$

全塔品质衡算： $$\frac{D}{F}=\frac{x_F-x_W}{x_D-x_W}=\frac{0.3-0.1}{0.9-0.1}=0.25$$

提馏段操作线方程：

$$y=\frac{L'}{V'}x-\frac{Wx_W}{V'}=\frac{RD+F}{(R+1)D}x-\frac{(F-D)x_W}{(R+1)D}=\frac{RD/F+1}{(R+1)D/F}x-\frac{1-D/F}{(R+1)D/F}x_W$$

$$y=1.81x-0.0811 \quad ③$$

逐板计算中间结果如下：

$y_1\xrightarrow{①}x_1=0.785$，$x_1\xrightarrow{②}y_2=0.816$，$y_2\xrightarrow{①}x_2=0.642$，$x_2\xrightarrow{②}y_3=0.712$

$y_3\xrightarrow{①}x_3=0.500$，$x_3\xrightarrow{②}y_4=0.608$，$y_4\xrightarrow{①}x_4=0.386$，$x_4\xrightarrow{②}y_5=0.525$

$y_5 \xrightarrow{①} x_5=0.309$，$x_5 \xrightarrow{②} y_6=0.469$，$y_6 \xrightarrow{①} x_6=0.263<x_D=x_F=0.3$

$x_6 \xrightarrow{③} y_7=0.395$，$y_7 \xrightarrow{①} x_7=0.210$，$x_7 \xrightarrow{③} y_8=0.299$，$y_8 \xrightarrow{①} x_8=0.147$

$x_8 \xrightarrow{③} y_9=0.185$，$y_9 \xrightarrow{①} x_9=0.084<x_W=0.1$

从计算结果来看，达到分离要求需要 9 块理论板（包括塔釜一块），其中精馏段 5 块，第 6 块板进料。

12. 解：泡点加料：

$$R_{\min}=\frac{1}{\alpha-1}\left[\frac{x_D}{x_F}-\frac{\alpha(1-x_D)}{1-x_F}\right]=\frac{1}{2.5-1}\times\left[\frac{0.97}{0.5}-\frac{2.5\times(1-0.97)}{1-0.5}\right]=1.19$$

所以 $R=1.5R_{\min}=1.5\times1.19=1.785$

精馏段操作线方程：$y=\frac{R}{R+1}x+\frac{1}{R+1}x_D=\frac{1.785}{1.785+1}x+\frac{1}{1.785+1}\times0.97$

即　$y=0.64x+0.348$

上式与 q 线方程 $x=x_F=0.5$ 联立求解，可得 $x_q=0.5$，$y_q=0.668$

由点（0.5，0.668）与点（0.04，0.04）可得提馏段操作线方程：

$\frac{y-0.668}{x-0.5}=\frac{0.668-0.04}{0.5-0.04}$ 即 $y=1.365x-0.015$

气液平衡方程为　$y=\frac{2.5x}{1+1.5x}$，$x=\frac{y}{2.5-1.5y}$

从塔顶开始计算：$y_1=x_D=0.97$，$x_1=\frac{y_1}{2.5-1.5y_1}=\frac{0.97}{2.5-1.5\times0.97}=0.9282$

代入精馏段操作线方程可得：

$$y_2=0.64x_1+0.348=0.64\times0.9282+0.348=0.9420$$

精馏段逐板计算结果如下

塔板序号	液相组成 x	气相组成 y
01	0.9282	0.9700
02	0.8669	0.9420
03	0.7879	0.9028
04	0.6977	0.8523
05	0.6073	0.7945
06	0.5281	0.7367
07	0.4663	0.6860

其中 $x_7=0.4663<x_F=0.5$，所以精馏段需要 6 块理论板，加料板为第 7 板块理论板。

提馏段逐板计算结果如下：

塔板序号	液相组成	气相组成
07	0.4663	0.6860
08	0.3965	0.6216
09	0.3077	0.5236

续表

塔板序号	液相组成	气相组成
10	0.2140	0.4050
11	0.1329	0.2771
12	0.0740	0.1665
13	0.0363	0.0860

$x_{13}=0.0363<x_W=0.04$，提馏段需要7块理论板。

全塔共需13块理论板，第7块为加料板。

13. 解：(1) 根据题意已知

$$F=100\text{kmol/h},\ x_F=0.5,\ q=0,\ \alpha=3.5,\ x_W=0.1$$

$$\begin{cases}F=D+W\\ Fx_F=Dx_D+Wx_W\end{cases}$$

$$\frac{Dx_D}{Fx_F}\times100\%=0.9$$

解得：$D=50\text{kmol/h}$，$W=50\text{kmol/h}$，$x_D=0.9$

由$R=4$得精馏段操作线方程为

$$y=0.8x+0.18 \tag{1}$$

相平衡方程

$$y=\frac{\alpha x}{1+(\alpha-1)x}=\frac{3.5x}{1+2.5x} \tag{2}$$

$q=0$，则

$$L'=L+qF=RD=200\text{kmol/h}$$

$$V'=V+(q-1)F=(R+1)D-F=5\times50-100=150\text{kmol/h}$$

所以提馏段操作线方程为

$$y=\frac{L'}{V'}x-\frac{W}{V'}x_W=\frac{200}{150}x-\frac{50}{150}\times0.1$$

$$=\frac{4}{3}x-\frac{1}{30} \tag{3}$$

逐板计算法计算理论板数N：

$$y_1=x_D=0.9\xrightarrow{(2)}x_1=0.72\xrightarrow{(1)}y_2=0.756\xrightarrow{(2)}x_2=0.470$$

$x_2<x_F<x_1$，所以第二块板加料，故以下板满足提馏段操作线方程，继续求解得

$$x_2=0.470\xrightarrow{(3)}y_3=0.593\xrightarrow{(2)}x_3=0.294$$

$$\xrightarrow{(3)}y_4=0.359\xrightarrow{(2)}x_4=0.138\xrightarrow{(3)}$$

$$y_5=0.151\xrightarrow{(2)}x_5=0.048$$

$x_5<x_W$，所以理论塔板数$N=5$，第2块板加料。

(2) $E_0=\dfrac{N}{N_e}=60\%$

所以实际塔板数 $N_e=\dfrac{5}{60\%}\approx9$

14. 解：(1) 由精馏段操作线方程 $y=0.8x+0.16$，得

$$R=4，x_D=0.8$$

$q=0$，而且 $y_q=x_F=0.35$

因为 $\alpha=2.5$，所以相平衡方程为

$$y=\frac{\alpha x}{1+(\alpha-1)x}=\frac{2.5x}{1+1.5x}$$

可得：

$$x_q=0.177$$

$$R_{\min}=\frac{x_D-y_q}{y_q-x_q}=\frac{0.8-0.35}{0.35-0.177}=2.6$$

(2) $q=0$，则

$$V'=V+(q-1)F=(R+1)D-F$$

$$=(4+1)\times 40-100=100\text{kmol/h}$$

$$L'=L+qF=RD=4\times 40=160\text{kmol/h}$$

$$W=F-D=100-40=60\text{kmol/h}$$

$$100\times 0.35=40\times 0.8+60x_W$$

解得　$x_W=0.05$

所以提馏段操作线方程为

$$y=\frac{L'}{V'}x-\frac{W}{V'}x_W=\frac{160}{100}x-\frac{60}{100}\times 0.05=1.6x-0.03$$

(3) 由精馏段操作线方程得：

$$y_2=0.8\times 0.7+0.16=0.72$$

由相平衡方程得：

$$y_1^*=\frac{2.5\times 0.7}{1+1.5\times 0.7}=0.854$$

$$y_1=x_D=0.8$$

$$E_{MV}=\frac{y_1-y_2}{y_1^*-y_2}=\frac{0.8-0.72}{0.854-0.72}=0.597$$

15. 解：(1) 由全塔物料衡算和轻组分物料衡算得：

$$\begin{cases}F=D+W\\Fx_F=Dx_D+Wx_W\end{cases}$$

即

$$\begin{cases}200=D+W\\200\times 0.30=0.90D+0.05W\end{cases}$$

解得：$D=58.82\text{kmol/h}$，$W=141.18\text{kmol/h}$

(2) 由泡点进料可知 $q=1$，因此 $x_e=x_F=0.30$

因为　$\alpha=3.5$，所以相平衡方程为

$$y=\frac{\alpha x}{1+(\alpha-1)x}=\frac{3.5x}{1+2.5x}$$

可得：

$$y_e=\frac{3.5x_e}{1+2.5x_e}=\frac{3.5\times0.30}{1+2.5\times0.30}=0.60$$

从而

$$R_{min}=\frac{x_D-y_e}{y_e-x_e}=\frac{0.90-0.60}{0.60-0.30}=1.0$$

所以操作回流比 $R=1.8R_{min}=1.8\times1.0=1.8$

(3) 泡点进料，故 $q=1$，则

$$L'=L+qF=RD+F=1.8\times58.82+200=305.876\text{kmol/h}$$

$$V'=V+(q-1)F=(R+1)D=(1.8+1)\times58.82=164.696\text{kmol/h}$$

所以提馏段操作线方程为

$$y=\frac{L'}{V'}x-\frac{W}{V'}x_W=\frac{305.876}{164.696}x-\frac{141.18}{164.696}\times0.05=1.857x-0.043$$

16\. 解：(1) 全塔物料衡算：

$$\begin{cases}F=D+W\\Fx_F=Dx_D+Wx_W\\Fx_F\times90\%=Dx_D\end{cases}$$

把 $x_F=0.4$，$x_D=0.9$ 代入解得：

$D=400\text{kmol/h}$，$W=600\text{kmol/h}$，$x_W=0.067$

(2) 由泡点进料可知 $q=1$，因此 $x_e=x_F=0.4$

因为 $\alpha=2.5$，所以由相平衡方程得

$$y_e=\frac{2.5x_e}{1+1.5x_e}=\frac{2.5\times0.4}{1+1.5\times0.4}=0.625 \tag{1}$$

从而

$$R_{min}=\frac{x_D-y_e}{y_e-x_e}=\frac{0.9-0.625}{0.625-0.4}=1.22$$

所以操作回流比 $R=1.5R_{min}=1.5\times1.22=1.83$

精馏段操作线方程 $y=\frac{R}{R+1}x+\frac{x_D}{R+1}=\frac{1.83}{1.83+1}x+\frac{0.9}{1.83+1}=0.65x+0.318$ (2)

(3) 利用逐板计算法计算

$$y_1=x_D=0.9\xrightarrow{(1)}x_1=0.783\xrightarrow{(2)}y_2=0.827$$

本题是对物料衡算和相平衡方程应用的考查，以及最小回流比的计算和逐板计算法的应用。

17\. 解：(1) 由精馏段操作线方程 $y=0.833x+0.15$ 得：

$$\frac{R}{R+1}=0.833\text{，}\frac{x_D}{R+1}=0.15$$

解得 $R=5$，$x_D=0.9$

由全塔轻组分物料衡算得：$100\times0.5=50\times0.9+50x_W$

解得 $x_W=0.1$

(2) $V=(R+1)D=6\times50=300\text{kmol/h}$

(3) $q=0$，则

$$L' = L + qF = RD = 5 \times 50 = 250\text{kmol/h}$$

$$V' = V + (q-1)F = (R+1)D - F = (5+1) \times 50 - 100 = 200\text{kmol/h}$$

所以提馏段操作线方程为

$$y = \frac{L'}{V'}x - \frac{W}{V'}x_W = \frac{250}{200}x - \frac{50}{200} \times 0.1 = 1.25x - 0.025$$

(4) 因为 $\alpha = 3.0$，所以相平衡方程为

$$y = \frac{\alpha x}{1+(\alpha-1)x} = \frac{3.0x}{1+2.0x}$$

$$y_1 = x_D = 0.9$$

由相平衡方程得 $x_1^* = 0.75$

由 $E_{mL} = \dfrac{x_D - x_1}{x_D - x_1^*} = \dfrac{0.9 - x_1}{0.9 - 0.75} = 0.6$ 解得：$x_1 = 0.81$

由精馏段操作线方程得：

$$y_2 = 0.833 \times 0.81 + 0.15 = 0.825$$

18. 解：已知 $x_F = 0.35$，$F = 100\text{kmol/h}$，$q = 0$，$D = 40\text{kmol/h}$，$\alpha = 2.5$

(1) 精馏段操作线方程为

$$y = 0.8x + 0.16 = \frac{R}{R+1}x + \frac{x_D}{R+1} \tag{1}$$

解得 $R = 4$

$x_D = 0.8$

$W = F - D = 100 - 40 = 60\text{kmol/h}$

$100 \times 0.35 = 40 \times 0.8 + 60x_W$

解得 $x_W = 0.05$

(2) $V' = V + (q-1)F = (R+1)D - F = (4+1) \times 40 - 100 = 100\text{kmol/h}$

$$L' = L + qF = RD = 4 \times 40 = 160\text{kmol/h}$$

所以提馏段操作线方程为

$$y = \frac{L'}{V'}x - \frac{W}{V'}x_W = \frac{160}{100}x - \frac{60}{100} \times 0.05 = 1.6x - 0.03 \tag{2}$$

(3) 利用逐板计算法求理论板数，相平衡方程为

$$y = \frac{2.5x}{1+1.5x} \tag{3}$$

$y_1 = x_D = 0.8 \xrightarrow{(3)} x_1 = 0.6154 \xrightarrow{(1)} y_2 = 0.6523 \xrightarrow{(3)} x_2 = 0.4287 \xrightarrow{(1)} y_3 = 0.503 \xrightarrow{(3)}$
$x_3 = 0.2882$

第三块板加料，故以下板满足提馏段操作线方程，继续求解得

$$x_3 = 0.2882 \xrightarrow{(2)} y_4 = 0.4311 \xrightarrow{(3)} x_4 = 0.2326$$

19. 解：(1) 由泡点进料可知 $q = 1$，因此 $x_e = x_F = 0.5$

因为 $\alpha = 2$，所以由相平衡方程得

$$y_e = \frac{2x_e}{1+x_e} = \frac{2 \times 0.5}{1+0.5} = 0.667$$

从而 $$R_{min} = \frac{x_D - y_e}{y_e - x_e} = \frac{0.9 - 0.667}{0.667 - 0.5} = 1.395$$

所以操作回流比 $R=2R_{\min}=2\times1.395=2.79$

精馏段操作线方程 $y=\dfrac{R}{R+1}x+\dfrac{x_D}{R+1}=\dfrac{2.79}{2.79+1}x+\dfrac{0.9}{2.79+1}=0.736x+0.237$

(2) 由相平衡方程得

$$x_D=\frac{2x_0}{1+x_0}=0.9$$

所以 $x_0=0.818$

对分凝器作物料衡算：$Vy_1=Lx_0+Dx_D$

$$Vy_1=0.818L+0.9D \quad ①$$

$$V=L+D \quad ②$$

$$R=L/D=2.79 \quad ③$$

解得 $y_1=0.84$

20. 解：(1) $\begin{cases}F=D+W\\Fx_F=Dx_D+Wx_W\end{cases}$ 代入数据得 $\begin{cases}100=D+W\\100\times0.4=0.9D+0.01W\end{cases}$

解此方程组，得 $D=43.8\text{kmol/h}$，$W=56.2\text{kmol/h}$

(2) 饱和液体进料时，$V=V'$，即 $V=132\text{kmol/h}$，则

$L=V-D=132-43.8=88.2\text{kmol/h}$

$R=L/D=88.2/43.8=2$

精馏段操作线方程 $y=\dfrac{R}{R+1}x+\dfrac{1}{R+1}x_D=\dfrac{2}{2+1}x+\dfrac{1}{2+1}\times0.9=0.667x+0.3$

21. 解：(1) 由题意知，$y_1=x_D=0.95$，$R=2$

由相平衡方程 $y_n=\dfrac{\alpha x_n}{1+(\alpha-1)x_n}$，得 $x_n=\dfrac{y_n}{\alpha-(\alpha-1)y_n}$

即 $x_1=\dfrac{y_1}{\alpha-(\alpha-1)y_1}=\dfrac{0.95}{1.6-(1.6-1)\times0.95}=0.92$

因精馏段操作线方程 $y_{n+1}=\dfrac{R}{R+1}x_n+\dfrac{1}{R+1}x_D$

则 $y_2=\dfrac{2}{2+1}x_1+\dfrac{1}{2+1}x_D=\dfrac{2}{3}\times0.92+\dfrac{1}{3}\times0.95=0.93$

(2) $V=L+D$，$L/D=R$，$V=(R+1)D$

得 $V=3\times50=150\text{kmol/h}$，$L=2\times50=100\text{kmol/h}$

22. 解：(1) 由相平衡方程 $y=\dfrac{\alpha x}{1+(\alpha-1)x}=\dfrac{3x}{1+2x}$

及进料方程 $y=\dfrac{q}{q-1}x-\dfrac{x_F}{q-1}=\dfrac{0.5}{0.5-1}x-\dfrac{0.5}{0.5-1}=-x+1$

联立解得 $2x^2+2x-1=0$，$x=\dfrac{-2\pm\sqrt{4+8}}{4}$

取 $x_q=0.367$，则 $y_q=\dfrac{3x_q}{1+2x_q}=0.633$

$$R_{\min}=\frac{x_D-y_q}{y_q-x_q}=\frac{0.95-0.63}{0.63-0.37}=1.23，R=1.4R_{\min}=1.722$$

再由物料衡算方程　$F=D+W$ 及 $Fx_F=Dx_D+Wx_W$

解得　$D=50\text{kmol/h}$，$W=F-D=50\text{kmol/h}$

$V=(R+1)D=(1.722+1)\times 50=136.1\text{kmol/h}$

$V'=V-(1-q)F=V-0.5F=136.1-50=86.1\text{kmol/h}$

(2) 已知 $y_1=x_D=0.95$

由相平衡关系得　$x_1=\dfrac{y_1}{\alpha-(\alpha-1)y_1}=0.86$

再由精馏段操作线方程解得

$$y_2=\frac{R}{R+1}x_1+\frac{x_D}{R+1}=\frac{1.722}{1.722+1}\times 0.86+\frac{0.95}{1.722+1}=0.88$$

分析：欲解提馏段的蒸气量 V'，须先知与之有关的精馏段的蒸气量 V。而 V 又需通过 $V=(R+1)D$ 才可确定。可见，先确定最小回流比 $R_{\min}$，进而确定 R 是解题的思路。理想体系以最小回流比操作时，两操作线与进料方程的交点恰好落在平衡线上，所以只须用任一操作线方程或进料方程与相平衡方程联立求解即可。

23. 解：由 $D/F=1/2$ 得 $F=2D$，$D=W$，将其代入物料平衡方程

$$F=D+W \text{ 和 } Fx_F=Dx_D+Wx_W$$

联立解得　$x_W=0.29$

整理精馏段操作线方程

$$y_{n+1}=\frac{R}{R+1}x_n+\frac{x_D}{R+1}=\frac{2.5}{3.5}x_n+\frac{0.75}{3.5}$$

$$y_{n+1}=0.714x_n+0.214 \tag{a}$$

而相平衡方程

$$y=\frac{ax}{1+(a-1)x}$$

整理得

$$x=\frac{y}{a-(a-1)y}=\frac{y}{2.5-1.5y} \tag{b}$$

交替利用式（a）、式（b）逐板计算

由　$x_D=y_1=0.75$

代入式（b）得　$x_1=0.545$

代入式（a）得　$y_2=0.603$

代入式（b）得　$x_2=0.378<x_F=0.52$

整理提馏段操作线方程

由　$L'=L+qF=RD+F=2.5D+2D=4.5D$

则　$y'_{m+1}=\dfrac{L'}{L'-W}x'_m-\dfrac{Wx_W}{L'-W}=\dfrac{4.5D}{4.5D-D}x'_m-\dfrac{0.29D}{4.5D-D}$

即

$$y'_{m+1}=1.286x'_m-0.083 \tag{c}$$

将 $x_2=0.378$ 代入式（c）得　$y_3=1.286\times 0.378-0.083=0.403$

代入（b）得　$x_3=0.213<x_W=0.29$

故包括塔釜在内共需 3 块理论塔板。

分析：因题中未给平衡相图，只可考虑逐板计算法求理论板数。当料液直接加入塔釜时，应将塔釜视作提馏段，然后分段利用不同的操作线方程与相平衡方程交替计算各板的气液相组成，直至 $x<x_W$。

24. 解：(1) 由平衡方程及泡点进料时 $x_q=0.5$

$$y_q=\frac{\alpha x_q}{1+(\alpha-1)x_q}=\frac{2.5\times0.5}{1+1.5\times0.5}=0.714$$

$$R_{\min}=\frac{x_D-y_q}{y_q-x_q}=\frac{0.95-0.714}{0.714-0.5}=1.1$$

$$R=1.5R_{\min}=1.65$$

精馏段操作线方程 $y=\frac{R}{R+1}x+\frac{x_D}{R+1}$

$$=\frac{1.65}{2.65}x+\frac{0.95}{2.65}=0.623x+0.358$$

再由平衡方程及 $y_0=x_D=0.95$

得 $x_0=\frac{y_0}{\alpha-(\alpha-1)y_0}=\frac{0.95}{2.5-1.5\times0.95}=0.884$

代入精馏段操作线方程 $y_1=0.623x_0+0.358=0.909$

(2) 由 $V'=V-(1-q)F$

当泡点进料时，$q=1$

则 $V'=V=(R+1)D=2.65\times100=265\text{kmol/h}$

分析：因为出分凝器的冷凝液 L 与未液化的蒸气 V_0 呈相平衡关系，故分凝器相当于一层理论塔板。应注意，自分凝器回流塔内的液相组成 x_0 与自全凝器出来的产品组成 x_D 不同。

25. 解：(1) 塔顶和塔底的产品量 (kmol/h)

$$F=D+W=100 \tag{1}$$

$$D\times0.9+W\times0.05=Fx_F=100\times0.5=50 \tag{2}$$

上述两式联立求解得 $W=47.06\text{kmol/h}$

$D=52.94\text{kmol/h}$

(2) 第一块塔板下降的液体组成 x_1

因塔顶为全凝器，所以 $x_D=y_1=\frac{\alpha x_1}{1+(\alpha-1)x_1}$

$$x_1=\frac{y_1}{\alpha-(\alpha-1)y_1}=\frac{0.9}{2.25-1.25\times0.9}=0.80$$

(3) 提馏段操作线方程

$V'=V=(R+1)D=2.61\times52.94=138.17\text{kmol/h}$

$L'=L+qF=RD+F=1.61\times52.94+100=185.23\text{kmol/h}$

则 $y'_{m+1}=\frac{L'}{V'}x'_m-\frac{Wx_W}{V'}=\frac{185.23}{138.17}x'_m-\frac{47.06\times0.05}{138.17}=1.34x'_m-0.017$

(4) 最小回流比

泡点进料，$q=1$，$x_q=x_F=0.5$

$$y_q=\frac{\alpha x_q}{1+(\alpha-1)x_q}=\frac{2.25\times0.5}{1+1.25\times0.5}=0.692$$

$$R_{\min}=\frac{x_D-y_q}{y_q-x_q}=\frac{0.9-0.692}{0.692-0.5}=1.083$$

26. 解：$y_{n+1}=\frac{R}{R+1}x_n+\frac{x_D}{R+1}=\frac{3}{3+1}x_n+\frac{0.95}{3+1}=0.75x_n+0.238$

$$y_1=x_D=0.95\text{，}y_1=0.42x_1+0.58=0.95$$

$$x_1=0.881\text{，}y_2=0.75x_1+0.238=0.899$$

$$y_2=0.899=0.42x_2+0.58\text{，}x_2=0.76$$

27. 解：

$$\eta=\frac{Dx_D}{Fx_F}=0.9$$

$$D=\frac{0.9Fx_F}{x_D}=\frac{0.9\times1000\times0.4}{0.9}=400\text{kmol/h}$$

$$W=F-D=1000-400=600\text{kmol/h}$$

$$Fx_F=Dx_D+Wx_W\text{，}1000\times0.4=400\times0.9+600x_W\text{，}x_W=0.067$$

$$y_{n+1}=\frac{R}{R+1}x_n+\frac{x_D}{R+1}$$

$$q=1\text{，}x_q=x_F\text{，}y_q=\frac{\alpha x_q}{1+(\alpha-1)x_q}=\frac{2.5\times0.4}{1+1.5\times0.4}=0.625$$

$$R_{\min}=\frac{x_D-y_q}{y_q-x_q}=\frac{0.9-0.625}{0.625-0.4}=1.22$$

$$R=1.5R_{\min}=1.83$$

精馏段操作线方程

$$y_{n+1}=\frac{1.83}{1.83+1}x_n+\frac{0.9}{1.83+1}=0.647x_n+0.318$$

$$V'=V=(R+1)D=2.83\times400=1132\text{kmol/h}$$

$$L'=L+qF=L+F=RD+F=1.83\times400+1000=1732\text{kmol/h}$$

提馏段操作线方程

$$y_{m+1}=\frac{L'}{V'}x_m-\frac{Wx_W}{V'}=\frac{1732}{1132}x_m-\frac{600\times0.067}{1132}=1.53x_m-0.0355$$

28. 解：(1) 冷液进料 $q=1.387$，则 q 线方程

$$y=\frac{q}{q-1}x-\frac{x_F}{q-1}=\frac{1.387}{1.387-1}x-\frac{0.4}{1.387-1}=3.584x-1.034$$

相平衡方程

$$y=\frac{\alpha x}{1+(\alpha-1)x}=\frac{2.47x}{1+1.47x}$$

两式联立解得　$x_q=0.483$，$y_q=0.698$

所以 $R_{\min}=\frac{x_D-y_q}{y_q-x_q}=\frac{0.97-0.698}{0.698-0.483}=1.265$

(2) 泡点进料，$q=1$ 则 $x_q=x_F=0.4$

$$y_q=\frac{\alpha x_q}{1+(\alpha-1)x_q}=\frac{2.47\times0.4}{1+1.47\times0.4}=0.622$$

所以 $R_{\min}=\frac{x_D-y_q}{y_q-x_q}=\frac{0.97-0.622}{0.622-0.4}=1.568$

(3) 饱和蒸气进料，$q=0$ 则 $y_q=x_F=0.4$

$$x_q=\frac{y_q}{\alpha-(\alpha-1)y_q}=\frac{0.4}{2.47-1.47\times0.4}=0.213$$

所以 $R_{\min}=\frac{x_D-y_q}{y_q-x_q}=\frac{0.97-0.4}{0.4-0.213}=3.048$

(4) 全回流时的最少理论板数

$$N_{\min}=\frac{\lg\left[\left(\frac{x_D}{1-x_D}\right)\left(\frac{1-x_W}{x_W}\right)\right]}{\lg\alpha}-1$$

$$=\frac{\lg\left[\left(\frac{0.97}{0.03}\right)\times\left(\frac{0.96}{0.04}\right)\right]}{\lg 2.47}-1=6.36\text{（不包括再沸器）}$$

由上可知，在分离要求一定的情况下，最小回流比 $R_{\min}$ 与进料热状况 q 有关。q 值增大，在满足同样分离要求的条件下，最小回流比减小。

29. 解：(1) 塔顶产品组成 x_D 和回流液组成 x_0

对全凝器有，$V_0=D$，$y_0=x_D$。由出分凝器的气液流量比求 R，即

$$R=\frac{L}{V_0}=\frac{L}{D}=\frac{0.5V}{0.5V}=1$$

离开分凝器的气液组成 y_0 与 x_0 应满足相平衡关系，$y_1=0.96$ 与 x_0 应满足精馏段操作线方程，所以：

$$y_0=x_D=\frac{\alpha x_0}{1+(\alpha-1)x_0}=\frac{2.4x_0}{1+1.4x_0} \tag{1}$$

$$y_1=0.96=\frac{R}{R+1}x_0+\frac{x_D}{R+1}=\frac{1}{2}x_0+\frac{x_D}{2} \tag{2}$$

联立式 (1) 和式 (2) 得方程：$x_0^2+0.509x_0-1.371=0$

解得：$x_0=0.944$

代入相平衡方程解得：$x_D=0.976$

(2) 塔顶第二层理论板上升的气相组成 y_2

离开第一层理论板的液相组成为

$$x_1=\frac{y_1}{\alpha-(\alpha-1)y_1}=\frac{0.96}{2.4-1.4\times0.96}=0.909$$

由精馏段操作线方程可得：$y_2=\frac{1}{2}x_1+\frac{x_D}{2}=0.5\times0.909+0.976/2=0.943$

(3) 进料饱和蒸气组成 x_F

依题意 $R_{\min}=R/1.2=0.833$

$$R_{\min}=\frac{x_D-y_e}{y_e-x_e}=\frac{0.976-y_e}{y_e-x_e}=0.833 \tag{3}$$

$$y_e=\frac{\alpha x_e}{1+(\alpha-1)x_e}=\frac{2.4x_e}{1+1.4x_e} \tag{4}$$

联立式 (3) 和式 (4) 可得：$y_e^2-1.922y_e+0.913=0$

解得：$y_e=0.858$，由于饱和蒸气进料，$q=0$，则 $x_F=y_e=0.858$

30. 解：(1) 因为 $q=1$，所以　$L'=L+F$

则　$V=0.8L'=0.8(L+F)$

而　$V=L+V_0=(R+1)D$

则　$R+1=0.8\left(\dfrac{L}{D}+\dfrac{F}{D}\right)=0.8\left(R+\dfrac{F}{D}\right)$　(1)

$\dfrac{F}{D}=\dfrac{x_D-x_W}{x_F-x_W}=\dfrac{0.95-0.05}{0.5-0.05}=2$ 代入式 (1) 解得：$R=3$

(2) 由于是理论板，则离开塔顶第一块理论板的气、液相组成应满足相平衡方程，即

$$x_1=\frac{y_1}{\alpha-(\alpha-1)y_1}$$

已知离开再沸器的气、液相组成为 y_W、x_W，由于再沸器相当于一块理论板，故 y_W、x_W 也满足相平衡关系，可求得 α。

$$\alpha=\frac{y_W(1-x_W)}{x_W(1-y_W)}=\frac{0.08\times(1-0.05)}{0.05\times(1-0.08)}=1.65$$

当塔顶设分凝器时，不影响精馏段操作线方程，则 y_1、x_0 应满足操作线方程。分凝器相当于一块理论板，故 y_0、x_0 满足精馏段操作线方程，即

$$x_0=\frac{y_0}{\alpha-(\alpha-1)y_0}=\frac{x_D}{\alpha-(\alpha-1)x_D}=\frac{0.95}{1.65-0.65\times0.95}=0.920$$

$$y_1=\frac{R}{R+1}x_0+\frac{x_D}{R+1}=\frac{3}{4}\times0.920+\frac{0.95}{4}=0.928$$

则　$x_1=\dfrac{y_1}{\alpha-(\alpha-1)y_1}=\dfrac{0.928}{1.65-0.65\times0.928}=0.886$

31. 解：全塔物料衡算

$$\begin{cases}F=D+W\\Fx_F=Dx_D+Wx_W\end{cases}$$

即　$\begin{cases}120=D+W\\120\times0.4=0.96D+0.06W\end{cases}$

解得　$D=45.33\text{kmol/h}$　$W=74.67\text{kmol/h}$

由　$R=3$ 得精馏段液相流量

$$L=RD=3\times45.33=135.99\ \text{kmol/h}$$

讨论：本题主要考查全塔物料衡算方程的应用和回流比的概念，必须熟练掌握。

32. 解：由精馏段操作线方程　$y=0.75x+0.2075$　①

得　$\dfrac{R}{R+1}=0.75$

$\dfrac{x_D}{R+1}=0.2075$

解得　$R=3$ 和 $x_D=0.83$

由 q 线方程式　$y=-0.5x+1.5x_F$　②

得　$\dfrac{q}{q-1}=-0.5$

解得　$q=0.33$

由于 $0<q<1$，所以进料处于气液混合状态。

把 $x_F=0.44$ 代入式②并联立式①、式②得

$$\begin{cases}y=0.75x+0.2075\\y=-0.5x+0.66\end{cases}$$

解得　$x_q=0.362$

讨论：本题主要考查对精馏段操作线方程和 q 线方程的应用，要求熟练掌握其物理意义。

33. 解：(1) 由全塔物料衡算和轻组分物料衡算得：

$$\begin{cases}F=D+W\\Fx_F=Dx_D+Wx_W\end{cases}$$

即

$$\begin{cases}100=D+45\\100\times0.55=Dx_D+45\times0.05\end{cases}$$

解得：

$$D=55\text{kmol/h},\ x_D=0.959$$

$$\eta_D=\frac{Dx_D}{Fx_F}\times100\%=\frac{55\times0.959}{100\times0.55}\times100\%=95.9\%$$

(2) 泡点进料，故 $q=1$，而且 $x_q=x_F=0.55$

因为 $\alpha=2.0$，所以相平衡方程为

$$y=\frac{\alpha x}{1+(\alpha-1)x}=\frac{2.0x}{1+x}$$

可得：

$$y_q=\frac{2.0x_q}{1+x_q}=\frac{2.0\times0.55}{1+0.55}=0.7097$$

$$R_{\min}=\frac{x_D-y_q}{y_q-x_q}=\frac{0.959-0.7097}{0.7097-0.55}=1.561$$

则　$R=1.6R_{\min}=1.6\times1.561=2.4976$

$q=1$，则

$$L'=L+qF=RD+F=2.4976\times55+100=237.368\text{kmol/h}$$

$$V'=V+(q-1)F=(R+1)D=(2.4976+1)\times55=192.368\text{kmol/h}$$

所以提馏段操作线方程为

$$y=\frac{L'}{V'}x-\frac{W}{V'}x_W=\frac{237.368}{192.368}x-\frac{45}{192.368}\times0.05=1.234x-0.0117$$

(3) 已知　$x_D-x_1=0.02$ 和 $x_D=0.959$，可得 $x_1=0.939$

由相平衡方程得　$y_1^*=\frac{2.0x_1}{1+x_1}=\frac{2.0\times0.939}{1+0.939}=0.9685$

精馏段操作线方程为　$y=\frac{R}{R+1}x+\frac{x_D}{R+1}=\frac{2.4976}{2.4976+1}x+\frac{0.959}{2.4976+1}$

$$=0.7141x+0.2742$$

$x_1=0.939$，代入上式得 $y_2=0.9447$

$$y_1=x_D=0.959$$

$$E_{mV}=\frac{y_1-y_2}{y_1^*-y_2}=\frac{0.959-0.9447}{0.9685-0.9447}=0.60$$

讨论：本题考查二元连续精馏塔的基本计算，必须要熟练掌握，包括的知识点有全塔物料衡算、收率的概念、泡点进料时的 q 线方程、相平衡方程、最小回流比的求取、精馏段流量和提馏段流量之间的关系、操作线方程以及板效率。

34. 解：(1) 由全塔物料衡算和轻组分物料衡算得：

$$\begin{cases}F=D+W\\Fx_F=Dx_D+Wx_W\end{cases}$$

即

$$\begin{cases}100=50+W\\100\times0.5=50\times0.96+Wx_W\end{cases}$$

解得：$W=50\text{kmol/h}$，$x_W=0.04$

(2) 由泡点进料可知 $q=1$，因此 $x_e=x_F=0.50$

因为 $\alpha=2.1$，所以相平衡方程为

$$y=\frac{\alpha x}{1+(\alpha-1)x}=\frac{2.1x}{1+1.1x}$$

可得：

$$y_e=\frac{2.1x_e}{1+1.1x_e}=\frac{2.1\times0.50}{1+1.1\times0.50}=0.6774$$

从而

$$R_{min}=\frac{x_D-y_e}{y_e-x_e}=\frac{0.96-0.6774}{0.6774-0.50}=1.593$$

所以操作回流比　$R=1.5R_{min}=1.5\times1.593=2.3895$

精馏段操作线方程　$y=\frac{R}{R+1}x+\frac{x_D}{R+1}=\frac{2.3895}{2.3895+1}x+\frac{0.96}{2.3895+1}=0.705x+0.2832$

(3) 对精馏段第 n 块理论板作物料衡算：

$$V(y_n-y_{n+1})=L(x_{n-1}-x_n)$$

$$y_n-y_{n+1}=\frac{L}{V}(x_{n-1}-x_n)=\frac{RD}{(R+1)D}(x_{n-1}-x_n)=\frac{2.3895}{2.3895+1}\times0.01=0.00705$$

$$E_{mV}=\frac{y_n-y_{n+1}}{y_n^*-y_{n+1}}=\frac{0.00705}{y_n^*-y_{n+1}}=0.5$$

$$y_n^*-y_{n+1}=0.0141$$

讨论：本题前两问考查的是全塔物料衡算、最小回流比和回流比的确定以及操作线方程；难点在第 (3) 问，首先要清楚经过一块板的组成最大变化量的概念，然后熟练运用板间物料衡算方程和板效率的相关知识。

35. 解：(1) 泡点进料，故 $q=1$，而且 $x_q=x_F=0.4$

气液平衡方程为

$$y_q=0.6x_q+0.35=0.6\times0.4+0.35=0.59$$

$$R_{min}=\frac{x_D-y_q}{y_q-x_q}=\frac{0.95-0.59}{0.59-0.4}=1.8947$$

则　$R=1.6R_{min}=1.6\times1.8947=3.032$

精馏段操作线方程为

$$y=\frac{R}{R+1}x+\frac{x_D}{R+1}=\frac{3.032}{3.032+1}x+\frac{0.95}{3.032+1}=0.752x+0.2356$$

(2) 已知 $x_{n-1}=0.35$，可知 $x_{n-1}<x_F$，因此第 n 块板位于提馏段。

由全塔物料衡算和轻组分物料衡算得：

$$\begin{cases}F=D+W\\Fx_F=Dx_D+Wx_W\end{cases}$$

即

$$\begin{cases}100=40+W\\100\times0.4=40\times0.95+Wx_W\end{cases}$$

解得：

$$W=60\text{kmol/h},\ x_W=0.033$$

$q=1$，则

$$L'=L+qF=RD+F=3.032\times40+100=221.28\text{kmol/h}$$

$$V'=V+(q-1)F=(R+1)D=(3.032+1)\times40=161.28\text{kmol/h}$$

所以提馏段操作线方程为 $y=\frac{L'}{V'}x-\frac{W}{V'}x_W=\frac{221.28}{161.28}x-\frac{60}{161.28}\times0.033=1.372x-0.0124$

$$y_n=1.372x_{n-1}-0.0124=1.372\times0.35-0.0124=0.4678$$

由相平衡方程 $y_n=0.6x_n^*+0.35$ 得 $x_n^*=0.1963$

由 $E_{mL}=\frac{x_{n-1}-x_n}{x_{n-1}-x_n^*}=\frac{0.35-x_n}{0.35-0.1963}=0.5$ 解得：

$$x_n=0.273$$

讨论：本题主要考查的是全塔物料衡算、相平衡关系、最小回流比和回流比的确定、操作线方程以及板效率的相关知识；需要注意的是第（2）问，首先判断所要求取的板在精馏段还是在提馏段。

36. 解：(1) 此塔的操作回流比 R

根据精馏段操作线方程 $y=0.63x+0.361$ 可知

$$\frac{R}{R+1}=0.63$$

解得 $R=1.703$

(2) 塔顶馏出液量 D

由精馏段操作线方程得 $\frac{x_D}{R+1}=0.361$，

得

$$x_D=0.976$$

联立提馏段操作线方程 $y=1.805x-0.00966$ 与直线 $y=x$，解得

$$x_W=0.012$$

根据 $\frac{D}{F}=\frac{x_F-x_W}{x_D-x_W}$ 代入相关资料有

$$\frac{D}{100}=\frac{0.4-0.012}{0.976-0.012}$$

解得 $D=40.25\text{kmol/h}$

(3) q 值

联立精馏段和提馏段的操作线方程

$$\begin{cases} y = 0.63x + 0.361 \\ y = 1.805x - 0.00966 \end{cases}$$

解得　$x = 0.315$，$y = 0.559$

所以 q 线过点（0.315，0.559）

又知 q 线过点（x_F，x_F），所以 q 线斜率为

$$\frac{q}{q-1} = \frac{0.559-0.4}{0.315-0.4}$$

解得　$q = 0.652$

讨论：本题考查的是二元连续精馏操作的一些基本运算，要注意的是 q 值的灵活计算，可用定义式直接计算，在本题中是用三线的交点求取。

37. 解：(1) 由已知条件进料中蒸气与液体量的摩尔比为 1∶2 可得：

$$q = \frac{2}{1+2} = \frac{2}{3}$$

则 q 线方程为：$y = \frac{q}{q-1}x - \frac{x_F}{q-1} = \frac{\frac{2}{3}}{\frac{2}{3}-1}x - \frac{0.44}{\frac{2}{3}-1} = -2x + 1.32$　　①

由　$\alpha = 2.5$ 得相平衡方程为：

$$y = \frac{\alpha x}{1+(\alpha-1)x} = \frac{2.5x}{1+1.5x} \quad ②$$

联立方程①②并解得：

$$x_e = 0.365$$
$$y_e = 0.59$$

则　$R_{min} = \frac{x_D - y_e}{y_e - x_e} = \frac{0.96-0.59}{0.59-0.365} = 1.64$

操作回流比　$R = 1.5R_{min} = 1.5 \times 1.64 = 2.466$

(2) 精馏段操作线方程 $y = \frac{R}{R+1}x + \frac{x_D}{R+1}$

$$= \frac{2.466}{2.466+1}x + \frac{0.96}{2.466+1} = 0.7115x + 0.277 \quad ③$$

(3) 由逐板计算法计算 x_2、y_2。

$$y_1 = x_D = 0.96 \xrightarrow{②} x_1 = 0.9057 \xrightarrow{③} y_2 = 0.9214 \xrightarrow{②} x_2 = 0.8242$$

故塔顶第二层理论板的气、液相组成分别为 $y_2 = 0.9214$，$x_2 = 0.8242$。

讨论：本题需要注意的是根据进料中气液量求 q，然后求得 q 线方程；第 (3) 问考查的是用逐板计算法计算某层板的气液相组成。

38. 解：物料衡算有

$$\begin{cases} F + S = D + W \\ Fx_F = Dx_D + Wx_W \end{cases}$$

即

$$\begin{cases}100+50=D+W\\20=Dx_D+Wx_W\end{cases}$$

有　$W=150-D$，$x_W=\dfrac{20-Dx_D}{150-D}$

由　$q=1+\dfrac{C_p(t_b-t_F)}{r_c}=1+\dfrac{100\times(80-20)}{40000}=1.15$

无回流，则 $R=0$，得：

$L'=L+qF=qF=1.15\times100=115\text{kmol/h}$

由恒摩尔流假定得 $W=L'=115\text{kmol/h}$

因此，$D=35\text{kmol/h}$

$V'=V+(q-1)F=D+0.15F=50\text{kmol/h}$

于是得提馏段操作线方程为：$y=\dfrac{L'}{V'}x-\dfrac{W}{V'}x_W=\dfrac{115}{50}x-\dfrac{115x_W}{50}=\dfrac{23}{10}(x-x_W)$

$$y_1=x_D$$

由相平衡方程得　$x_1=\dfrac{y_1}{3}=\dfrac{x_D}{3}$

代入提馏段操作线方程得　$y_2=\dfrac{23}{10}\left(\dfrac{x_D}{3}-x_W\right)$

再由相平衡方程得　$x_2=\dfrac{23}{30}\left(\dfrac{x_D}{3}-x_W\right)$

全塔共两层理论板且塔底直接蒸汽加热，因此

$$x_2=\frac{23}{30}\left(\frac{x_D}{3}-x_W\right)=x_W=\frac{20-35x_D}{115}$$

解得　$x_D=0.3873$

$$\eta=\frac{Dx_D}{Fx_F}\times100\%=67.78\%$$

讨论：本题考查的主要是物料衡算、操作线方程、相平衡方程、精馏段和提馏段间的物料量的关系以及回收率的计算等；要注意的是要会用 q 的定义式计算 q。

39. 解：(1) 精馏段操作线方程

分凝器的气液相组成符合平衡关系，即 $x_D=0.95$ 与 $x_L=0.9$ 相平衡，

相平衡方程为　$0.95=\dfrac{0.9\alpha}{1+(\alpha-1)\times0.9}$

解得　$\alpha=2.11$

与 $x_1=0.84$ 相平衡的气相组成为

$$y_1=\frac{\alpha x_1}{1+(\alpha-1)x_1}=\frac{2.11\times0.84}{1+1.11\times0.84}=0.9172$$

y_1 与 x_L 为操作关系，即

$$y_1=\frac{R}{R+1}x_L+\frac{x_D}{R+1}$$

将 y_1 与 x_L 及 x_D 的数据代入上式，解得

$$R=1.907$$

$$y = 0.656x + 0.327$$

(2) 操作回流比与最小回流比的比值

泡点进料：$q=1$，$x_q = x_F = 0.5$

$$y_q = \frac{2.11 \times 0.5}{1 + 1.11 \times 0.5} = 0.6785$$

最小回流比为

$$R_{\min} = \frac{x_D - y_q}{y_q - x_q} = \frac{0.95 - 0.6785}{0.6785 - 0.5} = 1.521$$

则

$$\frac{R}{R_{\min}} = \frac{1.907}{1.521} = 1.254$$

(3) 塔釜液组成　由全塔的物料衡算求得。

由 $\dfrac{Dx_D}{Fx_F} = 0.96$　及 $x_D = 0.95$ 解得

$$D = \frac{0.96Fx_F}{x_D} = \frac{0.96 \times 100 \times 0.5}{0.95} = 50.53\text{kmol/h}$$

则

$$x_W = \frac{Fx_F - Dx_D}{F - D} = \frac{100 \times 0.5 - 50.53 \times 0.95}{100 - 50.53} = 0.04043$$

讨论：本题考查的难点是有分凝器的情况下对精馏段操作线方程的求取，注意分凝器相当于一块理论板。

40. 解：(1)

$$\eta_{D苯} = \frac{Dx_D}{Fx_F} \times 100\% = \frac{Dx_D}{150 \times 0.4} \times 100\% = 97\% \quad ①$$

$$\eta_{W甲苯} = \frac{W(1 - x_W)}{F(1 - x_F)} \times 100\% = \frac{W(1 - x_W)}{150 \times 0.6} \times 100\% = 95\% \quad ②$$

物料衡算得：

$$150 = D + W \quad ③$$

$$150 \times 0.4 = Dx_D + Wx_W \quad ④$$

由式①～式④解得：$D = 62.7\text{kmol/h}$，$W = 87.3\text{kmol/h}$

$x_D = 0.928$，$x_W = 0.0206$

(2) 精馏段操作线方程

$$y = \frac{R}{R+1}x + \frac{x_D}{R+1} = \frac{4}{4+1}x + \frac{0.928}{4+1} = 0.8x + 0.1856$$

$q=0$，则

$$L' = L + qF = RD = 4 \times 62.7 = 250.8\text{kmol/h}$$

$$V' = V + (q-1)F = (R+1)D - F = (4+1) \times 62.7 - 150 = 163.5\text{kmol/h}$$

所以提馏段操作线方程为

$$y = \frac{L'}{V'}x - \frac{W}{V'}x_W = \frac{250.8}{163.5}x - \frac{87.3}{163.5} \times 0.0206 = 1.534x - 0.011$$

(3) $q=0$，而且 $y_q = x_F = 0.4$

因为 $\alpha = 2.47$，所以相平衡方程为

$$y = \frac{\alpha x}{1 + (\alpha - 1)x} = \frac{2.47x}{1 + 1.47x}$$

可得：$x_q = 0.21$

$$R_{min} = \frac{x_D - y_q}{y_q - x_q} = \frac{0.928 - 0.4}{0.4 - 0.21} = 2.779$$

则　$R/R_{min} = 4/2.779 = 1.439$

讨论：本题考查的仍旧是基本计算，需要注意的是饱和蒸气进料时 q 线方程的特点。

41. 解：(1) 由 $\eta_D = \frac{Dx_D}{Fx_F} \times 100\% = \frac{D \times 0.30}{F \times 0.20} \times 100\% = 80\%$

解得：$D = \frac{8}{15}F$

由全塔物料衡算和轻组分物料衡算得：

$$\begin{cases} F = D + W \\ Fx_F = Dx_D + Wx_W \end{cases}$$

即
$$\begin{cases} F = \frac{8}{15}F + W \\ F \times 0.20 = D \times 0.30 + Wx_W \end{cases}$$

解得：$W = \frac{7}{15}F$，$x_W = 0.086$

残液组成 $x_W = 0.086$。

(2) 相平衡方程 $y = \frac{\alpha x}{1 + (\alpha - 1)x} = \frac{3.0x}{1 + 2.0x}$

$y_1 = x_D = 0.30$，代入相平衡方程解得 $x_1^* = 0.125$

$x_W = 0.086$，代入相平衡方程解得 $y_2 = 0.22$

第一层塔板轻组分物料衡算有：

$$0.20F + 0.22D = 0.30D + Fx_1$$

得：$x_1 = 0.157$

$$E_{mL} = \frac{x_{n-1} - x_n}{x_{n-1} - x_n^*} = \frac{0.20 - 0.157}{0.20 - 0.125} = 0.573$$

讨论：本题考查的是只有提馏段的塔计算，考查内容主要是物料衡算、相平衡方程和板效率等。

42. 解：(1) $x_D = 0.95$，$x_0 = 0.88$

$$x_D = \frac{\alpha x_0}{1 + (\alpha - 1)x_0}，解得：\alpha = 2.59$$

(2) 由 $\alpha = 2.59$ 得

$$y_1 = \frac{\alpha x_1}{1 + (\alpha - 1)x_1} = \frac{2.59 \times 0.79}{1 + 1.59 \times 0.79} = 0.907$$

对分凝器作物料衡算：$Vy_1 = Lx_0 + Dx_D$

$$0.907V = 0.88L + 0.95D \quad ①$$

$$V = L + D \quad ②$$

由式①和式②解得　　$R = L/D = 1.59$

(3) 由泡点进料可知 $q = 1$，因此 $x_e = x_F = 0.5$

因为 $\alpha = 2.59$，所以相平衡方程为

$$y_e=\frac{2.59x_e}{1+1.59x_e}=\frac{2.59\times0.5}{1+1.59\times0.5}=0.72$$

从而 $R_{\min}=\frac{x_D-y_e}{y_e-x_e}=\frac{0.95-0.72}{0.72-0.5}=1.045$

讨论：本题考查的是有一个分凝器和一个全凝器的情况下相平衡方程和物料衡算方程的应用，注意塔顶产品浓度和回流液浓度之间符合相平衡方程的关系。

43. 解：(1) 由全塔物料衡算和轻组分物料衡算得：

$$\begin{cases}F=D+W\\Fx_F=Dx_D+Wx_W\end{cases}$$

即

$$\begin{cases}F=D+W\\0.2F=0.95D+0.11W\end{cases}$$

解得：$D=\frac{3}{28}F$

$W=\frac{25}{28}F$

因为此塔只有精馏段，且不设再沸器，所以有：$V=F$，$L=W$

则操作线方程为：

$$y=\frac{L}{V}x+\frac{Dx_D}{V}=0.893x+0.102$$

(2) 由操作线方程 $y=0.893x+0.102$ 得

$$y_2=0.893\times0.85+0.102=0.86$$

由 $\alpha=2.5$ 得相平衡方程为：

$$y=\frac{\alpha x}{1+(\alpha-1)x}=\frac{2.5x}{1+1.5x}$$

$$y_1^*=\frac{2.5\times0.85}{1+1.5\times0.85}=0.934$$

$$y_1=x_D=0.95$$

$$E_{mV}=\frac{y_1-y_2}{y_1^*-y_2}=\frac{0.95-0.86}{0.934-0.86}=1.22$$

讨论：本题主要考查的是只有精馏段情况下的操作线方程的求算，要求熟练掌握两段的物料衡算，第 (2) 问考查的是单板效率的计算。

44. 解：(1) 全塔物料衡算得

$$\begin{cases}F=D+W\\Fx_F=Dx_D+Wx_W\\Fx_F\times96\%=Dx_D\end{cases}$$

把 $x_F=0.35$，$x_D=0.93$ 代入解得：

$$D=0.36F,\ W=0.64F,\ x_W=0.02375$$

(2) $q=0.5$，则 q 线方程为：

$$y=\frac{q}{q-1}x-\frac{x_F}{q-1}=\frac{0.5}{0.5-1}x-\frac{0.35}{0.5-1}=-x+0.7 \qquad ①$$

由 $\alpha=2$ 得相平衡方程为：

$$y=\frac{\alpha x}{1+(\alpha-1)x}=\frac{2x}{1+x} \quad ②$$

联立方程①②并解得：

$$x_e=0.272,\ y_e=0.428$$

则 $R_{\min}=\frac{x_D-y_e}{y_e-x_e}=\frac{0.93-0.428}{0.428-0.272}=3.22$

操作回流比 $R=1.242R_{\min}=1.242\times3.22=4$

精馏段操作线方程为

$$y=\frac{R}{R+1}x+\frac{x_D}{R+1}=\frac{4}{4+1}x+\frac{0.93}{4+1}=0.8x+0.186 \quad ③$$

（3）$q=0.5$，则

$$L'=L+qF=RD+0.5F=4\times0.36F+0.5F=1.94F$$

$$V'=V+(q-1)F=(R+1)D-0.5F=5\times0.36F-0.5F=1.3F$$

所以提馏段操作线方程为

$$y=\frac{L'}{V'}x-\frac{W}{V'}x_W=\frac{1.94F}{1.3F}x-\frac{0.64F}{1.3F}\times0.02375=1.49x-0.0117$$

（4）由相平衡方程 $y=\frac{\alpha x}{1+(\alpha-1)x}=\frac{2x}{1+x}$ 得：

$$y_{n+1}=\frac{2x_W}{1+x_W}=\frac{2\times0.02375}{1+0.02375}=0.0464$$

由提馏段操作线方程 $y=1.49x-0.0117$ 得：$x_n=0.039$

由相平衡方程得：$y_n^*=\frac{2x_n}{1+x_n}=\frac{2\times0.039}{1+0.039}=0.075$

$$E_{mV}=\frac{y_n-y_{n+1}}{y_n^*-y_{n+1}}=\frac{y_n-0.0464}{0.075-0.0464}=0.5$$

解得：$y_n=0.0607$

讨论：本题第（1）、（2）、（3）问主要考查对精馏段操作线方程、提馏段操作线方程和相平衡方程、最小回流比与回流比的计算，需要注意的是第（4）问，塔底再沸器相当于一块理论板，其气液相组成呈平衡。

45. 解：（1）由饱和蒸气进料可知 $q=0$，则 q 线方程为

$$y=x_F=0.5 \quad ①$$

由 $\alpha=2.5$ 得相平衡方程为

$$y=\frac{\alpha x}{1+(\alpha-1)x}=\frac{2.5x}{1+(2.5-1)x}=\frac{2.5x}{1+1.5x} \quad ②$$

联立方程①②并解得：

$$x_e=0.286,\ y_e=0.5$$

则最小回流比 $R_{\min}=\frac{x_D-y_e}{y_e-x_e}=\frac{0.95-0.5}{0.5-0.286}=2.10$

$$R=1.5R_{\min}=1.5\times2.10=3.15$$

精馏段操作线方程为

$$y=\frac{R}{R+1}x+\frac{x_D}{R+1}=\frac{3.15}{3.15+1}x+\frac{0.95}{3.15+1}=0.759x+0.229 \quad ③$$

联立方程①③并解得：

$$x=0.357,\ y=0.5$$

则精馏段操作线、提馏段操作线与 q 线三线交于点 d（0.357，0.5），又由 $x_W=0.05$ 知提馏段操作线过点 b（0.05，0.05）。根据此两点计算提馏段操作线方程得：

$$y=1.466x-0.0233x_W$$

（2）首先判断第 n 块板位于精馏段还是提馏段：

因为 $x_{n-1}=0.89>x_F=0.5$ 所以第 n 块板应位于精馏段

$$y_n=0.759\times0.89+0.229=0.9045$$

又由相平衡方程得 $x_n^*=0.7912$

由 $E_{mL}=\dfrac{x_{n-1}-x_n}{x_{n-1}-x_n^*}=\dfrac{0.89-x_n}{0.89-0.7912}=0.5$ 解得：$x_n=0.8406$

讨论：本题主要考查的是相平衡关系、最小回流比和操作回流比的计算、操作线方程的计算以及板效率的相关知识。要注意的是提馏段操作线方程的灵活求取，除了可以用两段的气液相流量计算外，还可以用两点求取。

46. 解：（1）$\dfrac{Dx_D}{Fx_F}=\dfrac{50\times0.95}{F\times0.5}=0.96$

解得：$F=98.96\text{kmol/h}$

$W=F-D=98.96-50=48.96\text{kmol/h}$

$Fx_F=Dx_D+Wx_W$

即 $98.96\times0.5=50\times0.95+48.96x_W$

解得：$x_W=0.04$

（2）根据相平衡关系：

$$y=\frac{\alpha x}{1+(\alpha-1)x}$$

有 $0.95=\dfrac{0.88\alpha}{1+(\alpha-1)\times0.88}$

解得 $\alpha=2.59$

饱和液体进料：$x_q=x_F=0.5$

$$y_q=\frac{\alpha x_q}{1+(\alpha-1)x_q}=\frac{2.59\times0.5}{1+(2.59-1)\times0.5}=0.7217$$

$$R_{min}=\frac{x_D-y_q}{y_q-x_q}=\frac{0.95-0.7217}{0.7217-0.5}=1.03$$

由相平衡关系得：$y_1=\dfrac{\alpha x_1}{1+(\alpha-1)x_1}=\dfrac{2.59\times0.79}{1+(2.59-1)\times0.79}=0.9069$

将 y_1 代入操作线方程 $y_{n+1}=\dfrac{R}{R+1}x_n+\dfrac{1}{R+1}x_D$ 得

$$y_1=\frac{R}{R+1}x_0+\frac{1}{R+1}x_D$$

$$0.9069=\frac{R}{R+1}\times0.88+\frac{1}{R+1}\times0.95$$

解得　$R=1.6$

所以　$\dfrac{R}{R_{\min}}=\dfrac{1.6}{1.03}=1.55$

(3) 饱和液体进料：

精馏段气相流量为：

$$V=(R+1)D=(1.6+1)\times 50=130\text{kmol/h}$$

提馏段气相流量为：

$$V'=V=130\text{kmol/h}$$

讨论：本题考查点是物料衡算方程和相平衡方程的应用，以及最小回流比与回流比的计算；要注意的是操作线方程的灵活运用。

47. 解：(1) 全塔物料衡算得

$$F=D+W$$

$$Fx_F=Dx_D+Wx_W$$

即

$$F\times 0.4=0.97D+0.02W$$

解得

$$D=0.4F \qquad W=0.6F$$

则

$$\eta=\frac{Dx_D}{Fx_F}\times 100\%=\frac{0.4F\times 0.97}{F\times 0.4}\times 100\%=97\%$$

(2) 最小回流比

由已知条件进料中蒸气与液体量的摩尔比为 2∶3 可得：

$$q=\frac{3}{3+2}=0.6$$

则 q 线方程为：

$$y=\frac{q}{q-1}x-\frac{x_F}{q-1}=\frac{0.6}{0.6-1}x-\frac{0.4}{0.6-1}=-1.5x+1 \qquad ①$$

由 $\alpha=2.0$ 得相平衡方程为：

$$y=\frac{\alpha x}{1+(\alpha-1)x}=\frac{2.0x}{1+x} \qquad ②$$

联立方程①②并解得：

$$x_e=\frac{1}{3} \qquad y_e=\frac{1}{2}$$

则　$R_{\min}=\dfrac{x_D-y_e}{y_e-x_e}=\dfrac{0.97-\dfrac{1}{2}}{\dfrac{1}{2}-\dfrac{1}{3}}=2.82$

(3) $R=1.8R_{\min}=1.8\times 2.82=5.076$

$$q=0.6\text{，则 } L'=L+qF=5.076\times 0.4F+0.6F=2.6304F$$

$$V'=V+(q-1)F=6.076\times 0.4F-0.4F=2.0304F$$

所以提馏段操作线方程为 $y=\dfrac{L'}{V'}x-\dfrac{W}{V'}x_W=\dfrac{2.6304F}{2.0304F}x-\dfrac{0.6F}{2.0304F}\times 0.02=1.296x-0.0059$

讨论：本题考查的是物料衡算方程、相平衡方程、q 线方程、最小回流比和回流比的求取、两段气相液相流量之间的关系以及操作线方程的求取。需注意的是 q 的物理意义。

48. 解：(1) q 线方程为

$$y=6x-1 \quad ①$$

由 $\alpha=2$ 得相平衡方程为：

$$y=\frac{\alpha x}{1+(\alpha-1)x}=\frac{2x}{1+x} \quad ②$$

联立方程①②并解得：$x_e=0.23 \qquad y_e=0.37$

则 $R_{min}=\frac{x_D-y_e}{y_e-x_e}=\frac{0.94-0.37}{0.37-0.23}=4.07$

操作回流比 $R=2R_{min}=2\times4.07=8.14$

精馏段操作线方程

$$y=\frac{R}{R+1}x+\frac{x_D}{R+1}=\frac{8.14}{8.14+1}x+\frac{0.94}{8.14+1}=0.89x+0.103 \quad ③$$

(2) q 线方程为$y=\frac{q}{q-1}x-\frac{x_F}{q-1}=6x-1$

$\Rightarrow q=1.2,\ x_F=0.2$

由全塔物料衡算和轻组分物料衡算得：

$$\begin{cases}F=D+W\\Fx_F=Dx_D+Wx_W\end{cases}$$

即

$$\begin{cases}F=D+100\\F\times0.2=0.94D+0.04\times100\end{cases}$$

解得：$F=121.62\text{kmol/h}$，$D=21.62\text{kmol/h}$

(3) $L'=L+qF=RD+qF=321.93\text{kmol/h}$

$V'=V+(q-1)F=(R+1)D+(q-1)F=221.93\text{kmol/h}$

所以提馏段操作线方程为

$$y=\frac{L'}{V'}x-\frac{W}{V'}x_W=\frac{321.93}{221.93}x-\frac{100}{221.93}\times0.04=1.45x-0.018$$

(4) 逐板计算法计算 x_2

$$y_1=x_D=0.94\xrightarrow{②}x_1=0.887\xrightarrow{③}y_2=0.892\xrightarrow{②}x_2=0.805$$

离开第二块理论板的液相组成 $x_2=0.805$。

讨论：本题的主要考查点是物料衡算方程、q 线方程、相平衡方程和操作线方程的应用，以及运用逐板计算法求解液相组成。

49. 解：

(1)
$$\eta_{D易}=\frac{Dx_D}{Fx_F}\times100\%=\frac{Dx_D}{F\times0.4}\times100\%=98\% \quad ①$$

$$\eta_{W难}=\frac{W(1-x_W)}{F(1-x_F)}\times100\%=\frac{W(1-x_W)}{F\times0.6}\times100\%=99\% \quad ②$$

$$F=D+W \quad ③$$

$$F \times 0.4 = Dx_D + Wx_W \quad ④$$

由式①～式④解得：

$$D = 0.398F, W = 0.602F$$

$$x_D = 0.985, x_W = 0.0133$$

塔顶采出率$\dfrac{D}{F} = 0.398$

(2) 由已知条件进料液气比为 1∶1 可得：$q = \dfrac{1}{1+1} = 0.5$

则 q 线方程为：

$$y = \frac{q}{q-1}x - \frac{x_F}{q-1} = \frac{0.5}{0.5-1}x - \frac{0.4}{0.5-1} = -x + 0.8 \quad ⑤$$

由 $\alpha = 3$ 得相平衡方程为：

$$y = \frac{\alpha x}{1+(\alpha-1)x} = \frac{3x}{1+2x} \quad ⑥$$

联立方程⑤⑥并解得：$x_e = 0.2718$，$y_e = 0.5282$

则 $R_{\min} = \dfrac{x_D - y_e}{y_e - x_e} = \dfrac{0.985 - 0.5282}{0.5282 - 0.2718} = 1.782$

(3) 操作回流比 $R = 1.5R_{\min} = 1.5 \times 1.782 = 2.673$

$q = 0.5$ 则 $L' = L + qF = RD + 0.5F = 2.673 \times 0.398F + 0.5F = 1.564F$

$V' = V + (q-1)F = (R+1)D - 0.5F = 3.673 \times 0.398F - 0.5F = 0.962F$

所以提馏段操作线方程为 $y = \dfrac{L'}{V'}x - \dfrac{W}{V'}x_W = \dfrac{1.564F}{0.962F}x - \dfrac{0.602F}{0.962F} \times 0.0133 = 1.626x - 0.0083$

讨论：本题考查的主要是蒸馏操作的基本运算，包括物料衡算、操作线方程、相平衡方程、q 线方程、最小回流比和回流比等，需注意的是题目中采出率的概念。

50. 解：据题 F、x_F、q、D、N、N_1、α 不变，R 增大，共已知 8 个条件，因此可分析 x_D、x_W 等的变化趋势。

(1) L、V、L'、V'、W 的变化趋势分析

$L = RD \qquad V = (R+1)D$

因为 D 不变、R 增大，所以 L 增大、V 增大。

$L' = L + qF \qquad V' = V - (1-q)F$

因为 F、D、q 不变，所以 L'增大、V'增大。

即本题 R 增大的代价是 V'增大。$W = F - D$ 因为 F、D 不变，所以 W 不变。

(2) x_D、x_W 的变化趋势

利用 M-T 图解法可分析 x_D、x_W 的变化趋势。

可先假设 x_D 不变，则 $x_W = (Fx_F - Dx_D)/W$ 也不变（因为 F、D、W、x_F 不变），结合 R 增大，作出新工况下的两操作线，如图 7-17 (a) 所示的两虚线（原工况为实线，下同），可知要完成新工况下的分离任务所需的理论板数比原来的要少（即 N 减小），不能满足 N 不变这个限制条件，因此“x_D 不变”的假设并不成立，但已不难推知：若要满足 N 不变，必有 x_D 增大，又从物料衡算关系得 x_W 减小，其结果如图 7-17 (b) 所示。

结论：x_D 增大、x_W 减小。

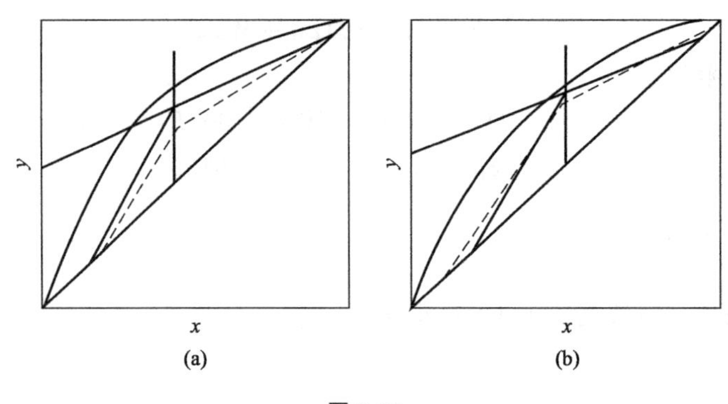

图 7-17

51. 解：(1) 物料衡算得

$$F = D + W \quad ①$$

$$0.4F = 0.95D + 0.05W \quad ②$$

由式①、式②解得：

$$D = \frac{7}{18}F \text{ , } W = \frac{11}{18}F$$

$$\eta_{易} = \frac{Dx_D}{Fx_F} \times 100\% = \frac{\frac{7}{18}F \times 0.95}{F \times 0.4} \times 100\% = 92.36\%$$

$$\eta_{难} = \frac{W(1-x_W)}{F(1-x_F)} \times 100\% = \frac{\frac{11}{18}F \times 0.95}{F \times 0.6} \times 100\% = 96.76\%$$

(2) 由已知条件进料液气比为 1∶1 可得：

$$q = \frac{1}{1+1} = 0.5$$

则 q 线方程为：

$$y = \frac{q}{q-1}x - \frac{x_F}{q-1} = \frac{0.5}{0.5-1}x - \frac{0.4}{0.5-1} = -x + 0.8 \quad ③$$

由 $\alpha = 2.5$ 得相平衡方程为：

$$y = \frac{\alpha x}{1+(\alpha-1)x} = \frac{2.5x}{1+1.5x} \quad ④$$

联立方程③④并解得：$x_e = 0.2922 \quad y_e = 0.5078$

则 $R_{min} = \dfrac{x_D - y_e}{y_e - x_e} = \dfrac{0.95 - 0.5078}{0.5078 - 0.2922} = 2.05$

操作回流比 $R = 1.5R_{min} = 1.5 \times 2.05 = 3.075$

精馏段操作线方程 $y = \dfrac{R}{R+1}x + \dfrac{x_D}{R+1} = \dfrac{3.075}{3.075+1}x + \dfrac{0.95}{3.075+1} = 0.7546x + 0.233$

$q = 0.5$，则

$$L' = L + qF = RD + 0.5F = 3.075 \times \frac{7}{18}F + 0.5F = 1.6958F$$

$$V' = V + (q-1)F = (R+1)D - 0.5F = 4.075 \times \frac{7}{18}F - 0.5F = 1.0847F$$

所以提馏段操作线方程为

$$y=\frac{L'}{V'}x-\frac{W}{V'}x_W=\frac{1.6958F}{1.0847F}x-\frac{\frac{11}{18}F}{1.0847F}\times 0.05=1.5634x-0.02817$$

(3) 由精馏段操作线方程 $y=0.7546x+0.233$ 得

$$y_2=0.7546x_1+0.233$$

由相平衡方程得

$$y_1^*=\frac{2.5x_1}{1+1.5x_1}$$

$$y_1=x_D=0.95$$

$$E_{mV}=\frac{y_1-y_2}{y_1^*-y_2}=\frac{0.95-(0.7546x_1+0.233)}{\frac{2.5x_1}{1+1.5x_1}-(0.7546x_1+0.233)}=0.6$$

解得　$x_1=0.9187$

代入精馏段操作线方程得：

$$y_2=0.7546\times 0.9187+0.233=0.9263$$

讨论：本题考查的是精馏操作的一些基本运算，包括物料衡算方程、q 线方程、操作线方程、相平衡方程、回收率和板效率的应用等。

52\. 解：(1) 物料衡算得

$$100=D+W \quad ①$$

$$0.4\times 100=0.99D+0.03W \quad ②$$

由式①、式②解得：$D=38.54\text{kmol/h}$，$W=61.46\text{kmol/h}$

塔顶采出率 $\frac{D}{F}\times 100\%=\frac{38.54}{100}\times 100\%=38.54\%$

$$\eta_{易}=\frac{Dx_D}{Fx_F}\times 100\%=\frac{38.54\times 0.99}{100\times 0.4}\times 100\%=95.39\%$$

(2) 由饱和蒸气进料可知 $q=0$，则 $y_e=x_F=0.4$

由 $\alpha=2.5$ 得相平衡方程为

$$y=\frac{\alpha x}{1+(\alpha-1)x}=\frac{2.5x}{1+(2.5-1)x}=\frac{2.5x}{1+1.5x}$$

$$x_e=0.2105$$

则最小回流比　$R_{min}=\frac{x_D-y_e}{y_e-x_e}=\frac{0.99-0.4}{0.4-0.2105}=3.113$

$$R=1.5R_{min}=1.5\times 3.113=4.67$$

精馏段操作线方程为 $y=\frac{R}{R+1}x+\frac{x_D}{R+1}=\frac{4.67}{4.67+1}x+\frac{0.99}{4.67+1}=0.8236x+0.1746$

$$V'=V+(q-1)F=(R+1)D-F=(4.67+1)\times 38.54-100=118.52\text{kmol/h}$$

$$L'=L+qF=RD=4.67\times 38.54=179.98\text{kmol/h}$$

所以提馏段操作线方程为 $y=\frac{L'}{V'}x-\frac{W}{V'}x_W=\frac{179.98}{118.52}x-\frac{61.46}{118.52}\times 0.03=1.518x-0.0156$

(3) 若塔釜停止供应蒸气，则 $V'=0$，操作塔只有精馏段没有提馏段。

物料衡算得：$\begin{cases} F = D + L \\ Fx_F = Dx_D + Lx'_W \\ L = RD \end{cases}$

$R = 4.67$，则 $D = 17.64\text{kmol/h}$，$L = 82.36\text{kmol/h}$

则　$40 = 17.64x_D + 82.36x'_W$

塔板数无限多，则将出现恒浓区。

①假设恒浓点在塔顶处，则 $x_D = 1$，代入上式解得

$$x'_W = 0.271$$

②假设恒浓点出现在进料处，则

$$x'_W = x_e = 0.2105$$

那么精馏段操作线的斜率

$$\frac{R}{R+1} = \frac{x_D - 0.4}{x_D - 0.2105} = \frac{4.67}{4.67+1}$$

解得　$x_D = 1.285 > 1$

因此，恒浓点不可能出现在进料处。

所以，$x'_W = 0.271$

讨论：本题前两问考查的是二元连续精馏操作的一些基本运算，难点在第三问，考查的是只有精馏段的蒸馏塔的计算，而且当塔板无穷多时，要会判断恒浓点所在的位置。

53. 解：(1) 全塔物料衡算得

$$\begin{cases} F = D + W \\ Fx_F = Dx_D + Wx_W \\ Fx_F \times 90\% = Dx_D \end{cases}$$

把 $F = 1000\text{kmol/h}$，$x_F = 0.4$，$x_D = 0.95$ 代入解得：

$$D = 378.95\text{kmol/h},\ W = 621.05\text{kmol/h},\ x_W = 0.0644$$

(2) 泡点进料：$q = 1$，$x_q = x_F = 0.4$

$$y_q = \frac{2.5 \times 0.4}{1 + 1.5 \times 0.4} = 0.625$$

最小回流比　$R_{\min} = \dfrac{x_D - y_q}{y_q - x_q} = \dfrac{0.95 - 0.625}{0.625 - 0.4} = 1.44$

(3) $R = 1.5R_{\min} = 1.5 \times 1.44 = 2.16$

精馏段操作线方程为

$$y = \frac{R}{R+1}x + \frac{x_D}{R+1} = \frac{2.16}{2.16+1}x + \frac{0.95}{2.16+1} = 0.684x + 0.301$$

$$L' = L + qF = RD + F = 2.16 \times 378.95 + 1000 = 1818.532\text{kmol/h}$$

$$V' = V + (q-1)F = (R+1)D = (2.16+1) \times 378.95 = 1197.482\text{kmol/h}$$

所以提馏段操作线方程为

$$y = \frac{L'}{V'}x - \frac{W}{V'}x_W = \frac{1818.532}{1197.482}x - \frac{621.05}{1197.482} \times 0.0644 = 1.5186x - 0.0334$$

(4) $y_1 = x_D = 0.95$

由相平衡方程

$$y=\frac{2.5x}{1+1.5x} \text{得} x_1=0.8837$$

由精馏段操作线方程得　$y_2=0.9055$

再由相平衡方程得　$x_2=0.7931$

讨论：本题考查的也是精馏操作的一些基本运算，包括全塔物料衡算方程、饱和液相进料的 q 线方程、操作线方程、相平衡方程等的运用以及最小回流比的求取。

四、推导

1. 证明：

根据相对挥发度的定义：

$$\left.\begin{aligned}&\alpha=y_A/y_B=\frac{p_A}{x_A}/\frac{p_B}{x_B} \quad ①\\ &\text{当气相服从道尔顿分压定律时，} p_i=py\end{aligned}\right\}\Rightarrow$$

$$\alpha=\frac{y_A}{x_A}/\frac{y_B}{x_B} \quad ②$$

对双组分物系，$y_B=1-y_A$，$x_B=1-x_A$，代入式②并略去下标，有：

$$\alpha=\frac{y}{x}/\frac{1-y}{1-x}\Rightarrow y=\frac{\alpha x}{1+(\alpha-1)x}$$

对理想溶液，应满足拉乌尔定律，故 $p_A=p_A^0x_A$，$p_B=p_B^0x_B$，代入式①，有

$$\alpha=\frac{\dfrac{p_A^0x_A}{x_A}}{\dfrac{p_B^0x_B}{x_B}}=\frac{p_A^0}{p_B^0}$$

2. 证明：

易挥发组分物料衡算：

$$F=D+W$$

$$Fx_F=D_y+W_x$$

又因汽化率：

$$\frac{D}{F}=1-q\Rightarrow\frac{x_F-x}{y-x}=1-q\Rightarrow y=\frac{q}{q-1}x-\frac{x_F}{q-1}$$

3. 解：(1) 在 y-x 图上绘制出理论梯级数 $S_T=N_T+1$，所以总板效率 $\eta=N_T/N_e=(S_T-1)/12$

(2) y_{n+1} 与 x_n 成操作关系

所以　$y_{n+1}=\dfrac{R}{R+1}x_n+\dfrac{x_n}{R+1}$

(3) $\eta_{nV}=\dfrac{y_n-y_{n+1}}{y_{n,e}-y_{n+1}}$ 或 $\eta_{nL}=\dfrac{x_n-x_{n+1}}{x_n-x_{n+1,e}}$

由图读出 $y_{n,e}=f(x_n)$，y_{n+1} 是已知的，故 y_n 可算出。

4. 解：(1) 其他参数固定，进料状况由沸点改为饱和蒸气进料，则因操作线靠近平衡线，推动力下降，使得塔板数增加。

(2) 因 $\dfrac{L_1-L}{L}=q$，$\dfrac{V_1-V}{F}=q-1$，沸点 ($q=1$) 进料时，精馏段和提馏段两段塔径一样

大；改为饱和蒸气（$q=0$）进料时，则精馏段塔径加大，而提馏段塔径减小。但是回馏量是精馏段增加，提馏段减少，因釜和冷凝器的热量供给和移除又不变，使提馏段上升蒸气量不能变，故塔径不变，致使产品出料是气相，釜液被蒸干。

(3) 在设计中冷却水量和冷凝器传热面积均增加。否则，将造成塔内操作不稳，产品质量和产量均受影响。

(4) 再沸釜的加热蒸气量和传热面积要相应减小。

5．解：双组分溶液在很低的含量范围内，气液平衡关系近似为一条直线，即

$$y=Kx \quad ①$$

式中平衡常数 K 为一常数。

根据恒摩尔流假设，操作线方程式也是直线，即

$$y=\frac{L}{V}x+\left(y_{n+1}-\frac{L}{V}x_n\right)$$

令 $a=\frac{L}{V}$，$b=y_{n+1}-\frac{L}{V}x_n$，则

$$y=ax+b \quad ②$$

交替使用①、②两式进行逐板计算，在指定的摩尔分数范围（$x_0 \sim x_n$）内解出所需要的理论板数（参见图 7-18）

对第一块板

$$y_1=ax_0+b$$

$$x_1=\frac{y_1}{K}=\frac{a}{K}x_0+\frac{b}{K}$$

对第二块板 $y_2=ax_1+b$

$$x_2=\left(\frac{a}{K}\right)^2 x_0+\frac{a}{K}\times\frac{b}{K}+\frac{b}{K}$$

依次类推可得

$$x_N=\left(\frac{a}{K}\right)^N x_0+\frac{a}{K}^{N-1}\times\frac{b}{K}+\cdots+\frac{a}{K}\times\frac{b}{K}+\frac{b}{K}=\left(\frac{a}{K}\right)^N x_0+\left(\frac{b}{K}\right)\left[\frac{(a/K)^N-1}{a/K-1}\right]$$

整理后可得理论板数为

$$N=\frac{\ln\left[\left(x_0+\frac{b}{a-K}\right)/\left(x_N+\frac{b}{a-K}\right)\right]}{\ln\frac{K}{a}}$$

将已知条件代入上式，并令$\frac{KV}{L}=\frac{1}{A}$，则

$$N=\frac{1}{\ln\frac{1}{A}}\left[(1-A)\frac{x_0-\frac{y_{N+1}}{K}}{x_N-\frac{y_{N+1}}{K}}+A\right]$$

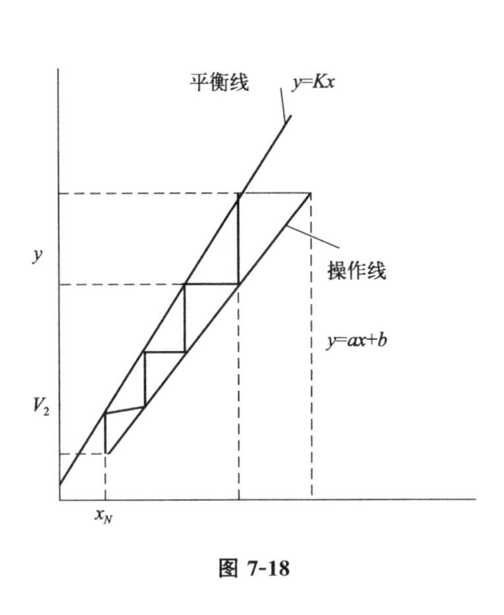

图 7-18

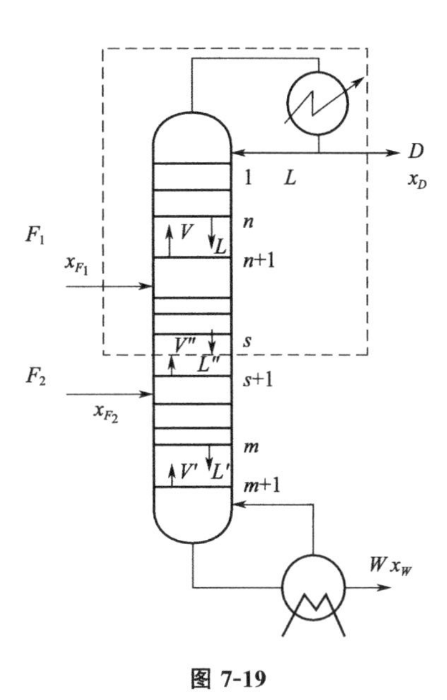

图 7-19

6. 解：如图 7-19 所示，由于有两股进料将全塔分为 3 段，在进料 F_1 以上的塔段中，其操作线方程仍为原来的精馏段操作线方程，即

$$y_{n+1}=\frac{R}{R+1}x_n+\frac{x_D}{R+1} \quad ①$$

两股进料之间塔段的操作线方程，要由物料衡算重新推导。

在图 7-19 中的虚线内列总物料及乙醇的衡算，得

$$V''+F_1=D+L'' \quad ②$$

$$V''y_{s+1}+F_1x_{F_1}=Dx_D+L''x_s \quad ③$$

式中下标 s 表示两个进料口间塔段中塔板的序号。

因进料 F_1 为泡点液体，故

$$V''=V=(R+1)D \quad ④$$

$$L''=L+F_1 \quad ⑤$$

联立式②～式⑤并解得

$$y_{s+1}=\frac{L+F_1}{(R+1)D}x_s+\frac{Dx_D-F_1x_{F_1}}{(R+1)D} \quad ⑥$$

式⑥为两进料口间塔段的操作线方程。此式与上一段中操作线方程式①联立，解得两操作线的交点横标 $x=x_{F_1}$。

进料 F_2 以下塔段中的操作线方程仍为原来的提馏段操作线方程。

7. 解：本题为自精馏段取出侧线产品，因此侧线产品出料口将塔精馏段分为上、下两段。侧线出料口以上塔段的操作线方程与常规塔的相同，即

$$y_{n+1}=\frac{R}{R+1}x_n+\frac{x_D}{R+1} \quad ①$$

侧线出料口以下到进料口之间的操作线方程由物料衡算求得：在图 7-20 所示虚线范围内分别做总物料及易挥发组分的衡算，得

$$V''=L+D_1+D_2 \quad ②$$

$$V''y_{s+1}=L''x_s+D_1x_{D_1}+D_2x_{D_2} \quad ③$$

式中，V''为侧线产品出口与进料口间塔板上升的蒸气流率，kmol/h；L''为侧线产品出口与进料口间塔板流下的液体流率，kmol/h；D_2 为侧线产品流率，kmol/h；x_{D_2} 为侧线产品组成（摩尔分数）；下标 s、$s+1$ 为精馏段的下段理论板序号。

由题意知侧线产品为泡点液体，因此

$$L''=L-D_2 \quad ④$$

由式②、式③及式④得

$$y_{s+1}=\frac{L-D_2}{L+D_1}x_s+\frac{D_1x_{D_1}+D_2x_{D_2}}{L+D_1}$$

因 $R=L/D_1$，代入上式整理得侧线出料口以下到进料口之间的精馏段下部的操作线方程为

$$y_{s+1}=\frac{R-\dfrac{D_2}{D_1}}{R+1}x_s+\frac{x_{D_1}+\dfrac{D_2}{D_1}x_{D_2}}{R+1} \quad ⑤$$

由式①及式⑤两个精馏段操作线方程解出其交点坐标为 $x=x_{D_2}$。提馏段操作线与常规塔相同。

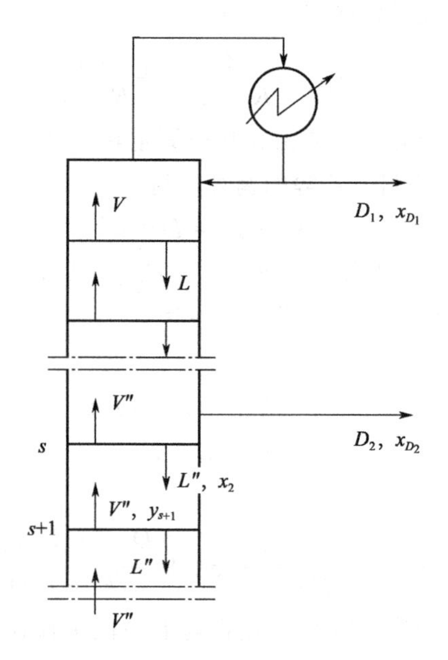

图 7-20

第八章

液液萃取

一、选择题

1. 液液萃取操作是分离____________。
   ① 气体混合物　② 均相液体混合物　③ 固体混合物　④ 非均相液体混合物
2. 液液萃取操作分离的依据为____________。
   ① 利用液体混合物中各组分挥发度的不同
   ② 利用液体混合物中各组分在某种溶剂中溶解度的差异
   ③ 利用液体混合物中各组分汽化性能的不同
   ④ 无法说明
3. 萃取相或萃余相中物质的分离回收通常是在____________中实现的。
   ① 吸收塔　② 萃取塔　③ 精馏塔　④ 干燥塔
4. 萃取剂必须满足的两个基本要求为____________。
   ① 不能与被分离混合物完全互溶，只能部分互溶
   ② 对被分离组分具有不同的溶解能力
   ③ 可与被分离混合物完全互溶
5. 下面有关三角形相图论述中正确的有____________。
   ① 三角形的三个顶点分别表示三个纯组分
   ② 三角形的三个边上（除去顶点）的任何一点表示相应的双组分溶液
   ③ 三角形范围内的任何一点表示三元溶液的组成，且其质量分数之和为 1
   ④ 表示溶液组成的三角形相图可以是等腰的或是等边的，也可以是非等腰的
6. 下列论断中正确的有____________。
   ① 临界混溶点一般在溶解度曲线的最高点
   ② 双组分溶液萃取分离时系统的自由度为 3
   ③ 选择性系数 $\beta=1$ 的体系不能用萃取方法分离
   ④ 一般来说，温度降低，互溶度变小，有利于萃取过程
7. 有关萃取理论级论断中正确的有____________。
   ① 理论级就是实际操作级
   ② 理论级是一个理想化的级，即不论进入的两股物料的组成如何，经过传质后最终离开该级的萃取相与萃余相两股物料达到平衡状态
   ③ 理论级的效率为 1，传质阻力为零
   ④ 首先求得理论级，再求得级效率，然后就可算出实际级数

8. 下面论断中正确的有____________。

① 超临界流体萃取是用超过临界温度、临界压力状态下的气体作为溶剂，萃取待分离混合物中的溶质，然后采用等温变压或等压变温等方法，将溶剂与溶质分离的单元操作

② 超临界萃取的流程包括：等温变压法、等压变温法、吸附吸收法和添加惰性气体等压法

③ 液膜萃取可实现同时萃取和反萃取

④ 液膜技术的关键是如何获得传质阻力小且性能在较长时间内稳定而不衰减的液膜

9. 萃取操作过程主要包括____________。

① 混合，即原料液与萃取剂充分混合接触，完成溶质传质过程

② 沉降分离，即萃取相和萃余相的分离过程

③ 脱除溶剂，即溶剂从萃取相和萃余相中分离的过程

10. 下列属于萃取操作的特点的有____________。

① 液液萃取是通过引入第二相（萃取剂）建立的两相体系，所以萃取剂与原溶剂必须在操作条件下互不相溶或部分相溶，且具有一定的密度差，以利于相对流动和分层

② 萃取操作加入的萃取剂应对溶质 A 具有较大的溶解能力，而对另一组分 B 溶解能力足够小

③ 萃取操作与吸收操作一样，没有直接将原混合物分离开，萃取相与萃余相需经脱溶剂后才能得到 A 或 B 组分的富集产品

④ 三元或多元物系的相平衡关系比较复杂，有多种方法描述相平衡关系，常用三角形相图表示

11. 液液萃取时常发生乳化作用，如何避免____________。

① 剧烈搅拌　　② 降温　　③ 静止　　④ 加热

12. 萃取设备按照液相接触方式可分为逐级接触萃取设备与____________接触萃取设备。

① 间断　　② 连续　　③ 多级　　④ 分级

13. 进行萃取操作时，应使分离因数或选择性系数________1。

① 等于　　② 大于　　③ 小于　　④ 都可以

14. 溶质在两相达到分配平衡时，溶质在两相中的浓度________。

① 相等　　② 轻相大于重相中的浓度

③ 不再改变　　④ 轻相小于重相中的浓度

15. 溶质在液-液两相中达到萃取平衡时，萃取速率为________。

① 常数　　② 零　　③ 最大值　　④ 最小值

二、填空

1. 对于一种液体混合物，是直接采用蒸馏方法还是采用萃取方法进行分离，主要取决于__________。一般来说，在下列情况下采取萃取方法更加经济：

(1) ____；

(2) ____；

(3) ____。

2. 设一溶液内含 A、B 两组分，为将其分离可加入某溶剂 S。其中 A 为原溶液中的易溶部分，称为______________；B 为难溶部分，称为______________。所使用溶剂 S 必须满

足两个基本要求：

（1）____________________；（2）____________________。

3. 萃取操作完成后，使两液相进行____________分层，其中含萃取剂多的一项称为________，含稀释剂多的一相称为____________。

4. 萃取操作常按混合液中的 A、B、S 各组分互溶度的不同而将混合液分成两类：
第一类物系：________________；第二类物系____________________。

5. 溶解度曲线将三角形分为两个小区域，曲线以内的区域为______________，以外的为______________。______________内的混合液分为两个液相，当达到平衡时，两个液层称为______________，连接____________的直线，称为连接线。

6. 萃取只能在____________内进行。

7. 在一定温度下，当三元混合液的两个液相达到平衡时，____________称为分配系数，表达了某一组分在两个平衡液相中的分配关系。

8. 通常，物系的温度升高，溶质在溶剂中的溶解度__________，反之__________。因而，温度明显地影响了____________、______________和______________，从而也影响______________。

9. 单级萃取料液组成为 x_F，溶剂用量越大，混合点 M 越__________S 点，最小溶剂用量点为__________，最大溶剂用量点为____________（见图 8-1）。

10. 脱溶剂基是指__________________。

11. 比较Ⅰ、Ⅱ二体系的分配系数 K，选择性系数 β 的大小（见图 8-2）：____________。

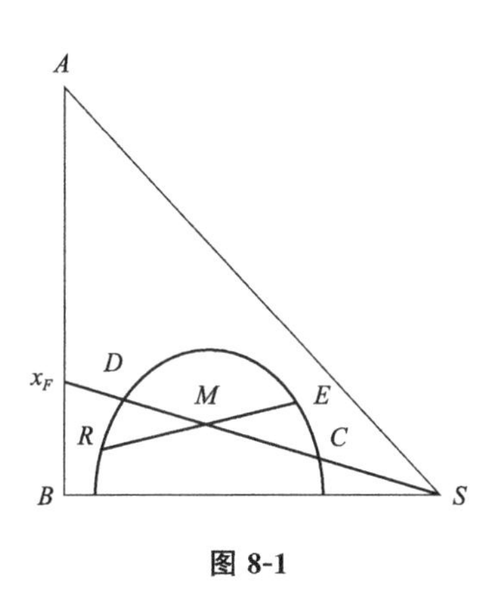

图 8-1

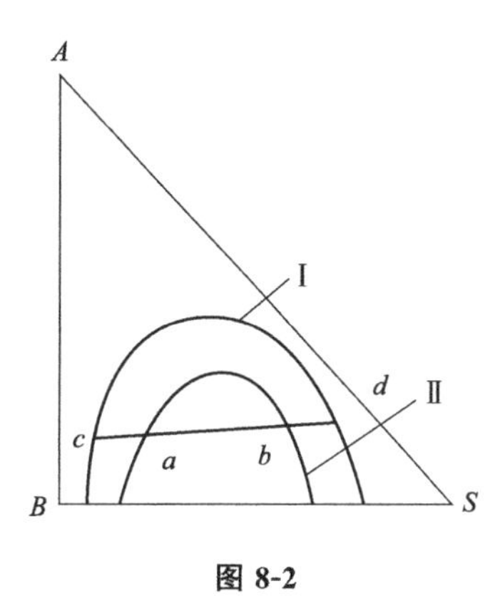

图 8-2

12. 多级逆流萃取和单级萃取相比较，如果溶剂比、萃取浓度相同，则多级逆流萃取可使萃余分数____________。

13. 在 B-S 部分互溶的萃取过程中，若加入的纯溶剂的量增加，而其他操作条件不变，则萃取浓度 y_A^0____________。

14. 溶剂比为最小时，理论级数为____________，此时操作范围内必有一条连接线，其延长线通过____________点。

15. 一定温度下，同一物系的连接线倾斜方向一般是________的，但随________组成而变，即各连接线__________，但少数物系连接线的倾斜方向也会有所改变。

① 一致　　② 不一致　　③ 平行　　④ 不平行
⑤ 溶剂　　⑥ 溶质

16. 可用三角形坐标图求解的萃取计算有______、______、______和______。
17. 为使溶质更快地从原料液进入______，必须使两相间具有______的接触表面积。
18. 分散液滴越______，两相的接触面积越______，传质越快，相对流动越______，聚合分层越______。
19. 由于实际萃取级的传质效果达不到一个理论级，因此常用______来表示它们的差别。______反映了传质速率的快慢，它们的数据来自实验、经验和半经验关联式。
20. 萃取设备按两相的接触方式可分为两类，即______、______。其典型设备分别为______、______。
21. 影响分离效果的主要因素为：
(1) ______；
(2) ______；
(3) ______。
22. 在萃取设备中实现液液萃取过程的基本条件是______。
23. 喷洒塔的主要优点是：______，______，______。其缺点是：______，______，______，______。
24. 填料塔中填料可用______、______、______和______等。
25. 一般瓷质填料易被______优先润湿，石墨和塑料易被______优先润湿。
① 有机溶剂　　② 水溶液
26. 分别用 σ、$\Delta\rho$ 代表界面张力和密度差。当 $\sigma/\Delta\rho$ 较小时，应选用______，当 $\sigma/\Delta\rho$ 较大时，应选用______。
27. 萃取塔中的操作流速必须______泛点流速，从而保证萃取操作正常进行，一般实际流速为泛点流速的______。
28. 在萃取塔中分散相以液滴的形式与连续相逆流流动，它们相对运动的动力是______，对于单个液滴而言，液滴与另一相间的相对流动就是______，相对速度即______。
29. 萃取塔内部分液体的流动滞后于主体流动，或者产生不规则的漩涡运动，这些现象称为______。此现象不仅影响______和塔高，还影响塔的通过能力。
30. 理论级当量高度是指______，用______表示。
31. 在萃取设备中，分散相的形成可采用的方式有______、______、______等，振动筛板塔的特点是______、______、______。对密度差很小且接触时间要求宜短的体系，宜选用的设备为______。对有固体悬浮物存在的体系，宜选______。

三、计算

1. 已知最小溶剂比 $\left(\dfrac{S}{F}\right)_{\min}$ 时，操作点 $\Delta_{\min}$ 的位置如图 8-3 所示，今以 $\dfrac{S}{F}=1.2\left(\dfrac{S}{F}\right)_{\min}$ 进行

多级逆流萃取，求此时操作点 Δ 的位置。

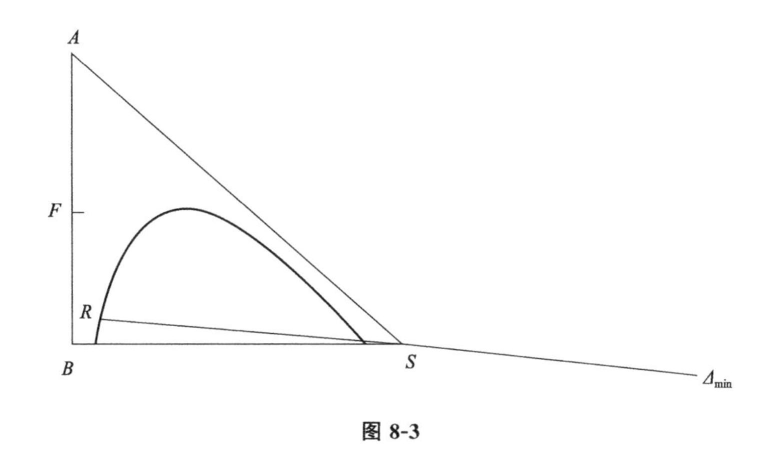

图 8-3

2. 某液液平衡关系如图 8-4 所示，要求萃取液浓度 $y'=0.7$，进料组成为 0.5，进料量为 100kg/h，则应加溶剂为多少？

3. 有一实验室装置将含 A 为 10%的 A、B 二元混合液 50kg 和含 A 为 80%的 A、B 二元混合液 20kg 混合后，用溶剂 S 萃取，所得萃取相、萃余相脱溶剂后又能得到原来的含 A10%和 80%的溶液，则此工作状态下的选择性系数 β 是多少？

4. A、B、S 三元物系的相平衡关系如图 8-5 所示，现将 50kg 的 S 与 50kg 的 B 相混，试求：

（1）该混合物是否分成两相？若分成两相，两相的组成及数量各为多少？

（2）在混合物中至少加入多少 A 才能使混合物变为均相？

（3）从此均相混合物中除去 30kg 的溶剂 S，剩余液体的数量与组成各为多少？

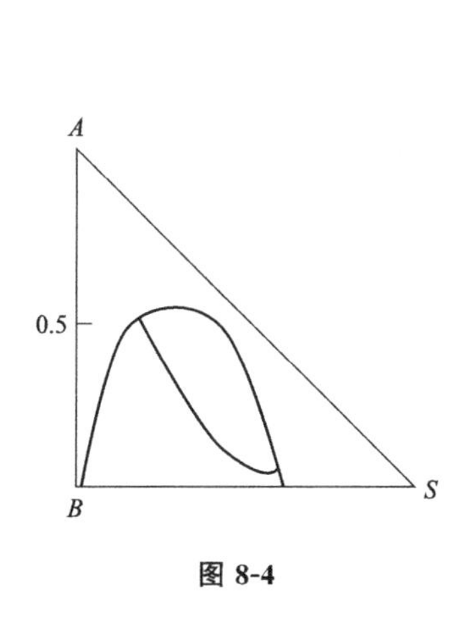

图 8-4

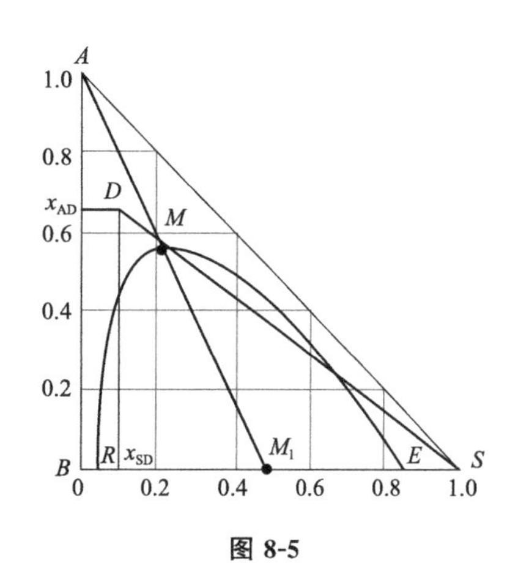

图 8-5

5. 某混合物含溶质 A 为 20%，稀释剂 B 为 80%，拟用单级萃取进行分离，要求萃余液中 A 的浓度 x_{AR}^0 不超过 10%。在某操作温度下，溶剂 S、稀释剂 B 及溶质 A 之间的溶解度曲线如图 8-6（a）所示，并已知在 $x_{AR}^0=0.1$，附近溶质 A 的分配系数 $k_x=1.0$，试求：

（1）此单级萃取所需要的溶剂比 S/F 为多少？所得萃取液的浓度为多少？过程的选择性系数为多少？

(2) 若降低操作温度，使两相区域增大为图 8-6 (b) 所示，假定分配系数 k_x 不变，所需溶剂比 S/F、所得萃取液浓度及过程的选择性系数有何变化？

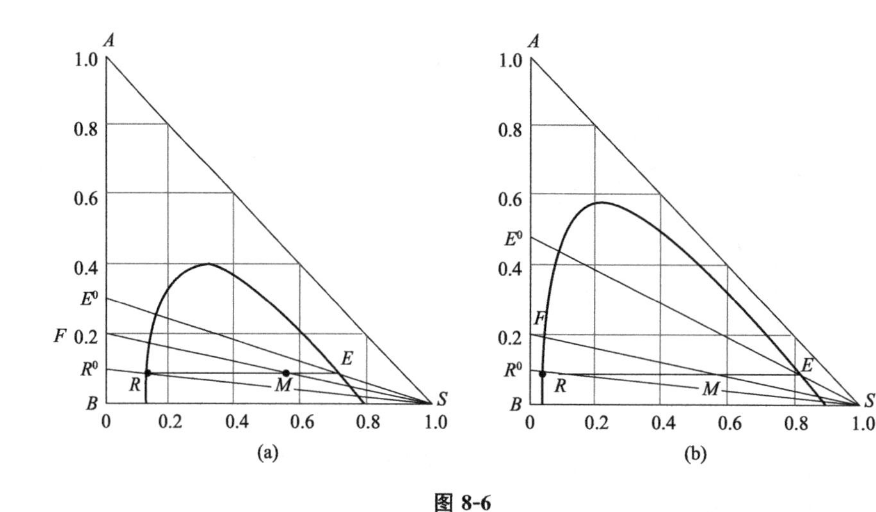

图 8-6

6. 某混合物含溶质 A 为 30%，稀释剂 B 为 70%，拟用单级萃取加以分离，要求萃余相中 A 的浓度 x_{AR} 不超过 10%。在操作条件下，物系的溶解度曲线如图 8-7 所示，试求：

(1) 当 $x_{AR}=10\%$ 时，溶质 A 的分配系数 $k_A=1$，所需溶剂比 S/F 为多少？所得萃取液的浓度为多少？过程的选择性系数为多少？

(2) 当 $x_{AR}=10\%$ 时，溶质 A 的分配系数 $k_A=2.0$，所需溶剂比、所得萃取液的浓度及过程的选择性系数有何变化？

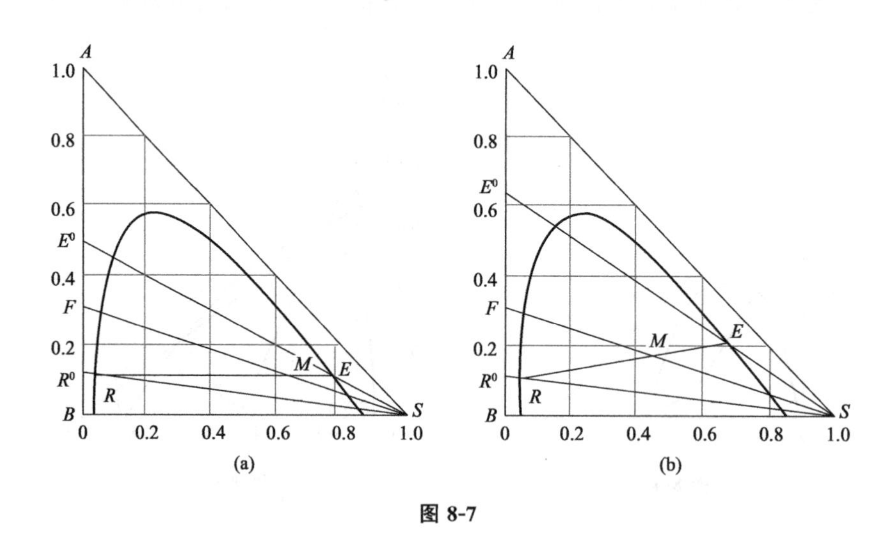

图 8-7

7. 某液体混合物含溶质 A 为 40%，含稀释剂 B 为 60%，用循环萃取剂进行单级萃取，该萃取剂含纯溶剂 S 为 90%、溶质 A 为 5%、稀释剂 B 为 5% (皆为质量分数)，物系的溶解度曲线及平衡连接线的内插辅助线如图 8-8 所示，试求：

(1) 可能操作的最大溶剂比为多大？相应的溶质萃余液浓度（即将循环萃取剂完全脱除后的浓度）为多大？

(2) 可能操作的最小溶剂比为多大？相应的溶质 A 萃取率为多大？所得到的萃余液浓度为多大？

(3) 要使萃取液浓度为最大，应在多大溶剂比下操作？此时溶质 A 的萃余率为多少？

8. 有 A、B、S 三种有机液体，A 与 B、A 与 S 完全互溶，B 与 S 部分互溶。其溶解度曲线与辅助曲线如图 8-9 所示。

(1) 现有含 A 为 50%的原料液 30kg 及纯溶剂 S 15kg，将它们混合在一起，问：①得到的混合液是否分层？②若不分层，用什么方法使其分层？若分层，用什么方法使其不分层？需定量计算出结果。

(2) 用纯溶剂 S，萃取含 A 为 20%（质量分数）的 A、B 混合液，其流量为 100kg/h，采用单级萃取时最小溶剂用量为多少？此时萃取相的量和组成是多少？

(3) 采用单级萃取，萃取液可能达到的最大浓度为多少？当进料分别为含 A 为 30%或含 A 为 10%的 A、B 混合液时，是否都能使萃取液的浓度达到最大值？所得萃取液浓度最大时，溶剂用量为多少？

(4) 假设所用萃取装置有无穷多级，所得萃取液浓度能否达到 100%？萃余液浓度能否为零？

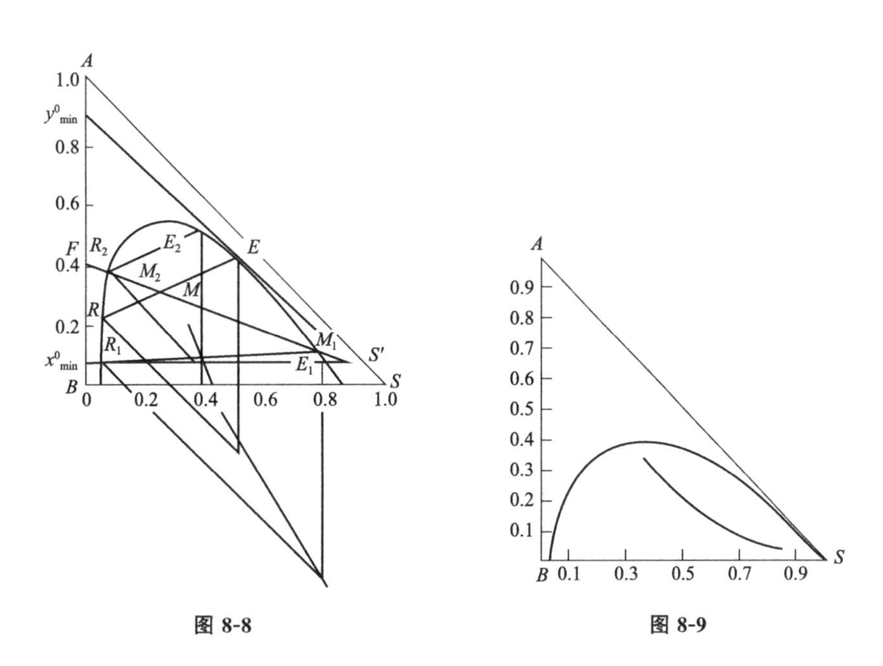

图 8-8　　　　图 8-9

9. 有一个三理论级萃取装置如图 8-10 所示，用以萃取含 A 为 60%的 A、B 混合液，原料液 F 的流量为 1000kg/h，要求所得萃取液浓度 $y_E=0.9$，萃余相浓度 $x_R=0.02$，溶剂 S 分三级加入，第三级 $S_3=800$kg/h，求：

(1) 三级加入溶剂总量为多少？

(2) 各级间的净流量为多少？在图上表示出来。

(3) 第一级、第二级加入的 S_1 和 S_2 为多少？以上浓度均为质量分数。

10. 在 25℃下，以纯水作为溶剂对含丙酮 50%（质量分数）的丙酮-氯仿溶液进行萃取分离，所用萃取设备具有三个理论级，操作时溶剂比 S/F 为 2.1，试求：

(1) 该萃取过程的萃余相浓度及溶质萃余率；

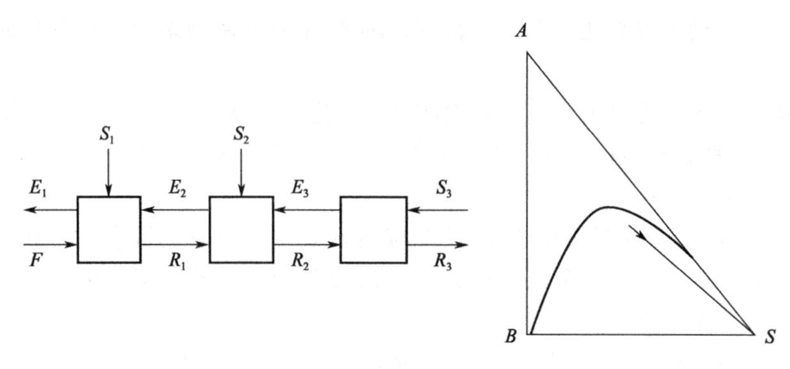

图 8-10

(2) 欲将萃余相浓度降为 0.1，溶剂量需增加多少（以百分数表示）？

在操作条件下物系的溶解度曲线及平衡连接线的辅助曲线如图 8-11 所示。

11. 有两股组成不同的混合液 F_1 与 F_2，质量流量皆为 100kg/h，F_1 含溶质 A 为 60%，稀释剂 B 为 40%，F_2 含 A 为 20%，含 B 为 80%（皆为质量分数），拟采用多级逆流萃取加以分离，所用纯溶剂 S 的质量流量为 300kg/h，要求萃余相 A 的浓度不超过 0.06（质量分数），物系的溶解度曲线及平衡连接线的辅助线如图 8-9 所示，试求：按以下两种方式加料所需的理论级数：

(1) 两股物料混合后一起加入；

(2) 两股物料单独进料（见图 8-12）。

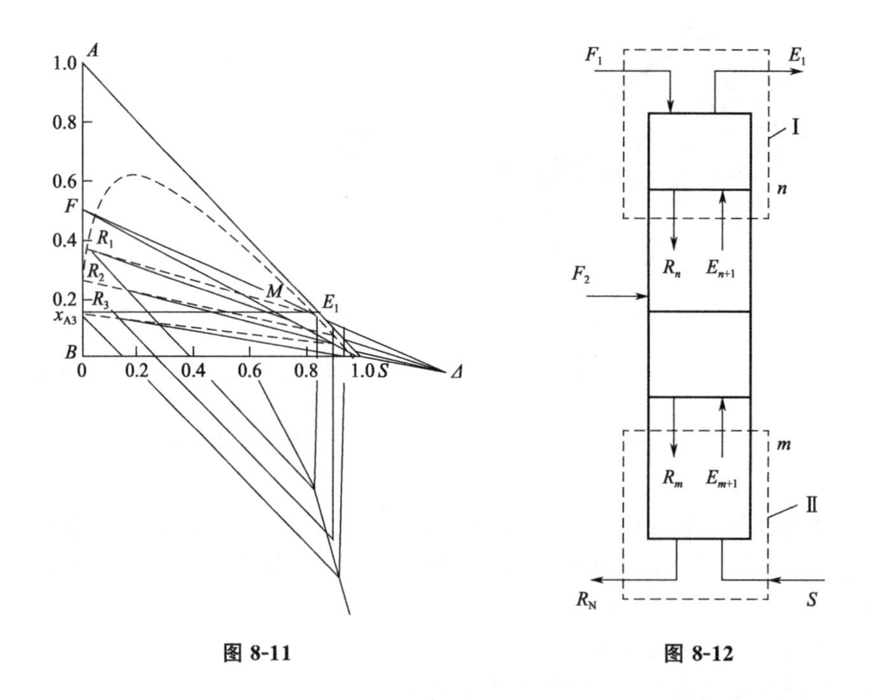

图 8-11　　　　图 8-12

12. 以水为萃取剂，从乙醛质量分数为 25%的乙醛-甲苯混合液中提取乙醛。已知原料液的处理量为 1600kg/h。在操作条件下，水和甲苯可视为完全不互溶，以乙醛质量比组成表示的平衡关系为 $Y=2.2X$ 。萃取剂中乙醛的质量分数为 1%，其余为水。采用五级错流萃取，每级中加入的萃取剂量都相同，要求最终萃余相中乙醛的含量不大于 1%。试求萃取剂用量及萃取相中乙醛的平均组成。

13. 在填料层高度为3m的填料萃取塔中，用纯溶剂S从溶质A质量分数为0.15的A、B混合液中提取溶质A。已知塔径为0.08m，操作溶剂比（S/B）为2，溶剂用量为160kg/h。B与溶剂S可视为完全不互溶，要求最终萃余相中溶质A的质量分数不大于0.005，操作条件下平衡关系为$Y=1.75X$。试求萃余相的总传质单元数和总体积传质系数。

四、推导

1. 试推导选择性系数β在双组分溶液中满足$y_A^0=\dfrac{\beta x_A^0}{1+(\beta-1)x_A^0}$，其中$y_A^0$为萃取液中A的含量，$x_A^0$为萃余液中A的含量。
2. 已知某三元物系的相图如图8-13所示，试计算连接线ab的选择性系数。
3. 以喷洒塔为例，推导设备特性速度u_K。
4. 试分别推导多级错流萃取、多级逆流萃取达到萃取要求所需理论级数。

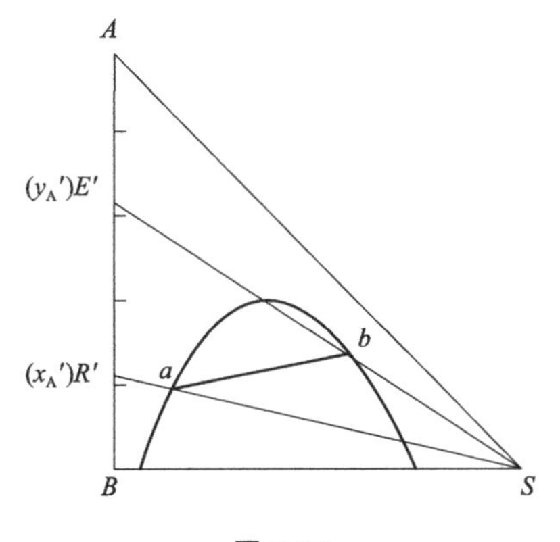

图 8-13

第八章
液液萃取　参考答案

一、选择题

1. ②　　2. ②　　3. ③　　4. ①②　　5. ①②③④
6. ②③④　　7. ②③④　　8. ①②③④　　9. ①②③　　10. ①②③④
11. ④　　12. ②　　13. ②　　14. ③　　15. ②

二、填空

1. 技术上的可行性和经济上的合理性；混合液中组分的相对挥发度接近“1”或者形成恒沸物；溶质在混合液中浓度很低且为难挥发组分；混合液中含热敏性物质
2. 溶质；稀释剂；溶剂不能与被分离组分完全互溶，只能部分互溶；溶剂具有选择性，溶剂对 A、B 组分有不同的溶解能力，即 $\frac{y_A}{y_B}>\frac{x_A}{x_B}$
3. 沉降；萃取相；萃余相
4. 溶质 A 可完全溶解于 B 及 S 中，而 B、S 为一对部分互溶的组分；组分 A、B 可完全互溶，而 B、S 及 A、S 为两对部分互溶的组分
5. 两相区；均相区；两相区；共轭相；共轭液相组成坐标
6. 两相区
7. 溶质在萃取相与萃余相中的组成之比
8. 加大；减小；溶解度曲线的形状；连接线的斜率；两相区面积；分配曲线的形状
9. 靠近；D；C
10. 液体的组成及流量均以（A+B）的量作为基准
11. $\beta_{\mathrm{I}}>\beta_{\mathrm{II}}$，$K_{\mathrm{I}}>K_{\mathrm{II}}$
12. 减小
13. 变化趋势不确定
14. 无穷；操作
15. ①；⑥；④
16. 单级萃取；多级逆流萃取；多级错流萃取；回流萃取
17. 萃取剂；大
18. 小；大；慢；容易
19. 级效率；级效率
20. 微分接触式；分级接触式；喷洒式萃取塔；混合沉降槽
21. 被分离组分在萃取剂与原料液两相之间的平衡关系；影响萃取剂与原料液两相接触和传质的物性；萃取过程的流程、所用设备及其操作条件

22. 液体分散和两液相的相对流动与聚合
23. 结构简单；投资少；维修容易；传质效果差；轴向返混严重；分散相的液滴大小不均匀；大液滴在塔内停留时间短从而造成传质不均匀
24. 拉西环；鲍尔环；鞍形填料；丝网填料
25. ②；①
26. 无外能输入的萃取设备；有外能输入的萃取设备
27. 小于；50%～60%
28. 密度差；颗粒的沉降；颗粒的沉降速度
29. 轴向混合或返混；传质推动力
30. 相当于一个理论级萃取效果的塔段高度；HETS
31. 机械搅拌；脉冲；重力；HETS低；处理能力大；结构简单；离心萃取器；混合澄清槽（脉冲柱或振动柱）

三、计算

1. 解：连 F、$\Delta_{\min}$ 两点交于 E'点，$\overline{R_N E'}$ 与 $\overline{FS}$ 两线交点为 M'，则 $\left(\dfrac{S}{F}\right)_{\min}=\dfrac{\overline{FM'}}{\overline{SM'}}=1$，设 M'点延伸至 M 点，$\dfrac{\overline{FM}}{\overline{SM}}=1.2$，确定 M 点，连 R_N、M 两点延伸到 E 点，连 F、E 两点延长至 Δ 点（见图 8-14）。

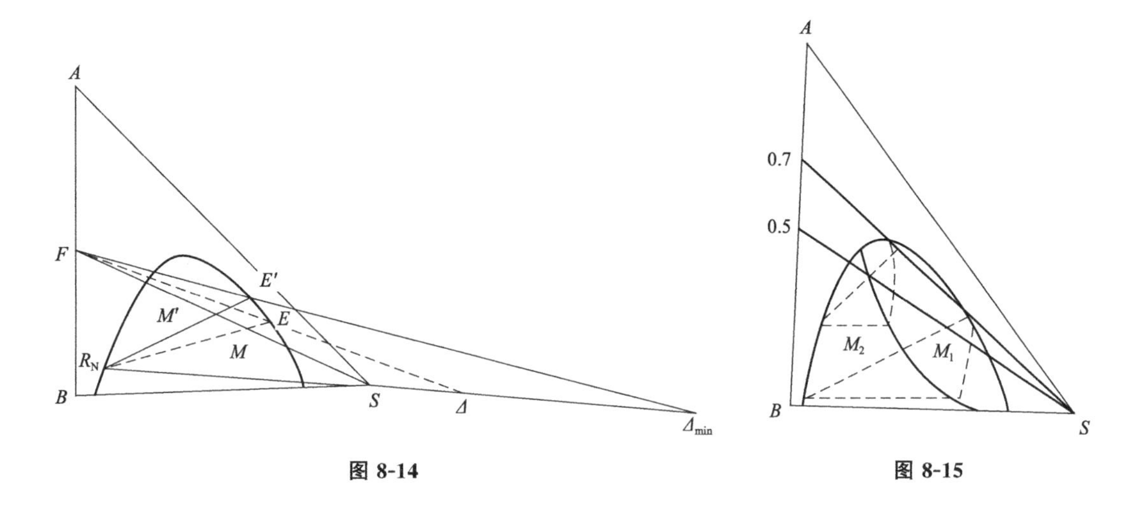

图 8-14　　图 8-15

（提示：本题考查最小萃取剂用量与实际萃取剂用量的确定。要注意的是会利用最小萃取剂用量确定 E'点，再根据 E'点与 R_N 点确定 M'点，然后使用杠杆定律确定 M 点，最后得到 E 点及实际操作点 Δ 的位置。）

2. 解：如图 8-15 所示

$$S_1=F\times\frac{\overline{M_1F}}{\overline{M_1S}}=100\times\frac{26.5}{20}=132.5\text{kg/h}$$

$$S=F\times\frac{\overline{M_2F}}{\overline{M_2S}}=100\times\frac{9}{38}=23.7\text{kg/h}$$

（提示：本题考查萃取过程中的设计型计算。已知原料液的量、原料液组成、萃取剂 S 的组成及萃取要求，求萃取剂用量。要注意的是会用已知条件得到点 M_1 和 M_2，然后使用杠杆定律求出萃取剂用量。）

3. 解：$\beta=(y_A/x_A)/(y_B/x_B)=\dfrac{y'_A}{x_A}/\dfrac{y'_B}{x_B}=\dfrac{0.1}{0.8}/\dfrac{0.9}{0.2}=0.0278$

（提示：本题考查萃取剂选择性系数的计算。要注意会用选择性系数 β 的计算公式，$\beta=(y_A/x_A)/(y_B/x_B)=\dfrac{y'_A}{x_A}/\dfrac{y'_B}{x_B}$。）

4. 解：(1) 从相图可知，表征原混合物组成的点 M_1 位于两相区，故混合物分为两相 R 与 E，R 中含组分 S 为 4%，含组分 B 为 96%；E 中含组分 S 为 85%，含 B 为 15%。根据杠杆定律：

$$\frac{E}{M_1}=\frac{\overline{M_1R}}{\overline{RE}}=\frac{0.5-0.04}{0.85-0.04}=0.568,\ E=0.568M_1=0.568\times(50+50)=56.8\text{kg}$$

$$R=M_1-E=43.2\text{kg}$$

(2) 根据杠杆定律，在原混合物 M_1 中加入组分 A，其组成沿直线 $\overline{AM_1}$ 变化。溶解度曲线是单向区与两相区的分界线，根据直线 $\overline{AM_1}$ 与溶解度曲线的交点 M 可求出组分 A 的最小加入量。由图 8-5 可知，混合物 M 含 S 为 21%，故

$$\frac{A}{M_1}=\frac{\overline{M_1M}}{\overline{AM}}=\frac{0.5-0.21}{0.21-0}=1.38,\ A=1.38M_1=1.38\times100=138\text{kg}$$

(3) 从混合物 M 中除去 30kg 的 S，其差点 D 必在 $\overline{SM}$ 的延长线上，根据杠杆定律

$$\frac{S}{M}=\frac{\overline{DM}}{\overline{DS}}=\frac{0.21-x_{SD}}{1-x_{SD}}=\frac{30}{100+138},\ x_{SD}=0.0961$$

直线 $\overline{SM}$ 与垂线 $x_{SD}=0.0961$ 的交点即为差点 D，由 D 点坐标读得 $x_{AD}=0.66$

剩余液体的数量：$D=M-S=238-30=208\text{kg}$

（提示：本题考查萃取过程中溶液组成的表示方法，即三角形相图。要注意的是会用物料衡算和杠杆规则、液-液相平衡在三角形相图中的表示及最大溶剂用量及最小溶剂用量的计算。）

5. 解：(1) 根据已知条件，在相图上确定表征原料及萃取液组成的点 F 与 R^0。对于单级萃取，所得两相处于平衡状态，故连线 $\overline{R^0S}$ 与溶解度曲线的交点为萃余相 R。因 $k_A=1$，通过 R 点的水平线与溶解度曲线相交得萃取相 E，与连线 $\overline{SF}$ 相交得点 M。

根据杠杆定律可得［参见图 8-6 (a)］，$\dfrac{S}{F}=\dfrac{\overline{FM}}{\overline{MS}}=\dfrac{0.56-0}{1-0.56}=1.27$，作直线 $\overline{SE}$ 与坐标轴相交的萃取液 E^0，读得 $y^0_{AE}=0.3$，选择性系数为

$$\beta=\frac{\dfrac{y^0_{AE}}{1-y^0_{AE}}}{\dfrac{x^0_{AR}}{1-x^0_{AR}}}=\frac{\dfrac{0.3}{1-0.3}}{\dfrac{0.1}{1-0.1}}=3.86$$

(2) 由已知条件，在相图上确定 F、R^0，连接点 S 和 R^0 与溶解度曲线相交得萃余相 R，由 R 引水平线与溶解度曲线相交得萃取相 E，与连线 $\overline{SF}$ 相交得点 M。

根据杠杆定律求得［参见图 8-6（b）］，$\frac{S}{F}=\frac{\overline{FM}}{\overline{MS}}=\frac{0.53}{1-0.53}=1.13$，将连线 $\overline{SE}$ 与纵轴相交可得萃取液 E^0，读得 $y_{AE}^0=0.47$，选择性系数为

$$\beta=\frac{\frac{y_{AE}^0}{1-y_{AE}^0}}{\frac{x_{AR}^0}{1-x_{AR}^0}}=\frac{\frac{0.47}{1-0.47}}{\frac{0.1}{1-0.1}}=8.0$$

（提示：本题考查三角形相图中液-液相平衡在三角形相图中的表示和杠杆定律的应用、选择性系数的计算。要注意会正确使用溶解度曲线和平衡连接线及选择性系数 β 的计算公式，$\beta=(y_A/x_A)/(y_B/x_B)=\frac{y'_A}{x_A}/\frac{y'_B}{x_B}$。）

6. 解：(1) 首先根据已知条件，在相图上确定表示原料及萃余相组成的点 F 及点 R。因 $k_A=1$，从点 R 作水平线与溶解度曲线相交得萃取相 E，与连接线 $\overline{FS}$ 相交得点 M。由杠杆定律求得［参见图 8-7（a）］，$\frac{S}{F}=\frac{\overline{FM}}{\overline{MS}}=\frac{0.67-0}{1-0.67}=2.03$，将连线 $\overline{SE}$ 延长与纵坐标相交得萃余相 E^0，读得 $y_{AE}^0=0.48$。将连线 $\overline{SR}$ 延长与纵坐标相交得萃余相 R^0，读得 $x_{AR}^0=0.11$。选择性系数为

$$\beta=\frac{\frac{y_{AE}^0}{1-y_{AE}^0}}{\frac{x_{AR}^0}{1-x_{AR}^0}}=\frac{\frac{0.48}{1-0.48}}{\frac{0.11}{1-0.11}}=7.5$$

(2) 同样，首先在相图上确定点 F 和 R，再根据 $y_{AE}=k_Ax_{AR}=0.2$，在溶解度曲线上确定点 E，连线 $\overline{RE}$ 与连线 $\overline{FS}$ 的交点即为点 M。由杠杆定律可得［参见图 8-7（b）］，$\frac{S}{F}=\frac{\overline{FM}}{\overline{MS}}=\frac{0.47-0}{1-0.47}=0.887$。将连线 $\overline{SE}$ 延长与纵坐标相交得 E^0，读得 $y_{AE}^0=0.63$，相应的选择性系数为

$$\beta=\frac{\frac{y_{AE}^0}{1-y_{AE}^0}}{\frac{x_{AR}^0}{1-x_{AR}^0}}=\frac{\frac{0.63}{1-0.63}}{\frac{0.11}{1-0.11}}=13.8$$

（提示：本题考查点与第 5 题相同，即液-液相平衡在三角形相图中的表示和杠杆定律的应用、选择性系数的计算。要注意会正确使用溶解度曲线和平衡连接线及选择性系数 β 的计算公式，$\beta=\left(y_A/x_A)/(y_B/x_B)=\frac{y'_A}{x_A}/\frac{y'_B}{x_B}。\right)$

7. 解：(1) 根据已知的原料液组成及溶剂组成，分别在相图上定出点 F 及点 S'，原料液 F 与溶剂 S 按任何比例混合所得到的混合物皆在连线 $\overline{FS'}$ 上。在萃取器内混合物形成两相是萃取过程得以进行的必要条件。因此，由连线 $\overline{FS'}$ 与溶解度曲线的交点 M_1 的位置，利用杠杆定律可求出可能操作的最大溶剂比 $\left(\frac{S}{F}\right)_{max}=\frac{\overline{FM_1}}{\overline{S'M_1}}=\frac{42}{6.5}=6.5$。在最大溶剂比

下操作，萃取器内实际上只有一个萃取相，点 E_1 和点 M_1 重合，$R_1=0$，故溶质 A 的萃余率为 $\eta=\dfrac{R_1x_{AR}}{Fx_{AF}}=0$，从萃取相 E_1 中脱除全部 S′，所得萃取液浓度 y_A^0 与原料液浓度 x_{AF} 相等，表示在 $\left(\dfrac{S}{F}\right)_{max}$ 下操作，没有起到任何分离作用。利用辅助曲线作出通过点 M_1 的平衡连接线与溶解度曲线相交，可求出萃余相 R_1 中脱除 S′，可得萃余液浓度 $x_{min}^0=0.8$。

(2) 同样，由连线 $\overline{FS'}$ 与溶解度曲线的交点 M_2 的位置，利用杠杆定律可求出可能操作的最小溶剂比（参见图 8-8）为

$$\left(\frac{S}{F}\right)_{min}=\frac{\overline{FM_2}}{\overline{S'M_2}}=\frac{4}{50}=0.08$$

在最小溶剂比下操作，萃取器内实际上只有一个萃余相，点 R_2 与 M_2 重合，$E_2=0$，故溶质 A 的萃余率为

$$\eta=\frac{R_2x_{AR}}{Fx_{AF}}=\frac{R_2x_{AR}}{R_2x_{AR}+E_2y_{AE}}=1$$

此时，若从 R_2 中脱除全部 S′，所得到的萃余液浓度 x_A^0 与料液浓度 x_{AF} 相等，同样没有起到任何分离作用。

(3) 从点 S' 作溶解度曲线的切线，求出切点 E，利用辅助曲线作出通过点 E 的平衡连接线 $\overline{ER}$，与连线 $\overline{FS'}$ 相交于点 M。根据杠杆定律可求出此时的溶剂比（参见图 8-8）为

$$\frac{S}{F}=\frac{\overline{FM}}{\overline{S'M}}=\frac{13}{35}=0.37\text{，}\frac{R}{E}=\frac{\overline{EM}}{\overline{RM}}=\frac{15}{10}=1.5$$

从萃取相中脱除全部 S′，可求得最大萃取液浓度 $y_{max}^0=0.91$。此时溶质 A 的萃余率（参见图 8-8）为

$$\eta=\frac{Rx_{AR}}{Rx_{AR}+Ey_{AE}}=\frac{\frac{R}{E}x_{AR}}{\frac{R}{E}x_{AR}+y_{AE}}=\frac{1.5\times0.23}{1.5\times0.23+0.41}=0.46$$

（提示：本题考查三角形相图中液-液相平衡在三角形相图中的表示和杠杆定律的应用、最大溶剂用量和最小溶剂用量及萃余率的计算。要注意能够准确确定点 S' 的位置、借助辅助线简明表示连接线或共轭相组成及最大萃取剂用量和最小萃取剂用量对应 M 点的位置。）

8. 解：(1) 作图法：在三角形相图上，根据原料液的组成可以找出原料 F 点和溶剂 S 点（见图 8-16），连接点 F 和 S，量出 FS 长度为 63mm，利用杠杆法则 $\dfrac{F}{F+S}=\dfrac{\overline{SM}}{\overline{FS}}$，得出

$$\overline{SM}=\overline{FS}\times\frac{F}{F+S}=63\times\frac{30}{45}=42\text{mm}$$

从而可定出混合液 M 点的位置，从图中可以看出，M 点落在溶解度曲线内。如果要使混合液不分层，必须使点 M 转移到溶解度曲线以外，如变到 M' 点。其方法可以是再加入原料，使点 M 转移到点 M'。利用杠杆法则：$\dfrac{F}{S}=\dfrac{\overline{SM'}}{\overline{FM'}}$，

$$F=\frac{S\times\overline{SM'}}{\overline{FM'}}=\frac{S\times47}{16}=\frac{15\times47}{16}=44.1\text{kg}$$

由计算可知，至少需加入 44.1－30＝14.1kg 原料液，这时混合液不分层。当然也可加入或减少溶剂，使混合液由分层变为不分层，读者可自行求解。

(2) 当原料液流量为 100kg/h，组成为含 A 为 20%，用纯溶剂 S 萃取时，由图 8-17 可以看出，混合液的组成点 M 落在 FS 的连线上。溶剂用量越大，混合点 M 越靠近点 S。反之，溶剂用量越少，点 M 越接近点 F，但以点 M' 为极限。若溶剂用量再减少，混合液将为均相，因而无法实现萃取分离。故对应于点 M' 的溶剂用量为最小溶剂用量。

利用杠杆法则，从图 8-17 上可求出最小溶剂用量 $S_{\min}$。

$$\frac{\overline{FM'}}{\overline{SM'}}=\frac{S_{\min}}{F}$$

$$S_{\min}=\frac{\overline{FM'}}{\overline{SM'}}F=\frac{3.5}{53.5}\times 100=6.54\text{kg/h}$$

由图 8-17 萃余相 R_1 及辅助线可求萃取相 E_1，此时萃取相的量是无限小。组成由点 E 读出 $y_{AE}=0.37$，萃余相的量是 F 加 S，即 106.54kg/h，其组成由 x_{AR} 读出，含 A 为 0.19。

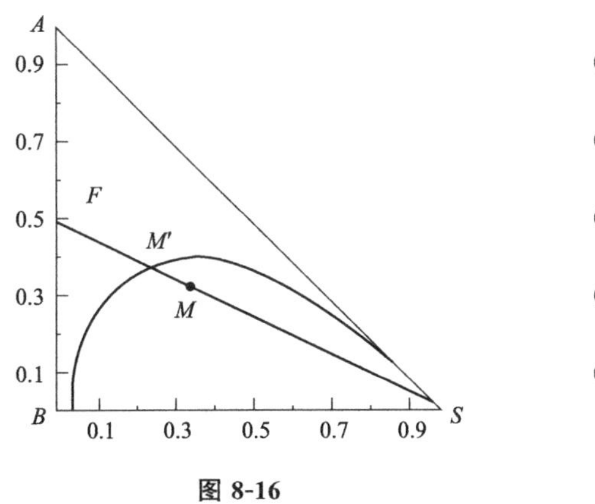

图 8-16

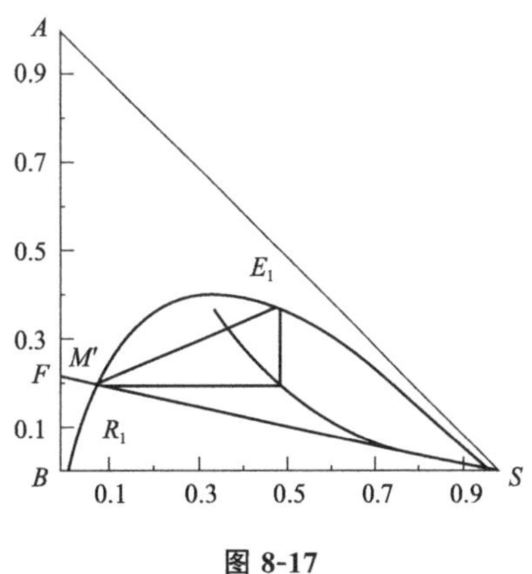

图 8-17

(3) 单级萃取，萃取液的最大浓度应从 S 点作平衡溶解度曲线的切线，切点为 E（见图 8-18），将 SE 延长至 AB 边，交点 E' 的组成 $y'_{\max}$ 就是萃取液的最大浓度，其值为 0.83。

当进料含 A 为 30%时，在该体系中，萃取液能够达到最大浓度。而进料含 A 为 10%时，FS 的连线与 RE 连接线无法相交。因此不论溶剂用量为多少，萃取液的组成总小于 $y'_{\max}$。获得最大萃取液浓度时，当进料组成为 0.3，可以由杠杆法则

$$\frac{F}{S}=\frac{\overline{MS}}{\overline{FM}}\text{ 求得 }S=\frac{\overline{FM}}{\overline{MS}}F=\frac{1320}{2237}F=0.59F$$

(4) 即使萃取装置有无穷多级，萃取液的浓度也不能达到 100%。这是因为在所讨论的体系中，萃取液的最大浓度为 $y'_{\max}$。这已在第（3）问中讨论过，而萃余相中 A 的浓度可能降为 0。只要该体系的分配系数 $K>1$，可以通过无穷多级使萃余相组成趋于 0。

(提示：本题考查液-液相平衡在三角形相图中的表示和杠杆定律的应用、最大溶剂用量和最小溶剂用量的计算。要注意能够识别三角形相图中的单相区和两相区、借助辅助线

简明表示连接线或共轭相组成。）

9. 解：(1) 由题知，$S_{总}=F\frac{\overline{FM}}{\overline{MS}}=\frac{1000\times 29}{20.5}=1415\text{kg/h}$

$$M=F+S=2415\text{kg/h}\ (\text{见图 8-19})$$

(2) 由图 8-19 知，$\frac{E_1}{M}=\frac{25}{30}$

$$E_1=2415\times\frac{25}{30}=2013\text{kg/h}$$

$$R_1=M-E_1=402\text{kg/h}$$

$$\Delta_1=E_1-F=2013-1000=1013\text{kg/h}$$

对第一级作物料衡算有：$E=F+S_1=E_1+R_1$

而　$\Delta_2=E_2-R_1=E_1-F-S=\Delta_1-S_1$

对第二级作物料衡算有：$E_3+R_1+S_2=E_2+R_2$

$$\Delta_3=E_3-R_2=E_2-R_1-S=\Delta_2-S_2=\Delta_1-S_1-S_2$$

$$S_1+S_2=S_{总}-S_3=1415-800=615\text{kg/h}$$

$$\Delta_3=1013-615=398\text{kg/h}$$

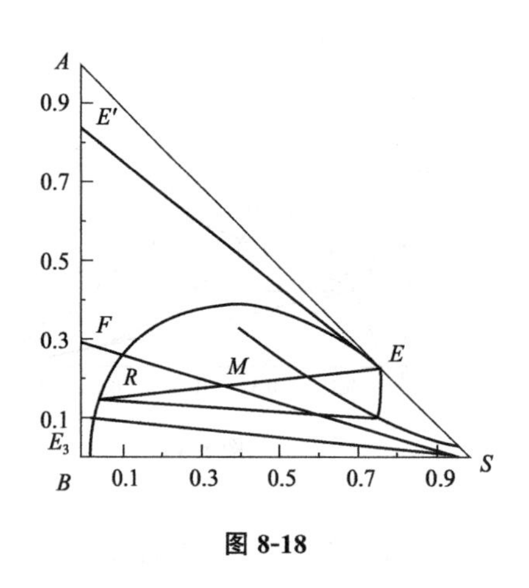

图 8-18

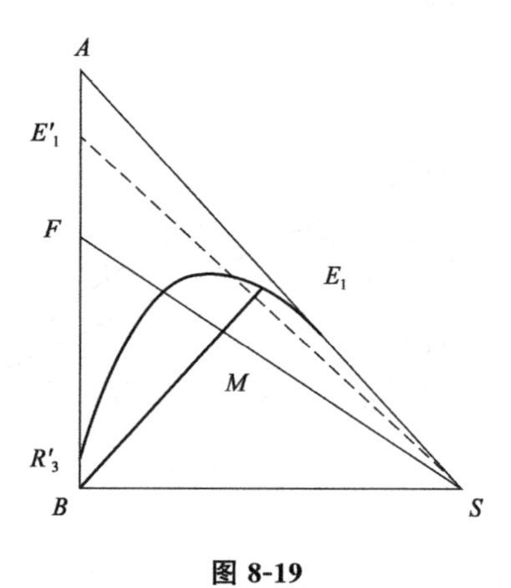

图 8-19

(3) 由杠杆原理 $\frac{\overline{\Delta_3 R_3}}{\overline{\Delta_1 R_3}}=\frac{\Delta_3}{\Delta_1}$ 可确定点 Δ_3，点 R_3 与点 E_3 平衡，由辅助线求得点 E_3 后，连接 $E_3\Delta_3$，与溶解度曲线交于点 R_2，点 R_2 与点 E_2 平衡，确定点 E_2，连 R_1、E_2 交 $\overline{R_3 S\Delta_1}$ 于点 Δ_2，

$$\frac{\Delta_2}{\Delta_1}=\frac{\overline{F\Delta_1}}{\overline{S\Delta_2}}=0.5\ ,\ \Delta_2=1013\times 0.5=507\text{kg/h}$$

$S_1=\Delta_1-\Delta_2=506\text{kg/h}$，$S_2=S_{总}-S_1-S_3=109\text{kg/h}$ (见图 8-20)

(提示：本题考查萃取过程中的多级错流萃取的计算，原料液依次通过各级，溶剂 S 分别加入各级和原料液进行传质。要注意其实质是多个单级萃取的组合，上一级 $i-1$ 的萃取相 R_{i-1} 作为下一级 i 的进料，依次使用辅助线和平衡曲线进行计算。)

10. 解：(1) 进、出萃取设备的共有 F、S、E_1 和 R_3 四股物料，在设备已给定的条件下，

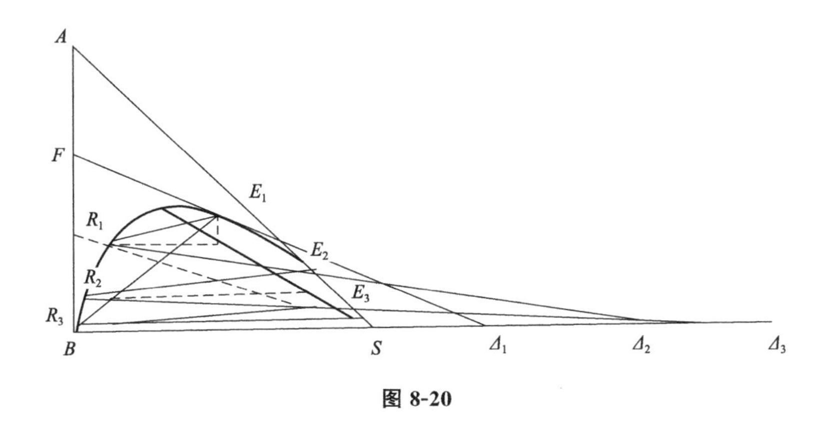

图 8-20

当两股进料 F、S（或 S/F）已定，则两股出料 E_1、R_3 必随之而定，且可通过试差求出。

根据已知的料液及溶剂组成，可在相图上确定点 F 和点 S，根据杠杆定律可在连线 $\overline{FS}$ 上确定点 M（参见图 8-11）。

$$\overline{SM}=\frac{F}{M}\overline{FS}=\frac{1}{1+\dfrac{S}{F}}\overline{FS}=\frac{1}{1+2.1}\times 56.5=18.2(\text{mm})$$

首先假设一个 x_{A3} 的值，并在溶解度曲线上求出表征萃余相组成的点 R_3。连接 R_3、M 两点并延长与溶解度曲线相交于点 E_1，再分别连接点 F、E_1 及点 R_3、S 并延长相交可求出操作点 Δ。以下可交替使用相平衡关系与物料衡算关系在三角相图上求出 x_{A3}，若 x_{A3} 的图解计算值与假定值不符，须对假定值加以修正重新计算，直到计算值与假定值相符为止。

本题假设 $x_{A3}=0.15$。用上述方法定出点 R_3、E_1 后，作三个理论级求出 $x_{A3}=0.15$，与其假定相符，从而求出萃余相 R_3 的浓度 x_{A3} 确为 0.15。

取 $F=1\text{kg/s}$ 为基准，根据杠杆定律可求得萃余相 R_3 的质量流量为

$$R_3=\frac{\overline{ME_1}}{\overline{R_3E_1}}M=\frac{\overline{ME_1}}{\overline{R_3E_1}}(F+S)=F\frac{\overline{ME_1}}{\overline{R_3E_1}}(1+S/F)=\frac{7.5}{30}\times(1+2.1)=0.775(\text{kg/s})$$

溶质 A 的萃余率为

$$\eta=\frac{R_3x_{A3}}{Fx_{AF}}=\frac{0.775\times 0.15}{1\times 0.5}=0.233$$

(2) 在理论级已定的条件下，在进、出萃取设备的四股物流 F、S、R_3 和 E_1 中，两股出料 R_3 与 E_1 完全由两股进料 F 及 S 所决定，当料液 F 的流量和组成一定，则完全由萃取剂 S 的用量与组成所决定。显然，萃余相 R_3 的组成 x_{A3} 必与萃取剂用量有一一对应关系，故根据已知的 x_{A3} 可试差求出萃取剂的用量。

根据料液、溶剂及规定的萃余相浓度（$x_{A3}=0.1$）在相图上可确定点 F、S 及 R_3。设所需溶剂比 $S/F=3.0$，利用杠杆定律，可在连线 $\overline{FS}$ 上求出点 M（参见图 8-21），

$$\overline{SM}=\frac{1}{1+\dfrac{S}{F}}\overline{FS}=\frac{1}{1+3}\times 56.5=14.1(\text{mm})$$

连接 R_3、M 两点，并延长与溶解度曲线相交于点 E_1，再分别连接点 F、E_1 及 R_3、N 并延长相交可求出操作点 Δ。以下可交替使用相平衡与物料衡算关系在三角相图上求出

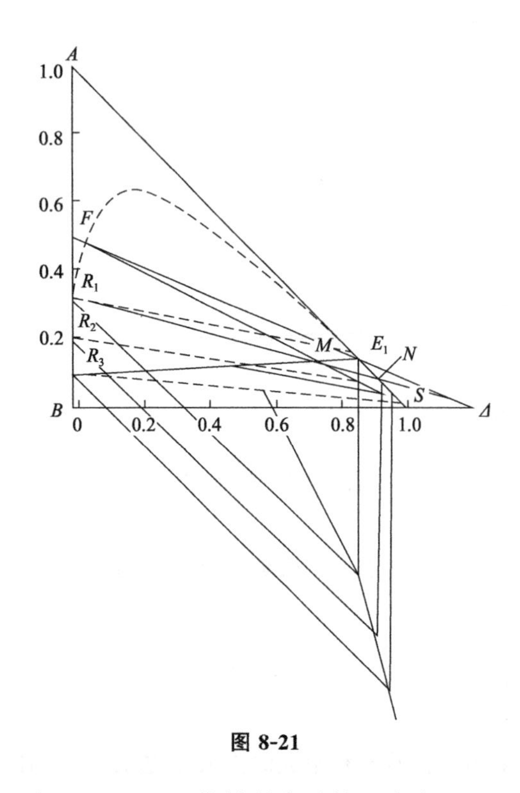

图 8-21

x_{A3}，若 x_{A3} 的计算值高于（或低于）规定值 0.1，须适当增大（或减小）S/F 的假设值重新计算，直到求出的 x_{A3} 与规定值相接近为止。本例根据 $S/F=3.0$，刚好求出 $x_{A3}=0.1$，故所需溶剂比确为 3.0。因此，为使 x_{A3} 从 0.15 降至 0.1，溶剂量需增加 $\frac{3.0-2.1}{2.1}=43\%$。

（提示：本题考查萃取过程中的多级错流萃取的计算，原料液依次通过各级，溶剂 S 分别加入各级和原料液进行传质。要注意其实质是多个单级萃取的组合，上一级 $i-1$ 的萃取相 R_{i-1} 作为下一级 i 的进料，依次使用辅助线和平衡曲线进行计算。以使用纯萃取剂为例：第一级，F、S_1 组成及用量（杠杆定律）→M_1 点（辅助曲线）→E_1、R_1 点；第二级，R_1、S_2（杠杆定律）→M_2 点（辅助曲线）→E_2、R_2 点……）

11. 解：(1) 两股物料混合后的组成为

$$x_{AF}=\frac{F_1x_{AF_1}+F_2x_{AF_2}}{F_1+F_2}=\frac{100\times0.6+100\times0.2}{200}=0.4$$

根据 $x_{AF}=0.4$、$x_{AN}=0.06$，在相图上确定点 F 及点 R_N，连接点 F 与点 S，利用杠杆定律，可在其上定出点 M（参见图 8-22），

$$\overline{MS}=\frac{S}{M}\overline{FS}=\frac{200}{200+300}\times54=21.6(\text{mm})$$

连线 R_NM 与溶解度曲线的交点为 E_1。分别连接点 F、E_1 及点 R_N、S 并延长相交可求出操作点 Δ。根据操作点 Δ 与平衡连接线的辅助曲线，交替使用平衡关系与物料衡算关系，求得 $x_{A5}\approx0.06$，故需要 5 个理论级（参见图 8-22）。

(2) 基于两股料液单独进料（见图 8-12），则有两个操作点。以方框Ⅰ为控制体作物料衡算得

$$E_{n+1}-R_n=E_1-F_1=\Delta' \quad ①$$

以方框Ⅱ为控制体作物料衡算得

$$E_{m+1}-R_m=S-R_N=\Delta'' \quad ②$$

对全塔作物料衡算得

$$S-R_N=E_1-(F_1+F_2) \quad ③$$

由式①、式②、式③可得

$$\Delta''=E_1-(F_1+F_2)=E_1-\overline{FS} \quad ④$$

$$\Delta'=\Delta''-F_2 \quad ⑤$$

根据 $x_{AF_1}=0.6$，$x_{AF_2}=0.2$，$x_{AF}=0.4$ 和 $x_{AN}=0.06$，在相图上定出 F_1、F_2、F 及 R_N 诸点。连接点 F 和 S，利用杠杆定律，可求出点 M（参见图 8-23）。

$$\overline{MS}=\frac{F}{M}\overline{FS}=\frac{200}{500}\times 54=21.6(\text{mm})$$

将连线 $\overline{R_N M}$ 延长与溶解度曲线相交求出点 E_1。

由式②与式④可知，分别连接点 F、E_1 及点 R_N、S 并延长相交，其交点为操作点 Δ''。同样，由式① 和式⑤ 可知，连线 $\overline{F_1E_1}$ 与 $\overline{F_2\Delta''}$ 的交点为操作点 Δ'。两操作点确定之后，可交替使用相平衡及物料衡算关系（当跨过连线 $\overline{F_2\Delta'}$ 后换用操作点 Δ''），求出所需理论级 $N=4$，F_2 应在第二级加入。

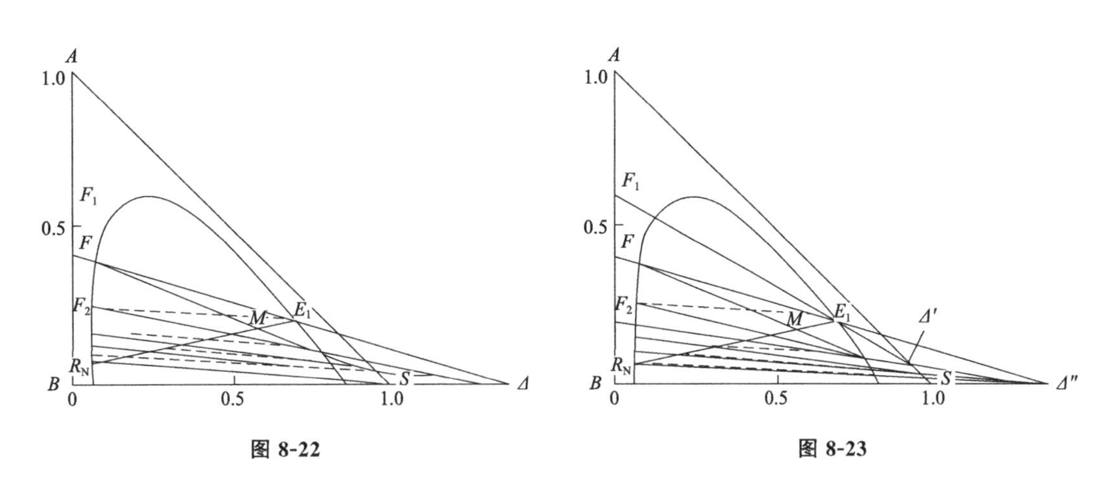

图 8-22　　　　图 8-23

（提示：本题考查萃取过程中的多级逆流萃取的计算，原料液和萃取剂逆向接触、依次通过各级，原料第 1 级入，第 N 级排出（溶质组成低）→脱溶剂：溶剂第 N 级入，第 1 级排出（溶质组成高）→脱溶剂。解决此类问题要注意：每级内平衡，即 E_i 和 R_i 平衡——x_i-y_i 符合平衡关系。若能确定 R_i 的组成 x_i 和 E_{i+1} 的组成 y_{i+1} 之间的关系，即可求得理论级数（逐级计算）。求解方法包括三角形相图图解法和利用分配曲线求理论级数，以图解法为例，关键在于正确使用总物料衡算和各平衡级物料衡算，最后进行逐级图解。）

12. 解：(1) 用解析法求溶剂用量

$X_F=25/75=0.3333$　　$X_n=1/99=0.0101$　　$Y_S=1/99=0.0101$

$B=F(1-x_F)=1600\times(1-0.25)=1200(\text{kg/h})$

则　$\dfrac{X_F-Y_S/K}{X_n-Y_S/K}=\dfrac{0.3333-0.0101/2.2}{0.0101-0.0101/2.2}=59.67$

因为理论级数为　$n=\dfrac{1}{\ln(1+A_m)}\ln\dfrac{X_F-Y_S/K}{X_n-Y_S/K}$

将 $n=5$ 及 $\dfrac{X_F-Y_S/K}{X_n-Y_S/K}=59.67$ 代入上式，解得

$$A_m=KS/B=1.265$$

则每级纯溶剂用量　$S=690\text{kg/h}$

纯溶剂总用量　$\sum S=5S=3450(\text{kg/h})$

则萃取剂总用量　$\sum S'=\dfrac{5S}{1-0.01}=3484(\text{kg/h})$

(2) 设萃取相的平均组成为 $\overline{Y}$，则　$BX_F+\sum SY_S=BX_n+\sum S\overline{Y}$

所以　$\overline{Y}=B(X_F-X_n)/\sum S+Y_S$

解得　$\overline{Y}=0.1225$　$\overline{y}=\overline{Y}/(1+\overline{Y})=0.1091$

(提示：本题考查萃取过程中的多级错流萃取的计算。原溶剂 B 与萃取剂 S 互不相溶，则各级萃取相中溶剂 S 的量和萃余相中原溶剂 B 的量均可视为常数，根据相平衡关系，多级错流接触萃取的理论级数可用图解法或解析法获得。)

13. 解：(1) 总传质单元数 N_{OR}

由题意可知　$X_F=0.15/0.85=0.1765$　$X_n=0.005/0.995\approx0.005$

$$Y_S=0\quad A_m=KS/B=1.75\times2=3.5$$

$$N_{OR}=\frac{1}{1-\frac{1}{A_m}}\ln\left[\left(1-\frac{1}{A_m}\right)\frac{X_F-Y_S/K}{X_n-Y_S/K}+\frac{1}{A_m}\right]$$

$$=\frac{1}{1-\frac{1}{3.5}}\ln\left[\left(1-\frac{1}{3.5}\right)\times\frac{0.1765}{0.005}+\frac{1}{3.5}\right]=2.31$$

(2) 总体积传质系数 $K_x\alpha$ 。

$$H_{OR}=\frac{H}{N_{OR}}=\frac{3}{2.31}=1.299(\text{m})$$

$$B=S/2=160/2=80(\text{kg/h})$$

$$K_x\alpha=\frac{B}{H_{OR}\Omega}=\frac{80}{1.299\times\pi/4\times0.08^2}=1.226\times10^4[\text{kg}/(\text{m}^3\cdot\text{h})]$$

(提示：本题考查连续逆流接触萃取的计算，原料液和萃取剂逆向接触、依次通过各级。连续接触式萃取塔的计算主要是对给定的任务确定塔高和塔径，类似于我们前面所学的填料塔高度的计算。萃余相的总传质单元高度 H_{OR} 或总体积传质系数 $K_x\alpha$ 一般需要结合具体的设备及操作条件由实验测定；萃余相的总传质单元数 N_{OR} 也由图解积分法或数值积分法求得。当分配曲线为直线时，也可由对数平均推动力或萃取因数法求得。萃取因数法计算式为：$N_{OR}=\frac{1}{1-\frac{1}{A_m}}\ln\left[\left(1-\frac{1}{A_m}\right)\frac{X_F-Y_S/K}{X_n-Y_S/K}+\frac{1}{A_m}\right]$ 。)

四、推导

1. 解：根据选择性系数定义　$\beta=\frac{y_A/y_B}{x_A/x_B}$　①

式中，y、x 分别为萃取相、萃余相中组分 A（或 B）的质量分数。

又因　$\frac{y_A}{y_B}=\frac{y_A^0}{y_B^0}$　②

$\frac{x_A}{x_B}=\frac{x_A^0}{x_B^0}$　③

将式②、式③代入式①，有　$\left.\begin{aligned}\beta=\frac{y_A^0/y_B^0}{x_A^0/x_B^0}\\ y_B^0=1-y_A^0,\ x_B^0=1-x_A^0\end{aligned}\right\}\Rightarrow\beta=\frac{y_A^0/(1-y_A^0)}{x_A^0/(1-x_A^0)}$

即 $y_A^0=\dfrac{\beta x_A^0}{1+(\beta-1)x_A^0}$

（提示：本题考查选择性系数的推导。）

2．解：连接点 S、b 并延长与 AB 边交于 E' 点，读出 y'_A，连接点 S、a 并延长与 AB 边交于 R' 点，读出 x'_A，选择性系数 $\beta=\dfrac{k_A}{k_B}=\dfrac{y_A/y_B}{x_A/x_B}$

式中，y、x 分别为萃取相、萃余相中组分 A（或 B）的质量分数。萃取相中组分 A、B 组成之比（y_A/y_B）与萃取液中组分 A、B 的组成比（y'_A/y'_B）相等；萃余相中组分 A、B 组成之比（x_A/x_B）与萃余液中组分 A、B 组成之比（x'_A/x'_B）相等，故

$$\beta=\frac{y'_A/y'_B}{x'_A/x'_B}=\frac{y'_A/(1-y'_A)}{x'_A/(1-x'_A)}$$

（提示：本题考查选择性系数的计算。要注意三角形相图的使用。）

3．解：

$$u_S=\frac{u_D}{\varphi_D}+\frac{u_C}{1-\varphi_D} \quad ①$$

$$u_S=\frac{gd_p^2(\rho_D-\rho_m)}{18\mu_C} \quad ②$$

$$\rho_m=\rho_D\varphi_D-\rho_C(1-\varphi_D) \quad ③$$

由式②、式③得 $$u_S=\frac{gd_p^2(\rho_D-\rho_C)}{18\mu_C}(1-\varphi_D)=\mu_t(1-\varphi_D) \quad ④$$

由式①、式④得 $$u_t=\frac{u_D}{\varphi_D(1-\varphi_D)}+\frac{u_C}{(1-\varphi_D{}^2)}$$

u_K 虽不等于单液滴的自由沉降速度，但与 u_D、u_C 无关，当物性一定时，u_K 完全由设备特性所决定，故

$$\frac{u_D}{\varphi_D(1-\varphi_D)}+\frac{u_C}{(1-\varphi_D)^2}=u_K$$

（提示：本题考查设备特性速度 u_K 的计算。）

4．解：多级错流萃取，多级错流萃取只是单级萃取的多次重复，进出各级的物流及图解计算方法可参见图 8-24。

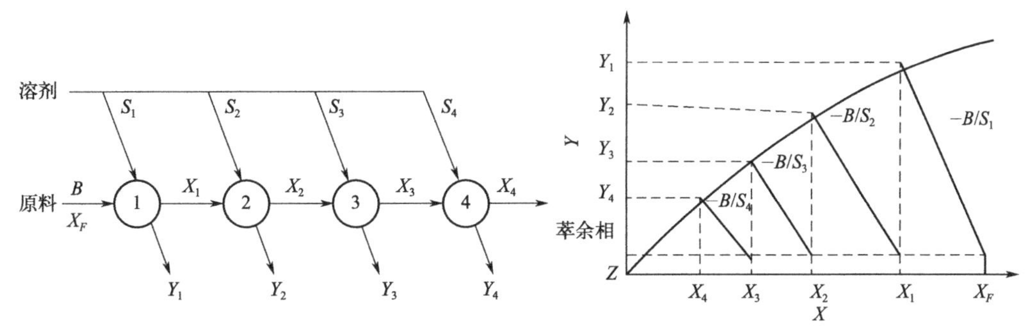

图 8-24 互不相溶物系的多级错流萃取图解

设在操作范围内，平衡线为通过原点的直线，即分配系数 K 为一常数，则多级错流萃取的理论级数可通过以下解析计算法来求解。

图 8-25 为多级错流萃取中任意第 m 级的有关物流及组成，若假设溶剂中不含溶质 A（$Z=0$），对其作物料衡算可得：

$$B(X_{m-1}-X_m)=S_mY_m$$

将平衡关系 $Y_m=KX_m$ 代入上式，则得：

$$X_m=\frac{X_{m-1}}{1+\dfrac{S_m}{B}K}=\frac{X_{m-1}}{1+\dfrac{1}{A_m}} \quad ①$$

式中

$$\frac{1}{A_m}=\frac{S_m}{B}K=\frac{S_mY_m}{BX_m}=\frac{\text{萃取相中的组分 A 的量}}{\text{萃余相中的组分 A 的量}} \quad ②$$

$1/A_m$ 称为萃取因数。

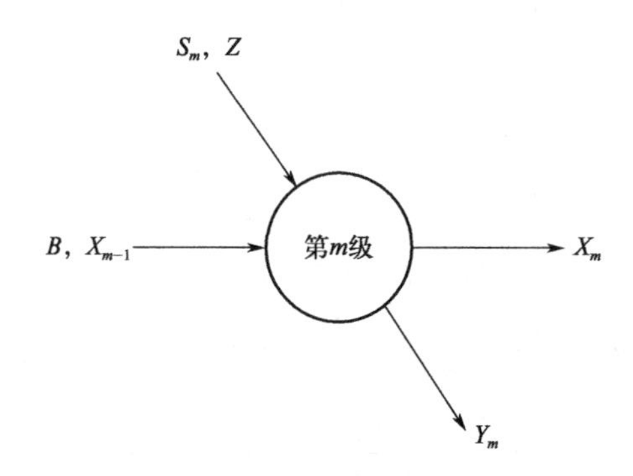

图 8-25　多级错流萃取中第 m 级的物料衡算

当各级所用的溶剂量均相等，各级萃取因数 $1/A_m$ 为一常数 $1/A$ 时，式①可写成

$$X_m=\frac{X_{m-1}}{1+\dfrac{1}{A}} \quad ③$$

从 $m=1(X_0=X_F)$ 至最后一级 $m=N$，逐级递推可得最终萃余相含量 X_N 为

$$X_N=\frac{X_F}{\left(1+\dfrac{1}{A}\right)^N} \quad ④$$

达到 X_N 所需的理论级数为

$$N=\frac{\lg\left(\dfrac{X_F}{X_N}\right)}{\lg\left(1+\dfrac{1}{A}\right)} \quad ⑤$$

经 N 级后，溶质 A 在最终萃余相中的萃余分数为

$$\varphi=\frac{BX_N}{BX_F}=\frac{1}{\left(1+\dfrac{1}{A}\right)^N} \quad ⑥$$

多级逆流萃取：完全不互溶物系逆流萃取的计算方法与液体的解吸完全相同，以下介绍的理论级计算方法对萃取及解吸过程均适用。

对整个萃取设备作物料衡算（参见图 8-26）可得

$$B(X_F - X_N) = S(Y_1 - Z) \quad ⑦$$

自第 1 至 m 级为控制体作物料衡算（见图 8-26），则

$$B(X_F - X_m) = S(Y_1 - Y_{m+1}) \quad ⑧$$

或

$$Y_{m+1} = \frac{B}{S}X_m + \left(Y_1 - \frac{B}{S}X_F\right) \quad ⑨$$

式⑨为逆流操作时的操作线方程。因（B/S）对各级为一常数，操作线为一直线，其上端位于 $X=X_F$、$Y=Y_1$ 的 H 点，下端位于 $X=X_N$、$Y=Z$ 的 D 点。在分配曲线（平衡线）与操作线之间作若干梯级，便可求得所需的理论级数［见图 8-26（b）］。

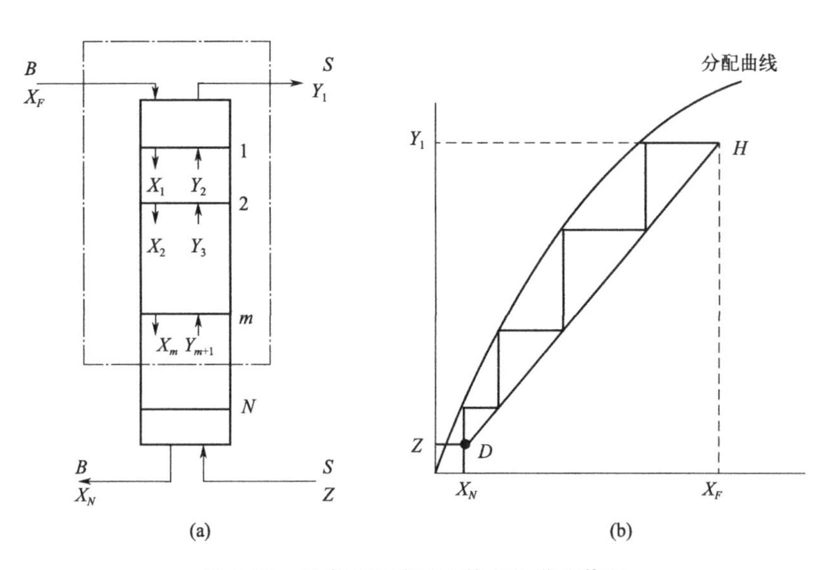

图 8-26　完全不互溶物系的多级逆流萃取

若将平衡线用某一数学方程表达，则可如精馏过程一样，逐级计算离开液流的各级含量及达到规定萃余相 X_m 所需的理论级数，若平衡线为通过原点的直线，则

$$N = \frac{1}{\ln \dfrac{1}{A}} \ln \left[(1-A)\left(\frac{X_F - \dfrac{Z}{K}}{X_N - \dfrac{Z}{K}} \right) + A \right] \text{，其中 } A = \frac{BK}{S}$$

（提示：本题考查萃取过程中的多级错流萃取和多级逆流萃取的计算，参考计算题 10 和 11。）

第九章

固体干燥

一、选择题

1. 常用的去湿法包括________。

① 机械去湿法　　② 吸附去湿法　　③ 供热干燥　　④ 化学去湿法

2. 下列论断中正确的是________。

① 干燥是用加热的方法使水分或其他湿分汽化，借此来除去固体物料中湿分的操作

② 干燥过程按操作压强可分为常压干燥和真空干燥

③ 干燥过程按操作方式可分为连续操作和间歇操作

④ 干燥过程按传热方式可分为传导干燥、对流干燥、辐射干燥

⑤ 干燥过程是传热和传质同时进行的过程，干燥速率由传热速率及传质速率共同控制

3. 下列有关对流干燥论断中正确的是________。

① 对流干燥是用热空气或其他高温气体为介质，使之掠过物料表面，介质向物料供热并带走汽化的湿分的过程

② 对流干燥是一个热、质反向传递的过程

③ 对流干燥过程可以是连续的，也可以是间歇的

④ 对流干燥操作的经济性主要取决于能耗和热的利用率；废气带走的热、设备的热损失及固体物流的温升是影响热利用率的主要因素

4. 下列判断中正确的是________。

① 湿度是湿空气的温度

② 湿空气中所含水汽的质量与绝对干空气的质量之比称为湿度

③ 干燥过程中湿度是不变的

④ 湿空气经预热器前后的湿度不变

5. 湿度表示湿空气中水汽含量的________。

① 相对值　　② 绝对值　　③ 增加值　　④ 减少值

6. 空气的饱和湿度 H 是湿空气________的函数。

① 总压及干球温度　　② 总压及湿球温度　　③ 总压及露点　　④ 湿球温度及焓

7. 空气相对湿度越高，其吸收水汽的能力________。

① 越高　　② 越低　　③ 无影响　　④ 无法判断

8. 下列说法中正确的是________。

① 将温度计的感湿球用纱布包裹，纱布用水保持润湿，该温度计在空气中所达到的平衡或稳定的温度称为空气的湿球温度

② 湿球温度由湿空气的温度、湿度所决定，它实质上是包裹温度计感温球的纱布中水分的温度，而与湿纱布水分的初始温度无关

③ 对于某一定干球温度的湿空气而言，其相对湿度越低，湿球温度值亦越低

④ 对于不饱和的湿空气，湿球温度低于干球温度；对于饱和湿空气，其湿球温度与干球温度相等

9. 下列说法中正确的是________。

① 不饱和空气在绝热饱和器中与大量循环的水密切接触，设备保温良好，最后空气被水汽所饱和后达到的温度即为空气的绝热饱和温度

② ①过程中热量只在气液两相间传递，对周围环境是绝热的，当忽略水汽的显热时，空气的焓值可视为不变，发生的是空气的绝热降温增湿过程（等焓过程）

③ 尽管绝热饱和湿度和湿球温度的概念不同，但两者都是湿空气状态（t 和 H）的函数；对空气-水汽系统而言，两者在数值上近似相等

④ 绝热饱和温度和湿球温度是同一个概念

10. 已知空气、甲苯混合物 $\alpha/k_H=1.8C_H$，试问：对一定的 t 和 H，其绝热饱和温度 t_{as} 和湿球温度 t_w 之间的关系为________。

① $t_{as}>t_w$　　② $t_{as}<t_w$　　③ $t_{as}=t_w$

11. 湿空气的干球温度为 t，湿球温度为 t_w，露点为 t_d，当空气相对湿度为100%时，则 t、t_w、t_d 三者的关系为________。

① $t=t_w=t_d$　　② $t>t_w>t_d$　　③ $t_d>t_w>t$　　④ $t>t_w=t_d$

12. 空气的干球温度为 t，湿球温度为 t_w，露点为 t_d，当空气相对湿度为80%时，则 t、t_w、t_d 三者的关系为________。

① $t=t_w=t_d$　　② $t>t_w>t_d$　　③ $t<t_w<t_d$　　④ $t>t_w=t_d$

13. 对于被水汽饱和的湿空气，下列说法正确的是________。

① 该湿空气的湿球温度介于干球温度与露点温度之间

② 该湿空气的湿度与温度无关

③ 该湿空气的绝对湿度百分数等于其相对湿度

④ 该湿空气在改变温度时，其湿容积不变

14. 当总压固定时，下列参数中可以用来确定空气状态的是________。

① 湿空气的露点及湿热容　　② 湿空气的湿球温度及热容

③ 湿空气的绝对湿度及湿热容　　④ 湿空气的湿热容及湿球温度

15. 湿空气通过换热器预热的过程为________。

① 等容过程　　② 等湿度过程　　③ 等焓过程　　④ 等相对湿度过程

16. 已知湿空气的下列两个参数________，利用 H-I 图可以查得其他未知参数。

① 水汽分压 p，温度　　② 露点 t_d，湿度 H

③ 湿球温度 t_w，干球温度 t　　④ 焓 I，湿球温度 t_w

17. 关于图 9-1 所示的 a、b、c 状态的湿空气，以下讨论中正确的是________。

① 处于 a、b、c 状态的湿空气，其湿球温度相同

② 处于 a、b、c 状态的湿空气，其水汽分压相同

③ 处于 a、b、c 状态的湿空气，其湿容积相同

④ 处于 a、b、c 状态的湿空气，其相对湿度百分数相同

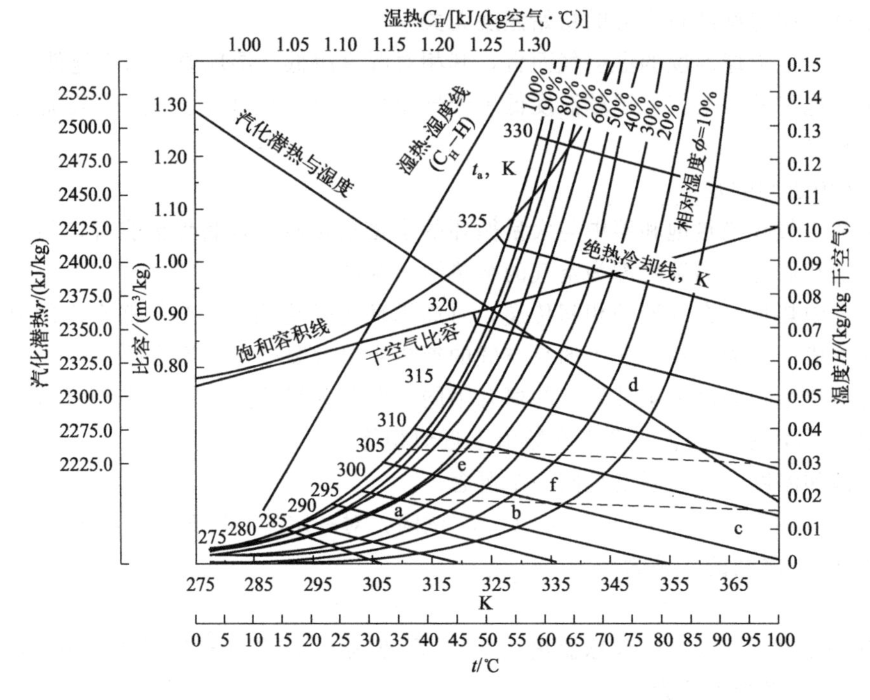

图 9-1

18. 据图 9-1，以每千克干空气为基准，下列关于 a、b、c、d 状态下湿空气等温载湿能力的讨论中正确的是________。

① a 状态下湿空气的载湿能力比 b 状态的大

② d 状态下湿空气的载湿能力比 c 状态的小

③ d 状态下湿空气的载湿能力与 b 状态的相同

④ b、c 状态下湿空气的载湿能力相同

19. 据图 9-1，2kg e 状态的湿空气升温到 f 状态，吸收的热量 Q 按下列________式计算。

① $Q=2(i_{H_2}-i_{H_1})$ ② $Q=2(i_{H_2}-i_{H_1})/(1+H_e)$

③ $Q=2(1+H_e)(i_{H_2}-i_{H_1})$ ④ $Q=\frac{1}{2}(1+H_e)(i_{H_2}-i_{H_1})$

20. 据图 9-1，下列分析中正确的是________。

甲：湿空气经绝热饱和过程，其湿热容一定提高。

乙：湿空气经预热升温，不会改变其湿热容。

① 甲对 ② 乙对 ③ 甲、乙都不对 ④ 甲、乙都对

21. 若湿空气处于如图 9-2 所示的 A、G 状态，下列关于它们的相对湿度 ϕ、露点温度 t_d、湿球温度 t_w，以及水汽分压 p 的比较式中错误的是________。

① $\phi_A<\phi_G$ ② $(t_d)_A=(t_d)_G$ ③ $(t_w)_A=(t_w)_G$ ④ $p_A>p_G$

22. 如图 9-2 所示，湿空气若从状态 A 变化到 G，则错误的说法是________。

① 湿度和相对湿度都增加了 ② 湿度增加了，而相对湿度降低了

③ 湿度和相对湿度都降低了 ④ 湿度降低了，而相对湿度增加了

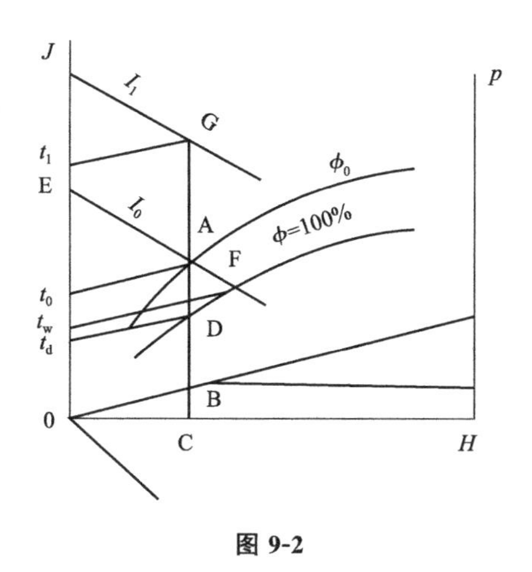

图 9-2

23. 将图 9-2 所示的 A、G 状态的两股湿空气混合。关于混合湿空气性质的判断中错误的是________。

① 以干空气为基准的混合气的焓值与 G 状态湿空气的相同

② 以干空气为基准的混合气的比热容将小于 G 状态湿空气的比热容

③ 混合气的湿球温度将与 A 状态湿空气的相同

④ 混合气的露点将与 G 状态湿空气的相同

24. 若以 $1m^3$ 湿空气为基准，关于图 9-2 所示的 A、G 状态湿空气的下列讨论中正确的是________。

甲：将 A 状态的湿空气加热 20℃比将 G 状态的湿空气加热 20℃耗热少些。

乙：G 状态湿空气的绝热载湿能力将比 A 状态湿空气的绝热载湿能力大些。

① 甲正确　② 乙正确　③ 甲、乙均正确　④ 甲、乙均不正确

25. 有关物料中水分论断正确的是________。

① 非结合水是指机械地附着于固体表面的水分，例如物料中的吸收水和较大孔隙中的水

② 结合水是指借助化学力或物理化学力与固体结合的水分，例如物料细胞壁内的水分、小毛细管内的水分以及以结晶水的形态存在于固体物料中的水分

③ 结合水与非结合水的基本区别是其表现的平衡蒸气压不同。结合水的蒸气压低于同温度下纯水的饱和蒸气压；非结合水的蒸气压与同温度下纯水的饱和蒸气压相同

④ 当物料与一定状态的空气接触后，物料可能被除去水分或吸收水分，直到物料表面水的蒸气压等于空气中水蒸气分压为止，即最终达到恒定的物料含水量——平衡水分

⑤ 平衡水分随物料的种类及空气的状态（温度、相对湿度）不同而异

⑥ 一定干燥条件下物料可被除去的水分，其值为物料含水量与平衡水分的差值

⑦ 物料在干燥过程中，一般均经历预热段、恒速干燥阶段和降速干燥阶段，而其中恒速干燥阶段和降速干燥阶段是以物料临界含水量区分的

⑧ 平衡水分必定是结合水分

26. 不仅与湿物料的性质和干燥介质的状态有关，而且与湿物料同干燥介质的接触方式及相对速度有关的是湿物料的________。

① 平衡水　② 结合水　③ 临界水分　④ 非结合水

27. 物料的平衡水分一定是________。

① 非结合水分　② 自由水分　③ 结合水分　④ 临界水分

28. 关于湿物料中水分性质的下列讨论，正确的是________。

① 湿物料中的自由水一定是非结合水　② 湿物料中的结合水必定是平衡水

③ 湿物料中的结合水一定不是自由水　④ 湿物料中的平衡水必定是结合水

29. 干燥过程中较易除去的是________。

① 结合水分　② 非结合水分　③ 平衡水分　④ 自由水分

30. 湿物料在一定的空气状态下干燥的极限为________。

① 自由水分　② 平衡水分　③ 总水分　④ 结合水分

31. 物料在干燥过程中，干燥速度降为零对应的物料含水量为________。

① 平衡含水量　② 自由含水量　③ 结合含水量　④ 非结合含水量

32. 物料在干燥过程中，其恒速干燥阶段和降速干燥阶段区分的标志是________。

① 平衡水分　② 自由水分　③ 结合水分　④ 临界含水量

33. 下列说法中正确的是________。

甲：湿物料中的非结合水一定大于结合水。

乙：湿物料中的自由水必定大于平衡水。

① 甲、乙都对　② 甲、乙都不对　③ 甲对　④ 乙对

34. 下列说法中正确的是________。

甲：通过对流干燥可被干燥介质带走的水分，是湿物料的非结合水。

乙：通过对流干燥可被干燥介质带走的水分，是湿物料的自由水。

① 甲对　② 乙对　③ 甲、乙都对　④ 甲、乙都不对

35. 若湿物料在恒定干燥过程中，其表面温度一直等于干燥介质的湿球温度。据此，关于该干燥过程的下列议论中________。

甲：物料中湿分的排除受表面汽化控制。

乙：物料始终处于恒速干燥之中。

丙：干燥过程排除的湿分仅为非结合水分。

丁：干燥过程排除的湿分全部系自由水分。

① 甲、乙、丙、丁都对　② 甲、丙、丁都对

③ 乙、丙、丁都对　④ 甲、乙、丁都对

36. 其他干燥工艺条件不变，仅改变湿物料的粉碎程度，可知________。

甲：物料越细碎，其平衡水分与结合水分都越少，干燥过程的推动力越大，所需干燥的时间越短。

乙：物料越细碎，干燥过程的临界湿含量越低，多数水分将在表面汽化阶段被除去，所以干燥的时间越短。

① 甲对　② 乙对

③ 甲、乙都对　④ 尚不能得到甲、乙判断

37. 某湿物料有大小及形状不同的两个品种，A 及 B 两个品种的初始湿含量相同，在恒定干燥实验中，测得它们的临界含水量分别为 $(X_0)_A$、$(X_0)_B$。倘若 $(X_0)_A > (X_0)_B$，今设想用同一设备及干燥介质来干燥 A、B，且要达到相同的干燥程度，________品种的干燥时间花费将少些。

① A 品种　　② B 品种　　③ A、B 费时相同　④ 条件不够，不能判断

38. 在恒定干燥实验中，其他实验条件不变，仅降低空气的湿度。下列推论中合理的是________。

① 干燥过程的临界湿含量将提高，恒速干燥段时间延长

② 干燥过程的临界湿含量将降低，恒速干燥段时间延长

③ 干燥过程的临界湿含量将提高，恒速干燥段时间缩短

④ 干燥过程的临界湿含量将降低，恒速干燥段时间缩短

39. 对直管式气流干燥的干燥管，通常将其划分为加速段与等速段。下列关于这种划分正确的是________。

甲：这种划分是以“干燥速率”的加速与恒速为依据的。

乙：这种划分是以物料颗粒相对设备的运动变化为依据的。

① 甲对　　② 乙对　　③ 甲、乙都对　　④ 甲、乙都不对

40. 仅提高恒定干燥过程中湿料与干燥介质的相对运动速度，那么湿物料的平衡含水量 x^* 及恒速干燥时间 τ_t 将________。

① x^*、τ_t 都增大　　② x^*、τ_t 都变小

③ x^* 不变，τ_t 变小　　④ x^* 变小，τ_t 增大

41. 理想干燥器的特点为________。

① 等焓过程　　② 非等焓过程　　③ 热损失量较大　　④ 等温干燥过程

42. 理想干燥过程满足的条件为________。

① 干燥器无热量补充　　② 干燥器热损失可忽略不计

③ 物料进出干燥器的焓相等

43. 当操作条件确定，干燥器的干燥效率 η_d 与干燥器的热效率 η_h 之间的关系为________。

① $\eta_d < \eta_h$　　② $\eta_d > \eta_h$　　③ $\eta_d = \eta_h$　　④ 需根据具体设备进行分析

44. 干燥的热效率 η_h 可以通过下列________方式来提高。

甲：通过提高干燥介质入口湿度来实现。

乙：通过强化干燥过程的传热传质，达到降低干燥介质出口温度的效果，从而实现干燥热效率的提高。

① 甲方式可行　　② 乙方式可行

③ 甲、乙方式均可行　　④ 甲、乙方式均不可行

45. 对一定的水分蒸发量及空气的出口湿度，则应按________的大气条件来选择干燥系统的风机。

① 夏季　　② 冬季

③ 按夏季或按冬季结果一样　　④ 条件不够，无法判断

46. 工业上常用的对流式干燥器有________。

① 厢式干燥器　　② 气流干燥器　　③ 流化床干燥器　　④ 喷雾干燥器

⑤ 转筒干燥器

47. 工业上常用的非对流式干燥器有________。

① 耙式真空干燥器　　② 红外线干燥器

③ 冷冻干燥器　　④ 放射干燥器

48. 干燥操作中，在________干燥器中干燥固体物料时，物料不被粉碎。

① 厢式　　② 转筒　　③ 气流　　④ 沸腾床

49. 在干燥操作中，将水喷洒于空气中而使空气减湿，应该使水温________。

① 等于湿球温度　　② 低于湿球温度　　③ 高于露点　　④ 低于露点

50. 在等速干燥阶段，用同一种热空气以相同的流速吹过不同种类的物料层表面，则对干燥速率判断正确的是________。

① 随物料种类不同而有极大差异　　② 随物料种类不同可能会有差别

③ 各种不同种类物料的干燥速率是相同的　　④ 不好判断

51. 干燥过程中，干空气的质量________。

① 逐渐减小　　② 逐渐增大　　③ 始终不变　　④ 据具体情况而定

52. 空气进入干燥器之前一般都要预热，其目的是提高________而降低________。

① 温度　　② 湿度　　③ 相对湿度　　④ 压力

53. 下列关于湿物料中水分的表述不正确的是________。

① 平衡水分是不能除去的结合水分

② 自由水分全部为非结合水分

③ 非结合水分一定是自由水分

④ 临界含水量是湿物料中非结合水分和结合水分划分的界限

54. 若需从牛奶料液直接得到奶粉制品，选用________。

① 沸腾床干燥器　　② 气流干燥器　　③ 转筒干燥器　　④ 喷雾干燥器

55. 利用空气作介质干燥热敏性物料，且干燥处于降速阶段，欲缩短干燥时间，则可采取的最有效措施是________。

① 提高介质温度　　② 增大干燥面积，减薄物料厚度

③ 降低介质相对湿度　　④ 提高介质流速

56. 相同的湿空气以不同流速吹过同一湿物料，流速越大，物料的平衡含水量________。

① 越大　　② 越小　　③ 不变　　④ 视具体情况定

57. 对湿度一定的空气，以下参数中________与空气的温度无关。

① 相对湿度　　② 湿球温度　　③ 露点温度　　④ 绝热饱和温度

58. 将氯化钙与湿物料放在一起，使物料中的水分被除去，这是采用________。

① 机械去湿　　② 吸附去湿　　③ 供热去湿　　④ 冷冻去湿

59. 在干燥的第二阶段，对干燥速率有决定性影响的是________。

① 物料的性质和形状　　② 物料的含水量

③ 干燥介质的流速　　④ 干燥介质的流向

60. 间歇恒定干燥时，如干燥介质中水汽分压增加，温度不变，则临界含水量 X_c________。

① 增大　　② 减小　　③ 不变　　④ 不确定

61. 在________两种干燥器中，固体物料和干燥介质呈悬浮状态接触。

① 厢式与气流　　② 厢式与流化床　　③ 洞道式与气流　　④ 气流与流化床

62. 已知湿空气的如下两个参数，便可确定其他参数________。

① H，p　　② H，t_d　　③ H，t　　④ I，t_{as}

63. 在恒定条件下将含水量为 0.2（干基，下同）的湿物料进行干燥，当干燥至含水量为 0.05 时干燥速率下降，再连续干燥至恒重，测得此时含水量为 0.004，此物料的临界含水量为________，平衡水分为________。

① 0.05　　② 0.20　　③ 0.004　　④ 0.196

64. 已知物料的临界含水量为 0.18（干基，下同），先将该物料从初始含水量 0.45 干燥至 0.12，干燥终了时物料表面温度 θ 为________。

① $\theta > t_w$　　② $\theta = t_w$　　③ $\theta = t_d$　　④ $\theta = t$

65. 以下关于对流干燥过程的特点，说法不正确的是________。

① 对流干燥过程是气固两相热、质同时传递的过程

② 对流干燥过程中气体传热给固体

③ 对流干燥过程湿物料的水被汽化进入气相

④ 对流干燥过程中湿物料表面温度始终等于空气的湿球温度

66. 在总压不变的条件下，将湿空气与不断降温的冷壁相接触，直至空气在光滑的冷壁面上析出水雾，此时的冷壁温度称为________。

① 湿球温度　　② 干球温度　　③ 露点　　④ 饱和温度

67. 在总压 101.33kPa、温度 20℃下，某空气的湿度为 0.01kg 水/kg 干空气，现维护总压不变，将空气温度上升到 50℃，其相对湿度________。

① 增大　　② 减小　　③ 不变　　④ 无法判定

68. 在总压 101.33kPa、温度 20℃下，某空气的湿度为 0.01kg 水/kg 干空气，现维护温度不变，将总压上升到 125kPa，其相对湿度________。

① 增大　　② 减小　　③ 不变　　④ 无法判定

69. 以下不影响降速干燥阶段的干燥速率的因素是________。

① 实际汽化面减小　　② 汽化面内移

③ 固体内部水分的扩散　　④ 湿物料的自由水含量

70. 固体物料在恒速干燥终了时的含水量称为________。

① 平衡含水量　　② 自由含水量　　③ 临界含水量　　④ 饱和含水量

71. 不能提高干燥器热效率的方法是________。

① 提高空气的预热温度　　② 降低废气出口温度

③ 减小热损失　　④ 加大热量补充量

72. 已知某湿空气的干球温度和湿球温度，利用焓-湿图不能直接获得该湿空气的________。

① 湿度　　② 焓　　③ 露点　　④ 比体积

73. 下面关于相对湿度的说法中不正确的是________。

① 总压一定时，湿空气的水汽分压越大，相对湿度越大

② 相对湿度等于零时意味着该空气中不含水分

③ 相对湿度等于 1 时意味着该空气不能再容纳水分

④ 相对湿度越大，该空气的未饱和程度越大

74. 在总压 101.33kPa、温度 20℃下（已知 20℃下水的饱和蒸气压为 2.334 kPa），某空气的水汽分压为 1.603kPa，现维护温度不变，将总压上升到 250kPa，该空气的水汽分压为________。

① 1.603kPa　　② 2.334kPa　　③ 4.01kPa　　④ 无法确定

75. 同一物料，如恒速干燥阶段的干燥速率增加，临界含水量________。

① 减小　　② 不变　　③ 增大　　④ 不确定

76. 同一物料，在一定的干燥速率下，物料愈厚，临界含水量________。

① 愈低　　② 愈高　　③ 不变　　④ 不确定

二、填空

1. 饱和空气在恒压下冷却，温度由 t_1 降至 t_2，其相对湿度 ϕ________，绝对湿度 H________，露点 t_d________，湿球温度 t_w________（增加，减小，不变，不定）
2. 在干燥过程中，采用湿空气为干燥介质时，要求湿空气的相对湿度越________越好。
3. 常压下对湿度 H 一定的湿空气，当气体温度 t 升高时，其露点 t_d 将________；而当总压 p 增大时，t_d 将________。
4. 物料中水分与空气达到平衡时，物料表面所产生的水蒸气分压与空气中的水蒸气分压________。
5. 非吸水性物料，如黄沙、瓷土等平衡水分接近于________。
6. 恒定干燥条件下，恒速干燥阶段属于________控制阶段；降速干燥阶段属于________控制阶段。
7. （1）恒定干燥条件是指________以及________都不变。
   （2）在实际的干燥操作中，常常用________来测量空气的温度。
8. 离开干燥器的湿空气温度为 t_2，比绝热饱和温度________，目的是________。
9. 已知物料的临界含水量为 0.2kg 水/kg 绝干物料，空气的干球温度为 t，湿球温度为 t_w，露点为 t_d，现将该物料自初始含水量 $X_1=0.45$kg 水/kg 绝干物料干燥至 $X_2=0.1$kg 水/kg 绝干物料，则干燥物料表面温度 t_m________。
   ① $t_m>t_w$　　② $t_m=t$　　③ $t_m=t_d$　　④ $t_m=t_w$
10. 下列三种空气用来作为干燥介质，用哪一种空气的干燥速度较大？为什么？
    （1）$t=60$℃，$H=0.01$kg 水/kg 干空气
    （2）$t=70$℃，$H=0.036$kg 水/kg 干空气
    （3）$t=80$℃，$H=0.045$kg 水/kg 干空气
    三者干燥速度的顺序为________。
11. 干燥过程所消耗的热量用于____________、__________、__________、________。
12. 在一定温度和总压强下，以湿空气作干燥介质，当所用湿空气的相对湿度较大时，则湿物料的平衡水分相应________，自由水分相应________。
13. 恒速干燥阶段又称表面汽化控制阶段，影响该阶段干燥速率的主要因素是________________；降速干燥阶段又称____________控制阶段，影响该阶段干燥速率的主要因素是____________________。
14. 在理想干燥器内，空气从干燥器入口至出口，温度__________，湿度__________，露点 t_d________，湿球温度 t_w________。
15. 真空冷冻干燥一般分为______________三个主要过程。

三、计算

1. 已知湿空气的总压为 101.3kPa，相对湿度为 50%，干球温度为 20℃。则该空气的（1）湿度为________；（2）水蒸气分压为________。
2. 总压为 0.1MPa 的空气温度<100℃时，空气中水蒸气分压的最大值应为________。
3. 在一密闭容器内，盛有温度为 20℃、总压为 101.3kPa、湿度为 0.01kg/kg 的湿空气，已

知 20℃时水的饱和蒸气压为 2.338kPa，则该空气的水汽分压为________，相对湿度为________，容纳水分的最大能力为________。

4. 湿空气中水的蒸气分压 $p=17.54\mathrm{mmHg}$，总压 $p=760\mathrm{mmHg}$，则 $t=20$℃时的相对湿度 ϕ 为________（$t=20$℃，水的饱和蒸气压 $p_s=17.54\mathrm{mmHg}$）。

5. 已知湿空气总压为 101.3kPa，干球温度为 30℃，相对湿度为 89%，30℃下水蒸气饱和蒸气压 $p_s=4.24\mathrm{kPa}$。则湿空气的湿度 $H=$________，湿空气中水汽分压 $p_V=$________，焓 $I=$________。

6. 已知湿空气的总压为 101.3kPa，相对湿度为 50%，干球温度为 20℃。可用 I-H 图求出：(1) 湿度为________；(2) 水蒸气分压为________；(3) 露点为________；(4) 热焓为________；(5) 湿球温度为________。

7. 已知湿空气的温度为 333K（此温度时水的饱和蒸气压 $p_s=0.199\times10^5\mathrm{Pa}$），总压强为 $0.507\times10^5\mathrm{Pa}$，相对湿度 ϕ 为 40%，则 (1) 湿空气中水蒸气分压为________Pa；(2) 湿度为________kg 水/kg 干空气；(3) 湿空气的比容为________$\mathrm{m^3}$ 湿空气/kg 干空气；(4) 湿空气的密度为________$\mathrm{kg/m^3}$ 湿空气；(5) 湿空气的比热容为________kJ/（kg 干空气·K）；(6) 湿空气的焓为________kJ/kg 干空气。

8. 已知常压下某湿空气的干球温度为 t_1，湿度为 H_1（如图 9-3 所示），试在焓-湿图上示意性地表示出该湿空气的状态点 A 及对应的湿球温度 t_{w1}、绝热饱和温度 t_{as}、露点温度 t_{d1}、相对湿度 ϕ_1、焓 I_1 和水蒸气分压 p_1。

9. 将某湿物料由含水率 30%干燥到 20%所逐走的水分 W_1 与持续从 20%干燥至 10%逐走的水分 W_2 之比 W_1/W_2 为________（湿物料所含水量均为湿基准）。

10. 试判别在常压下，气液两相接触的最初与最终状态时传热传质方向以及过程的极限（即求出终态的液位 θ_2、气温 t_2 以及湿度 H_2）。

(1) $t_1=55$℃，$H_1=0.04$kg 水/kg 干空气的无限大量空气与少量 $\theta_1=20$℃的水接触。

(2) $t_1=42$℃，水汽分压 $p_1=6.5\mathrm{kPa}$ 的少量空气与无限大量 $\theta_1=60$℃的水接触。

(3) 20mm 厚的纸箔和素陶瓷在 10m/s 和 6m/s 的空气流速下，示意绘出其干燥速度曲线（在同一图上表示，并标出 X^* 和 X_e 的位置，图 9-4）。

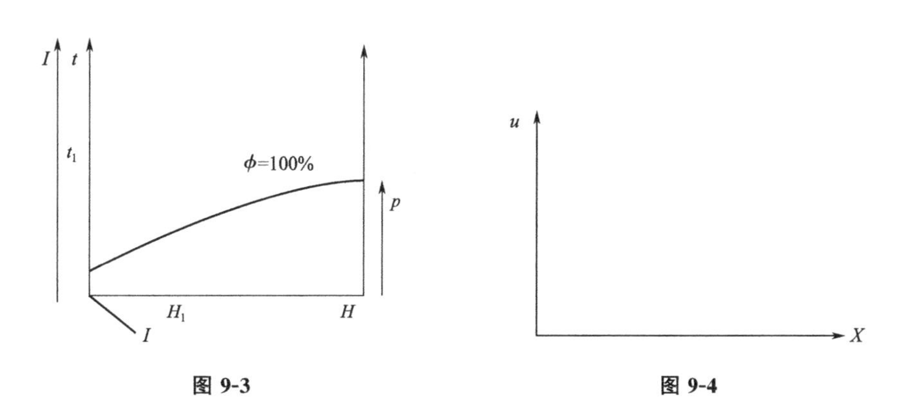

图 9-3　　　　图 9-4

11. 今有二氧化碳-水蒸气混合物以 2500kg/h 的流量通过一容器，其中水蒸气含量为 60%（质量分数），在操作压强 $p=3\mathrm{kgf/cm^2}$（绝压）下，将该混合物温度降至 80℃，则冷凝下来的水量为________kg/h（80℃时水蒸气分压为 $0.483\mathrm{kgf/cm^2}$）。

12. 已知在常压和25℃下，某湿物料中水分和湿空气间的平衡关系为：相对湿度ϕ_1=100%时，平衡含水量X_e=0.02kg水/kg绝干料；ϕ_1=40%时，平衡含水量X_e=0.007kg水/kg绝干料。现测得该物料总含水量为0.23kg水/kg绝干料，若将其与25℃、ϕ=40%的湿空气接触，则该物料的自由含水量等于________kg/kg绝干料，结合水含量等于________kg水/kg绝干料，非结合水含量等于________ kg水/kg绝干料。

13. (1) 分别对未饱和空气和饱和空气，将以下4种温度t_w、t_d、$t_干$、t_{as}按大小顺序排列。未饱和空气________；饱和空气________。

(2) 常压下已知25℃时氧化锌物料在空气中的固相水分的平衡关系，其中当ϕ=100%时，X_e=0.02kg水/kg绝干料，ϕ=40%时，X_e=0.007kg水/kg绝干料。设氧化锌含水量为0.25kg水/kg绝干料，若与t=25℃、ϕ=40%的恒定空气长时间充分接触，则该物料的平衡含水量和自由含水量、结合水含量和非结合水含量分别为________kg水/kg绝干料、________kg水/kg绝干料、________kg水/kg绝干料、________kg水/kg绝干料。

14. 在恒定干燥条件下进行干燥实验，已测得$t_干$=50℃，t_w=43.7℃，气体的质量流量为2.5kg/(m^2·s)，气体平行流过物料表面，水分只从物料上表面汽化，物料由湿含量X_1变到X_2，干燥处于恒速阶段，所需干燥时间为τ_a=1h，则：

(1) 若其他条件不变，且仍处于恒速阶段，只是介质的条件中有两项改变为$t_干$=80℃，t_w=48.3℃ (L不变)，则所需干燥时间τ_b为________h。

(2) 若其他条件不变，且仍处于恒速阶段，只是物料层厚度增加一倍，则所需干燥时间τ_c为________h。

注：水的汽化潜热$r=2491.27-2.303t$，r的单位为kJ/kg，t为汽化温度，℃。

15. 某板状物的干燥速率与所含水分成比例，其关系可用下式表示：$-dX/d\tau=KX$。设在某一干燥条件下，此物料在30min后，自初重66kg减至50kg。如欲将此物料在同一条件下，自原含水量干燥到原来含水量的50%所需的时间为________min。已知此物料的绝对干物料质量为45kg。

16. 已知某物料在恒定空气条件下从自由含水量0.10kg水/kg干料干燥至0.04kg/kg干料共需5h，将此物料继续干燥至自由含水量为0.01kg水/kg干料，干燥还需时间为________h (已知此干燥条件下物料的临界自由含水量X_0=0.08kg水/kg干料，降速阶段的速率曲线可作为通过原点的直线处理)。

17. 将某批物料由含水量25%干燥至6% (均为湿基)。湿物料的初始质量为160kg，干燥表面积为0.025m^2/kg干物料，该物料的临界含水量X_0=0.20kg水/kg干物料，平衡含水量X_e=0.05kg水/kg干物料，设装卸时间τ'=1h，试确定每批物料的干燥时间为________h [恒速阶段的干燥速率$u_0=4.167\times10^{-4}$kg/(m^2·s)]。

18. 在一连续干燥器中，处理湿物料1000kg/h，经干燥后物料含水量由8%降至2% (均为湿基)，则水分蒸发量为________kg/h，进入干燥器的绝干物料量为________kg/h。

19. 在一连续干燥器中，处理湿物料1000kg/h，经干燥后物料的含水量由10%降至2% (均为湿基)，以热空气为干燥介质，初始湿度H_1=0.008kg水/kg绝干气，离开干燥器时的湿度H_2=0.05kg水/kg绝干气。假设干燥过程中无物料损失，则：(1) 水分蒸发量为________kg/h；(2) 空气消耗量为________kg/h；(3) 干燥产品量为________kg/h。

20. 用空气干燥某物料，每小时需要从干燥器中的该物料蒸发出100kg的水，室外空气的温度为 20℃，相对湿度为 50%。将空气加热至 70℃供干燥器用。干燥器出口的空气温度为 35℃，试用湿度图求以下各值：

(1) 假设干燥器内的变化是绝热的，则空气需要量为________kg 干空气/h。

(2) 预热所需热量为________kcal/h，干燥器内可利用的热量为________kcal/h。

21. 在一连续干燥器中，处理湿物料 500kg/h，物料经干燥后含水量由 8%降至 2%（均为湿基）。温度为 20℃，湿度为 0.009kg 水/kg 绝干空气的新鲜空气经加热器预热后进入干燥器，离开干燥器时空气的湿度为 0.022kg 水/kg 绝干空气，则：(1) 水分蒸发量为________kg/h；(2) 新鲜空气消耗量为________kg/h。

22. 某转筒式干燥机，转筒的内直径为 1.2m，用于干燥一种粒装物料，物料中水分由 30%干燥至 2%（质量分数，湿基），所用湿空气的状态：进入干燥器时温度为 110℃，湿球温度为 40℃，离开干燥器时温度为 75℃，湿球温度为 70℃，空气在转筒内的质量流量为 300kg/（m^2·h）。则这个干燥器每小时最多能处理湿物料________kg。

① 205　　② 305　　③ 405　　④ 250

23. 湿度为 0.02 的湿空气在预热器中加热到 120℃后通入绝对压力为 1.01×10^5 Pa 的干燥器，离开干燥器时空气的温度为 49℃，则离开干燥器时空气的露点温度 t_d 为________℃。水的饱和蒸气压数据见表 9-1。

表 9-1　水的饱和蒸气压数据

温度 t/℃	30	35	40	45	50	55	60
饱和蒸气压 p/mmHg	31.8	42.18	55.3	78.9	92.5	118.0	149.4

已知：0℃水蒸气的潜热为 2490kJ/kg，干空气比热容为 1.01kJ/（kg·℃）。

24. 在常压连续干燥器中干燥某固体湿物料。已知新鲜空气温度为 15℃，湿度为 0.0073kg 水/kg 干空气，焓为 35kJ/kg 干空气，该空气在预热器中预热至 90℃后送入干燥器。离开干燥器的废气温度为 50℃，湿度为 0.023kg 水/kg 干空气，固体湿物料初始含水量为 13%（湿基，下同），干燥产品含水量为 0.99%，干燥产品产量为 237kg/h，则：

(1) 经预热后湿空气的湿度为________kg 水/kg 干空气，焓为________kJ/kg 干空气；

(2) 干燥过程中除去的水分量为________kg 水/h；

(3) 绝干空气消耗量为________kg 干空气/h；

(4) 预热器传热量为________kW（预热器的损失可忽略不计）。

[已知水蒸气比热容为 1.88kJ/（kg·℃），干空气比热容为 1.01kJ/（kg·℃），0℃下水的汽化热为 2490kJ/kg]

25. 有一干燥系统如图 9-5 所示，新鲜空气为 $t_0=20$℃，$H_0=0.01$kg 水/kg 干空气，与干燥器出口温度 $t_2=50$℃，湿度 $H_2=0.08$kg 水/kg 干空气的废气汇合后进入预热器，废气/新鲜空气=0.8/0.2，干燥器中物料为 $G=1500$kg/h，湿含量 $w_1=0.47$，$w_2=0.05$（均为湿基），则：(1) 新鲜空气加入量为________kg/h；(2) 预热器加入热量为________kW。

26. 在常压干燥器中，将肥料从含水量 5%干燥至 0.5%（均为湿基），干燥器的生产能力为 5400kg 干料/h。肥料进、出干燥器的温度分别为 21℃和 66℃，热空气进入干燥器的温度为 127℃，湿度为 0.007kg 水/kg 干空气，离开时温度为 82℃。若不计热损失，可确定干空气的消耗量为________kg/h 及空气离开干燥器时的湿度为________kg 水/kg 干

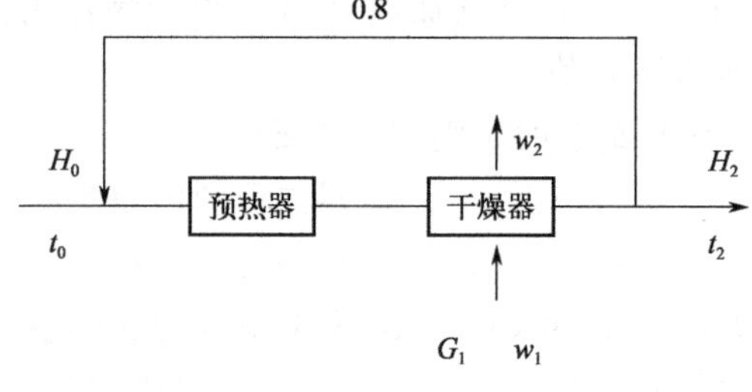

图 9-5

空气［设干肥料与水的比热容均为 1.95kJ/（kg·℃）］。

① 25704，0.017　　② 2500，0.02　　③ 25074，0.017

27. 常压下空气在温度为 20℃，湿度为 0.01kg 水/kg 干空气状态下，被预热至 120℃后进入理论干燥器，废气出口湿度为 0.03kg 水/kg 干空气。物料的含水量由 3.7%干燥至 0.5%（均为湿基），干空气的流量为 8000kg 干空气/h。每小时加入干燥器的湿物料量和废气出口温度分别为________kg 湿物料/h 和________℃。

① 4975，68.9　　② 5075，69.8　　③ 4975，86.9

28. 某干燥器在常压下将自由含水量为 0.0527kg 水/kg 干料的湿物料干燥至 0.00502kg 水/kg 干料，物料处理量为 1.5kg 干料/s，所用空气的温度为 20℃、湿度为 0.007kg 水/kg 干气，预热温度为 127℃，废气出口温度为 82℃。若已测得干燥器的容积系数为 0.3kJ/(m^3·s·℃)，并假设为理想干燥过程。则：（1）空气用量 V 为________kg 干气/s；（2）干燥过程的热效率 η 为________；（3）所需设备容积 $\overline{V}$ 为________m^3。

29. 已知在总压 101.3kPa 下，湿空气的干球温度为 30℃，相对湿度为 50%，试求：（1）湿度；（2）露点；（3）焓；（4）将此状态空气加热至 120℃所需的热量，已知空气的质量流量为 400kg 绝干气/h；（5）每小时送入预热器的湿空气体积。

30. 湿物料从含水量 20%（湿基，下同）干燥至 10%时，以 1kg 湿物料为基准，除去的水分量为从含水量 2%干燥至 1%时的多少倍？

31. 用热空气干燥某种湿物料，新鲜空气的温度 $t_0=20$℃、湿度 $H_0=0.006$kg 水/kg 干气，为保证干燥产品质量，空气在干燥器内的温度不能高于 90℃，为此，空气在预热器内加热到 90℃后送入干燥器，当空气在干燥器内温度降至 60℃时，再用中间加热器将空气加热至 90℃，空气离开干燥器时温度降至 $t_2=60$℃，假设两段干燥过程均可视为等焓过程，试求：

（1）在湿空气 I-H 图上定性表示出空气经过干燥系统的整个过程；

（2）汽化每千克水分所需的新鲜空气量。

32. 某湿物料在恒定的空气条件下进行干燥，物料的初始含水量为 15%，干燥 4 小时后含水量降为 8%，已知在此条件下物料的平衡含水量为 1%，临界含水量为 6%（皆为湿基），设降速阶段的干燥曲线为直线，试求将物料继续干燥至含水量为 2%所需的干燥时间。

33. 一常压理想干燥器中用热空气干燥湿物料，新鲜空气 $t_0=20$℃，$H_0=0.005$kg 水/kg 绝干气，出干燥器废气温度为 50℃，由于与物料接触的空气的最高允许温度为 100℃，所以空气在预热器中被加热至 100℃后送入干燥器。干燥器内每小时处理 1200kg 湿物料，物料的干基含水量需由 0.2 下降为 0.02，假设预热器的热损失可忽略不计。试求：

（1）干燥系统的热效率和预热器的热负荷；

(2) 采用废气循环流程，将部分废气引回预热器入口与新鲜空气混合并升温至100℃后使用。若废气与新鲜空气绝干空气量之比为3∶1，求干燥系统的热效率和预热器的热负荷。

34. 已知湿空气的温度（干球）为50℃，湿度为0.02kg水/kg干气，试计算下列两种情况下的相对湿度及同温度下容纳水分的最大能力（即饱和湿度），并分析压力对干燥操作的影响。

(1) 总压为101.3kPa；(2) 总压为26.7 kPa。

四、推导

1. 试推导湿空气比容 $V_H = (0.773 + 1.244H)\dfrac{t+273}{273} \times \dfrac{101.33}{p}$

2. 试推导水分蒸发量 $W = G_1\dfrac{w_1 - w_2}{1 - w_2} = G_2\dfrac{w_1 - w_2}{1 - w_1}$

3. 对空气-水系统，湿球温度可近似当作绝热冷却温度，试阐述原因。对某一空气系统，此二温度是否亦近似相等？为什么？

4. 试证明理想干燥器的热效率计算式为 $\eta = \dfrac{t_1 - t_2}{t_1 - t_0} \times 100\%$

第九章
固体干燥　参考答案

一、选择题

1. ①②③　2. ①②③④⑤　3. ①②③④　4. ②④　5. ②

6. ①　7. ②　8. ①②③④　9. ①②③　10. ②

11. ①　12. ②　13. ③　14. ④　15. ②

16. ③　17. ②　18. ②　19. ②　20. ①

21. ①③④　22. ①②③④　23. ①③　24. ②　25. ①②③④⑤⑥⑦⑧

26. ③　27. ③　28. ④　29. ②　30. ②

31. ①　32. ④　33. ②　34. ②　35. ①

36. ④　37. ④　38. ②　39. ②　40. ③

41. ①　42. ①②③　43. ①　44. ③　45. ①

46. ①②③④⑤　47. ①②③　48. ②　49. ④　50. ③

51. ③　52. ①；③　53. ②　54. ④　55. ②

56. ②　57. ③　58. ②　59. ①　60. ②

61. ④　62. ③　63. ①；③　64. ①　65. ④

66. ③　67. ②　68. ①　69. ④　70. ③

71. ④　72. ④　73. ④　74. ②　75. ③

76. ②

二、填空

1. 不变，减小，减小（饱和空气，$t=t_w=t_d$），减小

2. 小（低）　3. 不变，升高　4. 相等　5. 0

6. 表面汽化，内部扩散

7. （1）温度、湿度、速度，物料接触状况；（2）干湿球温度计

8. 高 20～50K，防止干燥产品返潮

9. ①（恒速段 $t_m=t_w$，过临界点后 t_m 升高）

10. （3）＞（1）＞（2）

解：(1) $t=60℃$，$H=0.01$kg 水 /kg 干空气，查焓-湿图得 $t_w=28℃$，$\phi=7\%$，$H_w=0.025$kg 水 /kg 干空气

有 $t-t_w=32℃$，$H_w-H=0.015$kg 水/kg 干空气

(2) $t=70℃$，$H=0.036$kg 水 /kg 干空气，查图得 $t_w=40℃$，$\phi=17\%$，$H_w=0.049$kg

水 /kg 干空气

有 $t-t_w=30℃$，$H_w-H=0.013$kg 水/kg 干空气

(3) $t=80℃$，$H=0.045$kg 水/kg 干空气，查焓-湿图得 $t_w=44℃$，$\phi=15\%$，$H_w=0.062$kg 水 /kg 干空气

有 $t-t_w=36℃$，$H_w-H=0.017$kg 水/kg 干空气

因而尽管对 ϕ 而言，(2) > (3) > (1)，干燥速度仍为 (3) > (1) > (2)

11. 加热空气，加热物料，汽化水分，补偿热损失
12. 增大，减少
13. 干燥介质的状况、流速及其与物料的接触方式，内部迁移，物料结构、尺寸及其与干燥介质的接触方式、物料本身的温度等
14. 下降，增大，升高，不变
15. 预冻、升华、解吸

三、计算

1. (1) 0.00727kg 水/kg 干空气；(2) 1.17kPa

   解：总压 $p=101.3$kPa，相对湿度 $\phi=50\%$，$t=20℃$，由饱和水蒸气表查得，水在 20℃时的饱和蒸气压为 $p_{饱}=2.34$kPa

   (1) 湿度 $H=0.622\dfrac{\phi p_{饱}}{p-\phi p_{饱}}=0.622\times\dfrac{0.50\times2.34}{101.3-0.50\times2.34}=0.00727$kg 水/kg 干空气

   (2) 水蒸气分压 $p_{气}=\phi p_{饱}=0.50\times2.34=1.17$kPa

2. 该温度下的饱和蒸气压
3. 1.619kPa，0.692，0.0147kg 水/kg 干空气
4. 1.0　5. 0.024kg 水/kg 干空气，3.77kPa，91.7kJ/kg
6. (1) 0.0075kg 水/kg 干空气　(2) 1.2 kPa　(3) 10℃　(4) 39kJ/kg 干空气　(5) 14℃

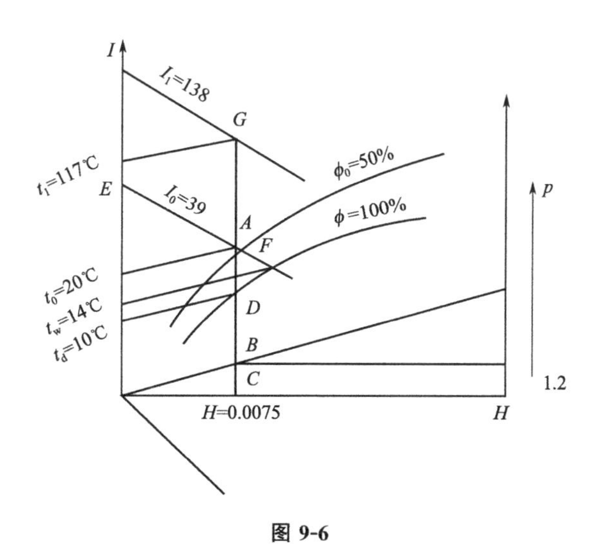

图 9-6

解：见图 9-6，已知总压 $p=101.3$kPa，相对湿度 $\phi=50\%$，$t_0=20℃$，在 I-H 图上定出

湿空气状态点 A。

(1) 湿度 H

由 A 点沿等 H 线交水平辅助轴于 C 点，读得 $H=0.0075$kg 水/kg 干空气

(2) 水蒸气分压 $p_{气}$

由 A 点沿等 H 线向下交水蒸气分压线于 B 点，由图右端纵坐标上读得 $p_{气}=1.2$kPa

(3) 露点

由 A 点沿等 H 线与 $\phi=100\%$饱和线相交于 D 点，由等 t 线读得 t_d（露点）$=10$℃

(4) 热焓 I

通过 A 点作等 I 线的平行线，交纵轴于 E 点，读得 $I_0=39$kJ/kg 干空气

(5) 湿球温度 t_w

由 A 点沿等 I 线与 $\phi=100\%$饱和线相较于 F 点，由等 t 线读得 $t_w=14$℃

由本题的计算过程可知，采用焓-湿图求取湿空气的各项参数，与用公式计算相比较，不仅迅速简便，而且物理意义也较明确。

7. (1) 9.76×10^3　(2) 0.1158　(3) 3.23

(4) 0.5000　(5) 1.227　(6) 326

8. 解：根据给定的 t_1 和 H_1，在焓-湿图上示意性地找出状态点 A 及各参数，如图 9-7 所示。

找出状态点 A→找出 t_{w1}、$t_{as,1}$($t_{as,1}=t_m$) →找出 I_1→找出 ϕ_1→找出 p_1→找出 t_{d1}

其中，t_{w1} 为该湿空气的湿球温度；$t_{as,1}$ 为该湿空气的绝对饱和温度，ϕ_1 为该湿空气的相对湿度；I_1 为该湿空气的焓，p_1 为该湿空气的水蒸气分压，t_{d1} 为该湿空气的露点温度。

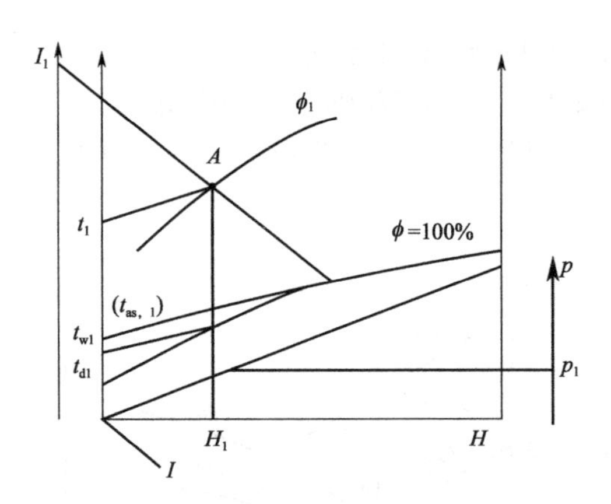

图 9-7

9. 1.29

解：$W=G_e(X_1-X_2)$，$X=\dfrac{w}{1-w}$

$$\frac{W_1}{W_2}=\frac{G_e(X_1-X_2)}{G_e(X_2-X_3)}=\frac{\dfrac{w_1}{1-w_1}-\dfrac{w_2}{1-w_2}}{\dfrac{w_2}{1-w_2}-\dfrac{w_3}{1-w_3}}=\frac{\dfrac{0.3}{1-0.3}-\dfrac{0.2}{1-0.2}}{\dfrac{0.2}{1-0.2}-\dfrac{0.1}{1-0.1}}=1.29$$

10. 解：(1) 初态　大量空气的温度为 55℃，少量水的温度是 20℃，传热由高温到低温，

气相向液相传递热量。

水在20℃时，湿空气水汽平衡分压为 $p_e=2.33\text{kPa}$，水在55℃时，湿空气水汽分压为6.04kPa，传质由气相到液相。

终态　20℃水与空气充分接触，最后湿球温度 $t_w=39℃$。热量由55℃的空气传到少量的水中，这时湿球温度 $t_w=39℃$。传热由高温到低温，气相向液相传递热量。

在55℃时，湿空气水汽分压为6.04kPa，这时水汽平衡分压为 $p_e=7\text{kPa}$，所以传质为液相向气相传递。

(2) 初态　水温是60℃，少量空气为42℃。传热的方向为液相向气相传递。

60℃时，湿空气水汽平衡分压为 $p_e=19.9\text{kPa}$，水汽分压为6.5kPa，故传质方向为液相向气体传递。

终态　气体和液体温度都是60℃，达到热平衡。气相和液相压力都达到 $p_e=19.9\text{kPa}$，气液传质达到平衡。

气相中的分压无限趋近于饱和水蒸气分压，其饱和湿度为

$$H_2=0.622\frac{p_e}{p-p_e}=0.622\times\frac{19.9}{760-19.9}=0.01672\ \text{kg/kg干空气}$$

传热方向是看两相温度，热量是从高温到低温，因此（1）中初态终态传热方向均为气相→液相。传质方向的判断视每一状态气相分压 p 与平衡分压 p_e 关系而定，若 $p>p_e$，则为气相→液相，若 $p<p_e$，则为液相→气相。

(3) ① 同样气速 $u_气$ 下，无论是纸还是陶瓷，$u_干$ 均一样

② $X_{陶,e}<X_{纸,e}$

③ $u_气$ 大的先转成降速阶段，$X_{陶1,e}>X_{陶2,e}>X_{纸1,e}>X_{纸2,e}$

④ 非吸水性物质降速阶段快，即曲线斜率大（见图9-8）。

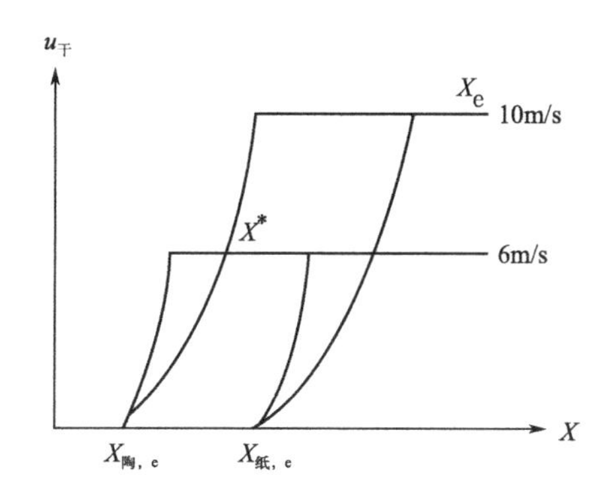

图 9-8

11. 1421.5

$$解：H=\frac{湿气中水汽质量}{湿气中干气质量}=\frac{M_{H_2O}}{M_{CO_2}}\times\frac{p_{H_2O}}{p-p_{H_2O}}=0.4091\frac{p_{H_2O}}{p-p_{H_2O}}$$

知　$H_2=0.4091\times\dfrac{0.483}{3-0.483}=0.0785$

$W_2=H_2\times2500\times0.4=78.5\text{kg}$

$W_1=2500\times0.6=1500\text{kg}$

故　$W=W_1-W_2=1421.5\text{kg}$

12. 0.223　0.02　0.21

$$X=X_1-X_e=0.23-0.007=0.223\ \text{kg 水/kg 绝干料}$$

$$X_{max}=0.02\ \text{kg 水/kg 绝干料}$$

$$X_1-X_{max}=0.23-0.02=0.21\ \text{kg 水/kg 绝干料}$$

13. (1) $t_{干}>t_{as}=t_w>t_d$　$t_{干}=t_{as}=t_w=t_d$　(2) 0.007　0.243　0.02　0.23

解：(1) 未饱和空气 $t_{干}>t_{as}=t_w>t_d$　饱和空气　$t_{干}=t_{as}=t_w=t_d$

(2) $\phi=40\%$时

平衡含水量　$X_{2,e}=0.007\ \text{kg 水/kg 绝干料}$

自由含水量　$X-X_{2,e}=0.25-0.007=0.243\ \text{kg 水/kg 绝干料}$

结合水量　$\phi=100\%$时的 $X_{2,e}=0.02\ \text{kg 水/kg 绝干料}$

非结合水量　$X-X_{2,e}=0.25-0.02=0.23\ \text{kg 水/kg 绝干料}$

14. (1) 0.198 (2) 2

解：(1) $u_c=a_A(t-t_{wa})/r_w$，$\tau=W/u_c=W\cdot r/[a_s(t-t_w)]$

所以　$\dfrac{\tau_b}{\tau_a}=\dfrac{r_b(t_a-t_{wa})}{r_a(t_b-t_{wb})}=\dfrac{(2491.27-2.303\times48.3)\times(50-43.7)}{(2491.27-2.303\times43.7)\times(80-48.3)}=0.198$

因为　$\tau_a=1\text{h}$，所以　$\tau_b=0.198\text{h}$

(2) 因为气体平行流过物料表面，所以　$W=G_c(x_1-x_2)\propto$ 厚度

$$\tau=W/u_c\propto \text{厚度（恒速段，} u_c \text{不变）}$$

所以　$\dfrac{\tau_c}{\tau_a}=2$，$\tau_c=2\text{h}$

15. 14.5

解：因 $-\text{d}X/\text{d}\tau=KX$，故 $\text{d}\tau=-\text{d}X/(KX)$

积分得　$\tau=-\dfrac{1}{K}\displaystyle\int_{x_1}^{x_2}\dfrac{\text{d}X}{X}=\dfrac{1}{K}\ln\dfrac{X_1}{X_2}$

因为　$X_1=\dfrac{66-45}{45}=0.467\text{kg 水/kg 干物料}$

$X_2=\dfrac{50-45}{45}=0.111\text{kg 水/kg 干物料}$

且　$\tau=30\text{min}=0.5\text{h}$

则　$0.5=\dfrac{1}{K}\ln\dfrac{0.467}{0.111}$，解得 $K=2.874$

因　$X'_2=\dfrac{(66-45)/2}{45}=0.233\text{kg 水/kg 干物料}$

得　$\tau'=\dfrac{1}{K}\ln\dfrac{X_1}{X'_2}=\dfrac{1}{2.874}\ln\dfrac{0.467}{0.233}=0.241\text{h}=14.5\text{min}$

16. 7.34

解：X 由 0.10kg 水/kg 干料降至 0.04kg 水/kg 干料经历两个干燥阶段：

$$\tau_1=\frac{G_e}{A(N_A)_{恒}}(X_1-X_e),\ \tau_2=\frac{G_eX_e}{A(N_A)_{恒}}\ln\frac{X_e}{X_2}$$

$$\frac{\tau_1}{\tau_2}=\frac{(X_1-X_e)}{X_e\ln\frac{X_e}{X_2}}=\frac{0.10-0.08}{0.08\ln\frac{0.08}{0.04}}=0.361$$

已知　$\tau_1+\tau_2=5$，解得 $\tau_1=1.325\text{h}$，$\tau_2=3.675\text{h}$

$$\tau_1=\frac{G_e}{A(N_A)_{恒}}(X_1-X_e)=1.325$$

解出　$\frac{G_e}{A(N_A)_{恒}}=66.25$

$$\tau_{总}=\frac{G_e}{A(N_A)_{恒}}\left[(X_1-X_e)+(X_e-X^*)\ln\frac{X_e-X^*}{X_2-X^*}\right]$$

降速阶段的速率曲线可作为通过原点的直线处理，故 $X^*=0$

$$\tau_{总}=\frac{G_e}{A(N_A)_{恒}}\left[(X_1-X_e)+(X_e-X^*)\ln\frac{X_e-X^*}{X_2-X^*}\right]$$

$$=66.25\times\left[(0.10-0.08)+(0.08-0)\times\ln\frac{0.08-0}{0.01-0}\right]=12.34$$

$$\tau=\tau_{总}-\tau_1-\tau_2=12.34-5=7.34\text{h}$$

17. 14.03

解：根据已知数据求得

绝对干料量为　$G_e=160\times(1-0.25)=120\text{kg}$

干燥表面积为　$A=120\times0.025=3\text{m}^2$

将物料的湿基含水量换算成干基含水量：

最初含水量　$X_1=\frac{w_1}{1-w_1}=\frac{0.25}{1-0.25}=0.333$kg 水/kg 干物料

最终含水量　$X_2=\frac{w_2}{1-w_2}=\frac{0.06}{1-0.06}=0.064$kg 水/kg 干物料

干燥过程包括恒速和降速两个阶段：

① 恒速阶段　由 $X_1=0.333$kg 水/kg 干物料至 $X_0=0.20$kg 水/kg 干物料

$$\tau_1=\frac{G_e(X_1-X_0)}{u_0A}=\frac{120\times(0.333-0.20)}{4.167\times10^{-4}\times3}=12768\text{s}$$

② 降速阶段　由 $X_0=0.20$kg 水/kg 干物料至 $X_2=0.064$kg 水/kg 干物料

$$K_X=\frac{u_0}{X_0-X_e}=\frac{4.167\times10^{-4}}{0.20-0.05}=2.778\times10^{-3}$$

$$\tau_2=\frac{G_e}{K_XA}\ln\frac{X_0-X_e}{X_2-X_e}=\frac{120}{2.778\times10^{-3}\times3}\times\ln\frac{0.20-0.05}{0.064-0.05}=34150\text{s}$$

装卸时间　$\tau'=1\text{h}=3600\text{s}$

则每批物料的干燥时间　$\tau=\tau_1+\tau_2+\tau'=(12768+34150+3600)/3600=14.03\text{h}$

18. 61.2　920

$$W=G_1-G_2=G_1\frac{w_1-w_2}{1-w_2}=1000\times\frac{0.08-0.02}{1-0.02}=61.2\text{kg/h}$$

$$G_e=1000\times(1-0.08)=920\text{kg/h}$$

19. (1) 81.6　(2) 1958.3　(3) 918.4

解：(1) $W=G_1\dfrac{w_1-w_2}{1-w_2}=1000\times\dfrac{0.1-0.02}{1-0.02}=81.6\text{kg/h}$

(2) $V=\dfrac{W}{H_2-H_1}=\dfrac{81.6}{0.05-0.008}=1942.8\text{kg/h}$

故湿空气量 $V'=V(1+H_1)=1942.8\times(1+0.008)=1958.3\text{kg/h}$

(3) $G_2=G_1\dfrac{1-w_1}{1-w_2}=1000\times\dfrac{1-0.1}{1-0.02}=918.4\text{kg/h}$

20. (1) 6620 (2) 92680kcal/h (3) 56600kcal/h

解：已知空气从 20℃加热到 70℃，其绝对湿度不变，70℃→35℃是绝热冷却。

(1) 所需空气量 $V=\dfrac{100}{H_C-H_B}=\dfrac{100}{0.0215-0.0064}=6620\text{kg}$ 干空气/h

(2) 预热所需热量为 $Q=6620(i_B-i_A)=6620\times(21.5-7.5)=92680\text{kcal/h}$

被利用的热量为 100 ×（蒸发潜热） $=100\times\dfrac{1}{2}\times(556+576)=56600\text{kcal/h}$

21. (1) 30.6 (2) 2375

解：已知 $w_1=0.08$，$w_2=0.02$，$G_1=500\text{kg/h}$，$H_1=0.009\text{kg}$ 水/kg 绝干空气，$H_2=0.022\text{kg}$ 水/kg 绝干空气

(1) 水分蒸发量

$$X_1=\frac{w_1}{1-w_1}=\frac{0.08}{1-0.08}=0.087$$

$$X_2=\frac{w_2}{1-w_2}=\frac{0.02}{1-0.02}=0.0204$$

进入干燥器的绝干物料量为

$G=G_1(1-w_1)=500\times(1-0.08)=460\text{kg}$ 绝干料/h

水分蒸发量 $W=G(X_1-X_2)=460\times(0.087-0.0204)=30.6\text{kg}$ 水/h

(2) 空气消耗量

绝干空气消耗量 $V=\dfrac{W}{H_2-H_1}=\dfrac{30.6}{0.022-0.009}=2353.9\text{kg/h}$

新鲜空气消耗量 $V'=V(1+H_t)=2353.9\times(1+0.009)=2375\text{kg/h}$

22. ②

解：干空气用量 $V=\dfrac{\pi}{4}\times(1.2)^2\times300=339\text{kg/h}$

空气状态 $t_1=110℃$，$t_{潜1}=40℃$；$t_2=75℃$，$t_{潜2}=70℃$

当 $t_{潜1}=40℃$时，查得 $p_{饱}=7.38\text{kPa}$，潜热 $r=2406.1\text{kJ/kg}$

H(饱和湿度) $=0.622\times\dfrac{7.38}{101.3-7.38}=0.0489\text{kg}$ 水 /kg 干空气

由 $\dfrac{0.0489-H_1}{40-110}=-\dfrac{1.09}{2406.1}$ 得 $H_1=0.0172\text{kg}$ 水/kg 绝干空气

当 $t_{潜2}=70℃$时，查得 $p_{饱}=31.16\text{kPa}$，潜热 $r=2331.1\text{kJ/kg}$

$H=0.622\times\dfrac{31.16}{101.3-31.16}=0.2765\text{kg}$ 水 /kg 干空气

由 $\frac{0.2765-H_2}{70-75}=-\frac{1.09}{2331.1}$ 得 $H_2=0.2742$kg 水/kg 绝干空气

蒸发水分量

$$W=V(H_2-H_1)=339\times(0.2742-0.0172)=87.1\text{kg/h}$$

处理湿物料量 $G_1=\frac{W(1-w_2)}{w_1-w_2}=87.1\times\frac{1-0.02}{0.3-0.02}=305\text{kg/h}$

23. 39.6

解：此干燥过程为等焓过程，有 $I_1=I_2$

$I_1=(1.01+1.88H_1)t_1+H_1r_0=(1.01+1.88\times0.02)\times120+0.02\times2490$

$=175.512\text{kJ/kg}$

$I_2=(1.01+1.88H_2)t_2+H_2r_0=49.49+2582.12H_2$

$I_1=I_2$ 解得 $H_2=0.048$，由 $H=0.622\frac{p}{p_0-p}$ 则有 $p=54.45$mmHg

利用插值，可以得到 $t_d=39.6$℃

24. (1) 0.0073 110.3 (2) 234.7 (3) 2078 (4) 43.5

解：(1) $H_1=H_0=0.0073$kg 水 /kg 干空气

$I_1=(1.01+1.88\times0.0073)\times90+2490\times0.0073=110.3\text{kJ/kg}$

(2) $X_1=\frac{w_1}{1-w_1}=\frac{0.13}{1-0.13}=0.149$

同理 $X_2=\frac{w_2}{1-w_2}=\frac{0.0099}{1-0.0099}=0.01$

$G_e=G_2(1-w_2)=237\times(1-0.0099)=234.7$kg 绝干料 /h

故 $W=G_e(X_1-X_2)=234.7\times(0.149-0.01)=32.62$kg 水 /h

(3) $V=\frac{W}{H_2-H_1}=\frac{32.62}{0.023-0.0073}=2078$kg 干空气 /h

(4) $Q=V(I_1-I_0)=\frac{2078}{3600}\times(110.3-35)=43.5\text{kW}$

25. (1) 9546.2 (2) 510

解：(1) 对水作物料衡算（大系统）

$$W=0.2VH_2-0.2VH_0 \qquad 0.2V=\frac{W}{H_2-H_0}$$

$$W=G_1-G_2=1500-\frac{1500\times(1-0.47)}{1-0.05}=663.16\text{kg/h}$$

新鲜湿空气 $V'=0.2V(1+H_0)=\frac{W}{H_2-H_0}(1+H_0)=9546.2\text{kg/h}$

(2) 预热器加入热量

预热器加入的热量 Q 由两部分组成：循环气 Q_a 和新鲜空气 Q_b

因是等焓过程，由 $H_2=0.08$，$t_2=50$℃ 找到状态点，由绝热饱和线上找 $H_1=0.0652$ 时 $t_1=80.5$℃

$$Q_a=(1.01+1.88H_2)(t_1-t_2)\frac{4L}{1+H_2}$$

$$=(1.01+1.88\times0.08)\times(80.5-50)\times\frac{4\times9546.2}{1+0.08}=1.25\times10^6\text{kJ/h}$$

$$Q_b=(1.01+1.88H_2)(t_1-t_0)\frac{L}{1+H_0}=(1.01+1.88\times0.01)\times(80.5-20)\times\frac{9546.2}{1+0.01}$$

$$=0.588\times10^6\text{kJ/h}$$

$$Q=Q_a+Q_b=1.84\times10^6\text{kJ/h}=510\text{kW}$$

26. ①

解：已知干燥器的生产能力 5400kg 干料/h

即　$G_{干}=1.5\text{kg/s}$，含水量 $w_1=0.05$，$w_2=0.005$

由　$G_1(1-0.05)=G_2(1-0.005)=1.5\text{kg/s}$

得　$G_1=1.5789\text{kg/s}$　　$G_2=1.5075\text{kg/s}$

　　$W=G_1-G_2=0.0714\text{kg/s}=257\text{kg/h}$

已知空气温度 $t_1=127℃$，湿度 $H_1=0.007$kg 水/kg 干空气，$t_2=82℃$，物料温度 $\theta_1=21℃$，$\theta_2=66℃$，水汽在 21℃时的潜热为 2450kJ/kg，比热容为 1.95kJ/（kg·℃），空气的比热容为 1.01kJ/（kg·℃）。

作热量衡算（基准 21℃，干空气量为 L）：

空气带入热量为　$L\times(1.01+0.007\times1.95)\times(127-21)=108.5L$

空气带出热量　$L\times(1.01+0.007\times1.95)\times(82-21)+0.0714\times[2450+1.95\times(82-21)]=62.5L+183.5$

肥料带出热量　$(1.5\times1.95+0.0714\times4.18)\times(66-21)=145$

热量衡算式　$108.5L=145+62.5L+183.5$

由此解得干空气消耗量　$L=7.14\text{kg/s}=25704\text{kg/h}$

由空气出口湿度　$0.0714=7.14\times(H_2-0.007)$ 得 $H_2=0.017$kg 水/kg 干空气

空气离开干燥器出口的状态对过程的能耗影响很大。气体出口温度越低，所需空气量及供热量越小，但出口温度过低时，会因散热而在设备出口处降至露点，使物料返潮。因此，在选定气体出口状态时，须保证气体温度在离开干燥器之前不降至露点。

27. ①

解：(1) $W=V(H_2-H_1)=8000\times(0.03-0.01)=160$kg 水 /h

物料衡算　$G_e=G_1(1-w_1)=G_2(1-w_2)$，$G_1-G_2=W$

故　$G_1=W\dfrac{1-w_2}{w_1-w_2}=160\times\dfrac{1-0.005}{0.037-0.005}=4975$kg 湿物料/h

(2) 在理论干燥器中，$I_2=I_1$，$r=2500\text{kJ/kg}$

$$(1.01+1.88\times0.01)\times120+2500\times0.01=(1.01+1.88\times0.03)t_2+2500\times0.03$$

解得废气出口温度 $t_2=68.9℃$

28. (1) 4.16　(2) 42%　(3) 10

解：(1) $t_1=127℃$，$H_1=H_0=0.007$kg 水 /kg 干气，$t_2=82℃$

理想干燥器，有 $I_1=I_2$

$$H_2=\frac{(C_g+C_vH_1)\ t_1+r_0H_1-C_gt_2}{C_vt_2+r_0}$$

$$=\frac{(1.01+1.88\times 0.007)\times 127+2500\times 0.007-1.01\times 82}{1.88\times 82+2500}=0.0242\text{kg 水/kg 干气}$$

由物料衡算式可以计算干燥过程所需空气用量

(2) 干燥过程的热效率 $\eta=\frac{t_1-t_2}{t_1-t_0}=\frac{127-82}{127-20}=42\%$

(3) 根据空气入口状态 $t_1=127℃$，$H_1=0.007$kg 水/kg 干气，由图可查出物料表面温度 $\theta_2=t_w=37℃$

空气的平均湿比热容取进、出口湿比热容的算术平均值

$$\overline{C_H}=\frac{C_{H_1}+C_{H_2}}{2}=1.01+1.88\times\frac{0.007+0.0242}{2}=1.04\text{kJ/(kg 干气·℃)}$$

干燥器两端的平均传热温差 $\Delta t_m=\dfrac{t_1-t_2}{\ln\dfrac{t_1-t_w}{t_2-t_w}}=\dfrac{127-82}{\ln\dfrac{127-37}{82-37}}=64.9℃$

所需设备容积 $\overline{V}=\dfrac{V\overline{C_H}(t_1-t_2)}{\alpha_a\Delta t_m}=\dfrac{4.16\times 1.04\times(127-82)}{0.3\times 64.9}=10\text{m}^3$

29. 解：(1) 查得 30℃时水的饱和蒸气压 $p_s=4.247$kPa

水汽分压：$p_v=\phi p_s=0.5\times 4.247=2.124$kPa

湿度 $H=0.622\dfrac{p_v}{p-p_v}=0.622\times\dfrac{2.124}{101.3-2.124}=0.0133$kg 水/kg 干气

(2) 露点

由 $p_v=2.124$kPa，可查得对应的饱和温度为 18℃，即为露点。

(3) 焓

$$I=(1.01+1.88H)t+2492H$$

$$=(1.01+1.88\times 0.0133)\times 30+2492\times 0.0133=64.2\text{kJ/kg 干气}$$

(4) 所需热量

$$Q=LC_H(t_1-t_0)$$

$$=400\times(1.01+1.88\times 0.0133)\times(120-30)=3.726\times 10^4\text{kJ/h}=10.35\text{kW}$$

(5) 湿空气体积

$$V=Lv_H=400\times(0.773+1.244H)\times\frac{273+t}{273}$$

$$=400\times(0.773+1.244\times 0.0133)\times\frac{273+30}{273}=350.5\text{m}^3/\text{h}$$

30. 解：当湿物料从含水量 20%干燥至 10%时，相应的干基湿含量分别为

$$X_1=\frac{w_1}{1-w_1}=\frac{20}{80}=0.25\text{ kg 水/kg 干料}$$

$$X_2=\frac{10}{90}=0.11\text{ kg 水/kg 干料}$$

绝干物料量 $G_C=G_1(1-w_1)=1\times(1-0.2)=0.8$kg

除去的水分量 $W_1=G_C(X_1-X_2)=0.8\times(0.25-0.11)=0.112$kg

当湿物料从含水量 2%干燥至 1%时，相应干基含水量分别为

$$X_1=\frac{2}{98}=0.0204\text{ kg 水/kg 干料}$$

$$X_2=\frac{1}{99}=0.0101\ \text{kg 水/kg 干料}$$

$$G_C=G_1(1-w_1)=1\times(1-0.02)=0.98\ \text{kg}$$

$$W_2=G_C(X_1-X_2)=0.98\times(0.0204-0.0101)=0.01\text{kg}$$

所以 $\frac{W_1}{W_2}=\frac{0.112}{0.01}=11.2$

即第一种情况下除去的水分量是第二种情况下的 11.2 倍。

31. 解：空气状态变化过程如图 9-9 所示。

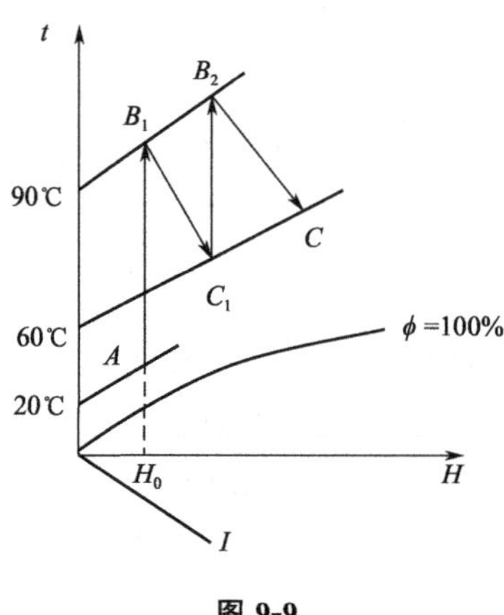

图 9-9

A：$t_A=20℃$，$H_A=0.006\text{kg/kg 干气}$

由 $I_{B_1}=I_{C_1}$

$$(1.01+1.88\times0.006)\times90+2492\times0.006=(1.01+1.88H_{C_1})\times60+2492H_{C_1}$$

得 $H_{C_1}=0.0178\text{kg/kg 干气}$

也即 $H_{B_2}=0.0178\text{kg/kg 干气}$

又 $I_{B_2}=I_C$

$$(1.01+1.88\times0.0178)\times90+2492\times0.0178=(1.01+1.88H_C)\times60+2492H_C$$

得 $H_C=0.0298\text{kg/kg 干气}$

故汽化 1kg 水所需干空气用量 $l=\frac{1}{H_C-H_A}=\frac{1}{0.0298-0.006}=42.02\text{kg/kg 水}$

新鲜空气用量 $l'=l(1+H_A)=42.02\times1.006=42.3\text{kg/kg 水}$

32. 解：物料初始干基含水量 $X_1=\frac{w_1}{1-w_1}=\frac{0.15}{1-0.15}=0.176\text{kg 水/kg 干料}$

干燥 4 小时，物料的干基含水量 $X_2=\frac{w_2}{1-w_2}=\frac{0.08}{1-0.08}=0.087\text{kg 水/kg 干料}$

物料的平衡含水量（干基） $X^*=\frac{w^*}{1-w^*}=\frac{0.01}{1-0.01}=0.0101\text{kg 水/kg 干料}$

物料的临界含水量（干基） $X_c=\frac{w_c}{1-w_c}=\frac{0.06}{1-0.06}=0.0638\text{kg 水/kg 干料}$

物料的最终含水量（干基）为 $X'_2=\frac{w'_2}{1-w'_2}=\frac{0.02}{1-0.02}=0.0204\text{kg 水/kg 干料}$

因 $X_2>X_c$，故整个 4 小时全部是恒速干燥，$\tau_1=\dfrac{G_c(X_1-X_2)}{U_cA}$

即　$4=\dfrac{G_c(0.176-0.087)}{U_cA}$

解得　$\dfrac{G_c}{U_cA}=44.94$

当 $X'_2=0.0204$kg 水/kg 干料时，包含恒速、降速两个阶段。

$$\tau=\tau_1+\tau_2=\frac{G_c(X_1-X_c)}{U_cA}+\frac{G_c(X_c-X^*)}{U_cA}\ln\frac{X_c-X^*}{X'_2-X^*}$$

$$\tau=44.94\times\left[0.176-0.0638+(0.0638-0.0101)\times\ln\frac{0.0638-0.0101}{0.0204-0.0101}\right]=9.02\text{h}$$

尚需干燥时间　$\Delta\tau=9.02-4=5.02$h

33. 解：(1) 由 $t_0=20$℃，$H_0=0.005$kg 水/kg 绝干气，得 $I_0=32.84$kJ/kg 绝干气。由 $t_1=100$℃，$H_1=H_0=0.005$kg 水/kg 绝干气，得 $I_1=114.4$kJ/kg 绝干气。

理想干燥器　$I_1=I_2$

$I_2=(1.01+1.88H_2)t_2+2490H_2=I_1=114.4$ kJ/kg 绝干气

解出　$H_2=0.02473$kg 水/kg 绝干气

对整个干燥系统进行物料衡算　$L(H_2-H_0)=G(X_1-X_2)=W$

绝干物料量　$G=G_1(1+X_1)=1200/(1+0.2)$ kg 绝干料/h=1000 kg 绝干料/h

蒸发水量　$W=G(X_1-X_2)=1000\times(0.2-0.02)kg/h=180$kg/h

$$L=\frac{W}{H_2-H_0}=\frac{180}{0.02473-0.005}\text{kg 绝干气 /h}=9123\text{kg 绝干气 /h}$$

预热器热负荷　$Q_p=L(I_1-I_0)=\dfrac{9123}{3600}\times(114.4-32.84)\text{kW}=206.7\text{kW}$

干燥器热效率　$\eta=\dfrac{W\ (2490+1.88t_2)}{Q_p}\times100\%=\dfrac{\frac{180}{3600}\times\ (2490+1.88\times50)}{206.7}\times100\%=62.5\%$

(2) 采用废气循环，设废气与新鲜空气混合后温度为 t_m，湿度为 H_m，混合过程的物料衡算：$4H_m=H_0+3H_2$

$$H_m=\frac{1}{4}\times(0.005+3H_2)$$

$$H_1=H_m$$

$$\begin{aligned}I_1&=(1.01+1.88H_1)t_1+2490H_1\\&=\left[1.01+1.88\times\frac{1}{4}\times(0.05+3H_2)\right]\times100+2490\times\frac{1}{4}\times(0.05+3H_2)\\&=104.4+2008H_2\end{aligned}$$

$$\begin{aligned}I_2&=(1.01+1.88H_2)t_2+2490H_2=(1.01+1.88H_2)\times50+2490H_2\\&=50.5+2584H_2\end{aligned}$$

由　$I_1=I_2$，得 $H_2=0.09374$kg 水 /kg 绝干气

$H_1=H_m=\dfrac{1}{4}\times(0.005+3\times0.09374)$kg 水 /kg 绝干气$=0.07156$kg 水 /kg 绝干气

$I_1=I_2=292.6$kJ/kg 绝干气

对整个干燥系统作物料衡算：$L(H_2-H_0)=G(X_1-X_2)=W$

$$W=180\ \text{kg/h}$$

所以 $L=\dfrac{180}{0.09374-0.005}$kg 绝干气 /h$=2028$kg 绝干气 /h

预热器热负荷 $Q_p=4L(I_1-I_m)$

$I_m=\dfrac{1}{4}\times(I_0+3I_2)=\dfrac{1}{4}\times(32.84+3\times292.6)$kJ/kg 绝干气$=227.7$kJ/kg 绝干气

$Q_p=4\times\dfrac{2028}{3600}\times(292.6-227.7)\text{kW}=146.2\text{kW}$

干燥器热效率 $\eta=\dfrac{W\ (2490+1.88t_2)}{Q_p}\times100\%=\dfrac{\frac{180}{3600}\times\ (2490+1.88\times50)}{146.2}\times100\%=88.4\%$

讨论：在空气入干燥器温度相同的情况下，采用废气循环流程，可降低新鲜空气用量和预热器热负荷，提高干燥效率。

34. 解：(1) $p=101.3$kPa 时

由 $H=0.622\dfrac{p_v}{p-p_v}$

所以 $p_v=\dfrac{Hp}{0.622+H}=\dfrac{0.02\times101.3}{0.622+0.02}=3.156\text{kPa}$

查得 50℃水的饱和蒸气压为 12.34kPa，则相对湿度

$\phi=\dfrac{p_v}{p_s}\times100\%=\dfrac{3.156}{12.34}\times100\%=25.57\%$

饱和湿度：$H_s=0.622\dfrac{p_s}{p-p_s}=0.622\times\dfrac{12.34}{101.3-12.34}=0.086$kg 水 /kg 干气

(2) $p'=26.7$kPa 时

$$p'_v=\frac{Hp'}{0.622+H}=\frac{0.02\times26.7}{0.622+0.02}=0.832\text{kPa}$$

$$\phi'=\frac{p'_v}{p_s}\times100\%=\frac{0.832}{12.34}\times100\%=6.74\%$$

$$H'_s=0.622\frac{p_s}{p'-p_s}=0.622\times\frac{12.34}{26.7-12.34}=0.535\text{kg 水 /kg 干气}$$

由此可知，当操作压力下降时，$\phi\downarrow$，$H_s\uparrow$，可吸收更多的水分，即减压对干燥有利。

四、推导

1. 解：干空气的比容

$$V_g=\frac{22.41}{M_g}\times\frac{t+273}{273}\times\frac{101.33}{p}=0.773\times\frac{t+273}{273}\times\frac{101.33}{p}$$

水汽的比容 $V_w=\dfrac{22.41}{M_M}\times\dfrac{t+273}{273}\times\dfrac{101.33}{p}=1.244\times\dfrac{t+273}{273}\times\dfrac{101.33}{p}$

湿空气的比容 $V_H=V_g+HV_w=(0.773+1.244H)\times\dfrac{t+273}{273}\times\dfrac{101.33}{p}$

2. 解：若不计干燥过程中物料损失量，则在干燥前后物料中绝对干料的质量不变，

即　$G_c=G_1(1-w_1)=G_2(1-w_2)$

所以　$G_1=G_2\dfrac{1-w_2}{1-w_1}$，$G_2=G_1\dfrac{1-w_1}{1-w_2}$，蒸发水分量为 $W=G_1-G_2$

可得　$W=G_1\dfrac{w_1-w_2}{1-w_2}=G_2\dfrac{w_1-w_2}{1-w_1}$

3. 解：在湿球温度为 t_m 的情况下

传热量 $q=a(t-t_m)A$，传质量 $N=h_x(x_st_m-x)A$，$q=Nr$（r 为 t_m 下的汽化潜热）

所以　$q=Nr=h_x(x_st_m-x)Ar$，故有 $t_m=t-\dfrac{h_xr}{a}(x_st_m-x)$　①

在绝热增湿开始时 $I=(0.24+0.46x)t+rx$

达到绝热饱和时（绝热饱和温度为 t_s）：$I=(0.24+0.46x_st_s)t_s+rx_st_s$

由于 x、x_st_s 和 I 相比是很小的数值

所以 $C_A=0.24+0.46x=0.24+0.46x_st_s$

因此有　$C_At+rx=C_At_s+rx_st_s$　　$t_s=t-\dfrac{r}{C_A}(x_st_s-x)$　②

由实验结果表明：对水-空气系统，在湍流情况下，C_A 与 $\dfrac{a}{h_x}$ 的数值接近，即 $C_A=\dfrac{a}{h_x}$，于是将式①、式②联立，得 $t_s=t_m$，对某一空气系统，因 C_A 不能与 $\dfrac{a}{h_x}$ 近似相等，故 $t_s\neq t_m$

4. 证明：对干燥器进行热量换算，有

$VI_1+G_cC_{pm_1}+Q_1+Q_{补}=VI_2+G_cC_{pm_2}+Q_2+Q_{损}$

$I_1=(C_{pg_1}+C_{pv}H_1)t_1+r_0H_1$　　　$I_1=C_{pH_1}t_1+r_0H_1$

$I_2=(C_{pg_2}+C_{pv}H_2)t_2+r_0H_2$　→　$I_2=C_{pH_2}t_2+r_0H_2$

$C_{pm}=C_{ps}+C_{pl}X_r$　　　$C_{pH}=C_{pg}+C_{pc}H$

可得　$VC_{pH_1}(t_1-t_2)=Q_1+Q_2+Q_{损}-Q_{补}$　①

式中等号左方表示气体在干燥器中放出的热量，它由等式右方的 4 部分决定，其中汽化水分并将它由进口态的水变成出口态的蒸汽所消耗的热

$$Q_1=W(r_0+C_{pg}t_2-C_{pl}\theta_1) \quad ②$$

物料温度升高所带走的热

$$Q_2=G_cC_{pm_2}(\theta_2-\theta_1) \quad ③$$

由预热器热量衡算 $Q=V(I_1-I_2)=VC_{pH_1}(t_1-t_0)$ 可知，空气在预热器中获得的热量可分解成两部分，即

$$Q=VC_{pH_1}(t_1-t_2)+VC_{pH_1}(t_2-t_0) \quad ④$$

或　$$Q=VC_{pH_1}(t_1-t_2)+Q_3 \quad ⑤$$

式中　$$Q_3=VC_{pH_1}(t_2-t_0) \quad ⑥$$

可理解为废气离开干燥器时带走的热量。

式⑤中等号右方第一项即为气体在干燥中放出的热量，将式① 代入式⑤，得

$$Q+Q_{补}=Q_1+Q_2+Q_3+Q_{损} \quad ⑦$$

干燥过程中空气受热和放热的分配表示于图 9-10 中。

干燥过程中热量的有效利用程度是决定过程经济性的重要方面。由式⑦ 可知，空气在预

热器及干燥器中加入的热量消耗于4个方面，其中 Q_1 直接用于干燥，Q_2 是为达到规定含水量所不可避免的。因此干燥过程热量利用的经济性可用如下定义的热效率来表示：

$$\eta=\frac{Q_1+Q_2}{Q+Q_{补}}\times 100\% \qquad ⑧$$

若干燥器内未补充加热，热损失也可忽略，$Q_{补}=Q_{损}=0$。式⑧中分子 Q_1+Q_2 可用式①代入，而分母用 $Q=VC_{pH_1}(t_1-t_0)$ 代入，得 $\eta=\frac{t_1-t_2}{t_1-t_0}\times 100\%$

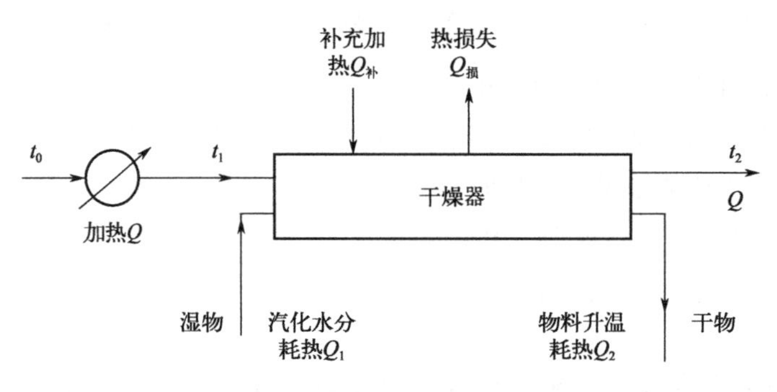

图 9-10

第十章

气液传质设备

一、选择题

1. 气液传质设备的两大基本类型为________。

   ① 逐级接触式与微分接触式　　② 板式塔与筛板塔

   ③ 泡罩塔与浮阀塔　　④ 浮阀塔与筛板塔

2. 板式塔的基本功能为________。

   ① 在每块塔板上气液两相必须保持充分的接触

   ② 承载气液物料

   ③ 在塔内应尽量使气液两相呈逆流流动

   ④ 消除不合理的流动

3. 板式塔的基本构件是塔板，筛孔塔板的主要构造包括________ 几部分。

   ① 筛孔　　② 溢流堰　　③ 降液管　　④ 上升气流管

4. 气液两相在筛孔塔板上的接触状态包括________。

   ① 鼓泡　　② 泡沫　　③ 稳定层流　　④ 喷射

5. 气体通过筛板的阻力损失包括________。

   ① 板压降　　② 干板压降　　③ 气层阻力　　④ 液层阻力

6. 筛板塔内气液两相的非理想流动包括________。

   ① 空间上的反向流动　　② 空间上的不均匀流动

   ③ 时间上的反向流动　　④ 时间上的不均匀流动

7. 筛板塔内气液两相的非理想流动中的空间上的反向流动，是指与主体流动方向相反的液体或气体的流动，它主要包括________。

   ① 液沫夹带　　② 气体沿塔板的不均匀流动

   ③ 气泡夹带　　④ 液体沿塔板的不均匀流动

8. 筛板塔内气液两相的非理想流动中的空间上的不均匀流动，是指液体或气体流速的不均匀分布，它主要包括________。

   ① 液沫夹带　　② 气体沿塔板的不均匀流动

   ③ 气泡夹带　　④ 液体沿塔板的不均匀流动

9. 板式塔的不正常操作现象包括________。

   ① 夹带液泛　　② 溢流液泛　　③ 漏液　　④ 气泡夹带

10. 常用板效率来概括各种因素对板式塔板上传质的影响，效率表示法有________。

    ① 点效率　　② 默弗里板效率　　③ 湿板效率　　④ 全塔效率

11. 提高塔板效率的措施有________。

① 按经验规则恰当地选取塔径、板间距、堰高、堰长以及降液管的尺寸

② 合理选择塔板的开孔率和孔径以适应物系性质的气液接触状态

③ 设置倾斜的进气装置，使全部或部分气流斜向进入液层

④ 对一定物系和一定的塔结构，必须选定一个适宜的气液流量范围

12. 工业生产中综合评价塔板的标准为________。

① 通过能力大，即单位塔截面能够处理的气液负荷高

② 塔板效率高

③ 塔板压降低

④ 结构简单，制造成本低

⑤ 操作弹性大

13. 对一般孔径的泡沫型操作的筛板塔设计而言，其错流型塔板面积由________几个区组成。

① 有效传质区　② 降液区　③ 塔板入口安定区　④ 塔板出口安定区

⑤ 边缘区　⑥ 后缘区

14. 液体在塔板上的流动类型确定之后，完整的筛板设计必须确定的主要结构参数有________。

① 塔板直径　② 板间距

③ 溢流堰的形式、长度和高度　④ 筛孔直径、孔间距

⑤ 液体进、出安定区的宽度，边缘区宽度

⑥ 降液管形式、降液管底部与塔板的距离

15. 塔板设计的基本程序为________。

① 选择板间距和初步确定塔径

② 根据初选塔径，对筛板进行具体结构的设计

③ 对所设计的塔板进行流体力学校核，如有必要，需对某些结构参数加以调整

④ 完成①②即可

16. 塔板的校核包括________。

① 板压降的校核　② 液沫夹带的校核

③ 溢流液泛条件的校核　④ 液体在降液管中停留时间的校核

⑤ 漏液点的校核

17. 下面说法中正确的有________。

① 板式塔与填料塔的液体流动和传质机理不同

② 板式塔的传质是通过上升气体穿过板上的液层来实现的，塔板的开孔率一般占塔截面的7%～10%；而填料塔的传质是通过上升气体和靠重力沿填料表面下降的液流接触实现。填料塔内件的开孔率通常在50%以上，而填料层的空隙率则超过90%，一般液泛点较高，故在单位塔截面积上，填料塔的生产能力一般均高于板式塔

③ 填料塔具有较高的分离效率，在减压、常压和低压操作下，填料塔的分离效率明显优于板式塔，在高压下，板式塔的分离效率略优越于填料塔

④ 填料塔的操作弹性取决于塔内构件的设计，特别是液体分布器的设计，而板式塔的操作弹性取决于塔板液泛、液沫夹带及降液管能力的限制，一般操作弹性较小

⑤ 板式塔容易实现侧线进料和出料，而填料塔对侧线进料和出料等复杂情况不太适合

18. 板式塔的设计步骤大致为________。

① 根据设计任务和工艺要求，确定设计方案

② 确定塔径、塔高等工艺尺寸

③ 根据设计任务和工艺要求，确定塔板类型

④ 进行流体力学验算

⑤ 进行塔板设计，包括溢流装置的设计、塔板的布置、升气道（泡罩、筛孔或浮阀等）的设计及排列

⑥ 绘制塔板的负荷性能图

⑦ 根据负荷性能图，对设计进行分析，若设计不够理想，可对部分参数进行调整，重复以上设计过程，直到满意为止

19. 填料塔的设计步骤大致为________。

① 根据设计任务和工艺要求，确定设计方案

② 根据设计任务和工艺要求，合理地选择填料

③ 确定塔径、填料层高度等工艺尺寸

④ 计算填料层的压降

⑤ 进行填料塔塔内件的设计与选型

20. 下列属于筛板精馏塔的设计参数有________。

① t/d（孔间距/孔径）　　② n（孔数）

③ h（板上清液层高度）　　④ A（降液管面积）

⑤ U（孔速）

21. 设计筛板塔时，若改变某一结构参数，会引起负荷性能图的变化。下面叙述中正确的一组是________。

① 降液管面积、板间距降低，使雾沫夹带线上移

② 板间距降低，使液泛线下移

③ 塔径增大，使液泛线下移

④ 降液管面积增加，使雾沫夹带线下移

二、填空

1. 塔板中溢流堰的主要作用是保证塔板上有________________。

2. 板式塔的类型有________、________和________等（至少列举三种）。

3. 填料塔中的填料，要求其比表面积要大，理由是________________________________。

4. 为使气体通过填料塔的压降小，应选________大的填料。

5. 气液两相在填料塔内逆流接触时，________________是气液两相的主要传质表面积。

6. 板式塔从总体上看气液两相呈________接触，在板上气液两相呈________接触。

7. 板式塔中液面落差表示：________________________________。为了减小液面落差，设计时可采用的措施：________________________________。

8. 气体通过塔板的阻力可视为________________的阻力与________________的阻力之和。

9. 若填料层高度较高，为了有效湿润填料，塔内应设置________装置。一般而言，填料塔的压降比板式塔压降________。

10. 当喷淋量一定时，填料塔单位高度的填料层的压力降与空塔气速关系线上存在着两个转折点，其中下转折点称为________，上转折点称为________。

11. 填料塔是连续接触式气液传质设备，塔内________为分散相，________为连续相，为保证操作过程中两相的良好接触，填料吸收塔顶部要有良好的________装置。

12. 任意写出浮阀塔三种不正常的操作情况：

① ________；② ________；③ ________。

13. 板式塔塔板上气液两相接触状态可分为________状态、________状态和________状态三种。

14. 筛板塔、泡罩塔、浮阀塔相比较，操作弹性最大的是________；单板压力降最小的是________；造价最便宜的是________。

15. 任意写出板式塔三种不正常的操作状况：________、________、________。

16. 筛板塔设计中，板间距 H_T 设计偏大的优点是________；缺点是________。

17. 筛板上的气液接触状态有________、________、________；工业上常用的是________。

18. 评价塔板性能的标准是________、________、________、________、________。

19. 在相同填料层高度和操作条件下，________填料进行流体力学性能试验填料的压力降最小。

20. 当填料塔操作气速达到泛点气速时，________充满全塔空隙并在塔顶形成________，因而________急剧升高。

21. 塔板上设置入口安定区的目的是________，而设置出口安定区的目的是________。

22. 在设计或研制新型气液传质设备时，要求设备具有________、________、________等优点。

23. 液体在填料塔中流下时，造成较大尺度上的分布不均匀的原因有：________和________。

24. 对逆流操作的填料塔，液体自塔________部进入，在填料表面呈________状流下。

三、判断

1. 在同样空塔气速和液体流量下，塔板开孔率增加：

① 其漏液量也增加________　　② 压力降必减小________

2. 同一塔板上液体流量愈大，则

① 液面落差也愈大________

② 塔板上各处气体的压力降愈不均匀________

3. 上升气速过大会使板效率下降________

4. 只要塔板间距足够高，则

① 可以消除雾沫夹带________　　② 不一定能避免降液管液泛________

5. 判断下列命题是否正确：

① H_T 减小，雾沫夹带线下移________　　② A_f 下降，液相上限线左移________

6. 判断下列命题是否正确：

① H_T 减小，液泛线上移________　　② A_f 下降，液相下限线左移________

7. 判断下列命题是否正确：

① 上升气速过大会引起漏液________　　② 上升气速过大会引起液泛________

8. 判断下列命题是否正确：

① 上升气速过大会造成过量的液沫夹带________

② 上升气速过大会造成过量的气泡夹带________

第十章
气液传质设备　参考答案

一、选择题

1. ①　2. ①③　3. ①②③　4. ①②④　5. ①②④
6. ①②　7. ①③　8. ②④　9. ①②③　10. ①②③④
11. ①②③④　12. ①②③④⑤　13. ①②③④⑤　14. ①②③④⑤　15. ①②③
16. ①②③④⑤　17. ①②③④⑤　18. ①②③④⑤⑥⑦　19. ①②③④⑤　20. ①②④
21. ④

二、填空

1. 一定高度的液层　2. 泡罩塔，浮阀塔，筛板塔
3. 使气液接触面积大、传质好　4. 空隙率　5. 被润湿的填料表面
6. 逆流，错流
7. 塔板进、出口侧的清液高度差，采用双流型或多流型塔板结构
8. 气体通过干板，气体通过液层　9. 液体再分布，小　10. 载点，泛点
11. 液体，气体，液体分布
12. 严重漏液、严重气泡夹带、降液管液泛、严重雾沫夹带、液相量不足（答案中任选三个）
13. 鼓泡，泡沫，喷射　14. 浮阀塔，筛板塔，筛板塔
15. 严重漏液、严重雾沫夹带、液泛、严重气泡夹带、液相量不足（答案中任选三个）
16. 液沫夹带少，不易造成降液管液泛；允许气速大，所需塔径小。增加全塔高度
17. 鼓泡接触状态，泡沫接触状态，喷射接触状态，泡沫接触状态和喷射接触状态
18. 通过能力大，塔板效率高，塔板压降低，操作弹性大，结构简单，制造成本低
19. 阶梯环　20. 液体，液层，压降
21. 防止气体进入降液管，防止越堰液体的气体夹带量过大
22. 传质效率高、生产能力大、操作弹性宽、塔板压降小、结构简单（答案中任选三个）
23. 初始分布不均匀，填料层内液流不均匀　24. 上，膜

三、判断

1. ① 对；② 对　2. ① 对；② 错　3. 对　4. ① 错；② 对　5. ① 对；② 对
6. ① 错；② 对　7. ① 错；② 对　8. ① 对；② 错

第十一章

膜分离

一、选择题

1. 膜可以是______________________。

① 均相的　② 非均相的　③ 对称的　④ 非对称的

⑤ 固体的　⑥ 液体的　⑦ 中性的　⑧ 荷电的

2. 按膜的作用机理分类时，膜包括________________。

① 吸附性膜　② 扩散性膜　③ 离子交换膜　④ 选择渗透膜

⑤ 非选择性膜　⑥ 非均相膜　⑦ 中性膜　⑧ 荷电膜

3. 高分子分离膜材料包括____________________________。

① 纤维素衍生物类　② 聚砜类　③ 聚酰胺类　④ 聚酰亚胺类

⑤ 聚酯类　⑥ 聚烯烃类　⑦ 乙烯类聚合物　⑧ 含硅聚合物

⑨ 含氟聚合物　⑩ 甲壳素类

4. 已经开发用于无机膜制备的材料有____________________________等。

① TiO_2　② Al_2O_3　③ ZrO_2　④ SiO_2

⑤ Pd 及 Pd 合金　⑥ Ni　⑦ Pt　⑧ Ag

⑨ 硅酸盐及沸石

5. 膜分离技术的核心是分离膜。衡量一种分离膜有无实用价值的条件为____________。

① 膜要有高的截留率（或高的分离系数）和高的渗透通量

② 膜要有强的抗物理、化学和微生物侵蚀的性能

③ 膜要有好的柔韧性和足够的机械强度

④ 膜的使用寿命长，适用 pH 范围广

⑤ 成本合理，制备方便，便于工业化生产

6. 有机高分子致密均质膜的制备方法有____________。

① 溶液浇注　② 熔融挤压

③ 不同聚合物之间的化学反应　④ 核径迹法

⑤ 拉伸法　⑥ 溶出法

⑦ 烧结法　⑧ 层压结合法

7. 微孔均质膜的制备方法包括____________。

① 核径迹法　② 拉伸法　③ 溶出法　④ 烧结法

⑤ 溶液浇注　⑥ 熔融挤压　⑦ 不同聚合物之间的化学反应

8. 商品分离膜应具备的四个最基本的条件为____________。

① 分离特性　② 透过特性　③ 物化稳定性　④ 经济性
⑤ 膜的使用寿命长

9. 膜污染的成因可细分为＿＿＿＿＿＿。
① 浓差极化　② 溶质或微粒的吸附
③ 孔收缩和孔堵塞　④ 溶质或微粒在膜表面的沉积
⑤ ①②③④的综合　⑥ 膜的机械损坏

10. L-S 相转化法制作不对称结构反渗透膜的方法包括＿＿＿＿＿＿阶段。
① 将高分子材料溶于溶剂中，加入添加剂，配成制膜液
② 制膜液通过流延法制成平板型、圆管型，或用纺丝法制成中空纤维型
③ 部分蒸发膜中的溶剂
④ 将膜浸渍在对高分子是非溶剂的凝胶浴液体中（最常用的是水），液相的膜在液体中便凝胶固化
⑤ 进行热处理，但非醋酸纤维素膜，如芳香聚酰胺膜，一般不需要热处理
⑥ 膜进行预压处理

11. 减轻浓差极化“污染”的方法包括＿＿＿＿＿＿。
① 回收率的控制　② 流态和流程的控制
③ 填料法　④ 装设湍流促进器
⑤ 脉冲法　⑥ 搅拌法
⑦ 增大扩散系数法　⑧ 流化床法
⑨ 降低温度

12. 预处理的主要目的为＿＿＿＿＿＿。
① 去除超量的悬浮固体、胶体物质以降低浊度
② 调节并控制进料液的电导率、总含盐量、pH 值和温度
③ 抑制或控制微溶盐沉淀并堵塞膜的通道或在膜表面形成涂层
④ 防止粒子物质和微生物对膜及组件的污染
⑤ 去除乳化油和未乳化油以及类似的有机物质
⑥ 防止铁、锰等金属的氧化物和二氧化物的沉淀等

13. 纳滤具有的两个特性为＿＿＿＿＿＿。
① 对水中分子量为数百的有机小分子成分具有分离性能
② 对于不同价态的阴离子存在 Donnan 效应，并且它们的 Donnan 电位有较大差别
③ 对水中分子量小于一百的有机小分子成分具有分离性能

14. 超滤膜膜材料包括＿＿＿＿＿＿。
① 醋酸纤维素　② 聚砜　③ 聚丙烯腈　④ 聚碳酸酯
⑤ 聚氯乙烯　⑥ 芳香聚酰胺　⑦ 聚酰亚胺　⑧ 聚四氟乙烯
⑨ 聚偏氟乙烯　⑩ 高分子电解质复合体

15. 可通过选择＿＿＿＿＿＿等方法来控制超滤膜的污染。
① 膜材料　② 膜孔径或截留分子量
③ 膜结构　④ 组件结构
⑤溶液的 pH 值　⑥ 溶液浓度
⑦ 温度　⑧ 离子强度

⑨ 压力与料液流速

16. 超滤的工业应用主要有____________。

① 浓缩与精制　② 小分子溶质的分离

③ 大分子溶质的分级　④ 空气中氧氮的分离

17. 气体分子通过多孔膜的传递机理有____________等。

① 分子流　② 黏性流　③ 表面扩散流　④ 分子筛分机理

⑤ 毛细管凝聚　⑥ 溶解-扩散流

18. 用于气体分离的有机高分子材料主要有____________。

① 聚砜　② 聚二甲基硅氧烷

③ 醋酸纤维素　④ 聚碳酸酯

⑤ 聚酰亚胺　⑥ 聚三甲基硅-1-丙炔

⑦ 乙基纤维素　⑧ 聚 4-甲基-1-戊烯

19. 气体分离膜的工业应用主要有____________等。

① 氢气的回收和利用　② 空气富氧

③ 天然气中二氧化碳的回收和脱除　④ 烟气中二氧化硫的脱除

⑤ 工业气体脱湿　⑥ 从天然气中提取浓氦气

⑦ 空气富氮　⑧ 空气中易挥发有机物的回收

20. 电渗析技术的主要用途为____________。

① 从电解质溶液中分离出部分离子，使电解质溶液的浓度降低，如海水与苦咸水的淡化

② 将溶液中部分电解质离子转移到另一溶液系统中并增加其浓度，例如海水浓缩制盐

③ 从有机溶液中去除电解质离子，例如乳清脱盐

④ 电解质溶液中，同电性但具有不同电荷的离子的分离和同电性同电荷离子的分离

21. 商品化的离子交换膜材料主要有____________等。

① 苯乙烯型树脂　② 聚乙烯

③ 苯乙烯-二乙烯基苯的共聚物　④ 聚丙烯

⑤ 聚氯乙烯　⑥ 乙丙橡胶、聚四氟乙烯

⑦ 聚苯醚　⑧ 聚砜

⑨ 聚三甲基硅-1-丙炔

22. 实用的离子交换膜应具有的条件____________。

① 选择透过性好　② 膜电阻小

③ 化学稳定性优良　④ 机械强度高

⑤ 扩散性能较低　⑥ 膜平整、无洞、无折缝及裂缝

23. 渗透汽化特别适于____________等的分离。

① 近沸点、恒沸点有机混合物溶液　② 有机溶剂及混合溶剂中微量水的脱除

③ 废水中少量有机污染物的分离　④ 空气的分离

24. 渗透汽化操作模式中用于降低组分在膜下游侧的蒸气分压的方法有____________等。

① 冷凝法　② 抽真空法

③ 冷凝与抽真空的组合　④ 载气吹扫法

⑤ 溶剂吸收法

25. 渗透汽化复合膜的制备方法有____________等。

① 层压结合法　② 涂布法　③ 表面聚合法　④ 表面反应法
⑤ 辐照接枝法　⑥ 蒸气气相沉积法　⑦ 等离子体聚合法　⑧ 核径迹法

26. 渗透汽化的应用主要有____________等。
① 无水乙醇的生产　② 异丙醇脱水
③ 果汁的浓缩　④ 苯中微量水的脱除
⑤ 废水中脱除有机污染物　⑥ 酒类饮料中除去乙醇
⑦ 从饮料中回收芳香物质　⑧ 醇、醚混合物的分离
⑨ 芳烃、脂肪烃混合物的分离

27. 膜反应器的优点为____________等。
① 有效的相间接触　② 反应、分离与浓缩一体化
③ 快反应中扩散阻力的消除　④ 有利于平衡的移动
⑤ 热交换与催化反应的组合　⑥ 不相容反应物的控制接触
⑦ 副反应的消除　⑧ 复杂反应体系反应进程的调控
⑨ 催化剂中毒的缓解　⑩ 串联或平行多步反应的偶合

28. 用于生物反应过程的膜生物反应器中膜与生物反应的结合方式有____________等。
① 作为细胞和酶的固定化载体　② 发酵过程与膜分离过程的耦合
③ 中空纤维细胞培养器　④ 多层膜反应器

29. 用于生物反应过程的膜生物反应器的用途有____________等。
① 酶膜反应器　② 发酵　③ 动物细胞培养　④ 植物细胞培养

30. 用于废水处理的膜生物反应器中的膜污染的控制方法包括____________等。
① 进水的预处理　② 污泥浓度的控制　③ 膜的选择　④ 操作条件的优化
⑤ 水力学特性的改善　⑥ 膜的清洗

31. 渗透膜是____________膜。
① 疏水膜　② 荷电膜　③ 亲水膜　④ 离子交换膜

32. 渗析过程的推动力是____________。
① 压力差　② 浓度差　③ 速率差　④ 电位差

33. 人工肾是____________过程。
① 膜吸收　② 超滤　③ 渗析　④ 膜萃取

34. 蛋白质脱盐可以采用____________。
① 超滤　② 微滤　③ 渗析　④ 膜生物反应器

35. 电渗析采用的是____________。
① 疏水膜　② 荷电膜　③ 亲水膜　④ 离子交换膜

36. 电渗析过程的推动力是____________。
① 压力　② 范德华力　③ 浓度差　④ 直流电场

37. 电渗析的主要应用领域____________。
① 苦咸水淡化　② 血液透析　③ 共沸精馏　④ 氢气回收

38. ____________不能进行脱盐。
① 反渗透　② 离子交换　③ 电渗析　④ 超滤

39. 渗透汽化是以____________为推动力。
① 压力差　② 组分的蒸气压差　③ 浓度差　④ 电位差

二、填空

1. 自20世纪50年代以后，由于在大规模生产高通量、无缺陷的膜和紧凑的、高面积/体积比的膜分离器上取得突破，掀起了研究各种分离膜，发展不同膜过程的高潮，平均每10年就有一种新的膜技术进入工业应用：20世纪50年代为________和________，60年代为________，70年代为________，80年代为________，90年代为________。
2. 合成膜技术主要应用的四大方面为________。
3. 膜科学目前的主要发展方向为________、________、________、________、________、________和________。
4. 和传统过程相比，各膜过程具有的共同优点有________、________、________、________、________、________、________、________、________、________和________等。
5. 目前已工业化的膜过程主要有________、________、________、________、________、________、________和________等。
6. 压力驱动膜过程包括________、________、________、________和________等。
7. 广义的“膜”是指________。
8. 膜按材料可分为________和________。
9. 分离膜按其物态又可分为________、________和________三类。
10. 无机膜包括________、________、________、________、________以及以无机多孔膜为支撑体与有机高分子致密薄层组成的复合膜。
11. 对称膜，是指各向均质的致密或多孔膜。在观测膜的横断面时，若________，则为对称膜，又称均质膜，如大多数的微滤膜和核孔膜。
12. 若膜的________，则为不对称膜。目前，工业上分离过程中实用的膜都具有精密的非对称结构，它由很薄的较致密的起分离作用的活性层（0.1～1μm）和起机械支撑作用的多孔支撑层（100～200μm）组成。
13. 非对称膜又可分为________和________两大类型。
14. 相转化法制膜的方法包括________、________、________、________。
15. 复合膜支撑层的制备方法包括________、________、________、________、________、________。
16. 无机膜的制备技术主要有：采用________制备载体及过渡膜；采用________制备超滤、微滤膜；采用________制备玻璃膜；采用________制备微孔膜或致密膜。
17. 对于包括反渗透、纳滤、超滤、微滤、电渗析、渗析等液体分离膜过程而言，人们通常把膜的________发生变化的现象称为膜的污染或劣化。
18. 膜的劣化和污染的防止方法有________、________、________、________、________。
19. 反渗透过程必须满足的两个条件：一是________；二是________。
20. 能量耗散原理的基本点为________。
21. 非平衡热力学的三个基础理论为________、________和________。
22. 描述反渗透过程的模型有________等。
23. 西村正人从高分子材料的选择和膜材料的化学结构方面总结出的使膜具有分离性能的10

种化学方法为________________________________。

24. 西村正人从高分子材料的选择和膜材料的化学结构方面总结出的使膜具有分离性能的9种物理方法为________________________________。

25. 国际上通用的反渗透膜材料主要有________________和______________两大类。

26. 工业应用的反渗透膜可分为______________、____________及____________三类。

27. 反渗透膜的污染可分为可逆膜污染，即______________，它可通过流体力学条件的优化及回收率的控制来减轻和改善；另一类为由膜表面的电性及吸附引起的或由膜表面孔隙的机械堵塞而引起的________，这一类污染目前尚无有效的措施加以改善，只能依靠对水质进行预处理或通过抗污染膜研制及使用来加以延缓其污染速度。

28. 反渗透预处理过程包括________、________及________等。

29. 常见的膜清洗的方法有____________、__________和____________。

30. 醋酸纤维膜用杀菌剂包括________、__________和____________。

31. 常用的反渗透膜组件形式主要有________、________、________和________等类型。

32. 在膜分离工艺流程中的“段”指________________________________。

33. 在膜分离工艺流程中的“级”指________________________________。

34. 反渗透的后处理包括________________________________。

35. 纳滤膜对中性溶质分子的分离特性主要依据筛分效应或尺寸效应，用于描述过程的主要模型包括________________________________。

36. 纳滤膜对电解质的分离特性主要依据电荷效应或道南效应，用于描述过程的主要模型包括________________________________。

37. 纳滤膜对既有中性溶质又有电解质的混合水溶液体系的分离特性必须结合筛分效应和电荷效应，用于描述过程的主要模型包括__________________________等。

38. 纳滤膜的制备方法包括________________________________等。

39. 超滤过程中溶质的截留分__________、__________和__________3种方式。

40. 超滤的传质模型主要有__________、__________和________等。

41. 超滤膜的形态结构主要有________和________两类。

42. 超滤膜孔径的测定一般是通过检测与孔之间存在某种与孔径有关的物理效应来实现，可分为________________和__________两种方法。

43. 微滤膜的截留机理分为____________和______________两大类。

44. 气体通过膜的流动分为两大类，一类是________的流动，另外一类是________的流动。

45. 常用__________和__________机理描述气体通过非多孔高分子膜的渗透传递现象。

46. 用于气体分离膜的制造工艺主要有____________、____________、____________、____________、____________等。

47. 气体分离使用较多的是非多孔聚合物膜和复合膜，其主要特征参数包括________、________、________和________。

48. 用于气体分离的有机聚合物膜分离器主要有__________、________和________。

49. 电渗析是指________________________________。在这里离子交换膜起________的作用。

50. 在电渗析过程中除了阴、阳离子在直流电的作用下发生电迁移和电极反应外，同时还伴随________、________、________、________、________等与主要过程相反的次要过程，它们均会影响电渗析的除盐或浓缩效率，增加电耗。

51. 膜对离子的选择透过性机理和离子在膜中的迁移过程可由________、________和________来说明。
52. 电渗析的传质过程主要由________、________和________等部分组成。
53. 离子交换膜按膜体的宏观结构可分类为________、________和________。
54. 异相离子交换膜的制备方法包括________、________、________和________。
55. 制造半均相膜的一般方法有________和________。
56. 均相离子交换膜的制备法大致包括________、________、________和________等，实际上是________________。均相膜的制造过程分为________、________、________和________4步。
57. 电渗析的极化包括________、________和________三部分。
58. 电渗析的主要应用有________、________、________和________等。
59. 渗透汽化是________________用于实现液（气）体混合物分离的一种新型膜技术。
60. 用于描述渗透汽化传质过程的模型主要可分为________和________，其中应用较为普遍的是________。
61. 从应用角度讲，渗透汽化膜可分为优先透水膜、________和________。
62. 优先透有机物膜的渗透汽化膜的膜材料包括________、________、________和其它。
63. 渗透汽化过程所用的膜组件分为________、________、________、________等。
64. 膜反应器是________________的系统或设备。
65. 在膜催化反应器中，膜的功能主要有以下两种：①________________；②膜本身就是催化剂或是用催化活性物质进行处理而具有催化功能，同时又有选择性透过的功能。
66. 根据反应器中膜的功能的不同，膜催化反应器可分为________和________两大类。
67. 用于废水处理的膜生物反应器（MBR）是将超滤、微滤膜分离技术与传统的生物反应器相结合的污（废）水处理系统，它由________、________和________三部分组成。
68. 用于废水处理的膜生物反应器中的污染物主要为________、________和________三类。其中无机物是指________、________；有机物是指________；微生物是指________。

三、简答

1. 什么是膜分离？
2. 膜分离设备组件有哪些？它们有哪些优缺点？
3. 简述电渗析工作原理。
4. 简述膜污染产生的原因、减小污染的控制方法以及膜的清洗。
5. 简述制备无机膜常用的方法。
6. 什么是膜的孔径分布、孔隙率、截留分子量？
7. 简述膜的浓差极化产生的原因及对膜分离过程的影响。
8. 讨论渗透原理及反渗透膜透过机理。
9. 超滤过程中为什么常采用反洗流程？
10. 按膜的材料性质，常见的气体分离膜有哪两种？它们分别有什么特点？有哪些应用？
11. 对于玻璃态和橡胶态的气体分离膜，试分析 H_2 和乙烷哪种气体优先透过，为什么？

12. 简述乳化液膜的特点及主要应用领域。

13. 什么是对称膜和非对称膜?

14. 什么是致密膜和多孔膜?

四、计算

1. 用膜过滤料液，进料的溶质浓度为 0.3mol/L，高压侧与膜接触的界面溶质浓度为 0.5mol/L，滤液的溶质浓度为 0.01mol/L，则表观截留率和截留率各为多少?
2. 试用稀溶液范特霍夫渗透压公式求算 25℃下含 NaCl 3.5%的海水的渗透压（不考虑其它盐分的影响）。
3. 水流经一个膜组件（内装有 6 个 40 英寸长膜元件）的回收率可达 50%。现有 15 个同样的膜组件，为保证膜系统的回收率不低于 75%和良好的运行状况。应如何排列膜组件? 请计算并画出膜组件排列流程图。
4. 用分子量为 2000 的溶质作超滤膜性能评价实验时，得到 L_p、σ、P_w 的值分别为 $2\times 10^{-11} m^3/(m^2 \cdot Pa \cdot s)$、0.85、$10^{-6} m/s$。试求表观截留率为多少（原料液浓度较低，其渗透压可忽略不计）。
5. 需处理的废水流量为 $4000m^3/d$，拟采用由 240 个间隔组成的电渗析装置脱盐后用于工业冷却水。假定采用以下数据，求需要的膜面积和功率：（1）TDS 浓度为 2500mg/L；（2）阳离子与阴离子浓度为 0.010g・eq/L；（3）脱盐率为 50%；（4）电流效率为 90%；（5）$CD/N=500mA/cm^2$；（6）电阻为 5.0Ω。

五、推导

试证明反渗透过程中不荷电溶质的现象学模型（Kedem-Katchalsky 模型）。

第十一章
膜分离　参考答案

一、选择题

1. ①②③④⑤⑥⑦⑧
2. ①②③④⑤
3. ①②③④⑤⑥⑦⑧
4. ①②③④⑤⑥⑦⑧⑨
5. ①②③④⑤
6. ①②③
7. ①②③④
8. ①②③④
9. ①②③④⑤
10. ①②③④⑤⑥
11. ①②③④⑤⑥⑦⑧
12. ①②③④⑤⑥
13. ①②
14. ①②③④⑤⑥⑦⑧⑨⑩
15. ①②③④⑤⑥⑦⑧⑨
16. ①②③
17. ①②③④⑤
18. ①②③④⑤⑥⑦⑧
19. ①②③④⑤⑥⑦⑧
20. ①②③④
21. ①②③④⑤⑥⑦⑧
22. ①②③④⑤⑥
23. ①②③
24. ①②③④⑤
25. ①②③④⑤⑥⑦
26. ①②③④⑤⑥⑦⑧⑨
27. ①②③④⑤⑥⑦⑧⑨⑩
28. ①②③④
29. ①②③④
30. ①②③④⑤⑥
31. ④
32. ②
33. ③
34. ③
35. ④
36. ④
37. ①
38. ④
39. ②

二、填空

1. 微滤，离子交换，反渗透，超滤，气体分离，渗透汽化
2. 分离、控制释放、膜反应器、能量转换
3. 集成膜过程，杂化过程，水的电渗离解，细胞培养的免疫隔离，膜反应器，催化膜，手征膜
4. 过程一般较简单，设备体积小，经济性较好，分离系数较大（受膜材料的物性、结构、形态等的影响），一般没有相变，在常温下可连续操作，可实现集成或杂化，可直接放大，节能，高效，无二次污染，膜性能具有可调性，可专一配膜等等（答案中任选 11 个）
5. 微滤，超滤，反渗透，纳滤，渗析，电渗析，气体分离，渗透汽化
6. 反渗透，纳滤，超滤，微滤，气体分离
7. 分隔两相界面的一个具有选择透过性的屏障（它以特定的形式限制和传递各种化学物质）
8. 天然膜，合成膜
9. 固膜，液膜，气膜
10. 陶瓷膜，玻璃膜，沸石膜，金属膜（合金膜），分子筛炭膜
11. 整个断面的形态结构是均一的
12. 断面的形态在观测时呈不同的层次结构
13. 一般非对称膜（膜的表层与底层为同一种材料），复合膜（膜的表层与底层为不同材料）
14. 溶剂蒸发法（干法），水蒸气吸入法，热凝胶法，沉浸凝胶法

15. 高分子溶液涂敷，界面缩聚，原位聚合，等离子体聚合，动力形成膜，水面展开法
16. 固态粒子烧结法，溶胶-凝胶法，分相法，专门技术（如化学气相沉积、无电镀等）
17. 渗透通量、切割分子量及膜的孔径等来表示的膜组件性能
18. 预处理，操作方式的优化，膜组件结构的改善，膜组件的清洗，抗劣化及污染膜的制备
19. 有一种高选择性和高透过率（一般是透水）的选择性透过膜，操作压力必须高于溶液的渗透压（在实际反渗透过程中膜两边静压差还必须克服透过膜的阻力）
20. 当孤立系统中发生不可逆过程时，孤立系统熵的增加完全由系统能量的耗散提供
21. Onsager 线性唯象方程，唯象系数的 Onsager 互易关系，熵增定律
22. 现象学模型、溶解-扩散模型、优先吸附-毛细孔流模型、表面力-孔流模型、摩擦模型、孔道模型
23. ①共聚合；②接枝聚合；③各种聚合物的混合和混溶；④用等离子体进行表面聚合和表面改性；⑤界面缩聚反应；⑥交联反应（形成离子键或共价键）；⑦用化学反应赋予亲水性基团；⑧在聚合物中加入填充物（无机盐类、硅、各种有机物）和填充物的溶出；⑨形成分子间的氢键；⑩官能团聚合物的表面涂敷
24. ①流延（制膜液的组成和性质、温度、制膜液的流延厚度、溶剂的蒸发速度和蒸发量、凝胶化条件、热处理）；②纺丝（纺丝液和凝固液的组成和性质、温度、喷丝头的形状和纺丝速度、溶剂蒸发、牵伸率等）；③可塑化和膨润；④交联（热处理、紫外线照射等）；⑤电子辐射和刻蚀；⑥复合膜化；⑦双向拉伸；⑧冻结干燥；⑨结晶度调整
25. 醋酸纤维素，芳香聚酰胺
26. 高压海水脱盐反渗透膜，低压苦咸水脱盐反渗透膜，超低压反渗透膜
27. 浓差极化，不可逆膜污染
28. 悬浮固体和胶体的去除，可溶性有机物的去除，可溶性无机物的去除
29. 物理清洗，化学清洗，物理清洗与化学清洗相结合
30. 游离氯，甲醛，异噻唑啉
31. 板框式，管式，螺旋卷式及中空纤维式
32. 膜组件的浓缩液（浓水）不经泵自动流到下一组膜组件处理
33. 膜组件的产品水再经泵到下一组膜组件处理
34. 完全除盐、pH 值的调节、减轻腐蚀、消毒灭菌、H_2S 的去除、氧的去除
35. 不可逆热力学模型、空间位阻-孔道模型、溶解-扩散模型
36. Donnan 平衡模型、扩展的 Nernst-Plank 方程模型、空间电荷模型、固定电荷模型
37. 静电位阻模型、杂化模型
38. L-S 相转化法、转化法（超滤膜转化法和反渗透膜转化法）、共混法、荷电化法、复合法
39. 在膜表面的机械截留（筛分），在孔中滞留而被除去（阻塞），在膜表面及微孔内的吸附（一次吸附）
40. 现象学模型、孔模型、阻力叠加模型、浓差极化模型、凝胶模型、渗透压模型等（答案中任选 3 个）
41. 指状结构，海绵状开放式网络结构
42. 几何孔径测定，物理孔径测定
43. 膜表面层截留，膜内部截留
44. 气体通过多孔膜，气体通过非多孔膜（包括均质膜、非对称膜和复合膜）

45. 溶解-扩散机理，双吸附-双迁移
46. 烧结法、拉伸法、熔融-凝胶法、水上展开法、包覆法、相转化法（答案中任选 5 个）
47. 溶解度系数，渗透系数，扩散系数，分离系数
48. 板框式，螺旋卷式，中空纤维式
49. 在直流电场的作用下，溶液中的带电离子以电位差为推动力，选择性透过离子交换膜而迁移的现象；离子选择性透过
50. 同名离子迁移、电解质的浓差扩散、水的渗透、压差渗漏、水的电渗析、水的电离（答案中任选 5 个）
51. 膜的孔隙作用，静电作用，在外力作用下的定向扩散作用
52. 对流传质，扩散传质，电迁移传质
53. 非均相（异相）离子交换膜，均相离子交换膜，半均相离子交换膜
54. 压延法，膜压法，流延法，浸胶法
55. 浸吸（含浸）法（包括高聚物膜、粒状或粉末的浸吸单体），涂（刮）浆法
56. 涂浆法，块状聚合物切削法，流延法，接枝法，直接使离子交换树脂薄膜化，也就是使离子交换树脂的合成与成膜工艺相结合，原料的合成反应过程，成膜过程，引入反应基团，与反应基团反应形成荷电基团
57. 欧姆极化，浓差极化，活化极化
58. 天然水脱盐，纯水制备，海水浓缩制盐，废水处理，食品、医药工业中的应用（答案中任选 4 个）
59. 在液体混合物中组分蒸气分压差的推动下，利用组分通过致密膜溶解和扩散速度的不同
60. 溶解-扩散模型，孔流模型，溶解-扩散模型
61. 优先透有机物膜，有机物分离膜
62. 有机硅聚合物，含氟聚合物，纤维素衍生物
63. 板框式，螺旋卷式，圆管式，中空纤维式
64. 膜和化学反应或生物化学反应相结合
65. 膜作为反应区的一个分离元件，仅有分离功能
66. 惰性膜反应器，催化膜反应器
67. 曝气系统，膜组件，反冲洗系统
68. 无机物，有机物，微生物，钙盐（如 $CaCO_3$ 和 $CaSO_4$），镁盐（如 $MgCO_3$ 和 $MgSO_4$），蛋白质、絮凝剂、天然高分子等有机胶体和容易在膜面附着的溶解性有机物（SMP）、胞外聚合物（EPS），对水中污染物起降解作用的各种生物细胞和菌类

三、简答

1. 膜分离是借助膜的选择渗透作用，对混合物中的溶质和溶剂进行分离、分级、提纯和富集的方法。
2. (a) 板框式膜器

   优点：膜的组装方便，清洗更换容易，不易堵塞。

   缺点：对密封性要求高，结构不紧凑。

   (b) 卷式膜器

   优点：结构紧凑，单位体积膜面积很大，透水量大，设备费用低。

缺点：浓差极化不易控制，易堵塞，不易清洗，换膜困难。

(c) 中空纤维膜器

优点：设备紧凑，单位面积的膜表面积大，不需要支撑材料。

缺点：中空纤维内径小，阻力大，易堵塞，对料液的预处理要求高。

(d) 管式膜器

优点：能够有效地控制浓差极化，流动状态好，可大范围地调节料液的流速，膜生成污垢后容易清洗，对料液的预处理要求不高并可处理含悬浮固体的料液。

缺点：投资和运行费用较高，单位面积内膜的面积较低。

3. 在淡化室中通入含盐水，接上电源，溶液中带正电荷的阳离子在电场的作用下，向阴极方向移动到阳膜，受到膜上带负电荷的基团的异性相吸引作用而穿过膜，进入右侧的浓缩室。带负电荷的阴离子，向阳极方向移动到阴膜，受到膜上带正电荷的基团的异性相吸引的作用而穿过膜进入左侧的浓缩室。淡化室盐水中的氯化钠被除去，得到淡水，氯化钠在浓缩室中富集。

4. 膜污染产生的原因：(1) 膜表面的沉积，膜孔的堵塞，这与膜孔结构、膜表面的粗糙度、溶质的尺寸和形状等有关。(2) 膜表面和膜孔内的吸附，这与膜表面的电荷性、亲水性、吸附活性点及溶质的荷电性、亲水性、溶解度等有关。(3) 微生物在膜运行过程中或停运时的繁殖和积累造成。

   控制方法：(1) 进料液的预处理：预过滤，pH 值、溶液中的盐浓度、溶液浓度、离子强度的处理。(2) 选择合适的膜材料（膜孔径或截留分子量的选择，膜结构的选择）以减轻膜的吸附。(3) 改善操作条件：加大流速、温度、压力与料液流速，溶液与膜接触时间的改善。

   清洗方法：(1) 物理清洗：等压清洗、反洗、气水双洗、海绵球擦洗。(2) 化学清洗：用酸、碱、酶、络合剂、表面活性剂处理。(3) 电清洗。(4) 其他方法：电场过滤、脉冲电解清洗、电渗透清洗等。

5. 固态离子烧结法、溶胶-凝胶法、薄膜沉淀法、阳极氧化法、水热法、分相法、热分解法、CVD 法、悬浮粒子法、浸浆法。

6. 孔径分布：是描述孔径变化范围的参数，定义为某一孔径的孔体积占整个孔体积的百分数。孔径分布在一定程度上体现了膜的好坏，孔径分布越窄越好。

   孔隙率：是指单位膜体积中，孔所占体积的百分数。

   截留分子量：(1) 取截留率为 50%时所对应的分子量；(2) 取截留率为 90%时所对应的分子量；(3) 取截留率为 100%时所对应的分子量；(4) 延长截留率-分子量曲线斜线部分，使其与截留率为 100%的横坐标相交，与交点对应的分子量作为截留分子量。

7. 膜的选择透过性，使得临近膜表面淡室侧的边界层中反离子浓度减小，在浓室侧的边界层中反离子浓度增大，尤其当电流大于极限电流密度后，甚至可能发生水的电渗析。

   影响：使膜表面溶质浓度增高，引起渗透压的增大，从而减小传质驱动力；当膜表面溶质浓度达到其饱和浓度时，便会在膜表面形成沉积层或凝胶层，增加透过阻力；膜表面沉积层或凝胶层的形成会改变膜的分离特性；当有机溶质在膜的表面达到一定浓度有可能使膜发生溶胀或恶化膜的性能；严重的浓差极化导致结晶析出，阻塞流道，运行恶化，概括地说就是：膜分离效果降低，截留率改变，通量下降。

8. 渗透是指一种溶剂通过一种半透膜进入一种溶液或者从一种稀溶液向一种比较浓的溶液移动的现象，但是在浓溶液的一边加上适当的压力，即可使渗透停止，当稀溶液向浓溶液的渗透停止时的压力，称为该溶液的渗透压，此时达到渗透平衡。

9. 超滤是物理过滤过程，随着过滤进行，超滤表面附着杂质，过滤阻力就会增加，过滤通量减小，反洗就是将超滤膜表面的杂质冲洗出来，保证超滤膜正常过滤。

   亲水性超滤膜化学清洗周期比较长，化学清洗恢复较好，在每一个化学清洗周期内，反洗后的通量恢复接近 100%；非亲水性超滤膜的化学清洗周期短，每个化学清洗周期内反洗后的通量恢复只有 80%～90%；所以，在水处理工程中，亲水性超滤膜要比非亲水性超滤膜具有明显的优势，能够在使用寿命内，很好地维持在一个稳定的流量。

10. 玻璃态气体分离膜和橡胶态气体分离膜。

    玻璃态气体分离膜是扩散控制过程，小分子气体优先通过，弹性模量大，断裂伸长率小，形变可逆。

    橡胶态气体分离膜是溶液控制过程，大分子气体优先通过，弹性模量小，断裂伸长率大，形变不可逆。

11. 玻璃态气体分离膜为氢气分离膜，H_2 优先透过。橡胶态气体分离膜为有机蒸气膜，大分子气体优先通过，乙烷优先通过。

12. 特点：传质效率高，选择性好，节约能源。

    应用领域：冶金废水，生物医药，颗粒合成。

13. 对称膜：沿膜的厚度方向结构均一，同性，对称膜可以是多孔的，也可以是致密的。

    非对称膜：非对称膜是由同种材料制成，沿膜厚度方向上呈不同的结构，一般在膜的表面。

14. 致密膜是指结构最紧密的膜，膜材料以分子状态排布，其膜孔径小于 1.5nm。

    多孔膜是结构较疏松的膜，孔径范围在 3～100nm 之间，膜材料以聚集的胶束存在和排布。

四、计算

1. 解：表观截留率 $R=\left(1-\dfrac{c_p}{c_b}\right)\times 100\%=\left(1-\dfrac{0.01}{0.3}\right)\times 100\%=96.7\%$

   真实截留率 $R=\left(1-\dfrac{c_p}{c_w}\right)\times 100\%=\left(1-\dfrac{0.01}{0.5}\right)\times 100\%=98\%$

2. 解：对于 NaCl 3.5%的海水而言

   $c_{NaCl}=(3.5/58.5)\times 10=0.598(\text{mol/L})$

   $\pi=RT\sum c_s=0.082\times(273+25)\times(0.598+0.598)=29.2(\text{atm})$

3. 解：假定 V_f 为进水流量，则

   第一段出口的浓水流量为：$V_f-V_f\times 50\%=0.5V_f$

   第二段进水流量为 $0.5V_f$，第二段出口的浓水流量为：$0.5V_f-0.5V_f\times 50\%=0.25V_f$

   经以上两段的回收率：$Y=\dfrac{V_f-0.25V_f}{V_f}=1-0.25=75\%$

   即用两段就可达到 75%的回收率。

   共有 15 个膜组件，

   第一段所需膜组件数：$15\times\dfrac{2}{3}=10$

   第二段所需膜组件数：$15\times\dfrac{1}{3}=5$

采用 10—5 排列，即第一段有 10 个膜组件并联，第二段有 5 个膜组件并联，然后将两段串联。如图 11-1 所示：

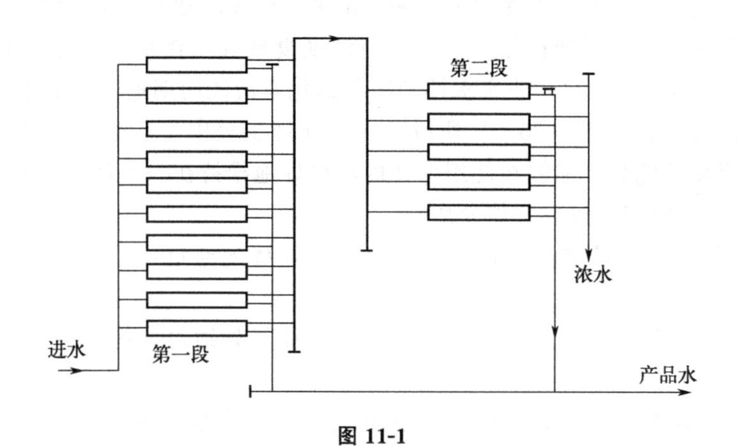

图 11-1

4. 解：(1) 由于渗透压可以忽略不计，则

$J_v \approx L_p \Delta p =(2\times10^{-11})\times(2\times10^{5})=4\times10^{-6}\mathrm{m^3/(m^2\cdot s)}$

$F=\exp[-J_v(1-\sigma)/P_w]=\exp[-(4\times10^{-6})\times(1-0.85)/(10^{-6})]=0.55$

表观截留率为 $R=[(1-F)\sigma]/(1-\sigma F)=(1-0.55)\times(0.85)/(1-0.85\times0.55)$
$=0.72$

5. 解：(1) 计算流量

$Q=(4000\mathrm{m^3/d})\times(10^3\mathrm{L/m^3})/(86400\mathrm{s/d})=46.3\ \mathrm{L/s}$

$I=\dfrac{FQN\eta}{nE_c}=96485\mathrm{A\cdot s/(g\cdot eq)}\times(46.3\mathrm{L/s})\times(0.010\mathrm{g\cdot eq/L})\times(0.50)/$
$(240\times0.90)=103.4\mathrm{A}$

(2) 求需要的功率

$P=RI^2=(5.0\Omega)\times(103.4\mathrm{A})^2=53477\mathrm{W}=53.5\mathrm{kW}$

(3) 求需要的膜面积

a. 电流密度

$i=500\times0.010=5\mathrm{mA/cm^2}$

b. 需要的膜表面积为：

$A=103.4\times1000/5=20680\mathrm{cm^2}$

c. 假定采用正方形膜，膜每边的长度为

$L=\sqrt{20680}\approx144\mathrm{cm}$

五、推导

证明：将膜看作“黑体”，不考虑在膜内部的透过机理，在无化学反应的等温反渗透过程中，传质推动力为化学位差。对于不荷电溶质的反渗透过程而言，若考虑二元溶液（盐/水）体系，由于存在两种物流（溶质+溶剂）和两种力（与溶质流共轭的力+与溶剂流共轭的力），其耗散函数的表示式为：

$$\phi=T(\mathrm{d}S_i/\mathrm{d}t)=\sum J_iX_i=J_sX_s+J_wX_w=J_s\Delta\mu_s+J_w\Delta\mu_w \quad (1)$$

式中，J_s 为不荷电的溶质流率；J_w 为水的流率；X_s 为 $\Delta\mu_s$ 溶质的化学位差；X_w 为 $\Delta\mu_w$ 为水的化学位差。

在等温、不做电功条件下，根据热力学基本关系和吉布斯-杜亥姆公式并考虑稀溶液后可得：

$$\phi = T\frac{dS_i}{dt} = (J_s\overline{V}_s + J_w\overline{V}_w)\Delta p + \left[\frac{J_s}{(c_s)_m} - \frac{J_w}{(c_w)_m}\right]\Delta\pi \tag{2}$$

式中，$\overline{V}_s$，$\overline{V}_w$ 分别表示溶质和水的摩尔体积；Δp 为跨膜的压差；$\Delta\pi$ 为跨膜的渗透压差；$(c_s)_m$ 为膜两侧溶液浓度的平均值；$(c_w)_m$ 为膜两侧溶剂浓度的平均值。

若令　$J_v = J_s\overline{V}_s + J_w\overline{V}_w$，$J_D = \dfrac{J_s}{(c_s)_m} - \dfrac{J_w}{(c_w)_m}$，则式（2）变为：

$$\phi = T(dS_i)/dt = J_v\Delta p + J_D\Delta\pi \tag{3}$$

式中，J_v 表示单位为 $cm^3/(cm^2 \cdot s)$ 的体积流；J_D 为反向流动的溶质与溶剂流速之差，或表示相对于水的溶质流。

因此，用线性唯象方程来描述膜分离体系时存在下列方程组：

$$J_v = L_p\Delta p + L_{pD}\Delta\pi$$

$$J_D = L_{Dp}\Delta p + L_D\Delta\pi \tag{4}$$

根据 Onsager 互易关系，可知 $L_{pD} = L_{Dp}$，故上述方程组中只有 L_p、L_{pD} 和 L_D 三个独立的唯象系数，其各自的含义为：

(1) 水力渗透系数（过滤系数）L_p

系数 L_p 表示由于压力差而引起的体积流，并定义为：

$$L_p = (J_v/\Delta p)_{\Delta\pi=0} \tag{5}$$

(2) 反射系数 σ

σ 为唯象系数 L_{Dp} 除以 $-L_p$ 所得商，被称为反射系数。

$$\sigma = L_{Dp}/(-L_p) = (\Delta p/\Delta\pi)_{J_v=0} \tag{6}$$

上式中 σ 表示膜对溶质的脱除率，其变化范围为 $0 \leqslant \sigma \leqslant 1$。

(3) 溶质渗透系数 ω

ω 表示体积流为零时的溶质透过系数。

考虑 σ 的定义式（6），同时考虑到稀溶液的特点，不难得到：

$$J_s = (c_s)_m J_v(1-\sigma) + (L_D L_p - L_{Dp}^2)(c_s)_m\Delta\pi/L_p \tag{7}$$

若令　$\omega = (L_D L_p - L_{Dp}^2)(c_s)_m/L_p$

则

$$\omega = (J_s/\Delta\pi)_{J_v=0} = (L_D L_p - L_{Dp}^2)(c_s)_m/L_p \tag{8}$$

基于以上结果，Kedem 和 Katchalsky 推导出表述体积通量与溶质通量的现象学模型：

$$J_v = L_p(\Delta p - \sigma\Delta\pi)$$

$$J_s = (1-\sigma)(c_s)_m J_v + \omega\Delta\pi \tag{9}$$

对于稀溶液而言，Kedem-Katchalsky 现象学模型又可写为

$$J_v = L_p(\Delta p - \sigma\Delta\pi)$$

$$J_s = (1-\sigma)(c_s)_m J_v + \omega RT\Delta c_s = (1-\sigma)(c_s)_m J_v + p_s(c_w - c_p) \tag{10}$$

式中 $p_s = \omega RT$，为溶质渗透系数，c_w 与 c_p 分别为膜表面的溶质浓度和透过液中的溶质浓度。可见，溶质通量由两部分组成，第一部分表示因体积流而透过的溶质量，并且在由体积流携带的溶质量 $(c_s)_m J_v$ 中，只有 $(1-\sigma)$ 部分透过膜，而 σ 部分被膜“反射”回去；第二部分称为扩散项，表示溶质以扩散方式通过膜的部分。

第十二章

浸取

一、选择题

1. 浸取操作用于分离________。

   ① 固体混合物　　② 气体混合物　　③ 液体混合物　　④ 任意混合物

2. 浸取操作分离的依据是________。

   ① 利用固体混合物中各组分在某种液体溶剂中溶解度的差异

   ② 利用固体混合物中各组分挥发性的差异

   ③ 利用固体混合物中各组分汽化热的不同

3. 溶质溶于溶剂的机理为________。

   ① 物理溶解　　② 化学溶解

   ③ 物理溶解与化学溶解　　④ 其他机理

4. 浸取过程是固液两相传质过程，一般由以下________组成。

   ① 溶剂或溶剂中的反应剂从液相主体穿过液膜扩散到固体外表面

   ② 溶剂或溶剂中的反应剂通过固体内的孔道扩散到固体的内表面

   ③ 在固体表面进行溶解或化学反应过程

   ④ 溶质或其反应产物通过固体内孔道扩散到固体外表面

   ⑤ 溶质或其反应产物通过液膜扩散到液相主体

5. 下列说法中正确的是________。

   ① 浸取过程存在过程速度的控制步骤，并且浸取体系的具体条件决定其控制步骤

   ② 浸取过程不存在过程速度的控制步骤

   ③ 加快浸取速度，需从加快控制步骤的速度入手，一般来说固体孔道内的扩散常常是控制因素

   ④ 固体物的结构、溶剂与溶质的性质和操作条件是影响浸取过程速度的三个方面

6. 物料的浸取过程包括________。

   ① 预处理过程，如粉碎成小颗粒，压成薄片，矿石经熔烧等改变物质存在的状态，其目的是使原料中的有用溶质易于被溶剂浸取出来

   ② 溶剂浸取过程

   ③ 固体残渣的洗涤过程，使残渣中的溶质尽可能多地分离出来

   ④ 水分的蒸发过程

7. 选用浸取溶剂时需考虑________。

   ① 对溶质的溶解度要大

② 易与固体残渣分离和洗涤回收

③ 浸取液易分离、易获得溶质产品、易于回收溶剂

④ 使用安全、无毒、腐蚀性低、不易燃、不易爆、价廉易得

8. 下面有关溶剂说法中正确的是________。

① 浸取甜菜、咖啡豆以及茶等时常选用水作为溶剂

② 提取矿物时常用含酸碱及络合剂的水溶液作为溶剂

③ 浸取油脂类物质时常用烷烃、醇、酮、酯等有机溶剂作为溶剂

④ 选用何种物质作为溶剂与浸取对象没有关系

9. 可根据颗粒的大小采用不同的浸取设备，常用的浸取设备有________。

① 固体处于静止状态的浸取器　　② 固体处于悬浮状态的浸取器

③ 固体处于流动状态的浸取器

10. 固体处于静止状态的浸取器用于浸取颗粒较大的物料，其基本特点是颗粒在设备中形成颗粒床层，溶剂穿过颗粒层与颗粒接触并将其中的有用溶质浸取出来。它又可分为________。

① 渗滤浸取器　　② 篮式浸取器

③ 浸泡式连续浸取器　　④ 气流提升式浸取器——巴秋卡槽

⑤ 机械搅拌浸取槽

11. 固体颗料处于悬浮状态的浸取器用于细粒固体物料的浸取。它又可分为________。

① 机械搅拌浸取槽　　② 气流提升式浸取器——巴秋卡槽

③ 篮式浸取器　　④ 浸泡式连续浸取器

⑤ 渗滤浸取器

二、填空

1. 浸取过程常用于食品工业和________。

2. 浸取过程设计的主要要求是________，为此不仅要使固体中的溶质全部溶解到溶剂中，还要将残渣夹带的液体中的溶质通过洗涤回收下来。

3. 浸取是利用溶剂从固体中分离溶质的操作，其操作步骤包括________。

4. 可将固体原料与溶剂混合澄清后的浆液分离成________和含有大部分固体的________两部分。

5. 固体内部的溶质溶解到溶剂的过程，可能是一种简单的________过程，或者是一种使溶质溶解的实际________。

6. 浸取过程的设计计算同样是基于“平衡级”或“理论级”的概念，此处的理论级是指________________。实际过程中由于固体吸附溶质，紧贴固体颗粒表面的溶液中溶质浓度较高等原因，不可能成为理论级，所以实际所需的级数要比算出的理论级数多，________称为级效率。

7. 化学浸取属于液固相反应，____________________都是影响因素。

8. 浸取后先除去悬浮物质，再过滤以得到澄清的浸取液。工业上常通过________________等方法从浸取液中回收有价值的金属。

9. ________、________和________为浸取设备中操作方法的三种基本形式。

10. 浸取设备按操作方式可分为________，按固体原料的处理方式可分为________，按溶剂

和固体原料的接触方式又可分为________。

三、计算

1. 以淡水为溶剂浸取洗涤咖啡豆以制取速溶咖啡，每小时处理 4t 咖啡豆，其可溶溶质含量为 24%（质量分数，下同），含水量可忽略不计，离开洗涤装置的最终浸出液含可溶溶质 30%，要求浸取率为 95%，即浸出液中含有 95%的可溶溶质，试确定：(1) 每小时得到的浸出液量；(2) 每小时的淡水用量；(3) 若级效率为 70%，底流中每吨固体渣带溶液 1.7t，试确定浸取洗涤装置所需的级数。
2. 用多级逆流装置和一种纯溶剂来浸取油籽中的油。已知油籽中含油 20%（质量分数，下同），最终浸取液中含油 50%，在此溶液中含油量占油籽中含油总量的 90%。底流中每千克油籽渣夹带溶液 0.5kg，试用三角形图解法求恒底流条件下所需的理论级数。

四、推导

图 12-1 为多级逆流浸取的系统流程图。固体原料 F 进入第 1 级，经浸取后的固体渣夹带溶液 L（底流）依次经第 2，3，…，n 级，也被一级级逆流而来的溢流液洗涤，最后从第 n 级排出。新鲜溶剂 S 进入第 n 级，与从第 $n-1$ 级进来的底流接触，达一个理论级时，其溢流进入第 $n-1$ 级，与前一级（$n-2$ 级）来的底流接触进行洗涤，如此溢流一级级向前，最后进入第 1 级，对固体原料进行浸取，最终得浸出液 E。图 12-1 中 y 为溢流液中的溶质组成（质量分数），x 为底流液中的溶质组成（质量分数）。

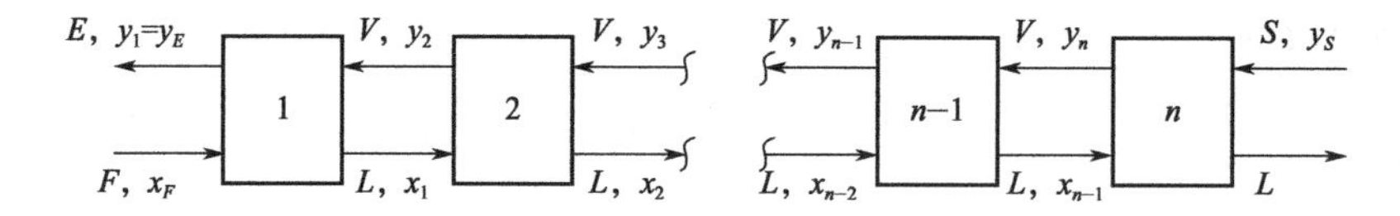

图 12-1 多级逆流浸取系统流程

假设：(1) 各级均为理论级，故每一级流出的溢流与底流的组成相同，即 $y_i=x_i$；(2) 该系统为恒底流，即各级随固体渣一起排出的溶液量 L（kg）相同。因此，若溢流中不带固体，则各级排出的溢流液量 V（kg）也相同。试证明存在下列关系式：

$$\frac{1}{R}=\left(1+a_1\frac{1-a^n}{1-a}\right)-\frac{Sy_S}{Lx_D}\left(1+a_1\frac{1-a^{n-1}}{1-a}\right)$$

式中，$R=Lx_D/(Fx_F)$，为溶质损失率，即随残渣排出的溶质量与原料中溶质量之比；x_D 为残渣带出的溶液中溶质的组成，质量分数；x_F 为原料中溶质的组成，质量分数；$a=V/L$，$a_1=E/L$；n 为所需的总理论级数。

五、简答题

简述固液萃取浸取溶剂的选择原则。

第十二章
浸取　参考答案

一、选择题

1. ①　2. ①　3. ③　4. ①②③④⑤　5. ①③④
6. ①②③　7. ①②③④　8. ①②③　9. ①②　10. ①②③
11. ①②

二、填空

1. 湿法冶金
2. 用较少溶剂使固体混合物中的有用溶质尽量多地分离出来
3. 固体与液体的混合与分离
4. 溢流，底流
5. 物理溶解，化学反应过程
6. 离开该级的浸取液浓度与底流液的浓度相等，理论级数与实际级数之比
7. 温度、溶剂浓度、粒径、孔隙率及孔径分布和搅拌
8. 结晶、吸附、离子交换、溶剂萃取
9. 单级浸取，多级错流浸取，多级逆流浸取
10. 间歇式、半连续式和连续式，固定床式、移动床式和分散接触式，多级接触式和微分接触式

三、计算

1. 解：为简便起见，以1h为计算的基准，有：

① 浸出液量

原料咖啡豆中可溶溶质量＝4×0.24＝0.96t/h

浸出液中所含可溶溶质量＝0.96×0.95＝0.912t/h

② 淡水用量

作整个系统的总物料衡算，不计纯固体，则有：

进入系统的水量＋原料中的可溶溶质量＝浸出液量＋随固体渣排出的溶液量（底流量）

浸出液量＝0.912÷0.30＝3.04t/h

底流量＝4×（1－0.24）×1.7＝5.17t/h

原料中可溶溶质量＝4×0.24＝0.96t/h

淡水用量＝3.04＋5.17－4×0.24＝7.25t/h

③ 理论级数

损失率　$R=1-0.95=0.05$

$$a=\frac{V}{L}=\frac{7.25}{5.17}=1.4$$

$$a_1=\frac{E}{L}=\frac{3.04}{5.17}=0.588$$

因溶剂为纯水，故可根据下式来计算所需理论级数：$\frac{1}{R}=1+a_1\frac{1-a^n}{1-a}$

代入后可得：$\frac{1}{0.05}=1+0.588\times\frac{1-1.4^n}{1-1.4}$

可解得所需理论级数　$n=7.82$

实际级数　$N=\frac{7.82}{0.7}=11.2$，取 12 级。

2. 解：根据题意可做出如图 12-2 所示的三角形相图，三角形的顶点都表示纯的组成，B 点表示纯固体，A 点表示溶质，S 点表示纯溶剂。设各级溢流中均不带固体，则各级溢流液的状态点均在三角形的 AS 边上。

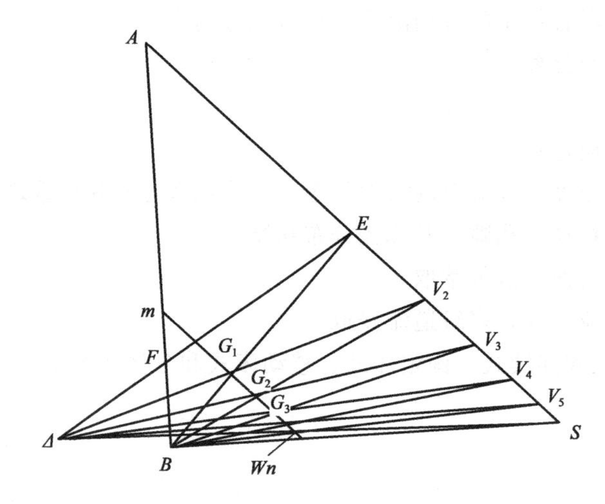

图 12-2　三角形相图

若以每千克固体渣为基准，根据物料衡算可求得最后一级排出的底流的组成：

排出浆液的量：$W=1+0.5=1.5$kg

排出浆液中的油含量$=1\times0.2\times0.1/1.5=0.0133$

底流中油籽渣含量为 66.7%，因系恒底流，据此可在三角形相图 12-2 中作出底流曲线 mn，根据最终浸取液中含油 50%确定 E 点，根据原料油籽含油 20%组成得 F 点，根据排出的废浆液中的含油量 x_A 得 W 点，连 EF 线与 SW 线，其延长线交于 Δ。连点 B 与 E 与底流曲线 mn 相交于 G_1，G_1 即为第 1 级排出的底流，连接 Δ 与 G_1 并延长交于 AS 边的 V_2，即为第 2 级的溢流；连接 B 与 V_2 交底流曲线于 G_2，连 Δ 与 G_2 并延长交 AS 边的 V_3，依此类推……连接 B 与 V_5 交底流曲线 mn 于 G_5，G_5 与 W 相同，溶质 A 的含量已等于最终排出的溶液中溶质含量的要求，故需 5 个理论级。

四、推导

证明：根据图 12-1 对第 n 级的溶质进行衡算：

$$Lx_{n-1}+Sy_S=Vy_n+Lx_n$$

即 $Lx_{n-1}=Vy_n+Lx_n-Sy_S$

因 $a=\dfrac{V}{L}=\dfrac{Vy_n}{Lx_n}$

故 $Lx_{n-1}=aLx_n+Lx_n-Sy_S=(a+1)Lx_n-Sy_S$

对第 n 级与第 $n-1$ 级的溶质进行衡算：$Lx_{n-2}+Sy_S=Vy_{n-1}+Lx_n$

即 $Lx_{n-2}=Vy_{n-1}+Lx_n-Sy_S$

因 $a=\dfrac{V}{L}=\dfrac{Vy_{n-1}}{Lx_{n-1}}$

故 $Lx_{n-2}=aLx_{n-1}+Lx_n-Sy_S=(1+a+a^2)Lx_n-(1+a)Sy_S$

依次类推，可得：$Lx_{n-(n-1)}=Lx_1$

$$=(1+a+a^2+\cdots+a^{n-1})Lx_n-(1+a+a^2+\cdots+a^{n-2})Sy_S$$

$$=Lx_n\frac{a^n-1}{a-1}-Sy_S\frac{a^{n-1}-1}{a-1}$$

总物料衡算式：$Fx_F=Ey_E+Lx_n-Sy_S$

因 $a_1=\dfrac{E}{L}=\dfrac{Ey_E}{Lx_1}$

故 $Fx_F=Ey_E+Lx_n-Sy_S=a_1Lx_1+Lx_n-Sy_S$

$$Fx_F=a_1Lx_n\frac{a^n-1}{a-1}-a_1Sy_S\frac{a^{n-1}-1}{a-1}+Lx_n-Sy_S$$

化简后可得：$\dfrac{1}{R}=\left(1+a_1\dfrac{1-a^n}{1-a}\right)-\dfrac{Sy_S}{Lx_D}\left(1+a_1\dfrac{1-a^{n-1}}{1-a}\right)$

五、简答题

从固体中提取化合物，选择萃取剂的原则是与原溶液中的溶剂互不相溶；对溶质的溶解度要远大于原溶剂；要易于挥发。萃取剂又叫萃取液，是能与被萃取物形成溶于有机相的萃合物的化学试剂。

第十三章

搅拌

一、选择题

1. 液体搅拌的目的为________。

   ① 被搅拌物料各处达到均质状态　　② 强化传热过程

   ③ 强化传质过程　　④ 促进化学反应

2. 搅拌器的混合机理包括____________。

   ① 总体对流扩散　　② 涡流（湍流）扩散

   ③ 分子扩散　　④ 扰动扩散

3. 下面说法中正确的是____________。

   ① 搅拌器旋转时产生既能使液体产生流动又能用于克服摩擦阻力的压头

   ② 搅拌器压头是流体湍动程度和剪切力大小的度量

   ③ 当消耗相同功率时，如采用低转速、大叶轮直径可产生大循环流、小剪切作用，有利于宏观混合或强化传热；反之，采用高转速、小直径叶轮可产生高剪切、小循环流，有利于微观混合

4. 搅拌功率是槽内液体流动状态和搅拌强度的度量，又是选配电机的依据。功率消耗于槽内液体的循环流动和剪切作用两个方面，其大小决定于流型、循环速度及湍动程度。影响搅拌功率的因素主要包括____________。

   ① 搅拌器的因素：桨叶形状、叶轮直径及宽度、叶片数目、转速、在槽内的安装高度等

   ② 搅拌槽的因素：槽形、槽内径、液深、挡板数目和宽度、导流筒尺寸等

   ③ 物性因素：主要是密度和黏度

   ④ 在出现打旋时还需要考虑重力加速度

5. 为合理利用加于搅拌设备的能量，以获得最佳搅拌效果，就要考虑能量的合理分配问题。下面说法中正确的是____________。

   ① 如果为获得大尺度的混合或强化传热，则希望有较大的流量，对压头的要求并不高，此时加大直径、降低转速是适宜的，功率主要消耗在总体流动方面

   ② 如果要求快速分散或小尺度的混合均匀，则应减小 q_V/H，使功率主要消耗于增加流体的湍动或加大剪切作用

   ③ 生产工艺过程对 q_V/H 比值要求依次减小（即剪切作用依次加大）的顺序是：均匀混合、传热、固体颗粒悬浮和溶解、气体分散、不互溶液体分散等。一些常用叶轮 q_V/H 依次减小的顺序是：平桨、涡轮和螺旋桨

   ④ 若输入流体的能量大部分用于总体流动，此时应选用循环型叶轮（如平桨叶轮）；反

之，若主要用于剪切上，则此时应选用剪切型叶轮（如涡轮、旋桨叶轮）

6. 搅拌器放大是指在小试装置上获得满意的搅拌效果后，如何来决定工业装置的尺寸和操作条件。下面有关搅拌器放大说法中正确的是__________。

① 为了达到理想的放大效果，在满足几何相似的前提下，还必须满足一些其他相似条件，诸如运动相似（几何相似系统中对应位置上流体运动速度之比相等）、动力相似（对应位置上力的比值相等）和热相似（对应位置上温度差之比相等）等

② 动力相似要求对应位置上力的比值相等（即 Re、Fr 等相等），对同一种液体，同时满足几个准数相等是不可能的。因此，进行搅拌器放大时，应尽量把重力（加挡板）和界面张力的影响抑制起来，而变成单纯的 Re 相等，从而使问题简化

③ 按搅拌功率放大和按工艺过程的结果放大是两种常用的放大方法

④ 在几何相似系统中用于获得相同搅拌效果的可能判据包括：保持雷诺数不变、保持单位体积功率不变、保持 q_V/H 不变或保持叶端速度不变。对于一个搅拌过程，究竟哪一个准则适用，还需通过逐级放大试验来确定

7. 推进式桨属于__________。

① 轴向流桨叶　② 径向流桨叶　③ 切向流桨叶　④ 不一定

8. 通常导流筒的上端与静液面相比__________。

① 较高　② 平齐　③ 较低　④ 不一定

9. 在中心安装的搅拌槽中，对混合起主要作用的流型为__________。

① 切向流与轴向流　② 切向流与径向流

③ 轴向流与径向流　④ 切向流、轴向流及径向流

10. 在无挡板的搅拌槽中，搅拌桨应__________安装。

① 偏心　② 中心　③ 随便

11. 决定搅拌槽内速度分布的因素有________。

① 搅拌槽的几何条件　② 操作条件

③ 物性　④ 以上诸因素的综合

12. 转速增大，最大剪切速率________，平均剪切速率________；当转速一定时，桨径增大，最大剪切速率________，平均剪切速率________。

① 增大　② 不变　③ 减小　④ 不一定

13. 桨叶区与循环区相比，能耗__________。

① 较大　② 相同　③ 较小　④ 不一定

14. 低黏度的湍流搅拌中，________是主要的；高黏度的层流搅拌中，________是主要的。

① 宏观混合　② 微观混合

③ 宏观混合与微观混合　④ 不一定

15. 低黏度液体的混合操作一般都是在________中进行的；高黏度液体的混合操作一般都是在________中进行的。

① 湍流　② 层流　③ 过渡区　④ 不一定

16. 分散操作包括________等。

① 液-液萃取　② 有机合成

③ 乳液聚合及悬浮聚合　④ 以上诸项

17. 在固-液悬浮操作中应尽量选用________。

① 轴向流桨叶　② 径向流桨叶　③ 不一定

18. 在气-液搅拌槽中，由于气相被破碎而形成的气泡，其直径与自由鼓泡通气的气泡直径相比________。

① 较大　② 相同　③ 较小　④ 不一定

19. 以下关于搅拌形容不正确的是________。

① 加快不溶液体的混合

② 使一种液体以液滴形式均匀分布于另一种不互溶的液体中

③ 使气体以气泡的形式分散于液体中

④ 使固体颗粒在液体中悬浮

20. 旋桨式搅拌器适用于________，不适用于固体颗粒悬浮液。

① 高黏度液体　② 低黏度液体　③ 宏观调匀　④ 小尺度调匀

21. 涡轮式搅拌器中液体在搅拌釜内主要作________和切向运动，与旋桨式搅拌器相比具有流量较小、压头较高的特点。

① 横向　② 纵向　③ 径向　④ 不一定

22. 涡轮式搅拌器适用于________，不适用于固体颗粒悬浮液。

① 高黏度液体　② 低黏度液体　③ 宏观调匀　④ 小尺度调匀

23. 大叶片低速搅拌器适用于________或固体颗粒悬浮液。

① 低黏度液体　② 高黏度液体　③ 宏观调匀　④ 小尺度调匀

二、填空

1. 典型机械搅拌设备的基本结构一般由________、________和________三大部分构成。
2. 对于大多数混合过程，三种混合机理同时存在：________使大尺寸的流体团块分割成较小尺寸的流体微团；________将流体微团带到搅拌槽内各处，达到宏观上的均匀混合；________使流体微团最终消失，搅拌槽内达到分子尺度的均匀混合。一般来说，________在整个混合过程中占主导地位。
3. 为达到搅拌槽内液体在大尺度上均匀混合（大尺度混合），除主要依靠排出流和诱导流造成槽内液体大范围宏观流动，使整个槽内液体产生流动循环的________外，还要注意消除搅拌槽内________和________。
4. 由于射流中心与周围流体交界处的速度梯度很大而产生强的剪切作用，对于低黏度的液体形成大量旋涡，________使微团尺寸减小（最小尺寸可达几十微米），从而可达到小尺度的均匀混合。但对于高黏度液体，同样由速度梯度的________使流体微团分散。
5. 搅拌装置一般由________、________与挡板等内构件以及驱动机构所组成。
6. 根据旋转桨叶在搅拌槽内产生的流型，桨叶基本上可以分为________和径向流桨叶。
7. 为了消除搅拌槽内液体的________现象，使被搅拌的液体上下翻腾，通常需加入挡板。
8. 当搅拌轴在槽中心安装时，一般来说搅拌将产生三种基本流型，即________、轴向流及________。
9. 在搅拌槽内，剪切与混合的主要区域位于________，衡量桨叶性能的重要参数为该区域的________。
10. 剪切速率的最大值与平均值，主要由________与________决定。
11. 两种物料加入搅拌槽后，其混合机理为________、________和分子扩散。

12. 微观混合是指分子尺度的混合，依靠________来实现，因此________是最终实现微观混合的控制因素。
13. 推进式叶轮的安装方式主要有________、________及________。
14. 评价搅拌器的混合性能，经常应用________、________及________等。
15. 对于不互溶液-液两相的分散程度，通常可用________和________来描述。
16. 常用的搅拌器材料有________、________、________及________等。
17. 搅拌轴应有足够的________、________及________。
18. 确定搅拌轴的轴径，应考虑________、________及________。
19. 常用的联轴器有________、________及________等。
20. 常用的轴封有________及________。
21. 搅拌器的功能是__________________。
22. 改善搅拌效果的工程措施包括__________或________。
23. 选择搅拌器放大准则的基本要求是________________。
24. 强化湍动的措施包括____________、__________和____________。
25. 机械搅拌器按照叶片形状可以分为__________、__________和________。

三、计算

1. 现有一搅拌装置，各有关几何尺寸的比例如图 13-1 所示。已知涡轮式搅拌器有 6 个平直叶片，直径为 0.1m，转速为 16r/s，液体黏度为 0.08Pa·s，密度为 900kg/m^3，试求搅拌器的功率。

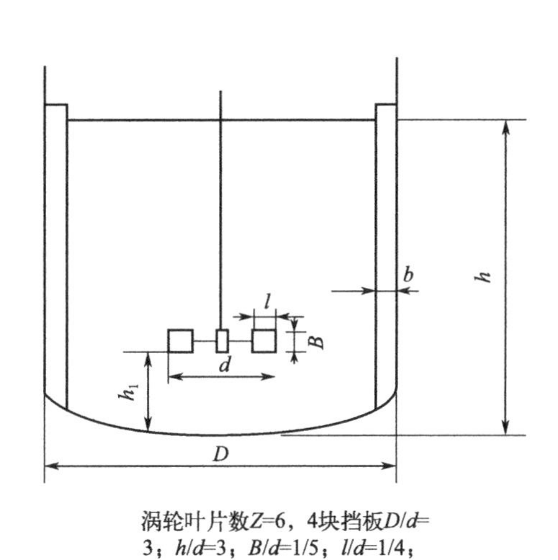

图 13-1　典型涡轮式搅拌器各部分的比例

2. 某精细化工品在小规模生产时所用搅拌釜的容积为 9.36L，釜直径为 229mm。采用直径为 76.3mm 的涡轮式搅拌器，在 $n=1273$r/min 时，获得良好的搅拌效果。现拟根据小型设备生产的数据来设计一套容积为 16.2m^3 的工业用搅拌釜，为此，先制造两套与小型生产设备几何相似的实验设备，容积分别为 75L 和 600L，调节转速以获得同样的混合效果。三套设备的实验数据如表 13-1 所列。问此时应如何进行放大设计。

表 13-1　不同容积三套实验设备的实验结果

釜号	釜容积 V/L	釜直径 d/mm	搅拌器直径 d/mm	达到相同混合效果时的转速 n/（r/min）
1	9.36	229	76.3	1273
2	75	457	153	673
3	600	915	305	318

3. 拟设计一“标准”构形的搅拌设备搅拌某种均相混合液，槽内径为 2.4m，混合液密度 $\rho=1260\text{kg/m}^3$，黏度 $\mu=1.2\text{Pa}\cdot\text{s}$。为了取得最佳搅拌效果，进行三次几何相似系统中的放大实验。实验数据如表 13-2 所示。试根据实验数据判断放大准则，并计算生产设备的叶轮转速及搅拌功率。

表 13-2　实验模型的结构参数与操作参数

实验编号	槽径 D/mm	叶轮直径 d/mm	转速/（r/min）	备注
1	200	67	1360	满意的搅拌效果
2	400	135	675	
3	800	270	340	

四、推导

如图 13-2 所示，搅拌器带动槽内全部液体以等角速度 ω 旋转，搅拌器为敞口，中心处液面高度为 z_0，若槽内液体静止时的液面高度为 H，试证明存在下列关系式：

$$z_0=H-\frac{\omega^2}{4g}R^2$$

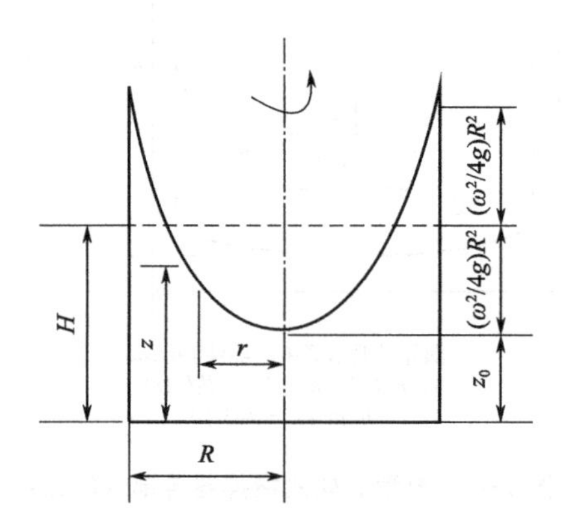

图 13-2　搅拌器以等角速度 ω 旋转示意图

第十三章
搅拌　参考答案

一、选择题

1. ①②③④　2. ①②③　3. ①②③　4. ①②③④　5. ①②③④
6. ①②③④　7. ①　8. ③　9. ③　10. ①
11. ④　12. ①，①，①，②　13. ①　14. ②，①　15. ①，②
16. ④　17. ①　18. ③　19. ①　20. ③
21. ③　22. ④　23. ②

二、填空

1. 搅拌装置，轴封，搅拌槽（釜）　2. 湍流扩散，总体对流扩散，分子扩散，湍流扩散
3. 总体流动，不流动的死区，合理设计搅拌装置
4. 旋涡的分裂与能量传递，剪切作用
5. 筒体，桨叶　6. 轴向流桨叶　7. 打旋　8. 切向流，径向流
9. 桨叶附近，速度分布　10. 转速，桨径
11. 主体扩散，湍流扩散　12. 最小尺度微团间的分子扩散，分子扩散
13. 中心插入，偏心安装，侧面伸入　14. 混合时间，能耗，剪切性能
15. 完全分散，均匀分散　16. 碳钢及不锈钢，工程塑料，喷涂塑料，玻璃钢
17. 强度，刚度，稳定性　18. 扭转强度及刚度，轴的临界转速，脉动载荷
19. 夹壳式联轴器，刚性凸缘式联轴器，弹性式联轴器
20. 填料密封，机械密封　21. 产生强大的总体流动
22. 产生强烈的湍动，强剪切力场　23. 混合效果与小试相符
24. 提高搅拌器的转速；阻止容器内液体的圆周运动；装导流筒，消除短路，清除死区
25. 平叶，折叶，螺旋面叶

三、计算

1. 解：已知 $\rho=900\text{kg/m}^3$，$n=16\text{r/s}$，$d=0.1\text{m}$，$\mu=0.08\text{Pa}\cdot\text{s}$

$$Re_{\text{M}}=\frac{\rho n d^2}{\mu}=\frac{900\times16\times0.1^2}{0.08}=1800$$

由图 13-3 曲线 1 查得 $K=4.7$

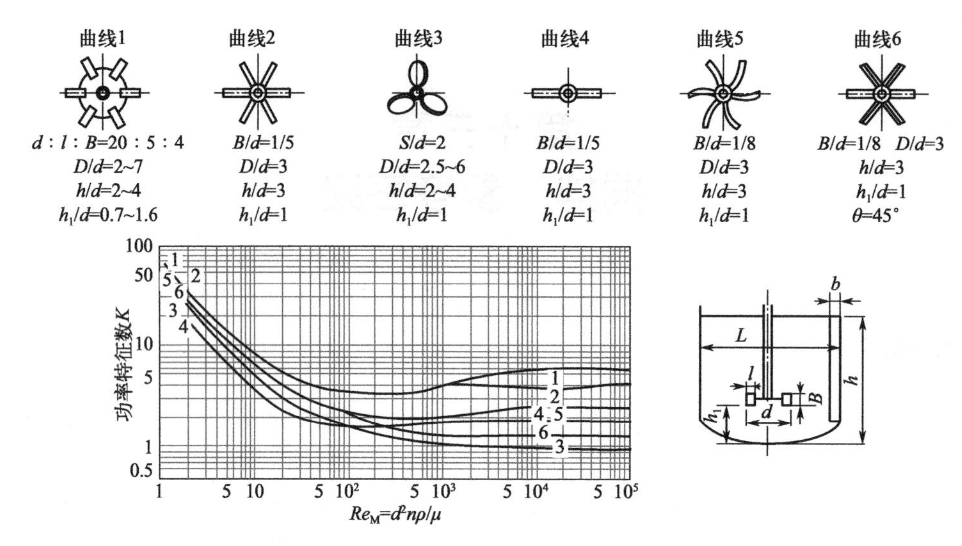

图 13-3 典型搅拌器的功率曲线（全挡板条件）

$$P = K\rho n^3 d^5 = 4.7 \times 900 \times 16^3 \times 0.1^5 = 173\text{W}$$

2. 解：分别计算各装置的 nd^2、n^3d^2、nd 及 d/n 列于表 13-3。

表 13-3 容积分别为 9.36L、75L 和 600L 三套设备的 nd^2、n^3d^2、nd 及 d/n 计算值

釜号	nd^2	n^3d^2	nd	d/n
1	7.41	12.0×10^6	971	0.599×10^{-4}
2	15.8	7.14×10^6	10^3	2.27×10^{-4}
3	296	299×10^6	970	9.59×10^{-4}

从表 13-3 中的数值可以看出，三个搅拌装置在混合效果相同时 nd 基本相同。因此，保持叶片端部切向速度不变可作为放大准则，并由此外推出生产装置的直径和转速。

因大型装置与小型装置几何相似，所以大型搅拌釜的直径

$$D_2 = \sqrt[3]{\frac{V_2}{V_1}}D_1 = \sqrt[3]{\frac{16.2}{9.36\times10^{-3}}}\times 229 = 2750\text{mm}$$

大型搅拌器的直径：$d_2 = \dfrac{2750}{229}\times 76.3 = 916\text{mm}$

大型搅拌器的直径转速：$n_2 = \dfrac{n_1 d_1}{d_2} = \dfrac{1273\times 76.3}{916} = 106\text{r/min}$

3. 解：(1) 判断放大基准

根据实验数据计算各放大基准的相对值列于表 13-4。

表 13-4 各放大基准的相对值放大准则

放大准则	1 号槽	2 号槽	3 号槽
$Re\propto nd^2$	6.105×10^6	12.3×10^7	2.48×10^7
$P/V\propto n^3d^2$	1.129×10^{13}	5.605×10^{12}	2.865×10^{12}
$Q/H\propto d/n$	4.93×10^{-2}	0.2	0.794
$u_T\propto nd$	91120	91125	91800

从上表看出，应以保持叶端速度不变为放大基准。

(2) 生产设备的搅拌器转速及搅拌功率

$$u_{T1}=\pi n d_1=4.771\text{m/s}$$

同理　$u_{T2}=4.771\text{m/s}$ 及 $u_{T3}=4.807\text{m/s}$

$$u_{Tm}=\frac{1}{3}\times(4.771+4.771+4.807)=4.783\text{m/s}$$

$$n=\frac{u_{Tm}}{\pi d}=\frac{4.783}{0.8\pi}=1.903\text{r/s}=114\text{r/min}$$

$$Re=\frac{d^2 n\rho}{\mu}=\frac{0.8^2\times1.903\times1260}{1.2}=1279$$

$$\phi=P_N=4.5$$

由 Re 值查图 13-3 中的曲线 6，得到

$$P=P_N\rho n^3 d^5=4.5\times1260\times1.903^3\times0.8^5=12.8\times10^3\text{W}=12.8\text{kW}$$

四、推导

对于等角速度旋转场，液体的能量分布服从：

$$\frac{p}{\rho g}+z-\frac{\omega^2 r^2}{2g}=常数$$

对于液体表面，$p=p_a$

对于中心，$r=0$，$z=z_0$，故可得：

$$z=z_0+\frac{\omega^2 r^2}{2g}$$

取厚度为 $\mathrm{d}r$ 的圆筒微元体的体积为 $\mathrm{d}V$，则有 $\mathrm{d}V=2\pi rz\,\mathrm{d}r$

积分可得：

$$V=\int_0^R 2\pi rz\,\mathrm{d}r=2\pi\int_0^R r\left(z_0+\frac{\omega^2 r^2}{2g}\right)\mathrm{d}r$$

$$=\pi R^2\left(z_0+\frac{\omega^2 R^2}{4g}\right)$$

由于液体静止时的体积必等于旋转时的体积，故有：

$$V=\pi R^2 H=\pi R^2\left(z_0+\frac{\omega^2 R^2}{4g}\right)$$

即　$z_0=H-\frac{\omega^2}{4g}R^2$

参考文献

[1] 陈守约．化工原理例题分析与练习．北京：化学工业出版社，1993.
[2] 周荣琪，雷良恒．化工原理学习指引．北京：化学工业出版社，1995.
[3] 王湛，纪树兰．化工原理（专升本）．北京：中国城市出版社，1998.
[4] 陈敏恒，丛德滋，方图南．化工原理（上、下册）．北京：化学工业出版社，1986.
[5] 陈敏，吴惠芳，蔡伯钦，等．化工原理（上、下册）．北京：化学工业出版社，1988.
[6] 天津大学化工原理教研室．化工原理（上、下册）．天津：天津科学技术出版社，1992.
[7] 李云倩．化工原理（上、下册）．北京：中央广播电视大学出版社，1991.
[8] 王志魁，等．化工原理．北京：化学工业出版社，1987.
[9] 谭天恩，麦本熙，丁惠华．化工原理（上册）．北京：化学工业出版社，1984.
[10] 徐志远．化工单元操作．北京：化学工业出版社，1987.
[11] 余文琳，越贵选，钱萍，等．化工原理解题分析．南京：江苏科学技术出版社，1988.
[12] 丛德滋，方图南．化工原理示例题与习题．北京：化学工业出版社，1990.
[13] 姚玉英．化工原理例题与习题．北京：化学工业出版社，1990.
[14] 李云倩．化工原理学习辅导材料及实验．北京：中央广播电视大学出版社，1996.
[15] 荒木纲男．化学化工试题及解答．武汉：华中工学院出版社，1987.
[16] 郭慧生．化工原理．重庆：西南师范大学出版社，1998.
[17] 吴岱明．化工原理及化学反应工程公式、例解、测验．北京：轻工业出版社，1987.
[18] 王湛，纪树兰．化工原理（专升本）．北京：现代出版社，2000.
[19] 王湛，等．化工原理 800 例．第 1 版/第 2 版．北京：国防工业出版社，2005/2007.